工业和信息化部"十四五"规划专著

自适应光学理论及其在无线光通信中应用

柯熙政　吴鹏飞　著

科学出版社
北京

内 容 简 介

本书详细介绍自适应光学理论及其在无线光通信中对光波畸变的校正技术，讨论波前畸变的自适应控制算法、比例+积分算法与迭代算法、双重模糊自适应PID控制算法，以及SPGD算法自适应波前畸变校正、变形镜本征模式法波前畸变校正、涡旋光束无波前探测波前畸变校正、液晶空间光调制器波前校正、不同波长的高斯光束在大气湍流中传输的波前差异与校正、带波前倾斜修正的自适应光学波前畸变校正，同时对各种畸变校正方法进行实验验证，并分析实验结果。

本书适合从事无线光通信的广大工程技术人员、大专院校教师阅读，也可作为相关专业研究生和高年级本科生的教材。

图书在版编目（CIP）数据

自适应光学理论及其在无线光通信中应用 / 柯熙政，吴鹏飞著. —北京：科学出版社，2021.11

工业和信息化部“十四五”规划专著

ISBN 978-7-03-070350-7

Ⅰ. ①自… Ⅱ. ①柯… ②吴… Ⅲ. ①自适应性-光学-应用-光通信-研究 Ⅳ. ①O436②TN929.1

中国版本图书馆CIP数据核字（2021）第219041号

责任编辑：孙伯元 / 责任校对：王 瑞
责任印制：吴兆东 / 封面设计：十样花

科 学 出 版 社 出版
北京东黄城根北街16号
邮政编码：100717
http://www.sciencep.com

北京中石油彩色印刷有限责任公司 印刷
科学出版社发行 各地新华书店经销

*

2021年11月第 一 版 开本：720×1000 B5
2022年 5 月第二次印刷 印张：19 1/4
字数：373 000

定价：158.00元

（如有印装质量问题，我社负责调换）

前　　言

自由空间光(free space optics, FSO)通信是以光为信息传输的载体，在自由空间中进行高速数据传送的一种通信方式。与传统的射频通信相比，FSO 通信具有频谱宽、安全性高且抗干扰能力强等优点。作为一种新兴的通信方式，其应用前景不可估量。FSO 通信通过大气信道传输，其通信质量会受到大气湍流的影响。光信号的波前受湍流影响产生随机起伏，引起光束扩展、相位起伏、光束弯曲及漂移等现象，导致通信误码率增加，通信稳定性降低。随着通信距离的延长，激光器输出功率也逐步增加，激光器腔镜会发生热变形，从而引起激光波前产生相位畸变，使光束质量下降，导致通信质量降低。

自适应光学(adaptive optics, AO)是一种综合性的光学技术。它涵盖了光学、通信、控制、计算机、机械等多门学科的知识，是光机电集成的综合技术，旨在实时校正光传播过程中由外部环境改变所造成的随机波前畸变，实现自动改善光束质量，提升通信质量，保持系统的良好性能，已广泛应用于激光通信、天文观测、眼底成像等领域。波前传感器和变形镜分别起到波前探测和波前修正作用，建立两者之间精密的数学关系以及实现有效的控制算法是自适应光学系统闭环的两个关键步骤。大量实验证明 AO 技术可校正波前畸变，因此 AO 被认为是最具有应用前景的波前校正方法。

本书对 AO 理论及其在无线光通信系统中的应用进行了深入的探索。全书共 10 章，第 1～4 章涉及 AO 控制算法，第 5～10 章涉及畸变校正及校正实验。AO 控制算法包括波前畸变的自适应控制算法、比例+积分算法与迭代算法和双重模糊自适应 PID 控制算法。畸变校正包括 SPGD 算法自适应波前畸变校正、变形镜本征模式法波前畸变校正、涡旋光束无波前探测波前畸变校正、液晶空间光调制器波前校正、不同波长的高斯光束在大气湍流中传输的波前差异与校正以及带波前倾斜修正的自适应光学波前畸变校正。本书同时对各种畸变校正方法进行了实验验证，分析了实验结果对相关理论的支撑。

本书是作者及西安理工大学光电技术研究中心近 5 年研究生共同辛勤努力的结果，作者及其研究生在近几年对无线光通信中的自适应光学校正技术做了大量的理论研究和实验，为无线光通信技术的进一步发展做出了贡献。

本书被列为国家工业和信息化部“十四五”规划专著，相关工作得到了陕西省重点研发计划（重点产业创新链）项目（2017ZDCXL-GY-06-01）、陕西省科技成果转移与推广计划项目（2020CGXNG-041）、陕西省教育厅服务地方专项（产业化）计划项目（20JC027）、西安市科技计划项目（2020KJRC0083、2020KJRC0085）等项目的支持，在此一并感谢。

本书是作者多年来从事无线光通信技术，对其中涉及的自适应光学及校正技术的初步总结，由于作者水平有限，书中难免有不妥之处，欢迎读者不吝指正。

作　者

2021 年春于西安理工大学

目　录

第1章 绪　　论

本章分析了自适应光学技术在自由空间光通信应用中的实际背景，同时介绍了该技术在国内外研究的进展。

1.1 无线光相干通信研究现状

随着信息交换的现代化，实现更高速率、更远距离的信息传输显得尤其重要[1]。频谱资源的匮乏限制了射频通信的进一步发展。自由空间光(free space optics, FSO)通信是以光为信息传输的载体，在自由空间中进行高速数据传送的一种通信方式[2]。与传统的射频通信相比，FSO 通信具有频谱宽、安全性高且抗干扰能力强等优点[2]。作为一种新兴的通信方式，其应用前景不可估量[3]。人们早期的重点主要集中在强度调制/直接探测(intensity modulation / direct detection, IM/DD)方式上的研究[3]，随着激光器技术的不断发展，相干探测方式逐渐进入了人们的视野。

相干光通信系统大致可以划分为四大模块：发射终端，发、收光学天线，自动对准跟踪(acquisition, pointing and tracking, APT)系统和相干接收终端。发射终端主要包括信源、调制器、光信号和掺铒光纤放大器(erbium doped optical fiber amplifier, EDFA)。APT 系统是保证发射天线和接收天线视轴对准的辅助设备，主要包含跟踪机构、电荷耦合器件(charge coupled device)探测器、跟踪控制算法等，在远距离 FSO 通信系统中必不可少。相干接收终端主要用于将接收到的光信号与本振光进行相干探测，并恢复出信源信息。使用相干探测方式可以很大程度上提高接收灵敏度，实现对微弱光信号的探测，其研究意义还体现在以下几个方面：①可以使用多种方式对信源信息进行编码调制，如频移键控(frequency shift keying, FSK)、相移键控(phase shift keying, PSK)、幅度键控(amplitude shift keying, ASK)等；②可消除杂散背景光对光信号探测的干扰，提高系统的信噪比；③本振光功率一般远远大于光信号光功率，使用相干探测较 IM/DD 具有高的转换增益。相干探测具有相应速度快、精度高、滤波性能好、理论上接收灵敏度可接近量子噪声极限等优点，现已广泛应用于自由空间光通信[4]、激光雷达[5]、广播电视[6]等领域。

由于风场、热传导等因素的影响，大气温度会出现随机起伏的现象，大气折射率也会随机起伏。光束在这种大气随机介质中传输时，破坏了光束的相干性。在系统实际应用中，光信号经大气湍流传输后，受湍流效应的影响，在接收端光信号会出现光强闪烁、到达角起伏、光束扩展、漂移等现象，这就是湍流效应对光束传输带来的影响，同时也会对相干探测系统的性能带来不良影响。因此，理论上研究大气湍流效应对相干探测系统性能的影响，对于抑制大气湍流效应有重要的意义。

一般认为由激光器发出的光束是理想的基模相干光束。然而在实际应用中，受热效应、谐振腔尺寸等因素的影响，激光器输出的光波几乎都是部分相干光束。同时考虑到湍流效应也会破坏光束的相干性[6]，到达接收端的光信号可以认为是包含多种模式的部分相干光束。因此，在大气湍流条件下，研究光束模式对外差探测系统性能的影响，在实际应用中有一定的指导意义。

20 世纪末，随着激光器件水平的提高、探测技术研究的深入、系统扩大容量的需求等，沉寂多年的相干探测技术又重新成为人们关注的热点。美国、欧洲、日本等国家和地区都制定了多项应用相干探测技术的自由空间激光通信研究计划，对 FSO 相干探测通信系统及影响外差探测系统的因素展开了全面研究。

1.1.1　美国研究现状

美国是全球开展 FSO 系统研究最早的国家。在美国国家航空航天局(National Aeronautics and Space Administration, NASA)、空军(US-Air Force, UAF)和导弹防御局(Missile Defense Agency, MDA)、麻省理工学院(Massachusetts Institute of Technology, MIT)、林肯实验室(Lincoln Laboratory, LL)、加州理工学院喷气推进实验室(Jet Propulsion Laboratory, JPL)等部门的支持下，在 20 世纪 80 年代中期，林肯实验室研制了星间激光外差探测通信实验系统(laser intersatellite transmission experiment, LITE)。使用 FSK 调制方式，调制速率最高可达 220Mbit/s，对该系统的每个模块都进行了性能和空间环境测试，最终该项目未能进行实际的飞行试验，仅在地面完成了演示实验[7]，图 1-1 是 LITE 的实验装置。这次项目为世界的自由空间光相干光通信系统奠定了实验基础。

图 1-1　LITE 的实验装置

在 20 世纪 80 年代末期 NASA 制订了一个激光通信计划，其目标是通过研制先进的通信技术卫星(advanced communications technology satellite, ACTS)终端，展示从地球同步轨道(geostationary earth orbit, GEO)到地面的激光通信。ACTS 激光通信实验包括地面、机载的直接探测和外差探测试验。鉴于 LITE 方面的经验，LL 开发了 APT 系统、光学平台和外差接收机。在 20 世纪 90 年代初期，JPL 展开了星间相干光通信系统的研究[8]，采用 PSK 调制方式，实现了码速率为 100Mbit/s 星间外差探测系统的通信实验演示。后来，JPL 将研究工作的重心转移到了 IM/DD 通信系统。为了提高星间通信的信道容量，20 世纪末 JPL 又重新将研究重点转移到相干光通信系统[9]。在此期间，LL 研制了通信速率高达 1Gbit/s 的空间相干通信系统，同时对空间信道的卷积编码及解码技术进行了深入的研究[10]。在 1999 年前后[11]，低地球轨道(low earth orbit, LEO)星间平台在振动条件下，LL 分析了相干光通信系统使用不同调制方式时系统的信噪比和误码率等其他性能参数。其中用于测试的激光通信系统参数如表 1-1 所示。

表 1-1　激光通信系统参数

参数名称	参数数值
通信波长/μm	0.8
探测器响应度	0.517
接收器光学效率	0.8
发射器光学效率	0.8
误码率	10^{-6}
星间传输距离/km	3000
传输速率/(Gbit/s)	2

2008 年，美国与德国航天局建立通信链路并测试了 Tesat 地面激光通信终端[11]。同年 NASA 启动了深空光通信(deep space optical communication, DSOC)计划，月球激光通信演示(lunar laser communication demonstration, LLCD)是其中之一，其目的是验证在地球和月球之间进行激光通信的可行性。LLCD 计划通信示意图如图 1-2 所示。激光通信中继演示(laser communication relay demonstration, LCRD)计划可被认为是 LLCD 计划的延伸。LCRD 计划旨在利用一颗 GEO 卫星作为中继，实现地面上两个终端的持续通信。LCRD 计划通信示意图如图 1-3 所示。LCRD 计划是美国 NASA 提高空间激光通信能力的一项重要举措。

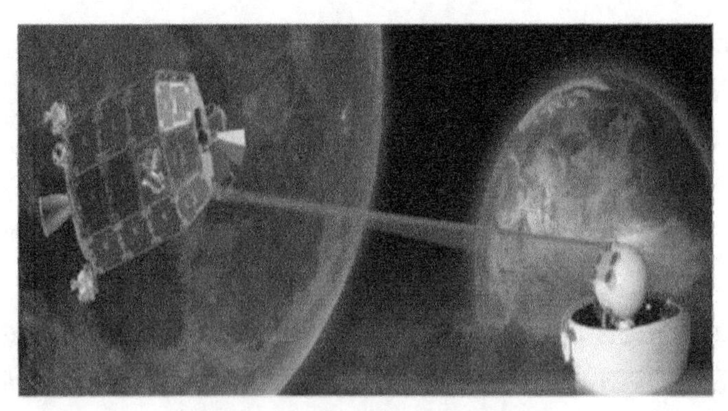

图 1-2　LLCD 计划通信示意图

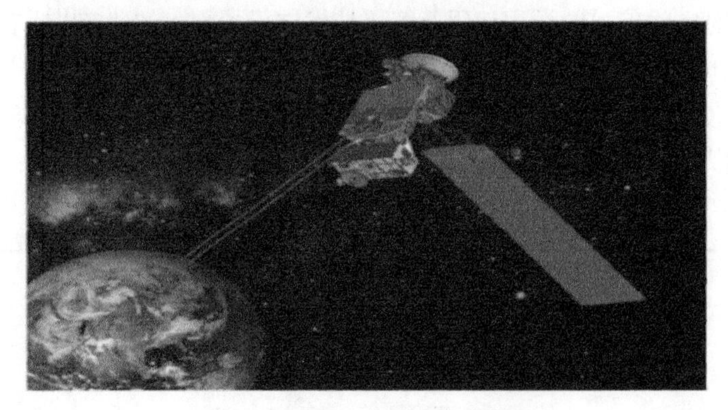

图 1-3　LCRD 计划通信示意图

2013 年，NASA 建立了在月球轨道运行的“月球大气和尘埃环境探索者”(lunar atmosphere and dust environment explorer, LADEE)和地球地面终端的双工通信链路，采用脉冲位置调制(pulse phase modulation, PPM)方式，上行链路速率为 20Mbit/s，下行链路通信速率为 622Mbit/s[12~14]。DSOC 计划是 NASA 探索太空任务之一，在 2017 年 DSOC 以高于 250Mbit/s 的速率从火星上回传数据，通信距离约 6.3 亿 km，终端质量为 28kg，功率为 76W。计划在 2023 年该系统继续搭载飞行器进行深空激光通信技术验证[15,16]。

1.1.2　欧洲研究现状

欧洲在自由空间相干光通信领域中也取得了一定的研究成果[17~19]。欧洲航天局(European Space Agency, ESA)、德国航天局(German Space Agency, GSA)是欧洲主要的研究机构[20~22]。1977 年，ESA 就开始展开空间光通信领域的研究工作[23~25]。1985 年，ESA 启动了基于半导体激光器的星间链路实验(semiconductor-laser inter-satellite link experiment, SILEX)计划[26]，对高低轨道星间实时信息传输的链路进行实验验证。2001 年 11 月 20 日，SILEX 计划首次在 GEO 上的 ARTEMIS 卫星和

LEO 上的法国 SPOT-4 卫星之间实现激光星间通信，通信示意图如图 1-4 所示，通信距离为 45000km，误码率小于 10^{-6}[27]。SILEX 计划首选的通信方案是通信波长为 1064nm 的零差探测系统，后来由于当时激光器的技术指标不能满足需求，最终选择了发展成熟的直接探测方案。

图 1-4　SILEX 计划的 GEO 与 LEO 的星间通信示意图

自 1989 年起，ESA 在发展 SILEX 计划的同时，对基于 YAG 固体激光器的相干光通信系统及其他关键技术展开了深入的研究。1996 年，短距离星间光学链路(short range optical inter-satellite link, SROIL)计划正式在瑞士启动。该计划致力于研制 LEO 小卫星之间短距离通信小型化、重量轻的通信终端。1998 年光学演示终端 SROIL 模型完成[28]，波长 1064nm，采用 BPSK 调制方式和零差探测方案，发射天线孔径为 350mm，接收天线的口径为 40mm，通信码速率为 1.5Gbit/s，误码率优于 10^{-6}，终端总质量约 15kg，功耗约 40W，外形尺寸为 30cm×20cm×50cm。此外，SROIL 计划还研制了中远程的星间激光通信终端。中程通信的终端保持光源、调制方式和探测方式不变，可在相距 6000km 的两个 LEO 卫星上实现 6.5Gbit/s 的速率通信，误码率低于 10^{-9}，终端的光学天线孔径为 100mm，质量为 25kg。图 1-5(a)、(b)分别是 SROIL 短程、中程终端实物图。

(a) 短程

(b) 中程

图 1-5　SROIL 计划通信终端实物图

1995 年，ESA 与英国 Oerlikon Contraves Space 合作研制用于商业领域的高速率、小型化、质量轻、低功耗 OPTEL 终端改进系列，采用相干探测模式，开发了用于短程、中程和长程的星间通信终端，对应的型号分别为：OPTEL 02、OPTEL 25 和 OPTEL 80[29]。OPTEL 使用通信波长为 1064nm 的半导体激光器作为光源，发射终端采用 BPSK 调制方式，接收终端采用零差探测的方案。

在 SILEX 计划研制的激光通信终端(laser communication terminal, LCT)的基础上，德国 TESAT-Spacecom 公司设计开发了第二代 LCT，使用 BPSK 的调制方式和零差探测的方案。2005 年，在西班牙加那利群岛中拉帕尔马岛(La Palma)和特内里费岛(Tenerife)之间建立了长达 142km 的 BPSK 调制零差探测通信链路，传输速率为 5.625Gbit/s[30]，通信示意图如图 1-6 所示。这次实验直接验证了零差 BPSK 方案在近地大气湍流信道中通信的可行性，为星地之间的相干光通信奠定了实验基础。

(a) 拉帕尔马岛的通信终端

(b) 特内里费岛的通信终端

图 1-6 在 142km 海岛之间零差探测系统通信示意图

2008 年，在美国近场红外试验卫星(near field infrared experiment, NFIRE)与德国近地轨道的 TerraSAR-X 卫星[31~35]上均搭载 LCTSX 激光通信终端，第一次采用零差 BPSK 通信方式实现了速率为 5.625Gbit/s 的星间双向通信，这是世界上首次在两星 6000km 间完成相干光通信的实验链路。随后又进行了星地之间的相干通信链路的验证。2010 年，位于特内里费岛的欧洲空间局光学地面站内安装了一个直径为 6.5cm 的 Tesat 相干激光通信终端，与 NFIRE 的通信终端建立了速率高达 5.635Gbit/s 的星地通信链路[36,37]。地面通信终端如图 1-7 所示，使用自适应光学(adaptive optics, AO)系统补偿光信号的畸变波前。

德国继续对第二代的 LCT 进行改进[38]，命名为 LCT-TDP1，如图 1-8 所示。新的通信终端 LCT-TDP1 可以在通信距离长达 45000km 时实现 1.8Gbit/s 数据的传输。2014 年，搭载 LCT-TDP1 通信终端的阿尔法(Alphasat)GEO 卫星和哨兵(Sentinel)1A LEO 卫星成功建立了相干探测通信链路，首次进行数据中继传输实验。为了满足 ESA 对空间数据传输速率、传输容量日益增长的需求，ESA 启动了“欧洲数据中继卫星”(European data relay satellite, EDRS)项目。2016 年，EDRS

的首个激光通信数据中继有效载荷 EDRS-A 装载在“欧洲通用卫星”(Eutelsat)上成功发射，这标志着空间激光通信从实验验证阶段即将进入商业应用阶段。2018 年，搭载 LCT-TDP1 通信终端的 EDRS-C[38]卫星中继通信载荷完成发射。

图 1-7　NFIRE 的地面通信终端

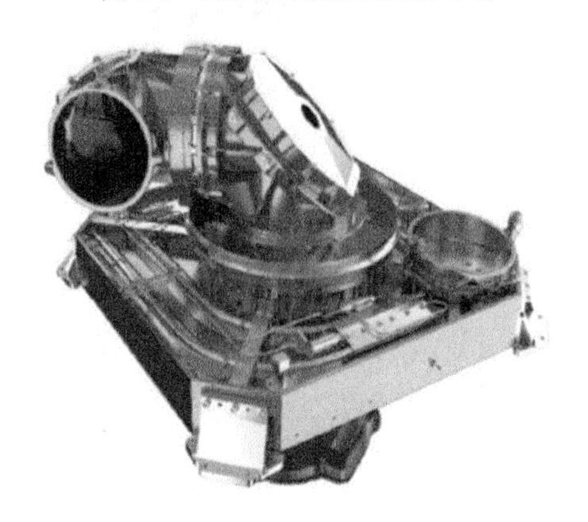

图 1-8　改进后的通信终端 LCT-TDP1

欧洲参与空间光相干探测的研究机构较多，且多次完成了星间、星地、近地通信链路的实验验证，在高速相干光通信方面硕果累累，且目前已经进入了工程商业化阶段。

1.1.3　日本研究现状

1994 年，日本成功完成了 ETS-VI 的空间光通信计划[39]，验证了星地激光通信链路的可行性。另一项轨道间激光通信工程试验卫星(optical inter-orbital communication engineering test satellite, OICETS)计划是研制小型化空间通信终端，2005 年 OICETS 搭载激光通信设备终端发射成功[40,41]，通信速率为 49.3Mbit/s，通信距离为 600～1500km。2006 年 5 月[42]，激光利用通信设备(laser utilizing communication equipment, LUCE)终端与日本国家信息通信技术研究所(National Institute of Information and Communication Technology, NICT)和德国 DLR 地面站成功建立了双向通信链路。以上这两个有历史意义的计划采用的都是简单可靠的直接探测方式，为后续空间光相干探测方式奠定了技术基础。

2008 年，NICT 成功研制出了速率为 3Gbit/s 的 BPSK 调制零差探测通信方式的通信终端[43]。2009 年，日本启动了小型光通信终端(small optical transponder, SOTA)项目，致力于开发轻量紧凑型的卫星光通信终端[42]。2011 年，日本三菱公司和日本太空发展署(Japan Aerospace Exploration Agency, JAXA)联合开发了调制方式为 BPSK 的零差相干接收机[44]。截至 2016 年年底，日本联合法国国家太空研究中心(Centre National d'Etudes Spatiales, CNES)、德国 DLA、欧洲 ESA 等研究机构进行了国际合作实验、AO 实验、跟踪测试、数据传输等相关实验。日本预计在 2021 年实现 GEO 卫星和地面之间速率为 10Gbit/s 的双向通信链路。

1.1.4　国内对自由空间相干探测通信系统研究现状

近几年我国对发展空间光通信技术的研究力度大大提高。国内的长春理工大学、西安理工大学等高校，以及中国科学院和航天领域的研究院是国内空间光通信主要的研究机构[45~47]。

20 世纪 80 年代，电子科技大学选用通信波长为 1064nm 的 CO_2 激光器，采用外差探测的方式验证了 5km 通信链路的可行性。2011 年 8 月，哈尔滨工业大学开展了对星-地链路激光通信技术的深入研究，研制的通信终端成功搭载“海洋二号”卫星，单路数据通信速率是 50Mbit/s[48~51]。哈尔滨工业大学 2017 年设计了激光通信终端，搭载“实践十三号”卫星发射成功，并于 2018 年 1 月建立了星地双向通信链路[52]，误码率优于 10^{-6}。

2017 年年初[53]，由上海光机所开发的高速星地相干光通信终端成功搭载“墨子号”卫星完成在轨双路通信验证，其中通信波长选用 1550nm，上行链路采用 PPM 调制方式，通信速率为 20Mbit/s；下行链路采用 BPSK 调制方式，通信速率为 5.12Gbit/s。

2013 年，Luo 等[54]在实验室搭建了速率为 20Gbit/s 的 QPSK 空间相干光实验演示系统，采用通信波长为 1550nm、线宽为 100kHz 的激光器，并使用时钟恢复、频偏补偿等数字信号处理技术保证系统的稳定性。2015 年，南京大学的光通信研究团队在 BPSK 调制零差探测系统中，建立了科斯塔斯光域锁相环的频差对系统影响的数学模型，分析了频偏、天顶角、数据传输速率，以及发散角对系统误码率的影响[55]。中国科学院光电技术研究所将 AO 系统应用于校正光信号的畸变波前相位，提高耦合光功率。2018 年，Chen 等[56]研制了用于远距离自由空间相干光通信系统中的高灵敏度的光纤耦合装置，实验结果表明该系统可以将耦合效率提高至73.2%；同年，Chen等[57]使用上述设计的单模光纤耦合系统和AO系统后，还分析了传输速率为 5Gbit/s 的星地通信链路自由空间相干光通信系统眼图和误码率改善的情况。

近年来，由西安理工大学柯熙政率领的研究团队对光束在大气湍流中传输特性[58,59]、无线激光通信系统的编解码[60]、信道估计和均衡、ATP技术[61]、相干探测技术[62~64]及光学收发系统的设计[65]等空间光通信的关键技术进行了深入的理论研究和实验验证，并取得了长足的进展。基于IM/DD的调制和探测方式，团队已成功研制出重量不超过8kg、最大传输速率为1.25Gbit/s、误码率优于10^{-6}的双工FSO通信机，可进行语音和图像的高速传输。此外，团队还成功研制了DPSK调制的外差探测系统通信终端，在2018年3月和5月分别在相距600m、1.3km楼宇之间成功建立了通信链路，实现了高清视频的实时传输，7月在陕西省西安市建立了长达10km的通信链路，9月在青海湖进行了地面100km的通信实验，这是国内在相干光通信研究领域的又一个重大突破。

1.2 自适应光学

作为一门光机电集成的综合技术，自适应光学已广泛应用于激光通信、天文观测、眼底成像等领域，波前传感器(wave front sensor, WFS)和变形镜(deformable mirror, DM)分别起到波前探测和波前修正的作用。建立两者之间精密的数学关系以及实现有效的控制算法是自适应光学系统闭环的两个关键步骤。

FSO通过大气信道传输，其通信质量会受到大气湍流的影响[66]。光信号的波前受湍流影响产生随机起伏，引起光束扩展、相位起伏、光束弯曲及漂移等现象[67,68]，导致通信误码率增加，通信稳定性降低[69]。随着通信距离的延长，激光器输出功率也逐步增加，激光器腔镜会发生热变形，从而引起激光波前产生相位畸变，导致光束质量和通信质量降低[70]。波前是指“光波振动相位相同的点所构成的面”，也叫波面。通常波前畸变是通过干涉仪来测量的，其原理是光程差的变化。波前畸变产生的原因就是一束光的光程$n \times d$不相等，其中，n是材料折射率；d是光走过的路程。波前就是波振面，也叫等相面。若波前在经过一定的传输介质后与传输前发生了改变，如不再是球面波或者平面波了，则称波前发生了畸变。当然，如果传输介质是平板光学材料时，平面的不平整定会引起波前畸变。

自适应光学是一种综合性的光学技术[71]。它涵盖了光学、通信、控制、计算机、机械等多门学科的知识，旨在实时校正光传播过程中由于外部环境改变所造成的随机波前畸变，实现自动改善光束质量，提升通信效率，以保持系统的良好性能[72,73]。大量实验证明AO技术可有效修正波前畸变[74~76]。AO被认为是最具有应用前景的波前校正方法。

在天文观测[72]方面，自适应光学几乎成为所有大型太阳望远镜的重要组成部分。例如，中国科学院光电技术研究所与云南天文台合作，用 26cm 的太阳精细结构望远镜建立了 37 单元太阳 AO 系统，并在国内首次获得经过 AO 校正后的太阳观测结果[67]。在激光装置中，自适应光学技术可以改善光束的相位分布，同时也可以用于惯性约束核聚变和强激光武器系统，如中国的神光装置[73]；在人眼像差操纵[68]技术中，Liang 等利用夏克-哈特曼(Shack-Hartman, S-H)波前传感器配合变形镜，在国际上首先实现了自适应光学的视网膜成像[72]；在激光加工中，可通过引入优化的变形镜控制算法，如遗传算法(genetic algorithm, GA)[70]、随机并行梯度下降(stochastic parallel gradient descent, SPGD)算法等对脉冲激光和高能激光进行光束整形。至此，AO 技术进入了高速发展，并在众多领域应用的时代。

1.2.1　自适应光学国外研究进展

自适应光学技术的框架构建于 20 世纪中期[71]。当时，美国天文学家 Babcock 与苏联天文学家 Linnik 分别于 1953 年及 1957 年提出相似设想，希望通过实时测量及校正补偿两种方式联合工作降低大气湍流随机扰动对波前的影响，减小波前畸变程度。这种通过探测波前信号来控制相关器件运作，改变波前误差的想法既是自适应光学的最初构想，也为解决光学动态干扰提出了新思路。此后，美国于 1972 年搭建基于 AO 技术的 300m 实时补偿成像系统并进行水平扰动校正实验，证明经 AO 技术校正后图像分辨率接近衍射极限[72,73]；1977 年，美国 Itek 公司研制出一套提升图像二维图像分辨率的 AO 系统 [74]；1982 年，美国又采用 168 单元变形镜及剪切干涉仪进行大气湍流畸变补偿校正实验，实现了对运行在近地轨道上的空间目标的观测[75]。这些均为 AO 系统在实际系统中的应用可能性提供了有力的证明。1985 年，欧洲南方天文台开启的 Come-On 计划是国际上最早的天文 AO 计划[76~78]，随后西方各个国家纷纷启动 AO 研究，开始了 AO 技术在天文观测方面的应用研究。直至 20 世纪末，随着美国军方对该技术的解密，世界上绝大多数大型望远镜研究队伍已经将 AO 技术列入研究范畴。

2002 年，美国劳伦斯-利弗莫尔国家实验室对 AO 技术在远距离光通信系统中的应用进行模拟及实验，仿真表明在中等湍流条件下 AO 校正后光纤耦合效率可增加 2.5 倍，但系统带宽有所限制[79,80]。2004 年，美国马里兰大学的 Weyrauch 等采用 SPGD 算法进行 2.3km 大气水平传输通信实验，结果表明 AO 技术进行倾斜和大气像差校正后，接收端信号的最大强度是仅校正倾斜像差时的 2.3 倍，证明校正大气像差可有效提升信号强度[81]。2005 年，美国 JPL 搭建了大气激光通信自适应光学实验平台，并通过模拟大气湍流效应研究 AO 技术对通信系统的影响，实验发现受强湍流影响的通信系统在进行 AO 闭环校正后接收端信号可达到 2～

4dB 的信号增益[82]。2014 年，巴基斯坦国立科技大学的 Hashmi 等科研人员通过在星间通信数值模拟实验中引入 AO 技术降低背景噪声及湍流扰动的干扰，成功将系统的斯特列尔比(Strehl Ratio, SR)从开环时刻的 0.30 提高至闭环稳定后的 0.75[83]。2015 年，美国 JPL 历时三个月，完成对激光通信系统当中 AO 模块的性能研究，并指出 AO 闭环校正后可有效降低大气闪烁对光信号的影响，提升光纤耦合效率[84]。2018 年，Carrizo 等提出一种相位检索技术来间接确定未知相位波前以提高单模光纤耦合效率，并通过实验证明在强湍流下该方法可以显著提升耦合效率，提高信号的稳定性[82]。

1.2.2 自适应光学国内研究进展

我国的自适应光学技术则是起步于 20 世纪 80 年代。1982 年，我国首块反射镜研制成功，该变形镜具有七个驱动器单元，并采用压电驱动方式，填补了我国在 AO 技术领域的空白[85]。1985 年，中科院光电技术研究所利用 19 单元变形镜，通过“爬山法”优化原理将我国“神光 I”激光核聚变装置的焦斑能量度提高了 3 倍，为 AO 技术在激光核聚变装置中的应用提供了证明[86]。1990 年 10 月，光电技术研究所将 AO 技术应用至天文观测领域，利用 21 单元红外 AO 技术进行波前修正，并利用天文台望远镜进行星体拍摄，表明 AO 技术可大幅度减小星地间湍流效应[87]。光电技术研究所在 2000 年对该望远镜加装 61 单元 AO 系统，并于 2004 年进行系统升级，通过改变夏克-哈特曼传感器的子孔径分布方式以提高系统精度[87]。2000 年，光电技术研究所又研制出 19 单元微小型 AO 系统，并成功应用于活体人眼视网膜的成像观测当中[88]，使我国成为继美国之后第二个利用自适应光学技术实现视网膜高分辨率成像的国家。两年后光电技术研究所又将该系统升级为 37 单元，对系统精度进行了进一步的提升。

2010 年，夏利军等开展了大气光通信畸变波前校正实验[89]。2010 年，韩立强等在自由空间光通信系统中加入 AO 技术以研究通信系统误码率的变化情况，实验表明采用该技术后，仅校正较为低阶的像差便可大幅度提升自由空间光通信的性能[90]。2011 年，中科院光电技术研究所与武汉大学合作进行光通信实验，并采用 AO 技术对模拟大气湍流进行修正，改善了光通信系统质量的同时降低了光强起伏[91]。2014 年，Liu 等系统分析了自适应光学技术对相干光通信混频效率的影响,并于 2016 年通过实验证明自适应光学可以有效地改善相干光通信系统性能[92,93]。2017 年，西安理工大学柯熙政、吴加丽等进行了无波前探测的相干光通信系统实验研究，实验表明无波前探测自适应光学技术可以有效抑制大气湍流对光信号的影响，提高相干光通信系统的单模光纤耦合功率[83]。2018 年，中国科学院研究员宣丽及其团队成功研制出适用于开环控制的快速液晶自适应光学系统，并在 1.2m 望远镜上通过实验获取了清晰的双星图像，成功提高了系统能量利用率[92]。

2019 年，西安理工大学吴加丽等[94]研究了一种基于变形镜本征模式的无波前自适应光学校正技术，并通过实验系统对自由空间光通信中的畸变波前进行校正，结果表明该方法可有效地校正畸变波前，同时提高系统收敛速度[95]。2019 年，Ke 等还将其应用于涡旋光领域，研究了一种基于相位差法的无波前自适应光学校正技术，并搭建实验证明采用该算法的无波前 AO 系统可有效地校正涡旋光束的畸变波前，降低模式间串扰，且在保证校正效果的前提下提高了收敛速度[96]。

国内的 AO 技术发展迅猛，并在相干光通信中起着至关重要的作用。但相比国际水平而言，仍有所不足。大气湍流的不确定性、系统本身的复杂度、信号捕获追踪精准度、研究时长等都是制约我国 AO 技术发展的重要因素。

1.2.3　自适应光学发展趋势

从 1953 年开始至今，自适应光学的研究重点也从天文成像观测转至激光通信。在相干光通信领域，AO 技术成为校正波前畸变的主要方法[97]。随着研究领域的不断拓展，AO 技术的校正效果评价指标从单一的图像分辨率极限、波前峰谷值、波前均方根值等光学指标向耦合功率、通信误码率等扩展。科学家们证明了仅校正低阶像差即可显著提高通信质量后，将研究方向延拓到大气湍流抑制上，通过实验证明了 AO 技术在强湍流影响下也可明显提高通信质量。同时又进行了单模光纤耦合效率的研究，通过提高耦合进单模光纤的效率来提高通信质量。国内方面，以中国科学院为主的研究人员对 AO 技术多个应用领域同时开展了研究。通过对变形镜等 AO 技术当中关键器件的研发，完成对自适应光学技术的研究。并在此基础上，通过对控制算法的研究和优化，提高 AO 系统自身的校正效果。目前为止，该技术研究方向主要集中在星地间通信和各类影响因素的解决方案上。

自适应光学技术因其实时测量波前信号以校正波前畸变，提高系统成像精度和通信质量的特性而在天文、通信等领域受到广泛重视[98]。随着 AO 技术的不断完善和扩充，应用领域也逐渐涉及光学分束、器件表面平整度检测、强激光武器系统、人眼像差操纵、激光脉冲整形等范畴。根据应用领域的不同，AO 系统的规模和校正精度也有所差异，但整体而言，系统中波前传感器子孔径数量及变形镜驱动器数目呈现递增趋势。尤其是在远距离通信当中，AO 系统的规模已达到上千单元。相应地，大气湍流扰动、风速干扰等因素对系统性能的影响更为严重。因此，随着系统规模的逐步增大，对波前处理的要求也逐渐增高。而针对波前测量型 AO 系统而言，它主要由波前传感器、波前控制器和波前校正器三部分构成。其中波前控制单元具有举足轻重的地位，因为控制算法的优劣直接决定了系统性能。因此，波前控制算法的校正具有重要的研究意义。

参考文献

[1] Uddin M S, Hamja M A. Ultra high speed coherent optical communication using digital signal processing techniques along with adavanced modulation system. International Conference on Electrical Engineering and Information & Communication Technology, Dhaka, 2014: 1-6.
[2] 柯熙政. 无线光通信. 北京: 科学出版社, 2016.
[3] 姜会林, 佟首峰, 张立中, 等. 空间激光通信技术与系统. 北京: 国防工业出版社, 2010.
[4] Ansari I S, Yilmaz F, Alouini M S. Performance analysis of free space optical links over Málag-a turbulence channels with pointing errors. IEEE Transactions on Wireless Communications, 2016, 15(1): 91-102.
[5] Belmonte A. Feasibility study for the simulation of beam propagation: Consideration of coherent lidar performance. Applied Optics, 2000, 39(30): 5426-5445.
[6] 王清正, 胡渝, 林崇杰. 光电探测技术. 成都: 电子工业出版社, 1993.
[7] Koepf G A, Marshalek R G, Begley D L. Space laser communications: A review of major programs in the united states. International Journal of Electronics and Communications, 2002, 56(4): 232-242.
[8] Hemmati H. Optical space communications at JPL. The 16th Annual Meeting of the IEEE Lasers and Electro-Optics Society, Tucson, 2003: 81-82.
[9] Vilnrotter V, Lau C W. Quantum detection and channel capacity for communications applications. Proceedings of SPIE, 2002, 4635: 103-115.
[10] Chan V W S, Kaufmann J E. Coherent optical intersatellite crosslink systems. Omponents for Fiber Optic Applications III and Coherent Lightwave Communications, Proceedings of SPIE, 1988, 988: 325-335.
[11] Arono S. Power versus stabilization for laser satellite communication. Applied Optics, 1999, 38(15): 3229-3233.
[12] Boroson D M, Robinson B S, Murphy D V, et al. Overview and results of the lunar laser communication demonstration. International Society for Optics and Photonics, Proceedings of SPIE, 2014, 8971: 89710S.
[13] Robinson B S, Boroson D M, Burianek D A, et al. The lunar laser communications demonstration. International Conference on Space Optical Systems and Applications, Proceedings of IEEE, 2011, 7923: 54-57.
[14] Robinson B S, Boroson D M, Burianek D, et al. The NASA lunar laser communication demonstration successful high rate laser communications to and from the moon. International Conference on Space Operations, Proceedings of IEEE, 2014, 1685: 1-7.
[15] Boroson D M, Robinson B S. The lunar laser communication demonstration: NASA's first step toward very high data rate support of science and exploration missions. Space Science Reviews, 2014, 185(1-4): 115-128.
[16] 李学良. 大气激光通信数字相干探测关键技术研究. 北京: 中国科学院大学, 2018.
[17] Dreischer T, Maerki A, Weigel T, et al. Operating in sub-arc seconds: High precision laser terminals for intersatellite communications. Optomechatronic Systems III, Proceedings of SPIE,

2002, 4902: 87-98.
[18] Pribil K, Serbe C, Wandernoth B, et al. SOLACOS YKS: An optical high-data-rate communication system for intersatellite link applications. Free-Space Laser Communication Technologies VII, Proceedings of SPIE, 1995, 2381: 83-88.
[19] Pribil K, Fleming A J. SOLACOS: System implementation. Free-Space Laser Communication Technologies VII, Proceedings of SPIE, 1995, 2381: 143-150.
[20] 周宇, 石力. SOLACOS: 德国空间光通信系统. 电子科技大学学报, 1998, 27(5): 557-560.
[21] Pribil K, Flemming J, Gmb H D. Solid state laser communications in space (SOLACOS) high data rate satellite communication system verification program. Space Optics 1994: Space Instrumentation and Spacecraft Optics, Proceedings of SPIE, 1994, 2210: 39-48.
[22] Flemming J, Pribil K, Gmb H D. Solid state laser communications in space (SOLACOS) position, acquisition, and tracking (PAT) subsystem implementation. Space Optics 1994: Space Instrumentation and Spacecraft Optics, Proceedings of SPIE, 1994, 2210: 164-172.
[23] Eineder M, Runge H, Boerner E, et al. SAR interferometry with TerraSAR-X. Proceedings of the Fringe 2003 workshop (ESA SP-550), Frascati, 2004:1-6.
[24] Werninghaus R. TerraSAR-X-mission. SAR Image Analysis, Modeling, and Techniques VI, Proceedings of SPIE, 2004, 5236: 9-16.
[25] Lange R, Smutny B. BPSK laser communication terminals to be verified in space. IEEE Military Communications Conference, Proceedings of IEEE, 2004, 1: 441-444.
[26] 郭永富, 王虎妹. 欧洲 SILEX 计划及后续空间激光通信技术发展. 航天器工程, 2013, 22(2): 88-93.
[27] Tolker-Nielsen T, Oppenhaeuser G. In-orbit test result of an operational optical intersatellite link between ARTEMIS and SPOT4, SILEX. Proceedings of SPIE, 2002, 4635: 1-15.
[28] Pribil K. Laser communication terminals: A key building block for the new broadband satellite networks. Broadband European Networks and Multimedia Services, Proceedings of SPIE, 1998, 3408: 172-177.
[29] Baister G, Dreischer T, Rugi G E, et al. The OPTEL terminal development programme enabling technologies for future optical crosslink applications. American Institute of Aeronautics and Astronautics, Long Beach, 2003, 6229: 1-8.
[30] Lange R, Smutny B, Wandernoth B. 142km, 5.625Gbit/s Free space optical link based on homodyne BPSK modulation. Free-Space Laser Communication Technologies XVIII, Proceedings of SPIE, 2006, 6105: 61050A.
[31] Lunde C T, Fields R, Jordan J, et al. The near-field infrared experiment (NFIRE) satellite program laser communication terminal (LCT): International cooperation for joint LCT experiments. Laser Science, 2008, 34(11):4073-4075.
[32] Pitz W, Miller D. The TerraSAR-X satellite. IEEE Transactions on Geoscience and Remote Sensing, 2010, 48(2): 615-622.
[33] Werninghaus R, Buckreuss S. The TerraSAR-X mission and system design. IEEE Transactions on Geoscience and Remote Sensing, 2009, 48(2): 606-614.
[34] Buckreuss S, Werninghaus R, Pitz W. The German satellite mission TerraSAR-X. IEEE

Aerospace and Electronic Systems Magazine, 2009, 24(11): 4-9.

[35] Buckreuss S, Schättler B. The TerraSAR-X ground segment. IEEE Transactions on Geoscience and Remote Sensing, 2010, 48(2): 623-632.

[36] Fields R, Kozlowski D, Yura H, et al. 5.625Gbit/s bidirectional laser communications measurements between the NFIRE satellite and an optical ground station. 2011 International Conference on Space Optical Systems and Applications, Proceedings of SPIE, 2011, 8184(4): 44-53.

[37] Gregory M, Heine F, Kämpfner H, et al. Inter-satellite and satellite-ground laser communication links based on homodyne BPSK. Free-Space Laser Communication Technologies XXII, Proceedings of SPIE, 2010, 7587: 75870E.

[38] Miglior R, Duncan J, Pulcino V, et al. Outlook on EDRS-C. International Conference on Space Optics — ICSO, Proceedings of SPIE, 2016, 10562: 105622S.

[39] Arimoto Y, Toyoshima M, Toyoda M, et al. Preliminary result on laser communication experiment using Engineering Test Satellite-VI (ETS-VI). Free-space Laser Communication Technologies VII. International Society for Optics and Photonics, Proceedings of SPIE, 1995, 2381: 151-158.

[40] Takayama Y, Jono T, Toyoshima M, et al. Tracking and pointing characteristics of OICETS optical terminal in communication demonstrations with ground stations. Free-Space Laser Communication Technologies XIX and Atmospheric Propagation of Electromagnetic Waves, Proceedings of SPIE, 2007, 6457: 645707.

[41] Toyoshima M, Takahashi T, Suzuki K, et al. Laser beam propagation in ground-to-OICETS laser communication experiments. Atmospheric Propagation Ⅳ, Proceedings of SPIE, 2007, 6551: 65510A.

[42] Toyoshima M, Sasaki T, Takenaka H, et al. Research and development of free space laser communications and quantum key distribution technologies at NICT. 2011 International Conference on Space Optical Systems and Applications, Koganei, 2011: 1-7.

[43] Toyoshima M, Shoji Y, Kuri T, et al. Development of real time 3Gbit/s BPSK optical coherent receiver using field programmable gate array for free space laser communications. The 26th International Communications Satellite Systems Conference, San Diego, 2008: 1-8.

[44] Yuksel H, Davis C C. Aperture averaging analysis and aperture shape invariance of received scintillation in free space optical communication links. Free Space Laser Communications Ⅵ, Proceedings of SPIE,2006, 6304:63041E.

[45] Tan L Y, Zhai C, Yu S Y, et al. Fiber-coupling efficiency for optical wave propagating through non-Kolmogorov turbulence. Optics Communications, 2014, 331: 291-296.

[46] Cao J T, Zhao X H, Liu W, et al. Performance analysis of a coherent free space optical communication system based on experiment. Optics Express, 2017, 25(13): 15299-15312.

[47] 李成强, 王挺峰, 张合勇, 等. 光源参数及大气湍流对电磁光束传输偏振特性的影响. 物理学报, 2014, 63(10): 118-125.

[48] Li Z K, Zhao X H. BP artificial neural network based wave front correction for sensor-less free space optics communication. Optics Communications, 2017, 385: 219-228.

[49] Li X, Geng T, Ma S, et al. Performance improvement of coherent free-space optical

communica-tion with quadrature phase shift keying modulation using digital phase estimation. Applied Optics, 2017, 56(16): 4695-4701.
[50] 于思源, 闫珅, 谭立英, 等. 星间光通信链路稳定保持时间估算. 中国激光, 2015, 42(11): 137-143.
[51] 武凤, 于思源, 马仲田, 等. 星地激光通信链路瞄准角度偏差修正及在轨验证. 中国激光, 2014, 41(6): 154-159.
[52] 宋城. 我国首颗高通量通信卫星实践十三号成功发射. 中国设备工程, 2017, 4: 6.
[53] 王晋岚. "墨子号"量子卫星圆满实现全部既定科学目标. 科学, 2017, 69(5): 16.
[54] Luo B B, Li Y, Xu T, et al. 20Gbit/s coherent free-space optical communication system with QP-SK modulation. Asia Communications and Photonics Conference, Optical Society of America, 2013, 4(1): 56.
[55] Li M, Li B, Song Y, et al. Investigation of Costas loop synchronization effect on BER performance of space uplink optical communication system with BPSK scheme. IEEE Photonics Journal, 2015, 7(4): 1-9.
[56] Chen M, Liu C, Rui D, et al. Highly sensitive fiber coupling for free space optical communications based on an adaptive coherent fiber coupler. Optics Communications, 2019, 430: 223-226.
[57] Chen M, Liu C, Rui D, et al. Experimental results of 5Gbit/s free-space coherent optical communications with adaptive optics. Optics Communications, 2018, 418: 115-119.
[58] 柯熙政, 王姣. 大气湍流中部分相干光束角反射器的回波光强特性. 光学学报，2015, 42(10): 9-17.
[59] 柯熙政, 王姣. 大气湍流中部分相干光束上行和下行传输偏振特性的比较. 物理学报, 2015, 64(22): 148-155.
[60] 亢烨，柯熙政. 可见光通信中的多维编码. 中国激光，2015, 42(2): 130-136.
[61] 柯熙政, 雷思琛, 杨沛松. 大气激光通信光束同轴对准检测方法. 中国激光, 2016, 43(6): 181-190.
[62] 孔英秀, 柯熙政, 杨媛. 空间相干光通信中本振光功率对信噪比的影响. 红外与激光工程, 2016, 45(2): 242-247.
[63] 谭振坤, 柯熙政. 相干探测系统中的混频效率. 激光与光电子学进展, 2017, 54(10):126-134.
[64] 马兵斌, 柯熙政, 张颖. 相干光通信系统中光束的偏振控制及控制算法研究. 中国激光, 2019, 46(1): 247-254.
[65] Ke X Z, Lei S C. Spatial light coupled into a single-mode fiber by a Maksutov-Cassegrain antenna through atmospheric turbulence. Applied Optics, 2016, 55(15): 3897-3902.
[66] Juarez J C, Dwivedi A, Hammons A R, et al. Free-space optical communications for next-generation military networks. IEEE Communications Magazine, 2006, 44(11): 46-51.
[67] 吴加丽. 无波前探测的相干光通信系统实验研究. 西安: 西安理工大学, 2018.
[68] 卢宁, 柯熙政, 张华. 自由空间激光通信中 APT 粗跟踪研究. 红外与激光工程, 2010, 39(5): 943-949.
[69] Zhai C, Tan L, Yu S, et al. Fiber coupling efficiency for a Gaussian-beam wave propagating through non-Kolmogorov turbulence. Optics Express, 2015, 23(12): 15242-15255.

[70] 陈牧, 柯熙政. 大气湍流对激光通信系统性能的影响研究. 红外与激光工程, 2016, 45(8): 115-121.
[71] 姜文汉. 自适应光学与能动光学. 物理, 1997, 26(2): 11-17.
[72] Liang J Z, Grimm B, Goelz S, et al. Objective measurement of wave aberrations of the human eye with the use of a Hartmann-Shack wave-front sensor. Journal of the Optical Society of America A, 1994, 11(7): 1949-1957.
[73] 刘莹. 压电变形镜控制方法及应用研究. 合肥: 中国科学技术大学, 2014.
[74] Wang Y H, Tong S F, Zhang L, et al. Testing technology of adaptive optics in atmospheric laser communication. Applied Mechanics and Materials, 2014, 602-605: 1976-1979.
[75] Baranec C, Riddle R, Law N M, et al. High-efficiency autonomous laser adaptive optics. Astrophysical Journal Letters, 2014, 790(1): 1-7.
[76] Weyrauch T, Vorontsov M A, Bifano T G, et al. Fiber coupling with adaptive optics for free-space optical communication. Free-Space Laser Communication and Laser Imaging. United States: SPIE, 2002: 177-184.
[77] Boyer C, Michau V, Rousset G. Adaptive optics: Interaction matrix measurements and real time control algorithms for the COME-ON project. Adaptive Optics and Optical Structures, 1990: 63-81.
[78] Ren D Q, Zhu Y T, Zhang X, et al. Solar tomography adaptive optics. Applied Optics, 2014, 53(8): 1683-1693.
[79] Chen M, Liu L, Rui D M, et al. Experimental results of 5Gbit/s free-space coherent optical communications with adaptive optics. Optics Communications, 2018, 418: 115-119.
[80] 饶长辉, 朱磊, 张兰强, 等. 太阳自适应光学技术进展. 光电工程, 2018, 45(3): 22-32.
[81] Weyrauch T, Vorontsov M A, Beresnev L A, et al. Atmospheric compensation over a 2.3 km propagation path with a multi-conjugate (piston-MEMS/modal DM) adaptive system. Target-in-the-Loop: Atmospheric Tracking, Imaging, and Compensation: International Society for Optics and Photonics, 2004, 5552: 73-84.
[82] Carrizo C E, Calvo R M, Belmonte A. Intensity-based adaptive optics with sequential optimization for laser communications. Optics Express, 2018, 26(13): 16044-16053.
[83] Hashmi A J, Eftekhar A A, Adibi A, et al. Analysis of adaptive optics-based telescope arrays in a deep-space inter-planetary optical communications link between Earth and Mars. Optics Communications, 2014, 333: 120-128.
[84] Babcock H W. The possibility of compensating astronomical seeing. Publications of the Astronomical Society of the Pacific, 1953, 65(386): 229-236.
[85] Hardy J W. Active optics: A new technology for the control of light. Proceedings of the IEEE, 1978, 66(6): 651-697.
[86] 胡谋法. 自适应光学波前重构算法研究. 长沙: 国防科学技术大学, 2003.
[87] Greenwood D P, Primmerman C A. Adaptive optics research at Lincoln Laboratory. The Lincoln Laboratory Journal, 1992, 5(1): 3-24.
[88] Kern P, Merkle F, Gaffard J P, et al. Prototype of an adaptive optical system for astronomical observation. Real Time Image Processing: Concepts and Technologies. France: SPIE, 1988:

9-16.

[89] 夏利军, 李晓峰. 基于自适应光学的大气光通信波前校正实验.太赫兹科学与电子信息学报, 2010, 8(3): 331-335.

[90] 韩立强, 王祁, 信太克归, 等. 基于自适应光学补偿的自由空间光通信系统性能研究. 应用光学, 2010, 31(2): 301-304.

[91] Thompson C A, Kartz M W, Flash L M, et al. Free-space optical communications utilizing MEMS adaptive optics correction. Free-Space Laser Communication and Laser Imaging II. United States: SPIE, 2002: 129-138.

[92] Liu C, Chen S, Li X Y, et al. Performance evaluation of adaptive optics for atmospheric coherent laser communications. Optics Express, 2014, 22(13): 15554-15563.

[93] Liu C, Chen M, Chen S, et al. Adaptive optics for the free-space coherent optical communications. Optics Communications, 2016, 361: 21-24.

[94] 吴加丽, 柯熙政. 无波前传感器的自适应光学校正. 激光与光电子学进展, 2018, 55(3): 133-139.

[95] Wright M W, Morris J F, Kovalik J M, et al. Adaptive optics correction into single mode fiber for a low Earth orbiting space to ground optical communication link using the OPALS downlink. Optics Express, 2015, 23(26): 33705-33712.

[96] Ke X Z, Cui N M. Experimental research on phase diversity method for correcting vortex beam distortion wavefront. Applied Physics B, 2020, 126(4): 1-11.

[97] Ke X Z, Li M. Laser beam distorted wavefront correction based on deformable mirror eigenmodes. Optical Engineerings, 2019, 58(12): 126101.

[98] Ke X Z, Cui N M. Experimental research on phase diversity method for correcting vortex beam distortion wavefront. Applied Physics B: Lasers and Optics, 2020, 126(66): 1-11.

第 2 章　波前畸变自适应控制

光波通过介质传输后其波前(波阵面)与光波通过介质之前相比发生了改变，称为畸变。可以通过测量波前的变化，用变形镜改变光程以抑制波前畸变。本章介绍自适应光学系统的基本原理。

2.1　相干光通信的基本原理

相干光通信发射机的工作原理如图 2-1 所示。信号源可以是数字信号，也可以是模拟信号。首先对信号源中需要发送的信号进行信道编码；随后将编码后的信息通过调制器调制到光载波的振幅、频率或者相位上；最后将光信号经过光学放大后通过光学天线发送出去。相干光通信接收机原理图如图 2-2 所示[1]。当光信号经过空间信道传输后，接收端通过光学天线将光信号耦合进光纤内，再通过与本振激光器在光混频器内发生相干混频，然后通过光电探测器进行光电转换，最后输出一个电流信号表示光信号与本振光的差频响应量。完成光信号从光的高频域向电域的中频域的转换。

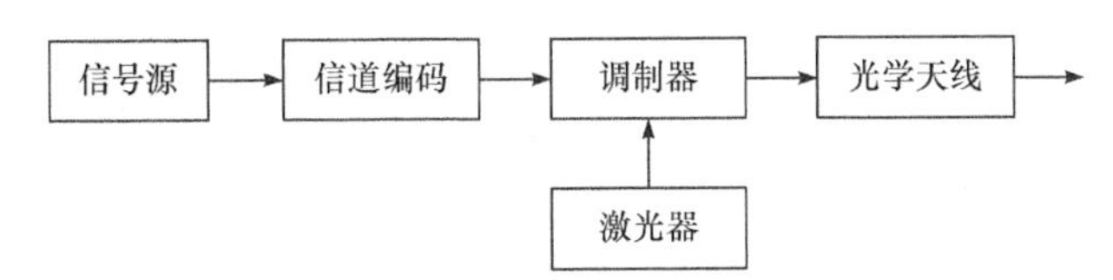

图 2-1　相干光通信发射机原理框图

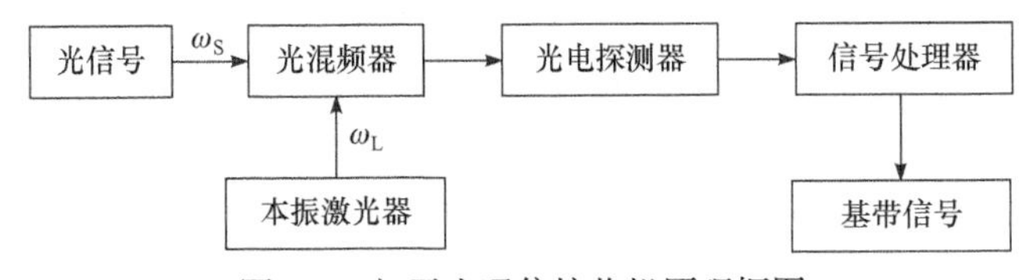

图 2-2　相干光通信接收机原理框图

假设光信号和本振光的表示为

$$E_S = A_S \exp[-i(\omega_S t + \varphi_S)] \tag{2-1}$$

$$E_L = A_L \exp[-i(\omega_L t + \varphi_L)] \tag{2-2}$$

式中，A_S 和 A_L 、ω_S 和 ω_L 、φ_S 和 φ_L 分别为光信号和本振光的振幅、频率及相位，

信源可以搭载在这几个物理量上边，就是调制；S 为光信号，L 为本振。假设光信号与本振光具有相同的偏振方向，则光检测器可检测到的光强度为$\left|E_{\mathrm{L}}+E_{\mathrm{S}}\right|^2$，对应功率为$P=K\left|E_{\mathrm{L}}+E_{\mathrm{S}}\right|^2$，$K$为比例系数，再根据式(2-1)、式(2-2)，可将$P(t)$表示为

$$P(t)=P_{\mathrm{S}}+P_{\mathrm{L}}+2\sqrt{P_{\mathrm{S}}P_{\mathrm{L}}}\cos\left[\left(\omega_{\mathrm{S}}-\omega_{\mathrm{L}}\right)t+\varphi_{\mathrm{S}}-\varphi_{\mathrm{L}}\right] \tag{2-3}$$

式中，$P_{\mathrm{S}}=KA_{\mathrm{S}}^2$；$P_{\mathrm{L}}=KA_{\mathrm{L}}^2$。令$\omega_{\mathrm{IF}}=\omega_{\mathrm{S}}-\omega_{\mathrm{L}}$，此时$\omega_{\mathrm{IF}}$表示经过光电转换后的电信号的中心频率，IF 为中频。当$\omega_{\mathrm{S}}\neq\omega_{\mathrm{L}}$时，这种探测方式称之为外差探测，当$\omega_{\mathrm{S}}=\omega_{\mathrm{L}}$时，$\omega_{\mathrm{IF}}=0$，这种探测方式称为零差探测。假设光信号和本振光具有相同的偏振方向，并且平行入射到光混频器上，入射光功率为$\left[E_{\mathrm{S}}(t)+E_{\mathrm{L}}(t)\right]^2$，由混频器输出的中频电流信号$i_{\mathrm{p}}$可以表示为

$$\begin{aligned}
i_p&=\alpha P=\alpha\overline{\left[E_{\mathrm{S}}(t)+E_{\mathrm{L}}(t)\right]^2}\\
&=\alpha\left\{A_{\mathrm{S}}^2\overline{\cos^2\left(\omega_{\mathrm{S}}t+\varphi_{\mathrm{S}}\right)}+A_{\mathrm{L}}^2\overline{\cos^2\left(\omega_{\mathrm{L}}t+\varphi_{\mathrm{L}}\right)}\right.\\
&\quad+A_{\mathrm{S}}A_{\mathrm{L}}\overline{\cos\left[\left(\omega_{\mathrm{S}}+\omega_{\mathrm{L}}\right)t+\left(\varphi_{\mathrm{S}}+\varphi_{\mathrm{L}}\right)\right]}\\
&\quad\left.+A_{\mathrm{S}}A_{\mathrm{L}}\overline{\cos\left[\left(\omega_{\mathrm{S}}-\omega_{\mathrm{L}}\right)t+\left(\varphi_{\mathrm{S}}-\varphi_{\mathrm{L}}\right)\right]}\right\}
\end{aligned} \tag{2-4}$$

式中，$\alpha=e\eta/hv$，其中e为电子电荷，η为探测器的转换效率，h为普朗克常量，v为光波频率。式(2-4)中第一项和第二项为余弦平方项，在整数周期内的时间平均值为 1/2，其和为$\left(A_{\mathrm{S}}^2+A_{\mathrm{L}}^2\right)/2$，相当于探测器输出的直流分量；第三项为“和频项”，由于“和频项”对应的频率很高，一般情况下光电探测器无法响应；第四项为“差频项”，其变化相对光场的变化要缓慢得多。经带通滤波器滤除直流项与“和频项”后，光电探测器输出的中频光电流可以表示为

$$i_{\mathrm{IF}}=\alpha A_{\mathrm{S}}A_{\mathrm{L}}\cos\left[\left(\omega_{\mathrm{S}}-\omega_{\mathrm{L}}\right)t+\left(\varphi_{\mathrm{S}}-\varphi_{\mathrm{L}}\right)\right] \tag{2-5}$$

用平均光功率可表示为

$$i_{\mathrm{IF}}=2\alpha\sqrt{P_{\mathrm{S}}P_{\mathrm{L}}}\cos\left[\left(\omega_{\mathrm{S}}-\omega_{\mathrm{L}}\right)t+\left(\varphi_{\mathrm{S}}-\varphi_{\mathrm{L}}\right)\right] \tag{2-6}$$

式中，$P_{\mathrm{S}}=A_{\mathrm{S}}^2/2$为光信号的平均光功率；$P_{\mathrm{L}}=A_{\mathrm{L}}^2/2$为本振光的平均光功率。

当式(2-5)中的$\omega_{\mathrm{S}}-\omega_{\mathrm{L}}\neq0$时，称为外差探测，外差探测要求激光器的线宽很窄，本振光的频率和相位高度稳定；而当式(2-5)中的$\omega_{\mathrm{S}}-\omega_{\mathrm{L}}=0$时，称为零差探测，零差探测要求本振光与光信号的相位严格匹配，要用到锁相技术，其实现比外差探测要困难。

自适应光学技术能够实时补偿波前畸变，但面临以下两个问题[2]。

(1) 提高空间光-光纤耦合效率。波前畸变会造成单模光纤耦合效率降低，自适应光学技术需要提高光纤耦合效率，降低耦合进单模光纤光功率抖动。

(2) 提高混频效率。波前畸变还会造成混频器的混频效率降低，因此，自适应光学技术的校正效果还体现在提高相干混频效率和系统信噪比上。

2.2　自适应光学技术

2.2.1　基本原理

AO 是补偿由大气湍流或其他因素造成的成像过程中波前畸变的技术。AO 是一项使用可变形镜面校正大气湍流造成的光波波前发生畸变，从而改进光学系统性能的技术。自适应光学的概念和原理是 1953 年由海尔天文台的 Horace Babcock 提出的。1991 年 5 月，美国军方将自适应光学的研究资料解密，自适应光学技术才得以广泛应用。如图 2-3 所示，自适应光学系统通常包括三个基本组成部分[3]，分别是波前探测器、波前控制器和波前校正器(通常称为变形镜)。受大气湍流效应的影响，光在大气中传输时会发生波前畸变，降低了光束质量。波前探测器可以实时探测畸变波前相位，波前控制器则根据畸变波前信息计算出应该施加到波前校正器上的控制电压。波前校正器则根据施加的电压实时补偿波前误差。

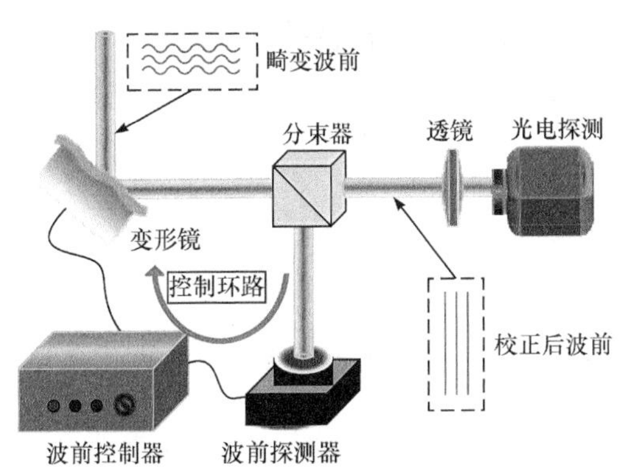

图 2-3　自适应光学系统结构

自适应光学技术采用相位共轭技术[4]，光场可以表示为

$$E_1 = E_0 e^{i\varphi} \tag{2-7}$$

式中，E_0 为光场振幅；φ 为由大气湍流引起的光畸变波前相位。波前校正系统的作用是产生与之相位共轭的波面：

$$E_2 = E_0 e^{-i\varphi} \tag{2-8}$$

通过两个光场叠加使相位误差得以补偿。自适应光学系统能够通过波前校正器实时改变畸变波前的光程，从而达到校正波前相位的目的。

2.2.2 波前传感器

波前传感器是自适应光学系统的眼睛，用来探测系统伺服回路的波前畸变。它通过实时的测量系统入瞳面上光学波前的相位畸变，提供实时的电压控制信号给波前校正器，系统经闭环校正后获得接近衍射极限的图像。为了校正大气湍流造成的波前畸变，波前传感器的空间和时间分辨率必须和扰动信号的时间和空间尺度相匹配，即要求波前传感器的子孔径尺寸小于大气的相干长度，电荷耦合元件(charge coupled device, CCD)的采样频率和大气的相干时间相匹配。

如表 2-1 所示，常见的波前传感器有波前曲率传感器[5]、点衍射干涉仪传感器[6]、横向剪切干涉仪[7]和夏克-哈特曼波前传感器[8]等。表 2-1 是对四种波前传感器进行对比。其中夏克-哈特曼波前传感器已广泛应用于自适应光学系统中，该传感器能够直观地显示波前畸变的强度和相位分布信息，并且具有简单操作、实时探测精度高的特点，因而在自适应光学系统、激光光束的质量诊断、光学元件和系统的检测、激光脉冲波前整形和大气扰动测量等领域得到广泛的应用。

图 2-4 为夏克-哈特曼波前传感器的探测原理图，它由微透镜阵列和电荷耦合器件组成。微透镜阵列将一个完整的光斑分割成多个微小的子光斑，每一个子光斑均被对应的微透镜聚焦到焦平面上，最终成像到 CCD 探测靶面上。通过比较子孔径的实际焦点位置和理想焦点位置估计出波前的畸变量。根据光斑质心定义，在离散采样情况下光斑质心的坐标位置为

$$x_{\mathrm{c}}=\frac{\sum x_i E_i}{\sum E_i} \tag{2-9}$$

$$y_{\mathrm{c}}=\frac{\sum y_i E_i}{\sum E_i} \tag{2-10}$$

式中，E_i 为第 i 个 CCD 像素接收到的光能信号；$\left(x_i, y_i\right)$ 是第 i 个像素的坐标；$\left(x_{\mathrm{c}}, y_{\mathrm{c}}\right)$ 为子光斑的质心坐标。

表 2-1 四种不同波前传感器比较

波前传感器名称	输出数据类型	原理	优点	缺点
横向剪切干涉仪	斜率	光栅衍射效应产生的波前剪切干涉图样	信噪比高	光能利用率低；存在 2π 不确定性
夏克-哈特曼波前传感器	斜率	微透镜阵列将入射波前聚焦到 CCD 的感光面上，形成光斑阵列图像，求出各子孔径光斑质心偏移量	光能利用率高；不存在 2π 不确定性，探测范围大	子孔径尺寸使空间分辨率有限，在使用模式法进行波前重构时，需选取最优重构阶数

续表

波前传感器名称	输出数据类型	原理	优点	缺点
点衍射干涉仪传感器	相位	被测光束聚焦在中心位置有针孔的半透明掩膜板上，被测光束的相位信息就包含在透过掩膜板的被测波面与针孔衍射产生的参考球面的干涉图样	对相干性要求不高；是一种共光路型的干涉仪，基准参考光来自本身，抗干扰性能好	光源利用率低
波前曲率传感器	曲率	通过比较焦面前后两个对称平面上的光强分布来获得所需信号	可直接控制变形镜变形量，实时性好，价格便宜	测量精度低

在测量之前先用无像差平行光对波前传感器进行标定，记录每个微透镜子光斑的理想质心。如图 2-4 所示，通过比较子光斑的质心位置和标准质心位置便可计算出子孔径内波前平均斜率。子孔径内的波前像差和夏克-哈特曼探测器探测到的波前斜率之间的关系如下：

$$S_x = \frac{1}{A_s}\iint_{A_s} \frac{\partial \phi(x,y)}{\partial x}\mathrm{d}x\mathrm{d}y = \frac{x_c - x_{c0}}{f} \tag{2-11}$$

$$S_y = \frac{1}{A_s}\iint_{A_s} \frac{\partial \phi(x,y)}{\partial y}\mathrm{d}x\mathrm{d}y = \frac{y_c - y_{c0}}{f} \tag{2-12}$$

式中，(x_{c0}, y_{c0}) 为波前传感器理想质心；f 为微透镜焦距；A_s 为微透镜面积。

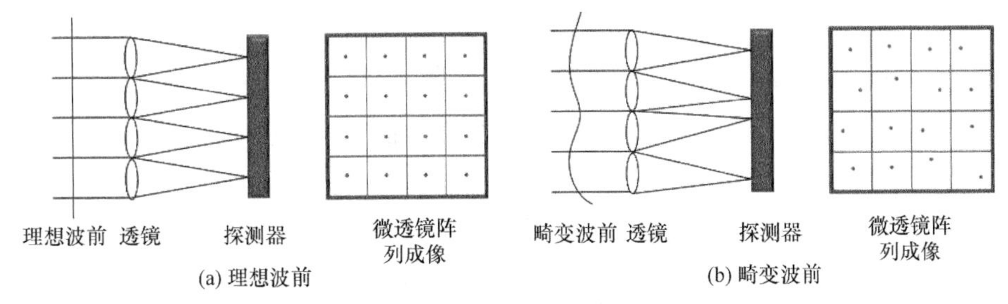

图 2-4　夏克-哈特曼波前传感器探测原理

2.2.3　波前校正器

波前校正器有偏摆镜、连续面型变形镜、倾斜式变形镜、分段式变形镜、模式反射镜等。自适应光学系统中的波前校正器，通常采用高灵敏度偏摆微动镜对波前的水平倾斜和垂直倾斜进行补偿，用连续或者分段式多单元变形镜进行分区域波前校正。

连续型变形镜促动器有两种结构：一种是分立制动器制动；另一种是压电材料 PZT 制动。连续型镜面采用柔性连续反射镜面，当促动器运动时，镜面面型的局部变化更为均匀和连续，使得整个面型形成更为微小的反射区域分割，进而让连续型变型镜对波前畸变的补偿更为精细化。图 2-5 为连续表面的索雷博 DMP-40-F01 变形镜，连续型变形镜的整体校正镜面尺寸较小，适合对微型光学波前进行更为精细的校正，一般用于光学器材的检测和校正，以及眼科医学的使用。

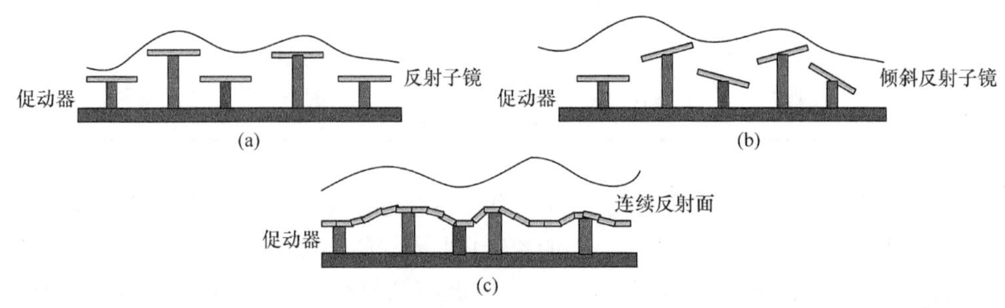

图 2-5　分立式变形镜、倾斜表面变形镜和连续型变形镜

图 2-5 分别为三种变形镜的结构示意图。分立式变形镜的各个促动器独立连接微小子反射镜，当每个促动器运动时，独立子镜面之间形成上下位错的形态，通过这种微小位错，使得变形镜面型的整体形态产生变化，进而达到对入射到不同变形镜子镜面上的光程差的补偿效果。当每个促动器进行运动时，促动器带动反射镜进行相应的运动，每块子反射镜的基本轮廓有正方形、矩形、正六边形等，由单独的驱动器驱动产生活塞式运动，每个子反射镜运动的粘连值小于连续型变形镜。做工工艺和技术的限制，使得这种变形镜结构微型反射镜尺寸不会很小，每一个子校正区域面积相比于连续型变形镜的更大，校正分辨率下降。但是，这种结构对反射镜工艺要求相较于连续型反射镜较低，变形镜促动器的增多，使得整个面型上可变化的运动单元增多，这类往往满足于大尺寸变形镜的规格要求，并且分立式变形反射镜拥有很大的冲程和较高的精度，同时重量较轻，使得分立式变形镜经常被用于大型天文观测望远镜的成像校正，以及太空望远镜的观测系统中。而倾斜表面变形镜是一种活塞加倾斜的构造方式，相比于分立式，倾斜表面变形镜在分立式变形镜的基础上，增加了区域倾斜维度的校正，可以在每个校正子区域中对局部波前倾斜量进行校正，校正范围更大、更灵活。

2.2.4　波前畸变校正原理

自适应光学系统的光路完成安装和调试后，采用高质量稳定的平行光源作用于整个光路进行系统标定实现闭环。分别向变形镜发送推和拉的指令，并反复采集求取平均，以建立 WFS 采集的斜率和 DM 产生的形变面型之间的关系，完成响应矩阵(interaction matrix, IM)的计算。

$$
\mathrm{IM}_{\mathrm{cmd2Slope}} = \begin{bmatrix} \dfrac{\left(\sum_{i=1}^{m}\sum_{j=1}^{n}\mathrm{Slope}_{i,j,+,x}^{1} - \sum_{i=1}^{m}\sum_{j=1}^{n}\mathrm{Slope}_{i,j,-,x}^{1}\right)}{2v_0 mn} & \dfrac{\left(\sum_{i=1}^{m}\sum_{j=1}^{n}\mathrm{Slope}_{i,j,+,y}^{1} - \sum_{i=1}^{m}\sum_{j=1}^{n}\mathrm{Slope}_{i,j,-,y}^{1}\right)}{2v_0 mn} \\ \vdots & \vdots \\ \dfrac{\left(\sum_{i=1}^{m}\sum_{j=1}^{n}\mathrm{Slope}_{i,j,+,x}^{69} - \sum_{i=1}^{m}\sum_{j=1}^{n}\mathrm{Slope}_{i,j,-,x}^{69}\right)}{2v_0 mn} & \dfrac{\left(\sum_{i=1}^{m}\sum_{j=1}^{n}\mathrm{Slope}_{i,j,+,y}^{69} - \sum_{i=1}^{m}\sum_{j=1}^{n}\mathrm{Slope}_{i,j,-,y}^{69}\right)}{2v_0 mn} \end{bmatrix} \tag{2-13}
$$

式(2-13)为传统推拉方法响应矩阵的计算表达式，其中 i 和 j 分别为推拉次数和每次推拉状态下采集的斜率数；x 和 y 分别为采集斜率的方向；DM 有多个驱动单元，则多次取平均的情况下可使得噪声对于斜率值的影响更小。因此该方法作为自适应光学响应矩阵计算的最基本方法，已广泛应用于实际系统中。图 2-6 和图 2-7 分别为在驱动第 10 个、20 个、30 个、40 个、50 个、60 个驱动器情况下，波前传感器采集的斜率图以及变形镜产生的面型影响分布图。图 2-8 为在完成推拉后响应矩阵的等高线图。

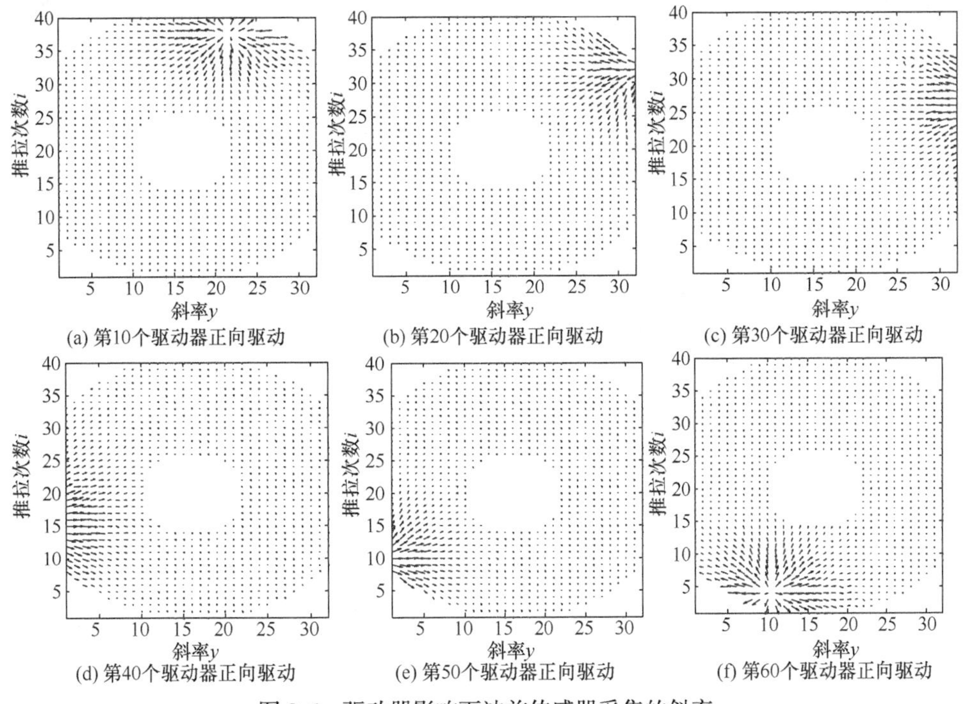

(a) 第10个驱动器正向驱动　(b) 第20个驱动器正向驱动　(c) 第30个驱动器正向驱动

(d) 第40个驱动器正向驱动　(e) 第50个驱动器正向驱动　(f) 第60个驱动器正向驱动

图 2-6　驱动器影响下波前传感器采集的斜率

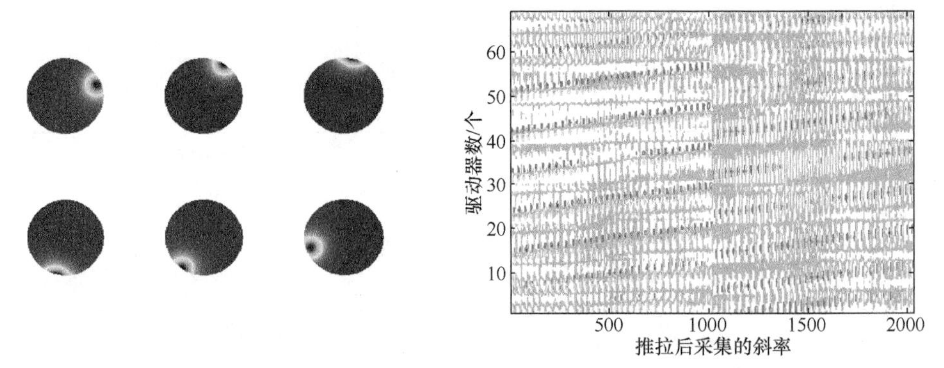

图 2-7　DM 驱动下面型影响分布图　　　　图 2-8　响应矩阵等高线图

闭环系统需要将采集的斜率转化为变形镜驱动电压，而 IM 表示为电压到斜率的转化，并且通常情况下，波前采集的斜率数与 DM 驱动器个数的两倍并非相等，因此对于非方阵的求逆，采用奇异值分解法对 IM 求伪逆计算得到命令矩阵(command matrix, CM)：

$$
\begin{aligned}
&\mathrm{IM}_{\mathrm{cmd2Slope}} = \boldsymbol{u}\boldsymbol{S}\boldsymbol{v}' \\
&\mathrm{CM}_{\mathrm{Slope2cmd}} = \left(\boldsymbol{v}'\right)^{-1}\left(\boldsymbol{S}\right)^{-1}\left(\boldsymbol{u}\right)^{-1}
\end{aligned} \tag{2-14}
$$

式中，$\boldsymbol{S}$ 为奇异值对角阵，其大小排列分布如图 2-9 所示，由于位于序列后端的奇异值数值大小要远远小于前端序号的奇异值,将其后端置零即可起到滤波效果，可进一步提高 CM 矩阵的计算精度。

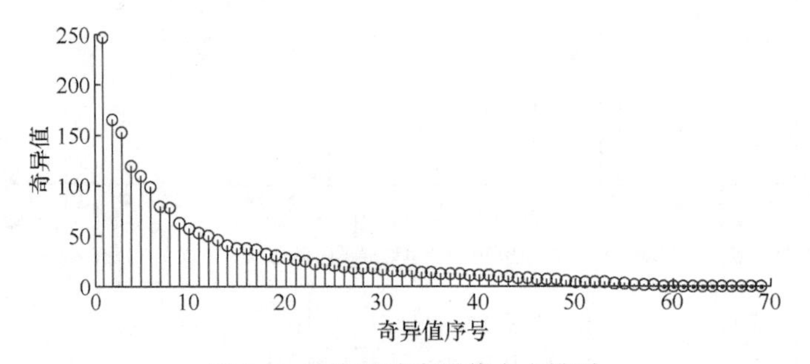

图 2-9　响应矩阵奇异值大小排列

利用期望波前与实测波前构成的误差计算出实时控制电压，完成闭环控制。

$$
\Delta\boldsymbol{v}(n) = \mathrm{gain}\cdot k_{\mathrm{i}}\cdot \boldsymbol{S}_{\mathrm{err}}(n)\cdot \mathrm{CM}_{\mathrm{Slope2cmd}} \tag{2-15}
$$

影响系统闭环性能的主要参数为积分增益及闭环时延。积分增益主要用于闭环的调节步长，即每次调节量的大小，过小则会增加系统到达稳定的时间，过大则会产生震荡；闭环时延主要影响系统的闭环带宽。图 2-10(a)、(b)为相同的增益下不同的闭环带宽对于闭环控制的影响。当系统延时大时，曲线收敛速度慢，延时小时，曲线收敛速度快。图 2-10(b)、(c)为在相同的延时下，不同增益对于系统的影响。图 2-10(b)为系统的增益小于临界值时，波前误差曲线随时间单调递减。图 2-10(c)为系统的增益大于临界值时，波前误差曲线产生了震荡的情形，并最终趋向稳定。经实测，系统增益取 0.35 的情况下，系统处于临界振动状态；系统的闭环带宽最大可到 98.9Hz，接近波前传感器的最高采样帧频(100Hz)。

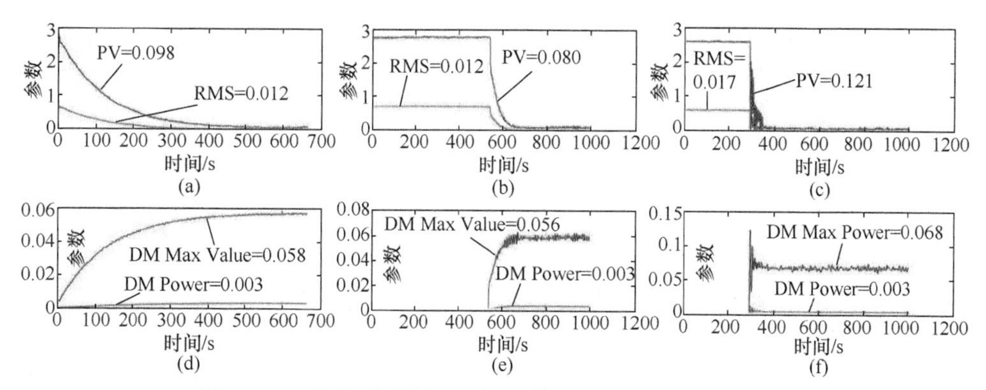

图 2-10　不同积分增益 k_i 和闭环带宽 H_{band} 自适应光学闭环

(a) $k_i = 0.1$; $H_{band} = 5$Hz 波前相位峰谷值和均方根值收敛曲线；(b) $k_i = 0.1$; $H_{band} = 20$Hz 波前相位峰谷值和均方根值收敛曲线；(c) $k_i = 0.4$; $H_{band} = 20$Hz 波前相位峰谷值和均方根值收敛曲线；(d) $k_i = 0.1$; $H_{band} = 5$Hz 变形镜最大电压值和总功率变化曲线；(e) $k_i = 0.1$; $H_{band} = 20$Hz 变形镜最大电压值和总功率变化曲线；(f) $k_i = 0.4$; $H_{band} = 20$Hz 变形镜最大电压值和总功率变化曲线

自适应光学闭环算法就是建立波前斜率和变形镜电压之间的关系，而波前传感器所采集的最初信号即为斜率，通过对斜率的处理还可以获得波前的 Zernike 系数。通过波前相位计算出波前峰谷值和均方根值等。然而从波前斜率到波前相位的计算通常需要一定的运算量，该过程在自适应光学过程中称之为波前重构。而波前重构通常是将重构出的波前作为闭环性能优劣的参考标准，一旦算法稳定，在 AO 的闭环过程中则完全可以省略波前重构该环节。在 AO 带宽要求不高的情况下(即波前重构需占用部分计算时间)，建立 DM 电压与波前 Zernike 系数或波前相位的影响函数(influence function, IF)，在闭环带宽要求较低的情况下，也可以完成实时闭环控制。代尔夫特理工大学自适应光学团队提出了在建立 DM 电压和波前 Zernike 系数的情况下，将迭代学习控制(iterative learning control, ILC)算法应用于实时闭环控制系统，并在 2013 年对 ILC 算法进行了改进，加快了算法收敛速度。

$$V_{n+1} = V_n + \left(\boldsymbol{M}^{\mathrm{T}}\boldsymbol{M} + \beta I\right)^{-1}\boldsymbol{M}^{\mathrm{T}}\boldsymbol{e}_n \tag{2-16}$$

$$\begin{cases} U_{k+1} = Q\left(U_k + Le_k\right) \\ Q = \left(\boldsymbol{M}^{\mathrm{T}}\boldsymbol{M} + \gamma I + \beta I\right)\left(\boldsymbol{M}^{\mathrm{T}}\boldsymbol{M} + \beta I\right) \\ I = \left(\boldsymbol{M}^{\mathrm{T}}\boldsymbol{M} + \beta I\right)^{-1}\boldsymbol{M}^{\mathrm{T}} \end{cases} \tag{2-17}$$

式中，$\boldsymbol{M}$ 为变形镜电压到波前 Zernike 系数的关系矩阵，记为 $\boldsymbol{M}_{\mathrm{cmd2Zernike}}$；$\boldsymbol{e}_n$ 为 Zernike 误差向量；其余均为初始迭代量。该算法的收敛速度要明显高于传统的闭环控制算法。对于 AO 的控制计算，采用比例+微分+积分(proportional integral differential, PID)的形式也可完成闭环控制。比例控制是一种最简单的控制方式，控制器的输入与输出误差信号成比例关系，按比例反映系统的偏差，系统一旦出现偏差，比例调节立即产生调节作用减少偏差；在积分控制器中，控制器的输入与输出误差信号的积分成正比关系，可消除系统稳态误差；在微分控制中，控制器的输出与输入信号的微分成正比关系，微分作用反映系统偏差信号的变化率，能遇见偏差变化的趋势，因此能产生超前的控制作用，在偏差还没有形成之前，已被微分环节作用消除。然而对于实际的 AO 系统，输入误差电压和输出迭代电压均为向量形式，因此每次迭代每个通道的电压均采用相同的 PID 参数，可得到如图 2-11 所示的 PID 控制器调节曲线。由于波前峰谷值(peak to valley, PV)和均方根(root mean square, RMS)在任何状态下均大于 0，调节 PID 参数的过程中，若系统处于欠阻尼状态，无法准确观察输出参量随时间的变化。取每次施加在变形镜电压向量的最大值作为系统输出的响应曲线。由图 2-11 可看出，当 $k_{\mathrm{p}} = 0.11, k_{\mathrm{i}} = 0.35, k_{\mathrm{d}} = 0.13$ 时，系统处于最佳稳定状态。

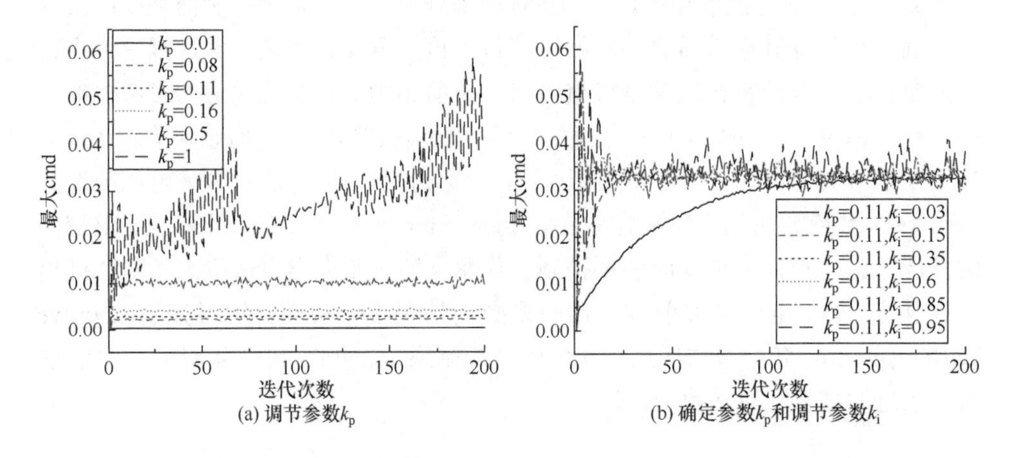

(a) 调节参数k_{p}　(b) 确定参数k_{p}和调节参数k_{i}

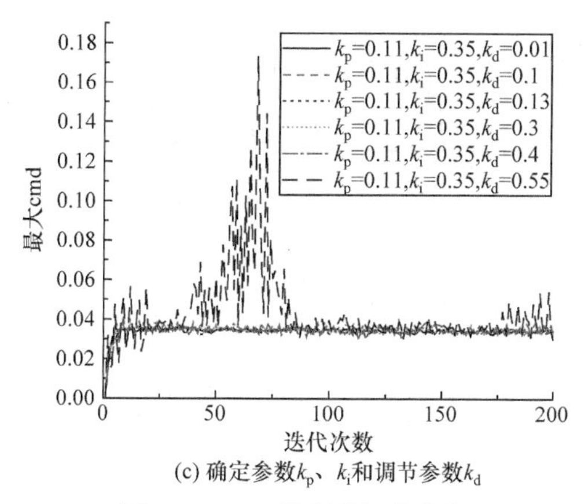

(c) 确定参数k_p、k_i和调节参数k_d

图 2-11　PID 控制器调节曲线

图 2-12 为 AO 开环和闭环情况下 PV 和 RMS 系统曲线，闭环后，波前 $PV = 0.13\lambda; RMS = 0.026\lambda$，满足控制的要求。

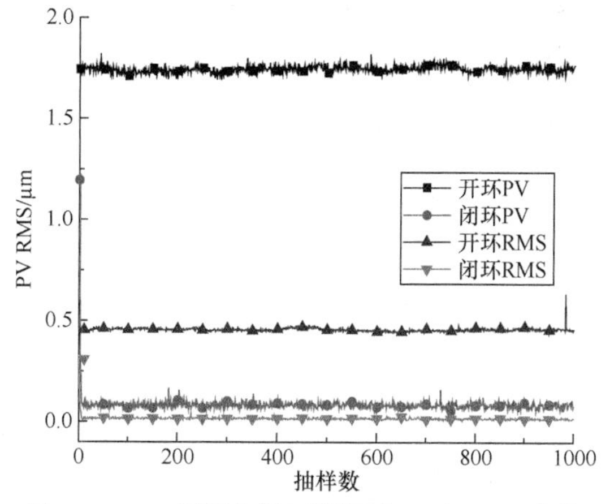

图 2-12　AO 开环和闭环情况下 PV 和 RMS 曲线

高阶的 DM 的驱动器个数达到上百甚至上千，反射式液晶空间光调制器的像素单元为 1600×1200 分辨力的情况下，传统的标定及闭环控制在计算时间和计算量方面很难满足实时控制要求。将波前校正器分解为一系列正交模式，建立模式与波前斜率之间的关系完成响应矩阵的计算。由于将变形镜分解为一系列正交模式后，其模式多项式的排列(如 Zernike 多项式)与它们的系数没有影响，因此对应多项式的排列与对应系数(如 Zernike 系数)相乘即可完成波前重构。依据 Zernike 表达式定义，即

$$Z_n^m(r,\theta)=\begin{cases}\sqrt{2(n+1)}R_n^m(r)\sin(m\theta), & m<0\\ \sqrt{2(n+1)}R_n^m(r)\cos(m\theta), & m>0\\ \sqrt{n+1}, & m=0\end{cases} \tag{2-18}$$

$$R_n^m(r)=\begin{cases}\displaystyle\sum_{s=0}^{\frac{n-|m|}{2}}\frac{(-1)^s(n-s)!}{s!\left(\dfrac{n+|m|}{2}-s\right)!\left(\dfrac{n-|m|}{2}-s\right)!}\cdot r^{n-2s}, & n-|m|\text{为偶数}\\ 0, & n-|m|\text{为奇数}\end{cases} \tag{2-19}$$

$$\begin{cases}i=\dfrac{n(n+1)}{2}+\dfrac{n-m}{2}+1\\ n=\left\lfloor\dfrac{-3+\sqrt{9+8(i-1)}}{2}\right\rfloor\\ m=n^2+2(n-i+1)\end{cases} \tag{2-20}$$

由于 Zernike 多项式的排列顺序对它们的系数没有影响，只需将 Zernike 多项式与对应的 Zernike 系数相乘相加即可完成波前的复原。图 2-13 为 Zernike 阶数 $i=1\sim30$ 多项式展开波前图。

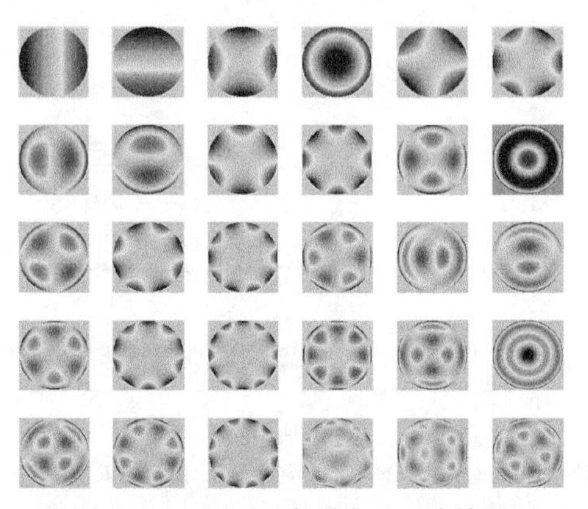

图 2-13　Zernike 多项式展开波前图

常用的 Zernike 多项式只是自身正交，为此，Lukosz 以 Zernike 多项式为基础，推导了一组复合导数正交特性的 Lukosz 模式。Lukosz 模式是 Zernike 模式的线性叠加，其极坐标形式可以表示为

$$L_n^m(r,\theta)=\begin{cases}B_n^m(r)\cos(m\theta), & m\geqslant 0\\ B_n^m(r)\sin(m\theta), & m<0\end{cases} \tag{2-21}$$

式中，n 为非负整数，$|m|\leqslant n$ 且 n 与 m 满足 $n-m=2p, p=0,1,2\cdots$。幅值 $B_n^m(r)$ 可以表示为

$$B_n^m(r)=\begin{cases}\dfrac{1}{\sqrt{n}}\left[R_n^0(r)-R_{n-2}^0(r)\right], & m=0\\ \dfrac{\sqrt{2}}{\sqrt{n}}\left[R_n^m(r)-R_{n-2}^m(r)\right], & n\neq m\neq 0\\ \dfrac{2}{\sqrt{n}}R_n^n(r), & m=n\neq 0\end{cases} \tag{2-22}$$

式中，$R_n^m(r)$ 为 Zernike 多项式幅值，可表示为

$$R_n^m(r)=\sum_{k=0}^{\frac{n-m}{2}}\frac{(-1)^k(n-k)!r^{n-2k}}{k!\left(\dfrac{n+m}{2}-k\right)!\left(\dfrac{n-m}{2}-k\right)!} \tag{2-23}$$

式中，m 和 n 为整数，n 为半径幂级数，且 $0\leqslant m\leqslant n$，$n+m=2p,p=0,1,2\cdots$。图 2-14 为前 30 阶次的 Lukosz 模式的波前展开。

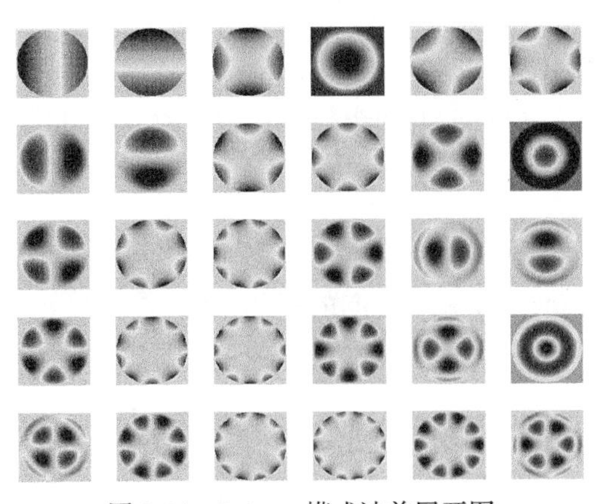

图 2-14　Lukosz 模式波前展开图

变形镜的影响函数矩阵表示电压与波前相位之间的关系，记为 $\varphi=\mathrm{IF}_{\mathrm{cmd2phase}}\cdot C$，令 $\varGamma=\left(\mathrm{IF}_{\mathrm{cmd2phase}}\right)^{\mathrm{T}}\cdot\left(\mathrm{IF}_{\mathrm{cmd2phase}}\right)$，则对 $\varGamma$ 进行奇异值分解，有 $\varGamma=\boldsymbol{USU}^{\mathrm{T}}$，那么由于 $\boldsymbol{U}$ 为酉矩阵，则将变形镜的影响函数公式可写为 $\varphi=\mathrm{IF}_{\mathrm{cmd2phase}}\cdot\boldsymbol{UU}^{\mathrm{T}}C$，令 $\boldsymbol{M}=\mathrm{IF}_{\mathrm{cmd2phase}}\cdot\boldsymbol{U}$，$N=\boldsymbol{U}^{\mathrm{T}}C$，则称 $\boldsymbol{M}$ 为变形镜本征模式数矩阵，N 为变形镜本征模式系数，依次对每一阶次的系数发送单位量，将变形镜的各阶次级数构建如图 2-15 所示。

波前校正方法在中弱湍流情况下可完成闭环，对于强湍流，采用 Hadamard 矩阵建立响应关系，相对于传统方法更为精确。具体算法如下。

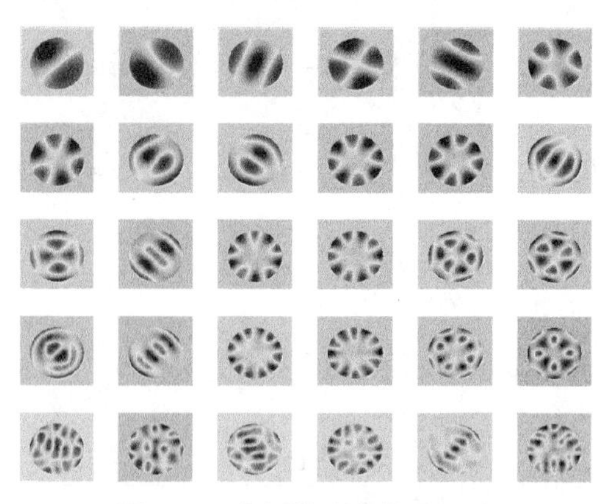

图 2-15　本征模式波前展开图

(1) 由于 Hadamard 矩阵的阶数为 2 或者 4 的整倍数，阶数除以 12、除以 20 必须为 2 的整次幂，变形镜的单元数为 69 个，选择 Hadamard 矩阵的阶数要大于 69，符合上述条件，设 Hadamard 矩阵阶数为 80，虚拟 11 个促动器用于实际运算。

(2) 设 $\boldsymbol{V}_{+,H}^{1}=\begin{bmatrix} v_0 \\ 0 \\ \vdots \\ 0 \end{bmatrix}$ 为 80×1 的列矩阵，令 $\boldsymbol{H}_{80}$ 为 80×80 的 Hadamard 方阵，计算 $\boldsymbol{H}_{80}\boldsymbol{V}_{+,H}^{1}=\boldsymbol{V}^{1}$ 得 $\boldsymbol{V}^{1}$ 为 80×1 的列矩阵，取 $\boldsymbol{V}^{1}$ 的前 69 个元素作用于变形镜，分别采集 x 方向的斜率 $\mathrm{Slope}_{x,+,H}$ 和 y 方向的斜率 $\mathrm{Slope}_{y,+,H}$。

(3) 反置电压，重复(2)，即将 $\boldsymbol{V}_{-,H}^{1}=\begin{bmatrix} -v_0 \\ 0 \\ \vdots \\ 0 \end{bmatrix}$ 与 $\boldsymbol{H}_{80}$ 相乘后取前 69 个元素作用于变形镜，分别采集 x 方向的斜率 $\mathrm{Slope}_{x,-,H}$ 和 y 方向的斜率 $\mathrm{Slope}_{y,-,H}$。

(4) 历遍 $\boldsymbol{V}_{+,H}$ 和 $\boldsymbol{V}_{-,H}$ 的 80 信息，最终求取平均获取 Hadamard 矩阵和斜率之间的关系，每个单元可多次发送，在每次发送后可采集多组斜率。

$$\mathrm{IM}_{\mathrm{Hadamard2Slope}}=\begin{bmatrix} \dfrac{\left(\sum\limits_{i=1}^{m}\sum\limits_{j=1}^{n}\mathrm{Slope}_{i,j,+,x,H}^{1}-\sum\limits_{i=1}^{m}\sum\limits_{j=1}^{n}\mathrm{Slope}_{i,j,-,x,H}^{1}\right)}{2v_0 mn} & \cdots & \dfrac{\left(\sum\limits_{i=1}^{m}\sum\limits_{j=1}^{n}\mathrm{Slope}_{i,j,+,y,H}^{1}-\sum\limits_{i=1}^{m}\sum\limits_{j=1}^{n}\mathrm{Slope}_{i,j,-,y,H}^{1}\right)}{2v_0 mn} \\ \vdots & & \vdots \\ \dfrac{\left(\sum\limits_{i=1}^{m}\sum\limits_{j=1}^{n}\mathrm{Slope}_{i,j,+,x,H}^{80}-\sum\limits_{i=1}^{m}\sum\limits_{j=1}^{n}\mathrm{Slope}_{i,j,-,x,H}^{80}\right)}{2v_0 mn} & \cdots & \dfrac{\left(\sum\limits_{i=1}^{m}\sum\limits_{j=1}^{n}\mathrm{Slope}_{i,j,+,y,H}^{1}-\sum\limits_{i=1}^{m}\sum\limits_{j=1}^{n}\mathrm{Slope}_{i,j,-,y,H}^{1}\right)}{2v_0 mn} \end{bmatrix} \tag{2-24}$$

(5) $\mathrm{IM}_{\mathrm{Hadamard2Slope}}$ 矩阵大小为 80×2036，代表了 Hadamard 矩阵发送电压到斜率之间的关系。

(6) 计算 Hadamard 矩阵到实际发送电压之间的关系，从而计算电压到斜率之间的关系。对于(2)中所计算的 $V^k\left(k=1,2,\cdots,80\right)$，取前 69 个元素，排列构成矩阵 $\mathrm{IM}_{\mathrm{Hadamard2cmd}}$，大小为 80×69。

(7) 对 $\mathrm{IM}_{\mathrm{Hadamard2cmd}}$ 求伪逆，再与 $\mathrm{IM}_{\mathrm{Hadamard2Slope}}$ 相乘，即可得到电压到斜率的响应矩阵：

$$\mathrm{IM}_{\mathrm{cmd2Slope}}=\left(\mathrm{IM}_{\mathrm{Hadamard2cmd}}\right)^{-1}\cdot\mathrm{IM}_{\mathrm{Hadamard2Slope}} \tag{2-25}$$

式中，-1 为矩阵的伪逆。

图 2-16 为采用 Hadamard 矩阵方法计算下的响应矩阵等高线图。对于更为复杂的 AO 闭环控制系统，在无须建立 DM 和 WFS 的响应矩阵情况下，通过建立输入斜率信息与输出控制电压的模糊规则库，采用模糊控制算法，该算法与传统的 PID 性能基本一致，但未广泛应用于实际系统中。对于双变形镜 AO 系统采用拉普拉斯本征函数可完成解耦合，实现对 Woofer 镜和 Tweeter 镜的同步控制。

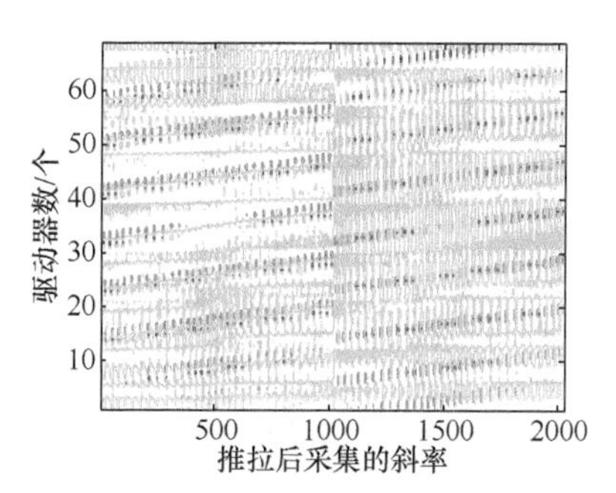

图 2-16　Hadamard 矩阵方法计算下的响应矩阵等高线图

波前相位的补偿是由波前校正器来完成的，它通过改变光束的光程差，达到校正波前畸变的目的。常用的波前校正器有基于反射镜面位置移动的波前校正器，称为变形镜[9]。基于传输介质折射率变化的波前校正器空间分辨率高，但光能利用率低、响应频率低、校正动态范围小、适用谱带窄，如液晶空间光调制器[10]。由非线性介质引起的波前畸变可以利用相位共轭技术进行补偿，如相位共轭非线性光学晶体[11]等。其中变形镜已广泛应用于自适应光学系统中，它由可变形镜面和驱动器组成，控制信号通过控制促动器的运动来改变镜面位移，从而改变入射光的光程以达到校正波前畸变的目的。可反射变形镜的促动器数量直接决定了自适应光学系统对畸变波前的拟合能力。促动器的数目越多，对畸变波前的补偿能力越强。图 2-17 是变形镜的促动器排布图和排序图，其理论模型如下：

$$\phi(x,y)=\sum_{k=1}^{l}V_k\cdot f_k(x,y) \tag{2-26}$$

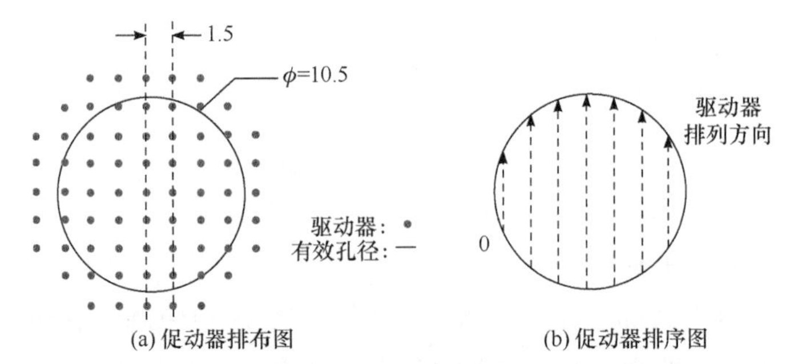

图 2-17　DM69 促动器排布图和排序图(单位：mm)

式中，l 为变形反射镜驱动器的个数；V_k 为各驱动器控制电压；$f_k(x,y)$ 为变形反射镜面形响应函数，一般将其视为高斯函数[12]，即

$$f(x,y)=\exp\left\{\ln\omega\left[\sqrt{(x-x_i)^2+(y-y_i)^2}\,/\,d\right]^{\alpha}\right\} \tag{2-27}$$

式中，x_i,y_i 为变形镜第 i 个促动器的中心坐标位置；α 为高斯函数指数；$d=1.5\text{mm}$ 为变形镜促动器间距；ω 为驱动器交联值，一般取 0.05～0.12。

2.2.5　光束质量评价指标

自适应光学校正效果可以直接通过波前相位峰谷、波前均方根和斯特列尔比表示。假设波前相位误差为 $\varphi(x,y)$，则波前峰谷值 PV 的定义为[13]

$$\text{PV}=\max\left[\varphi(x,y)-\min\varphi(x,y)\right] \tag{2-28}$$

波前均方根的定义为[14]

$$\text{RMS}=\sqrt{\frac{1}{MN}\sum_{x=1}^{M}\sum_{y=1}^{N}\left[\varphi(x,y)-\overline{\varphi(x,y)}\right]^2} \tag{2-29}$$

斯特列尔比，其定义为[15]

$$\text{SR}=\frac{\left|\iint A(x,y)\cdot\exp[\mathrm{i}\varphi(x,y)]\mathrm{d}x\mathrm{d}y\right|^2}{\left|\iint A(x,y)\mathrm{d}x\mathrm{d}y\right|^2} \tag{2-30}$$

式中，$A(x,y)$为光束的振幅；SR 表征了光束能量的集中程度，SR 的值为 0～1，该值越接近 1，说明此时的光束质量越接近衍射极限。

2.3　双变形镜波前校正算法

基于 Zernike 多项式的正交性，采用基于 Zernike 模式分解的双变形镜闭环控制算法，分别由两种组合方式的双变形镜自适应光学系统进行仿真分析，并通过实验验证了结果。实验结果表明，仅偏摆镜单独闭环后，波前 PV 值为 4.64 μm；仅变形镜闭环后，波前 PV 值为 1.24 μm；当偏摆镜和变形镜同时闭环后，PV 值为 0.85 μm。偏摆镜和变形镜同时闭环修正效果要优于偏摆镜的单独闭环。依据波前实测数据，低频分量占据了波前分量的绝大部分。分别从两种情况对基于 Zernike 模式的双变形镜自适应光学系统闭环算法进行仿真计算，最后通过实验进行验证。结果表明，基于 Zernike 模式的双变形镜自适应光学系统技术可有效完成波前修正，在相互弥补各自变形镜修正能力不足的同时，变形镜促动器的功率得到了有效的分配。

2.3.1　大气湍流引起的波前畸变

波前相位可根据 Zernike 系数展开，即波前相位 r [16]，可表示为

$$\phi(r,\theta)=\sum_{j=1}^{\infty}a_j Z_j(r,\theta) \tag{2-31}$$

式中，a_j 为 Zernike 系数；$Z_j(r,\theta)$为 Zernike 级数；r 和 θ 分别为径向坐标和角度坐标。考虑到 Zernike 多项式对于波前的拟合精度，以及后续仿真的对应性，取$j=2$～31(其中$j=1$为波前 Piston 项，不参与波前重构的计算)的 30 阶次 Zernike 多项式，计矩阵 $\boldsymbol{A}$ 为大小 1×30 的 Zernike 系数矩阵。

Noll 定义了 Zernike 级数的表达式[17]，即

$$\begin{cases}Z_{\text{even}\,j}=\sqrt{n+1}R_n^m(r)\sqrt{2}\cos(m\theta), & m\neq 0\\ Z_{\text{odd}\,j}=\sqrt{n+1}R_n^m(r)\sqrt{2}\sin(m\theta), & m\neq 0\\ Z_j=\sqrt{n+1}R_n^0(r), & m=0\end{cases} \tag{2-32}$$

式中，n 为 Zernike 多项式阶数；m 为角频率；$R_n^m(r)$定义为

$$R_n^m(r)=\sum_{s=0}^{(n-m)/2}\frac{(-1)^s(n-s)!}{s!\,\left[(n+m)/2-s\right]!\,\left[(n-m)/2-s\right]!}r^{n-2s} \tag{2-33}$$

式中，m、n、j 的关系为

$$\begin{cases} j = \dfrac{n(n+1)}{2} + \dfrac{n-m}{2} + 1 \\ n = \left\lceil \dfrac{-3+\sqrt{9+(j-1)}}{2} \right\rceil \\ m = n^2 + 2(n-j+1) \end{cases} \tag{2-34}$$

式中，⌈⌉为向上取整。Noll 推导了 Zernike 系数之间 a_j 和 a'_j 的协方差定义，记为 $E(a_j, a_{j'})$，则有

$$E\left(a_j, a'_j\right) = \frac{K_{ZZ'}\delta_Z \Gamma\left[\left(n+n'-\dfrac{5}{3}\right)\Big/2\right]\cdot\left(D/r_0\right)^{5/3}}{\Gamma\left[\left(n-n'+\dfrac{17}{3}\right)\Big/2\right]\cdot\Gamma\left[\left(n'-n+\dfrac{17}{3}\right)\Big/2\right]\cdot\Gamma\left[\left(n+n'+\dfrac{23}{3}\right)\Big/2\right]} \tag{2-35}$$

式中，n、n' 和 m、m' 为系数 a_j 和 a'_j 的 Zernike 多项式阶数和角频率；δ_Z 为 Kronecker 函数；D 为光学系统通光口径；r_0 为大气相干长度(Fried 常数)。计算中通常取 $D/r_0 = 1$，$K_{ZZ'}$ 定义为

$$K_{ZZ'} = 2.2698(-1)^{(n+n'-2m)/2}\sqrt{(n+1)(n'+1)} \tag{2-36}$$

记矩阵 $\boldsymbol{C}$ 为 Zernike 系数向量 $\boldsymbol{A}$ 的协方差矩阵，其中的元素值代表了各 Zernike 系数之间的相关性。

$$\boldsymbol{C} = E\left[\boldsymbol{A}\boldsymbol{A}^{\mathrm{T}}\right] = \begin{bmatrix} E(a_2,a_2) & E(a_2,a_3) & \cdots & E(a_2,a_{31}) \\ E(a_3,a_2) & E(a_3,a_3) & \cdots & E(a_3,a_{31}) \\ \vdots & \vdots & & \vdots \\ E(a_{31},a_2) & E(a_{31},a_3) & \cdots & E(a_{31},a_{31}) \end{bmatrix} \tag{2-37}$$

$\boldsymbol{C}$ 中的元素除对角线外还存在非 0 元素，说明 Zernike 系数之间并非统计独立的。而 Roddier 构造了统计独立的 Karhunen-Loeve 函数[17]，波前 Zernike 系数 $\boldsymbol{A}$ 可表示为

$$\boldsymbol{A} = \boldsymbol{B}\boldsymbol{U} \tag{2-38}$$

式中，$\boldsymbol{B}$ 为统计独立的高斯随机变量；$\boldsymbol{U}$ 为协方差矩阵 $\boldsymbol{C}$ 的奇异值分解矩阵：

$$\boldsymbol{C} = \boldsymbol{U}^{\mathrm{T}}\boldsymbol{S}\boldsymbol{U} \tag{2-39}$$

式中，T 为矩阵的转置。

随机生成一组 1×30 的高斯随机变量 $\boldsymbol{B}$，代入式(2-38)，即可得到一组受大气湍流影响的波前 Zernike 系数矩阵 $\boldsymbol{A}$，如图 2-18 所示。

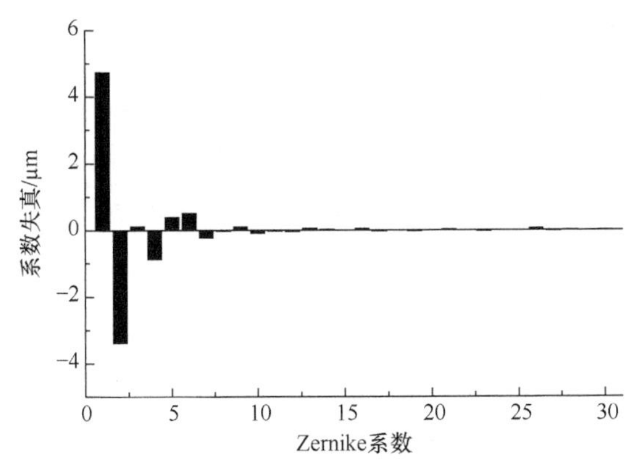

图 2-18　受大气湍流影响的波前 Zernike 系数分布

从图 2-18 中可以明显看出，波前倾斜分量(Tilt-x 阶次和 Tilt-y 阶次)畸变度分别为 4.5μm 和−3.5μm，高阶分量的畸变程度均小于 1μm，畸变分量随着阶次增高逐渐递减。定义波前倾斜分量所占波前畸变总量为

$$\text{Tilt}_{\text{Zernike}} = \frac{\sum_{j=2}^{3} \left| a_j \right|^2}{\sum_{j=2}^{31} \left| a_j \right|^2} \tag{2-40}$$

经计算，图 2-19 中，波前畸变倾斜畸变量占 96.37%，说明波前倾斜分量占据了波前畸变的绝大成分。因此，有必要对波前的倾斜量进行单独的修正。

对于实验中激光经过 1km 大气链路传输后实测的波前畸变，在对 2000 组 Zernike 向量进行处理后可得到曲线，如图 2-19 所示。

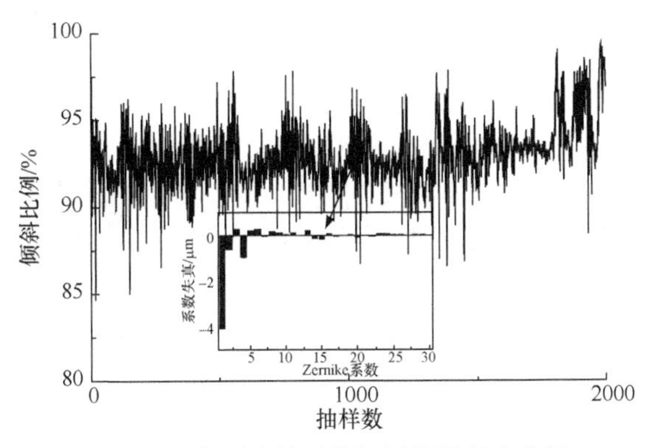

图 2-19　实测波前系数倾斜分量所占比例

波前倾斜量所占波前畸变的整体比例绝大多数在 90%以上，因此有必要单独对波前畸变的低阶倾斜成分采用大行程的变形镜进行单独修正。

2.3.2 波前畸变数值分析

由于 Zernike 多项式和光学检测中观测到的像差多项式的形式是一致的，将波前进行 Zernike 展开可直接观察波前倾斜、离焦、像散、慧差和球差等分量，在自适应光学领域，波前 Zernike 展开更为成熟且更为常用。同时 Zernike 多项式在单位圆内是正交的。

$$\begin{cases}\int W(r)Z_jZ_{j'}\mathrm{d}r=\delta_{jj'}\\ W(r)=1/\pi, \quad r\leqslant 1\\ W(r)=0, \quad r>1\end{cases} \tag{2-41}$$

使用大行程的变形镜校正低阶像差，使用小行程的变形镜校正高阶像差，基于 Zernike 多项式的正交性使得两者之间的校正区域空间具有明确划分。对于常见的多变形镜自适应光学系统，一种是基于二维运动的压电偏摆镜(tilt mirror, TM)与具有独立单元的变形镜组成的双变形镜自适应光学系统；另一种为少独立单元变形镜和多独立单元的变形镜组成的双变形镜自适应光学系统，分别对这两种系统进行分析。

压电偏摆镜、少单元数变形镜和多单元数变形镜的面型分布如图 2-20 所示。其中 TM 由两对相互独立的压电陶瓷驱动，位于 $x(y)$轴的两个压电陶瓷通过电压改变自身型变量来改变以 $y(x)$轴为滚轴方向的波前倾斜量。实际计算中，对通道 x 和通道 y 分别发送角度指令，经内部换算为施加在对应压电陶瓷电压后产生对应 x 和 y 轴的面型角度倾斜量。DM69 和 DM292 分别为驱动单元数为 69 和 292 的电磁式连续面型的变形镜，每个促动器施加电压范围均在−1～1V。TM 和 DM69 组成第一种自适应光学系统，DM69 和 DM292 组成第二种自适应光学系统。

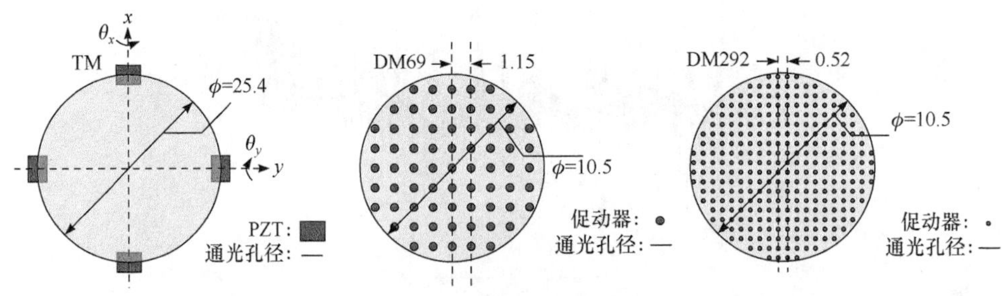

图 2-20 TM、DM69 和 DM292 的面型分布(单位：mm)

由 TM 和 DM69 组成的双变形镜自适应光学系统，TM 作为 Woofer 修正低阶像差，DM69 作为 Tweeter 修正高阶像差，分别求解 TM 到波前传感器和 DM69 到波前传感器的响应矩阵，求解其中任一响应矩阵均需要另一变形镜处于初始位置的静止平面反射状态[18]，分别记为 $IM_{PZT2Zernike}$ 和 $IM_{cmd2Zernike}$。

$$\begin{aligned} IM_{PZT2Zernike} &= PZT^{-1} \cdot \mathbf{Zernike} \\ IM_{cmd2Zernike} &= cmd^{-1} \cdot \mathbf{Zernike} \end{aligned} \tag{2-42}$$

式中，PZT 和 cmd 分别为施加在偏摆镜和变形镜的角度值和电压值；−1 为矩阵的逆；**Zernike** 为波前传感器采集的 Zernike 向量；$IM_{PZT2Zernike}$ 和 $IM_{cmd2Zernike}$ 矩阵大小分别为 2×30 和 69×30。

完成响应矩阵的计算后，分别求对应的逆矩阵以获取波前 Zernike 系数到偏摆镜偏转角度和变形镜电压的命令矩阵。

$$\begin{aligned} CM_{Zernike2PZT} &= \left(IM_{PZT2Zernike}\right)^{-1} \\ CM_{Zernike2cmd} &= \left(IM_{cmd2Zernike}\right)^{-1} \end{aligned} \tag{2-43}$$

完成命令矩阵的计算后，采用积分控制可实现基于偏摆镜和变形镜的双变形镜自适应光学系统闭环。基于 Zernike 模式的双变形镜自适应光学系统闭环算法框图如图 2-21 所示。

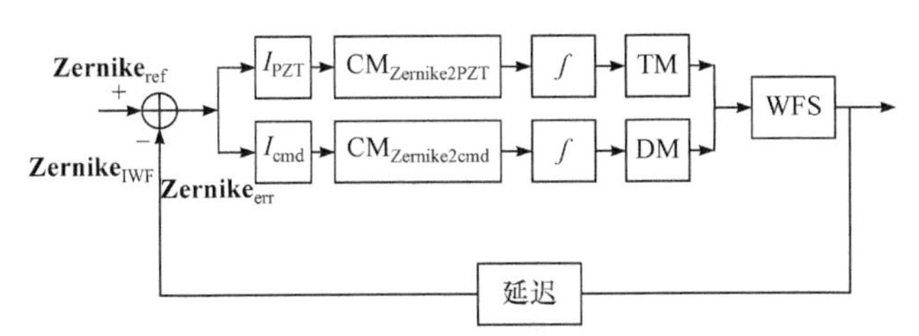

图 2-21　双变形镜自适应光学系统闭环算法框图

图 2-21 中，$\mathbf{Zernike}_{ref}$ 为 1×30 的零矩阵；$\mathbf{Zernike}_{IWF}$ 为当前状态下波前传感器采集的 Zernike 系数 1×30 矩阵。波前传感器第 k 次采集的波前 Zernike 系数矩阵记为 $\mathbf{Zernike}_{IWF}^{k}$ 以及波前相位 $\mathbf{phase}_{IWF}^{k}$，则第 k 次波前计算的迭代相位可表达为

$$\begin{aligned} \mathbf{phase}_{IWF}^{k+1} = \mathbf{phase}_{IWF}^{k} &+ \left[\mathbf{PZT}^{k} + k_i(-\mathbf{Zernike}_{IWF}^{k}) I_{PZT} CM_{Zernike2PZT}\right] \cdot IF_{PZT2phase} \\ &+ \left[\mathbf{cmd}^{k} + k_i(-\mathbf{Zernike}_{IWF}^{k}) I_{cmd} CM_{Zernike2cmd}\right] \cdot IF_{cmd2phase} \end{aligned} \tag{2-44}$$

式中，$\mathbf{PZT}^k$ 和 $\mathbf{cmd}^k$ 分别为第 k 次施加在压电偏摆镜的角度矩阵和施加在变形镜的电压矩阵；k_i 为积分控制系数；$IF_{PZT2phase}$ 和 $IF_{cmd2phase}$ 分别为压电偏摆镜和变形镜的面型影响函数。30 阶对角矩阵 $\boldsymbol{I}_{PZT}$ 和 $\boldsymbol{I}_{cmd}$ 分别为

$$
\boldsymbol{I}_{\mathrm{PZT}}=\begin{bmatrix}1 & & & & \\ & 1 & & & \\ & & 0 & & \\ & & & \ddots & \\ & & & & 0\end{bmatrix},\quad \boldsymbol{I}_{\mathrm{cmd}}=\begin{bmatrix}0 & & & & \\ & 0 & & & \\ & & 1 & & \\ & & & \ddots & \\ & & & & 1\end{bmatrix} \tag{2-45}
$$

取 $I_{\mathrm{cmd}}=0$，即可认为 DM69 处于静止状态，TM 处于闭环状态；同样取 $I_{\mathrm{PZT}}=0$，可认为 TM 处于静止状态，DM69 处于闭环状态。因此，分别单独对 TM 或 DM69 闭环。若在先对 TM 闭环，后对 DM69 闭环，以及 TM 和 DM69 同时闭环的情况下对波前峰谷值进行分析，得到波前闭环状态下的曲线如图 2-22 所示。

观察图 2-22 中曲线，仅当 TM 闭环时，波前的 PV 值由 13.04μm 降至 7.03μm；仅当 DM69 闭环时，波前 PV 值由 13.04μm 降至 10.05μm；当 TM 和 DM69 同时闭环时，波前 PV 值由 13.04μm 降至 0.08μm。说明当同时采用 TM 和 DM69 进行修正后的波前畸变要优于单独 TM 闭环或单独 DM69 闭环。

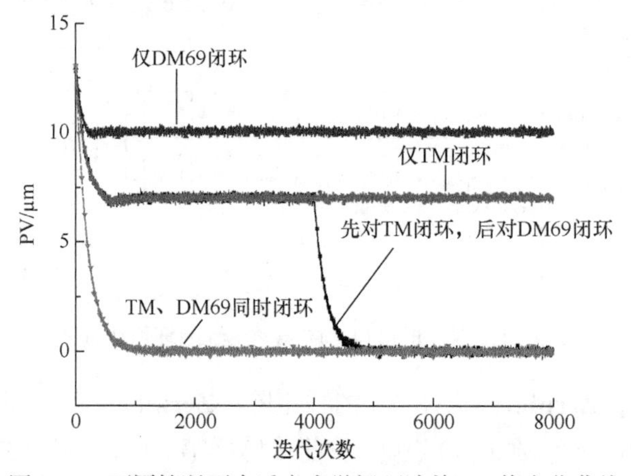

图 2-22　不同情况下自适应光学闭环波前 PV 值变化曲线

取 $\boldsymbol{I}_{\mathrm{PZT}}=0$，$\boldsymbol{I}_{\mathrm{cmd}}$ 为单位对角矩阵，即

$$
\boldsymbol{I}_{\mathrm{PZT}}=\begin{bmatrix}0 & & & & \\ & 0 & & & \\ & & 0 & & \\ & & & \ddots & \\ & & & & 0\end{bmatrix},\quad \boldsymbol{I}_{\mathrm{cmd}}=\begin{bmatrix}1 & & & & \\ & 1 & & & \\ & & 1 & & \\ & & & \ddots & \\ & & & & 1\end{bmatrix} \tag{2-46}
$$

该状态下，TM 处于静止状态，DM69 同时修正了波前的低阶分量和高阶分量，当系统处于闭环稳定后，记录当前状态施加在 DM69 上的电压值为 $\mathrm{cmd}_{\mathrm{DM69}}$。同时记录 TM 和 DM69 闭环系统稳定后施加在 DM69 上的电压值，记为 $\mathrm{cmd}_{\mathrm{TM\_DM69}}$，分别绘制两种情况下的电压分布对比如图 2-23 所示。

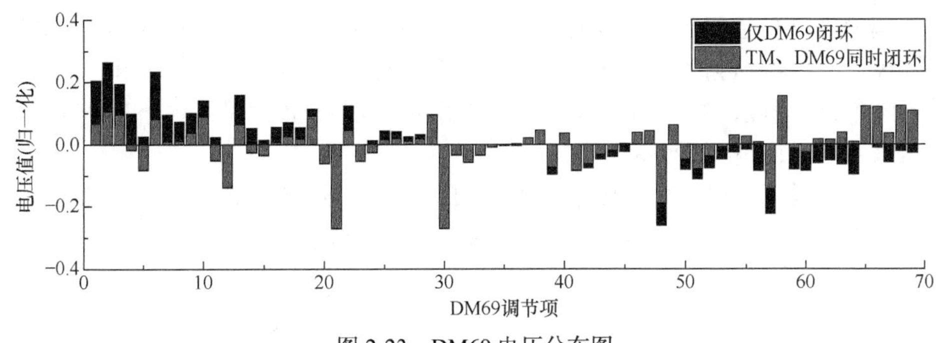

图 2-23　DM69 电压分布图

从图 2-23 中可明显看出，仅 DM69 闭环状态下电压分布值要明显大于 TM 和 DM69 同时闭环状态下的电压分布值，定义 DM69 驱动器的电压总功率为

$$\mathrm{Power}_{\mathrm{DM69}} = \sum_{i=1}^{69} v_i^{\,2} \tag{2-47}$$

式中，v_i 为施加在第 i 个驱动器上的电压值，即当 DM69 单独闭环时，总功率为 0.7011W，当 TM 和 DM69 同时闭环时，总功率为 0.4362W。因此系统在 TM 和 DM69 同时处于闭环的状态下，在波前完成修正的同时，偏摆镜的引入可有效缓解变形镜驱动器输出功率过高和驱动器行程量过大的问题。

同样，对于 DM69 和 DM292 组成的双变形镜自适应光学系统，DM69 作为 Woofer，用于修正低阶像差，DM292 作为 Tweeter，用于修正高阶像差。算法原理与 TM 和 DM69 组成的双变形镜自适应光学系统相同，只是将 TM 的位置换为 DM69，DM69 的位置换为 DM292。分别单独对 DM69 或 DM292 闭环，若先对 DM69 闭环，后对 DM292 闭环，以及 DM69 和 DM292 同时闭环，波前 PV 变化曲线变化如图 2-24 所示。

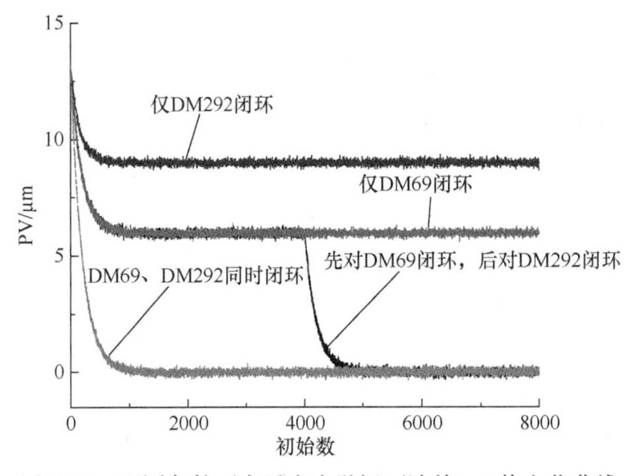

图 2-24　不同条件下自适应光学闭环波前 PV 值变化曲线

当 DM69 单独闭环后，波前 PV 由 13.04μm 降至 5.91μm；当 DM292 单独闭环，PV 由 13.04μm 降至 8.99μm；当 DM69 和 DM292 同时闭环后，PV 由 13.04μm 降至 0.0μm。因此，DM69 和 DM292 同时闭环的波前修正效果要优于 DM69 单独闭环或者 DM292 单独闭环。

分别记录下 DM292 单独闭环状态下和 DM69 与 DM292 同时闭环稳定状态下，DM292 面型电压分布值分别为 cmd_{DM292} 和 $cmd_{DM69+DM292}$。两者的电压分布如图 2-25 所示。

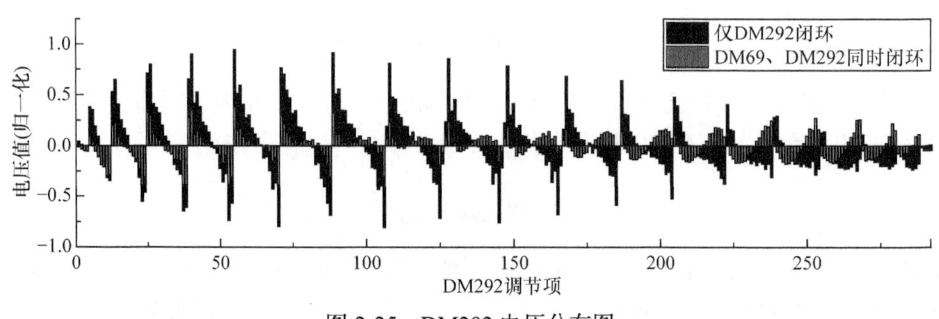

图 2-25　DM292 电压分布图

由图 2-25 可看出，DM292 单独闭环状态下促动器的平均行程要明显大于 DM69 和 DM292 同时闭环状态下的平均行程。DM292 单独闭环后，变形镜总功率为 28.55W；DM69 与 DM292 同时闭环后，DM292 的功率为 4.98W。则说明双变形镜在完成波前修正的同时，DM292 的输出功率得到有效的均衡分配。

通过仿真可知，第一种双变形镜自适应光学系统和第二种双变形镜自适应光学系统闭环后，当系统处于稳定状态，波前的 PV 值均可降至 0.08μm。考虑到器件成本问题，可选择偏摆镜和 DM69 变形镜组成的双变形镜自适应光学系统应用于实际激光通信系统中完成波前修正。

2.3.3　偏摆镜+变形镜波前畸变自适应控制实验

基于偏摆镜和变形镜的自适应光学波前校正光路如图 2-26 所示。激光器采用输出功率可调谐的 650nm 波段的半导体激光器，输出为直径 3.8mm 的准直光束。由平凸透镜 1 和平凸透镜 2 所构成的 4f 系统将激光器输出的准直光束扩束为 25.4mm 的准直光束，经分光棱镜 1 反射后，直接作用于偏摆镜，其中偏摆镜的有效反射面直径为 25.4mm。由偏摆镜全反射后的光束经透射分光棱镜 1，再由分光棱镜 2 进行反射，直接作用于变形镜，变形镜的有效反射面直径为 10.5mm。经 DM69 部分反射的 10.5mm 的平行光再经过分光棱镜 2 后，再由平凸透镜 3 和平凸透镜 4 组成的 4f 系统将光束由 10.5mm 缩束为 4.5mm，作用于波前传感器。透镜 1、2、3、4 的焦距分别为 30mm、200mm、175mm 和 75mm，分光棱镜 1、

2 的棱长均为 25.4mm，由偏摆镜，变形镜，波前传感器和计算机构成了完整的双变形镜自适应光学系统。

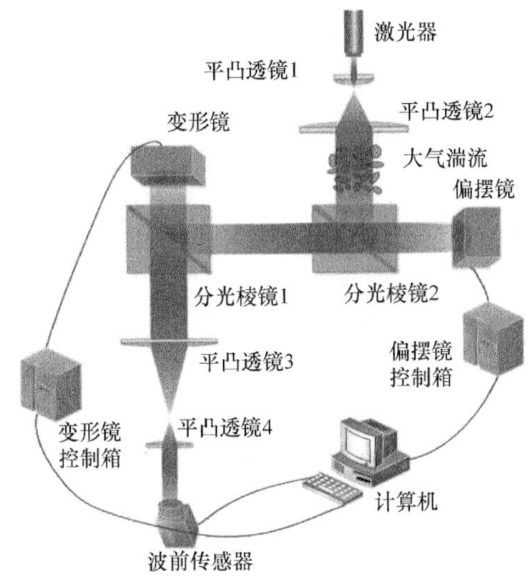

图 2-26　偏摆镜和变形镜自适应光学波前校正光路

当系统处于开环状态下，采集波前的 Zernike 系数分布及波前相位如图 2-27 所示。

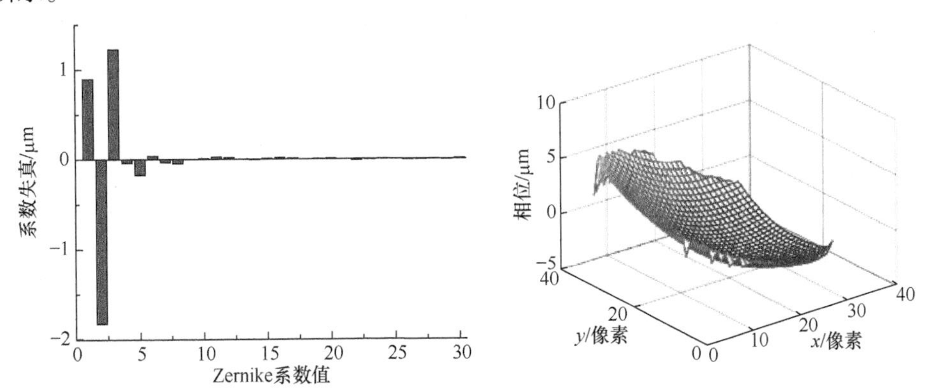

图 2-27　波前 Zernike 的系数分布图及波前相位图

开环状态下，波前 Zernike 系数的倾斜分量占波前总 Zernike 系数的分量为 72.95%，波前峰谷值为 9.21μm。分别使单独 TM 闭环、单独 DM69 闭环，以及 TM 和 DM69 同时闭环的情况下，波前的 PV 值和均方根值变化如图 2-28 所示。

仅当 TM 闭环后，波前 PV 值为 4.64μm，RMS 值为 1.15 μm；当 DM69 闭环后，波前 PV 值为 1.24μm，RMS 值为 0.33μm；当 TM 和 DM69 同时闭环后，PV 值为 0.85μm，RMS 值为 0.18μm。说明 TM 和 DM69 同时闭环修正的效果要优于

TM 或 DM69 的单独闭环。分别记录不同情况系统闭环稳定后波前的 Zernike 系数分布以及波前相位分布，如图 2-29 所示。

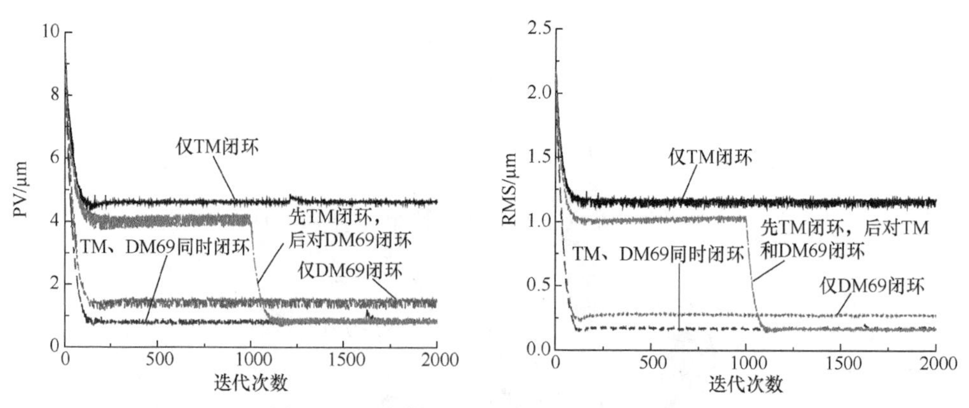

图 2-28　不同情况下波前 PV 和 RMS 曲线

从图 2-29 中可以看出，仅当 TM 闭环后，波前的前两阶倾斜分量被校正，重构出的波前相位以离焦量占绝大成分；当 DM69 闭环后，由于修正波前倾斜量的修正会占用 DM69 驱动器的部分修正电压，在完成低阶次的畸变修正同时，对于高阶次的修正精确度降低；当 TM 和 DM69 同时闭环后，波前的低频分量和高频分量同时得到了修正，使用双变形镜可有效完成波前控制。当 DM69 单独闭环与 TM 和 DM69 同时闭环状态下，DM69 面型的电压分布如图 2-30 所示。

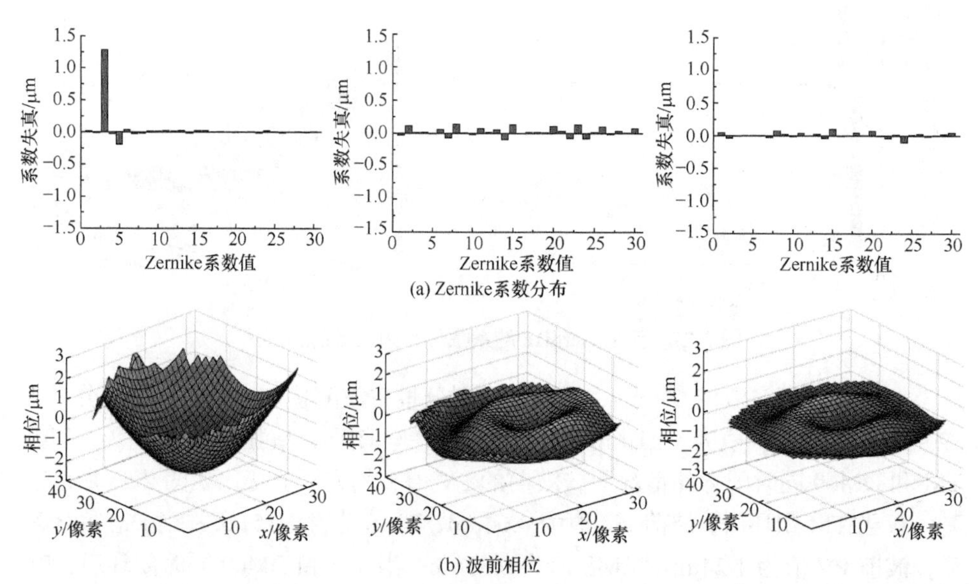

图 2-29　TM 闭环、DM69 闭环及 TM 和 DM69 同时闭环下的 Zernike 系数分布和波前相位

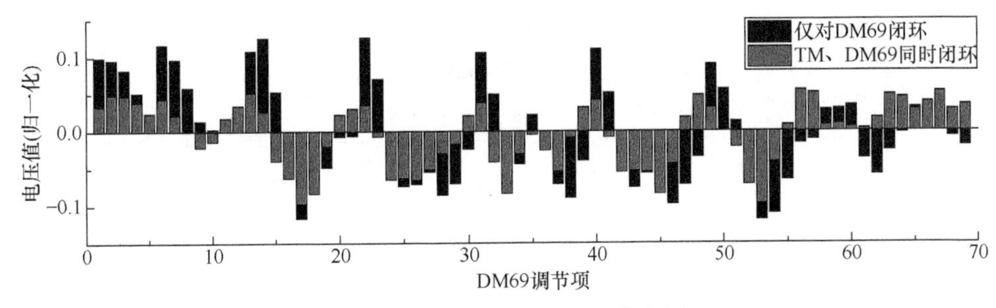

图 2-30　DM69 面型的电压分布图

从图 2-30 中可以看出，DM69 单独闭环后的驱动器行程占用量要明显大于双变形镜同时闭环后 DM69 面型的驱动器行程量，单独闭环 DM69 功率为 0.2963，双变形镜同时闭环 DM69 功率为 0.1304，说明双变形镜在完成波前有效控制的同时，DM69 的功率得到了有效的分配。

以上分析了大气湍流所引起的波前畸变的高低阶次成分，理论上分析了采用双变形镜可有效实现波前修正的闭环控制，并从实验角度验证了结果。

(1) 大气湍流所引起的波前畸变倾斜分量约占 80%，有必要引入大行程变形镜对低阶像差进行单独修正。

(2) 基于波前 Zernike 模式的正交分解，使用大行程偏摆镜修正低阶像差，小行程变形镜修正高阶像差，在波前完成修正的同时，变形镜的驱动器功率得到了有效的缓解和均衡分配。

2.4　波前畸变预测控制

2.4.1　自适应光学模型

如图 2-31 所示，自适应光学模型是由 WFS、DM 和控制器组成，WFS 先探测波前信息，通过 WFS 将探测到的波前斜率信息通过波前重构技术重构出波 Zernike 多项式系数，根据 Zernike 多项式系数计算出 DM 控制电压给变形镜发送指令控制变形镜产生一个波前相位的共轭波前，二者进行叠加通过波前补偿，得到一个残余波前，校正尽可能使残余波前最小，理想状态残余波前为零，通过控制器形成闭环回路校正波前畸变[19]。

假设波前传感器的 CCD 相机曝光时间为t_{e}，$t_{m,1}$和$t_{m,2}$均为图像传输时间，其中，$t_{m,1}$表示相机捕获时间；$t_{m,2}$表示由相机传递到 CPU 所需时间。CPU 计算时间为t_{c}，y是输出的 Zernike 系数，V是控制器的控制电压。如图 2-32 所示，当 CPU 计算完成开始输出 y，控制器根据控制电压进行校正，系统存在大约一个半周期的延时。

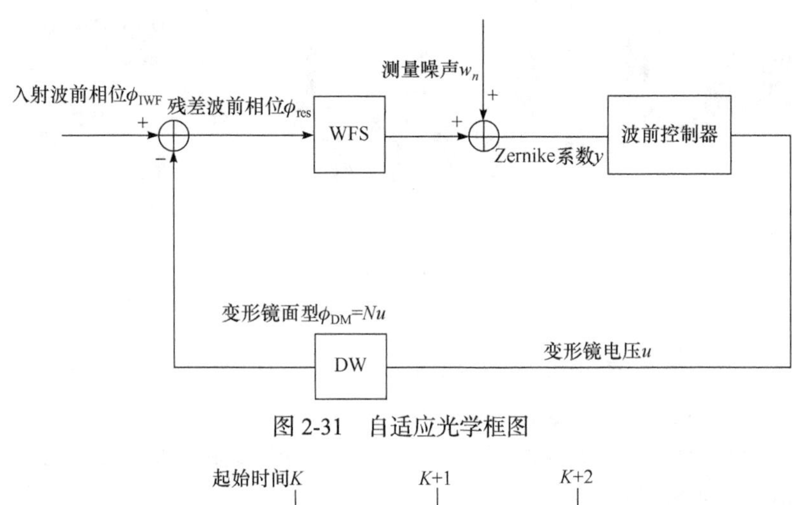

图 2-31　自适应光学框图

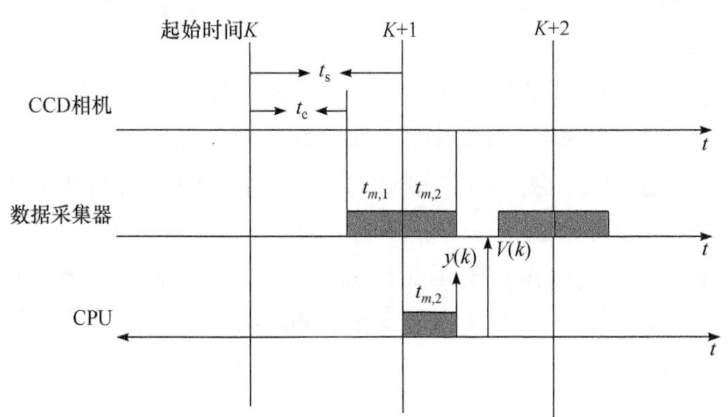

图 2-32　自适应光学系统时序图

由于存在一个半周期的延时，对系统在 k 时刻采集的波前相位进行校正，但是当系统发射指令到变形镜时，波前的相位已经变化成为一个半周期之后波前的相位，从而大大影响了波前校正的效果和速率。因而考虑使用预测的方式对系统延迟进行补偿，提高波前校正效果和速率，根据图 2-30 可得

$$y = \boldsymbol{D}\phi_{n-1}^{\mathrm{res}} + w_{n-1} \tag{2-48}$$

式中，$\boldsymbol{D}$ 为 WFS 中的响应矩阵；w_{n-1} 为测量噪声；y 为 WFS 测量计算得到的 Zernike 系数；$\phi_{n-1}^{\mathrm{res}}$ 为残余波前，n 为时刻。从图 2-31 中可得残余波前为

$$\phi_{n-1}^{\mathrm{res}} = \phi_{n-1}^{\mathrm{IWF}} - \phi_{n-1}^{\mathrm{DM}} \tag{2-49}$$

式中，$\phi_{n-1}^{\mathrm{IWF}}$ 为入射波前；ϕ_{n-1}^{DM} 为 DM 产生的波前相位。根据图 2-31 可以看出，从 WFS 采集信息到发送控制电压至少需要一个半时间周期，假设 DM 的响应均为瞬时响应，即

$$\phi_{n-1}^{\mathrm{DM}} = \boldsymbol{N}u_{n-1} \tag{2-50}$$

式中，$\boldsymbol{N}$ 为 DM 的响应矩阵；u_{n-1} 为 $n-1$ 时刻的电压值。根据式(2-49)可得

$$y = D\left(\phi_{n-1}^{\mathrm{IWF}} - \boldsymbol{N}u_{n-1}\right) + w_{n-1} \tag{2-51}$$

根据图 2-31 和式(2-48)、式(2-49)、式(2-51)可知，自适应光学系统是一个线性时不变系统，且具有延时性。系统的状态空间方程为

$$\begin{cases} \boldsymbol{x}_n = \boldsymbol{A}x_{n-1} + \boldsymbol{B}u_{n-1} + w_n \\ \boldsymbol{y}_n = \boldsymbol{C}x_n + \boldsymbol{H}u_n \end{cases} \tag{2-52}$$

式中，$\boldsymbol{x}_n$ 为状态向量；$\boldsymbol{A}$、$\boldsymbol{B}$、$\boldsymbol{C}$、$\boldsymbol{H}$ 为状态矩阵；w_n 为过程噪声。

2.4.2　子空间系统辨识

系统辨识就是根据系统的输入输出数据，按照一定的规则，选出与系统拟合度最高的模型。子空间系统辨识是求解广义观测矩阵或者状态序列的估计值，然后利用上述信息确定系统状态空间模型的方法[20~22]。方法总共分为两步。

(1) 对输入输出数据构造 Hankel 矩阵，对 Hankel 矩阵进行加权映射，得到能观矩阵 $\boldsymbol{\Gamma}_i$ 和状态序列 $\boldsymbol{X}_i$ 的估计值 $\hat{X}_i$，再进行奇异值分解可以得到系统的阶次 n，系统阶次 n 就是 $\boldsymbol{\Gamma}_i\boldsymbol{X}_i$ 的非零奇异值的个数。

(2) 通过求解最小二乘法确定系统矩阵 $\boldsymbol{A}$、$\boldsymbol{B}$、$\boldsymbol{C}$、$\boldsymbol{H}$。可以得到系统迭代模型：

$$\begin{cases} x(1) = \boldsymbol{A}x(0) + \boldsymbol{B}u(0) \\ x(2) = \boldsymbol{A}^2x(0) + \boldsymbol{AB}u(0) + \boldsymbol{B}u(1) \\ x(3) = \boldsymbol{A}^3x(0) + \boldsymbol{A}^2\boldsymbol{B}u(0) + \boldsymbol{AB}u(1) + \boldsymbol{B}u(2) \\ \qquad\vdots \\ x(k) = \boldsymbol{A}^kx(0) + \boldsymbol{A}^{k-1}\boldsymbol{B}u(0) + \boldsymbol{A}^{k-2}\boldsymbol{B}u(1) + \boldsymbol{A}^{k-3}\boldsymbol{B}u(2) + \cdots + \boldsymbol{B}u(k-1) \end{cases} \tag{2-53}$$

式(2-53)可以写为

$$\begin{aligned} x(k+j) &= \boldsymbol{A}^kx(j) + \sum_{i=0}^{k-1}\boldsymbol{A}^{k-i-1}\boldsymbol{B}u(i+j) \\ &= \boldsymbol{A}^kx(j) + [\boldsymbol{B} \quad \boldsymbol{AB} \quad \cdots \quad \boldsymbol{A}^{k-1}\boldsymbol{B}]\begin{bmatrix} u(j+k-1) \\ u(j+k-2) \\ \vdots \\ u(j) \end{bmatrix} \end{aligned} \tag{2-54}$$

式中，$\boldsymbol{A}^kx(j)$ 为系统的零输入响应；定义 $\boldsymbol{J}_n = [\boldsymbol{B} \quad \boldsymbol{AB} \quad \cdots \quad \boldsymbol{A}^{k-1}\boldsymbol{B}]$ 为系统的能控矩阵；$\sum_{i=0}^{k-1}\boldsymbol{A}^{k-i-1}\boldsymbol{B}u(i+j)$ 为系统的零状态响应。

当$\mathrm{rank}(\boldsymbol{J}_n)=\mathrm{rank}[\boldsymbol{B}\quad \boldsymbol{AB}\quad \cdots\quad \boldsymbol{A}^{k-1}\boldsymbol{B}]=n$时，系统完全可控。将状态向量代入系统输出方程可得

$$\begin{cases}y(0)=\boldsymbol{C}x(0)+\boldsymbol{H}u(0)\\ y(1)=\boldsymbol{CA}x(0)+\boldsymbol{BC}u(0)+\boldsymbol{H}u(1)\\ y(2)=\boldsymbol{CA}^2x(0)+\boldsymbol{ABC}u(0)+\boldsymbol{BC}u(1)+\boldsymbol{H}u(2)\\ \qquad\qquad\vdots\\ y(k)=\boldsymbol{CA}^kx(0)+\boldsymbol{A}^{k-1}\boldsymbol{BC}u(0)+\boldsymbol{A}^{k-2}\boldsymbol{BC}u(1)+\cdots+\boldsymbol{BC}u(k-1)+\boldsymbol{H}u(k)\end{cases} \tag{2-55}$$

式(2-55)可以写为

$$y(k)=\boldsymbol{\Gamma}_k x(0)+\boldsymbol{H}_k\begin{bmatrix}u(0)\\ u(1)\\ u(2)\\ \vdots\\ u(k)\end{bmatrix} \tag{2-56}$$

式中

$$\boldsymbol{\Gamma}_k=\begin{bmatrix}C\\ CA\\ CA^2\\ \vdots\\ CA^{k-1}\end{bmatrix},\quad \boldsymbol{H}_k=\begin{bmatrix}H & 0 & 0 & \cdots & 0\\ CB & H & 0 & \cdots & 0\\ CAB & CB & H & \cdots & 0\\ \vdots & \vdots & \vdots & & \vdots\\ CA^{k-2}B & CA^{k-3}B & CA^{k-4}B & \cdots & H\end{bmatrix} \tag{2-57}$$

式中，$\boldsymbol{\Gamma}_k$为观测矩阵；$\boldsymbol{H}_k$为 Toeplitz 矩阵。同理当$\mathrm{rank}(\boldsymbol{\Gamma}_k)=n$时，系统完全可观。将输入输出数据按照 Hankel 矩阵形式构造如下矩阵：

$$\boldsymbol{U}_{\mathrm{p}}=\begin{bmatrix}u_0 & u_1 & \cdots & u_{j-1}\\ u_1 & u_2 & \cdots & u_j\\ \vdots & \vdots & & \vdots\\ u_{i-1} & u_i & \cdots & u_{i+j-2}\end{bmatrix} \tag{2-58}$$

$$\boldsymbol{U}_{\mathrm{f}}=\begin{bmatrix}u_i & u_{i+1} & \cdots & u_{i+j-1}\\ u_{i+1} & u_{i+2} & \cdots & u_{i+j}\\ \vdots & \vdots & & \vdots\\ u_{2i-1} & u_{2i} & \cdots & u_{2i+j-2}\end{bmatrix} \tag{2-59}$$

$$\boldsymbol{Y}_{\mathrm{p}}=\begin{bmatrix} y_0 & y_1 & \cdots & y_{j-1} \\ y_1 & y_2 & \cdots & y_j \\ \vdots & \vdots & & \vdots \\ y_{i-1} & y_i & \cdots & y_{i+j-2} \end{bmatrix} \tag{2-60}$$

$$\boldsymbol{Y}_{\mathrm{f}}=\begin{bmatrix} y_i & y_{i+1} & \cdots & y_{i+j-1} \\ y_{i+1} & y_{i+2} & \cdots & y_{i+j} \\ \vdots & \vdots & & \vdots \\ y_{2i-1} & y_{2i} & \cdots & y_{2i+j-2} \end{bmatrix} \tag{2-61}$$

式中，下标“p”和“f”分别为“过去”和“未来”。过去的状态序列：

$$\boldsymbol{X}_{\mathrm{p}}=\left[x(0) \quad x(1) \quad \cdots \quad x(N-1)\right] \tag{2-62}$$

未来的状态序列：

$$\boldsymbol{X}_{\mathrm{f}}=[x(k) \quad x(k+1) \quad \cdots \quad x(k+N-1)] \tag{2-63}$$

定义：

$$\boldsymbol{W}_{\mathrm{p}}=\begin{bmatrix} U_{\mathrm{p}} \\ Y_{\mathrm{p}} \end{bmatrix}, \quad \boldsymbol{W}_{\mathrm{f}}=\begin{bmatrix} U_{\mathrm{f}} \\ Y_{\mathrm{f}} \end{bmatrix} \tag{2-64}$$

式中，$\boldsymbol{W}_{\mathrm{p}}$和$\boldsymbol{W}_{\mathrm{f}}$分别为“过去”和“未来”的数据矩阵，状态向量$\boldsymbol{X}_{\mathrm{f}}$则是“过去”和“未来”交集的子空间[21~23]。即

$$\mathrm{span}(\boldsymbol{X}_{\mathrm{f}})=\mathrm{span}(\boldsymbol{W}_{\mathrm{p}})\cap\mathrm{span}(\boldsymbol{W}_{\mathrm{f}}) \tag{2-65}$$

图 2-33 为子空间法的几何表示。在图 2-33 表示未来输出Y_{f}与未来估计的输出$\hat{Y}_{\mathrm{f}}$之间的投影关系，未来估计的输出是$\hat{Y}_{\mathrm{f}}$由未来输入U_{f}与过程状态量X_{f}的线性组合。由此从几何的角度来解释子空间的方法。

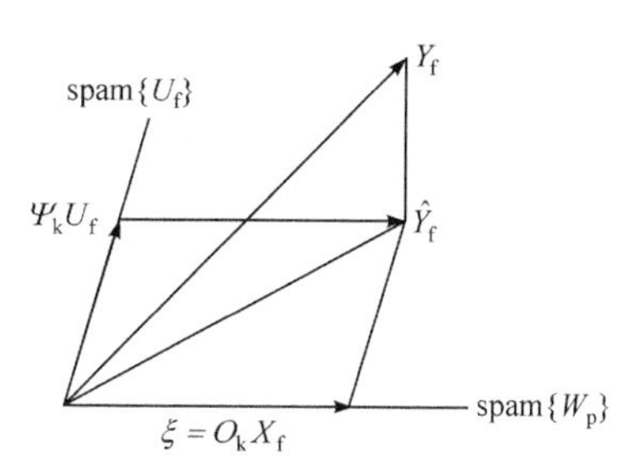

图 2-33　子空间几何投影图

定义投影矩阵：

$$R_{\mathrm{fp}}=Y_{\mathrm{f}}/U_{\mathrm{f}}^{\perp} \qquad R_{\mathrm{pp}}=W_{\mathrm{p}}/U_{\mathrm{f}}^{\perp} \tag{2-66}$$

式中，“/”为投影；R_{fp} 为 Y_{f} 在 U_{f} 的垂直矩阵上的投影；R_{pp} 为 W_{p} 在 U_{f} 的垂直矩阵上的投影。定义 $\boldsymbol{O}_{\mathrm{b}}$ 矩阵为 Y_{f} 沿 $U_{\mathrm{f}}^{\perp}$ 方向在 W_{p} 上的斜投影[24,25]，如式(2-67)所示：

$$\boldsymbol{O}_{\mathrm{b}} = Y_{\mathrm{f}} / U_{\mathrm{f}}^{\perp} \cdot W_{\mathrm{p}} = Y_{\mathrm{f}} / U_{\mathrm{f}}^{\perp} \cdot \left[W_{\mathrm{p}} / U_{\mathrm{f}}^{\perp} \right]^{+} W_{\mathrm{p}} = \left\{ R_{\mathrm{fp}} \left[\mathrm{pinv}\left(R_{\mathrm{pp}} \right)' \right]' \right\} R_{\mathrm{p}} \tag{2-67}$$

式中，“+”为矩阵 Moore-Penrose 的伪逆。构造矩阵 $W_1 O_{\mathrm{b}} W_2 = O_{\mathrm{b}}\left(U_{\mathrm{f}}^{\perp}\right)\left[U_{\mathrm{f}}^{\perp}\left(U_{\mathrm{f}}^{\perp}\right)^{\mathrm{T}}\right]^{+}$，$W_1 = I_{li}$；$W_2 = \Pi_{U_{\mathrm{f}}^{\perp}}$。这里对于加权矩阵的选取有很多种。采用的是 N4SID (numerical algorithms for subspace state space system identification)[26]的方法来进行选取。$\Pi_{U_{\mathrm{f}}^{\perp}} = \left(U_{\mathrm{f}}^{\perp}\right)^{\mathrm{T}} \cdot \left[U_{\mathrm{f}}^{\perp}\left(U_{\mathrm{f}}^{\perp}\right)^{\mathrm{T}}\right]^{+} . U_{\mathrm{f}}^{\perp}$。对其进行奇异值分解推导出系统的观测拓展矩阵和状态变量。

$$\left[U \ S \ \ V\right] = \mathrm{svd}\left(W_1 O_{\mathrm{b}} W_2\right) \Rightarrow \left[U_1 \quad U_2\right] \begin{bmatrix} S_1 & 0 \\ 0 & 0 \end{bmatrix} \begin{bmatrix} V_1^{\mathrm{T}} \\ V_2^{\mathrm{T}} \end{bmatrix} \tag{2-68}$$

系统的观测拓展矩阵为 $\boldsymbol{\Gamma}_i = U_1 S^{\frac{1}{2}}$，系统的状态变量为 $X_i^d = \Gamma_i^{+} O_i$。

将观测拓展矩阵和状态变量代入系统模型中则有

$$\begin{bmatrix} X_{i+1}^d \\ Y_{i|i} \end{bmatrix} = \begin{bmatrix} A & B \\ C & D \end{bmatrix} \begin{bmatrix} X_i^d \\ U_{i|i} \end{bmatrix}$$

式中，$X_{i+1}^d = \Gamma_{i-1}^{+} O_{i-1}$。这是一个系统的线性矩阵方程，考虑用最小二乘法估计出系统的参数矩阵：

$$\begin{bmatrix} \hat{A} & \hat{B} \\ \widehat{C} & \hat{H} \end{bmatrix} = \left(\begin{bmatrix} X_{i+1}^d & X_i^d \\ Y_{i|i} & U_{i|i} \end{bmatrix}^{\mathrm{T}} \right) \left(\begin{bmatrix} X_i^d & X_i^d \\ U_{i|i} & U_{i|i} \end{bmatrix}^{\mathrm{T}} \right)^{-1} \tag{2-69}$$

2.4.3　波前畸变预测控制实验

1. 波前畸变预测控制数值分析

考虑采用离线辨识的方式对自适应光学系统模型进行辨识。用于系统辨识的输入与输出是利用实验设备实时采集出来的。所辨识的自适应光学系统参数如下：系统阶数为 3 阶，变形镜为 69 单元，即每一时刻输入的电压 u 的个数 $m = 69$；夏克-哈特曼波前传感器子孔径数为 1280，每个子孔径的光斑可分解得到 x 方向和 y 方向的斜率，即输出数 $l = 2560$，将斜率信息通过线性变换为相位信息，输出的个数与波前传感器子孔径数相同，即每一时刻输出相位值 y 的个数为 1280；对于多输入多输出的系统而言，当输入与输出的数据个数相差太大，存在串扰问题，准确辨识的难度很大。所以可考虑从 Zernike 系数入手进行辨识，Zernike 系数的输出个数为每时刻 30 个，后续经过 Zernike 系数与相位值之间的转化矩阵 Zernike2phase 进行转化就可以得到输出个数为 1280 的相位值。夏克-哈特曼波前传感器 CCD 相机采样频率 100Hz。本书所采用输入与输出数据长度 $N=6000$。采用方差占空比(variance accounted for, VAF)[27]来对所辨识模型的准确性进行判定。方差占空比的定义如(2-70)所示：

$$\mathrm{VAF}=\left(1-\frac{\operatorname{var}\left(y_{\mathrm{real}}(k)-y_{\mathrm{id}}(k)\right)}{\operatorname{var}\left(y_{\mathrm{real}}(k)\right)}\right)\times 100\% \tag{2-70}$$

式中，y_{real} 为系统的实际输出；y_{id} 为辨识模型的实际输出。等式表明若一个系统辨识模型的方差占空比越接近 100%，其准确度也就越高。

图 2-34 表示自适应光学系统辨识过程中观测数据与预测值对比图，可以清楚地看出观测数据的拟合程度较高。在前 200 个时刻数据存在逐渐发散的过程，这是由于在数据采集过程中，系统在刚启动未达到稳定状态所产生的状况。在系统到达稳定状态之后，数据基本趋于平稳。图 2-35 表示的是系统建模的辨识误差，从图中可以看出辨识误差最大为 1.6μm。图 2-36 为 VAF 图，可以看出数据波动范围大致为 99.3%～99.7%，系统辨识准确度较高。为了保证通过仿真分析得到的模型可以适配于实际试验系统，在进行系统仿真的过程中直接采用的就是根据实验采集的数据。所以根据采集到的数据对系统进行辨识就可以获得与实验系统维数、大小以及辨识准确度都相匹配的系统模型。系统辨识之后的参数矩阵大小分别为 $\boldsymbol{A}$-3×3、$\boldsymbol{B}$-3×69、$\boldsymbol{C}$-30×3、$\boldsymbol{H}$-0×0。将参数矩阵代入式(2-52)即为自适应光学系统模型。

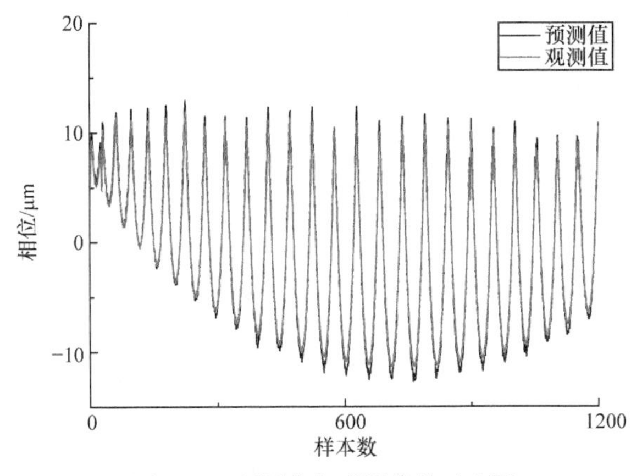

图 2-34　预测值与观测值的对比图

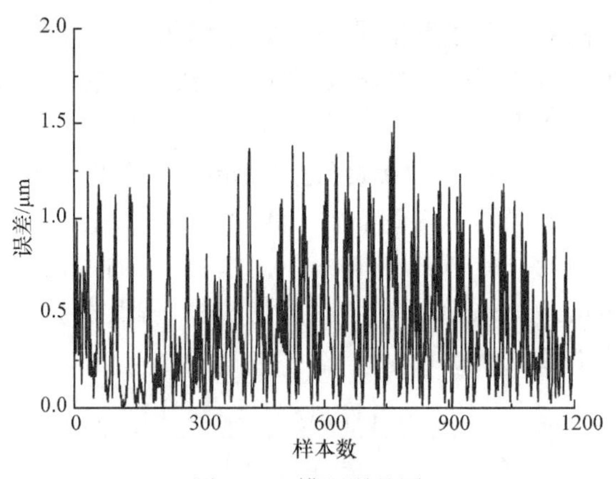

图 2-35　辨识误差图

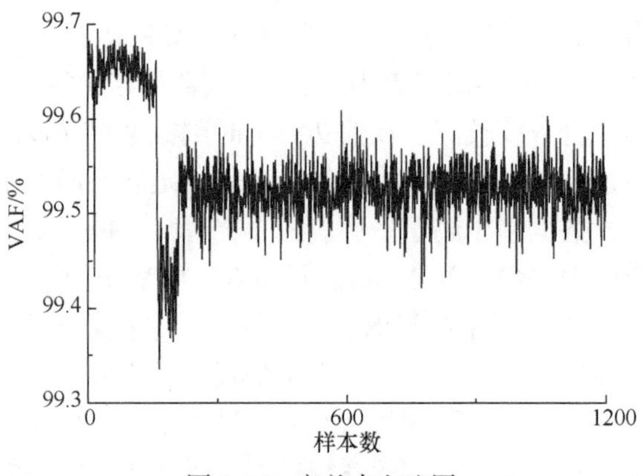

图 2-36　方差占空比图

由图 2-36 的分析可知，要对自适应光学系统伺服控制进行补偿至少需要预测一个时间周期。“一步预测”是指对系统只进行一个时间周期的预测，根据系统辨识出的模型就可以得到系统在下一时刻的状态量，通过状态量可以获得下一时刻的输出值，即系统模型的输出值就是我们所需要的预测值。

2. 预测控制实验验证

实验使用激光器发射 1550nm 的光波，距离大约 1km，发射功率为 25.4mW。实验使用的波前传感器型号为 Shack-hartmann wavefront sensor Haso4 NIR，变形镜型号为 Alpao DM69。

根据实验实时对波前相位进行校正，如图 2-37 所示。其中图(a)、(c)表示没有进行过修正的 PV 图，图中是一个不规则的马鞍形，凹凸程度比较明显。在不同距离、不同湍流的情况下，对实验有不同的影响。在长距离、强湍流的情况下产生的波前畸变较大，数据十分随机且关联性较差，是无法进行建模和预测的。

根据实验实测的相位值，可知在距离 1.2km 的短距离、弱湍流的情况下图(a)和(c)的初始未校正前相位基本相同。在系统达到稳定状态时，如图 2-37(b)、(d)所示，图中为一个扁平状的圆，凹凸程度较低，表示校正效果良好。加入预测与未加预测的校正效果也基本相同，说明预测对最终校正结果的影响很小。

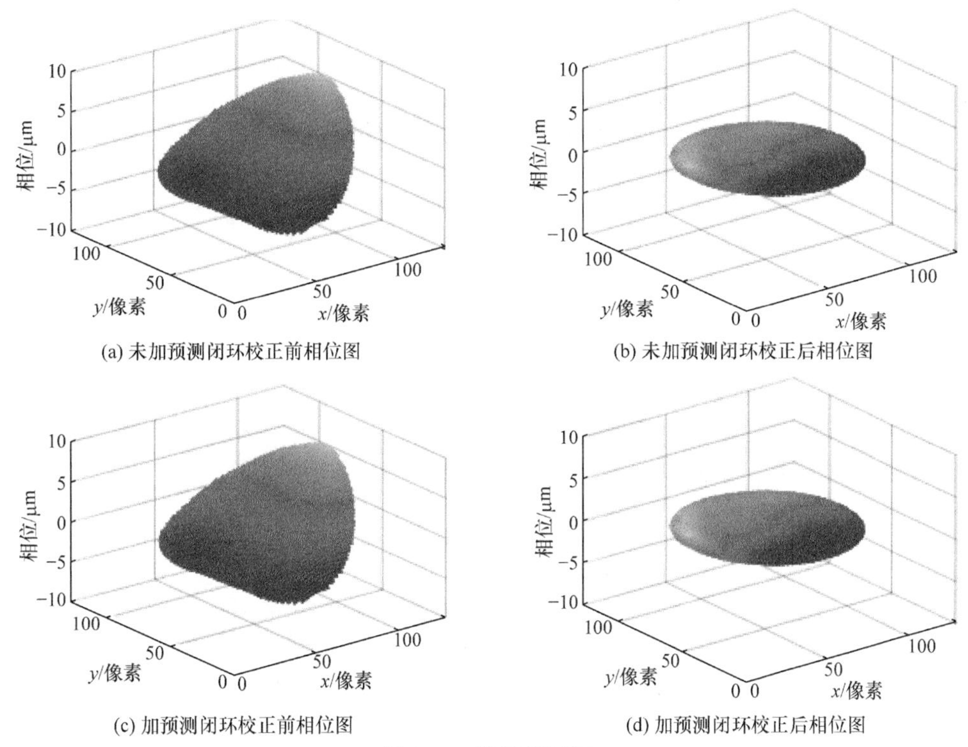

(a) 未加预测闭环校正前相位图　(b) 未加预测闭环校正后相位图

(c) 加预测闭环校正前相位图　(d) 加预测闭环校正后相位图

图 2-37　波前修正图

图 2-38 为未加预测值与预测值进行自适应光学系统闭环运算的收敛图。从图中可以清楚地显示出，经过预测之后的 PV 收敛速度明显比未加预测的 PV 收敛速度快，表示经过预测之后系统的校正速率有所提高，系统到达稳定状态所用时间更短。图 2-39 表示预测值与未加预测经闭环校正过程中 PV 值的差值，在闭环系统到达稳定之前，真实值的 PV 值明显大于预测值的 PV，说明在闭环校正的过程中，预测值校正效果相比无预测值的校正效果更加明显。到达稳定状态之后，二者差值趋近于零。

线性子空间系统辨识的方法对系统建立的模型准确度较高，辨识输出的预测值与真实值相比误差较小。利用所建立模型进行自适应光学系统的闭环校正实验，实验对比了加入预测算法的 PID 控制方法和经典 PID 的控制方法，结果表明经过预测之后闭环系统的收敛速度明显提高，校正效果明显，可以有效地减少自适应光学系统由伺服引起的误差。

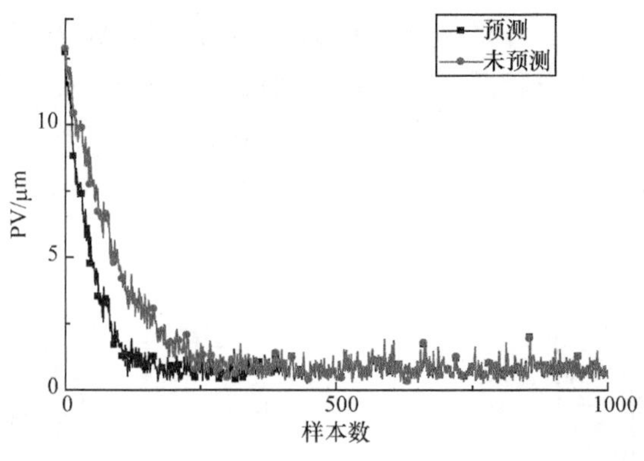

图 2-38　PV 值收敛图

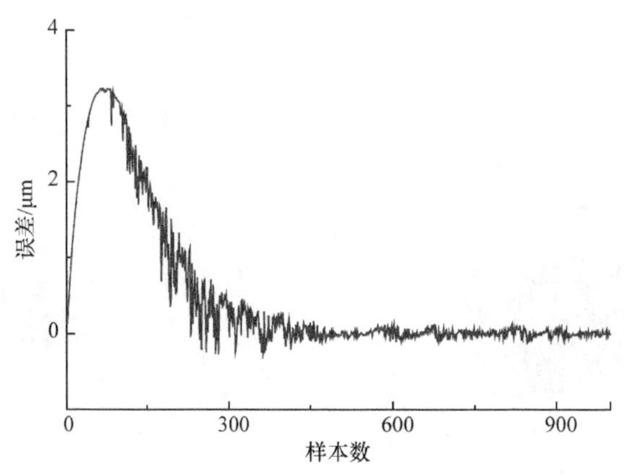

图 2-39　闭环预测 PV 值与无预测 PV 误差图

2.5　系统误差分析及抑制

2.5.1　自适应光学系统误差分析

1. 非共光路误差形成原理

1) 非共光路误差

图 2-40 是相干光通信系统的自适应波前控制光路，从图中可以看出从变形镜输出的光一路进入波前传感器进行波前探测，另一路经汇聚透镜进入光通信端机。由于测量光路和通信光路不同，其中所包含的光学元件不同导致经过测量光路和通信光路所引起的像差不同，进而导致波前传感器探测到的波前和进入光通信端机波前不一致，这一差异即为非共光路误差[28,29]。AO 系统在实际工作过程中无法测量和补偿通信光路的光程差，且波前探测器和波前校正器的闭环控制回路在

校正该光路波前畸变时，会将自身光路的静态像差附加到通信光路，导致像差的不确定性，必须予以校正。

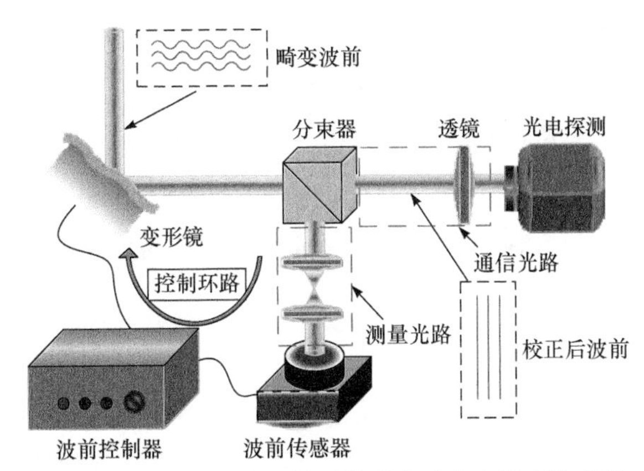

图 2-40　基于相干光通信系统的自适应光学系统光路

非共光路像差 φ_{ncpa} 可以表示为波前探测器处的波前 φ_{wfs} 与单模光纤处的波前 φ_{smf} 之差：

$$\varphi_{\mathrm{ncpa}} = \varphi_{\mathrm{wfs}} - \varphi_{\mathrm{smf}} \tag{2-71}$$

若波前校正器处的波前为 φ_{dm}，则耦合透镜处的波前为 $\varphi_{\mathrm{smf}} - \varphi_{\mathrm{dm}}$，AO 控制校正回路透镜处的波前为 $\varphi_{\mathrm{wfs}} - \varphi_{\mathrm{dm}}$。我们要使耦合进单模光纤的光功率最大，即耦合进单模光纤的光波为平面波，也就是单模光纤处的波前相位为零，此时单模光纤处的波前 φ_{smf} 需要 $-\varphi_{\mathrm{smf}}$ 的相位形变量。相应地，波前校正器处的相位为 $\varphi_{\mathrm{dm}} - \varphi_{\mathrm{smf}}$，经过分光棱镜和闭环控制回路中由两个透镜组成的 4f 系统后，最后到达波前探测器的波前为

$$\begin{aligned} \varphi_{\mathrm{wfs}} &= \varphi_{\mathrm{dm}} - \varphi_{\mathrm{smf}} + \varphi_{\mathrm{wfs}} - \varphi_{\mathrm{dm}} \\ &= \varphi_{\mathrm{wfs}} - \varphi_{\mathrm{smf}} \end{aligned} \tag{2-72}$$

结合式(2-71)和式(2-72)，将非共光路像差转换为波前探测器参考点信息。基于此，提出一种校准非共光路像差的方法，使用耦合进单模光纤的光功率作为系统的评价指标，先进行无波前探测校准非共光路像差，校准结束后，采用有波前传感器的校正系统校正畸变的波前。其中，无波前传感器校准采用 SPGD 优化算法，有波前传感器校正采用比例-积分(proportional integral，PI)算法[30]进行校正。

2) 算法原理

SPGD 算法来源于并行扰动随机逼近算法和人工神经网络技术中随机梯度下降算法。算法通过给控制参数 $\boldsymbol{u}$ 施加随机扰动 $\Delta\boldsymbol{u}$，并利用系统性能评价函数 J 的变化量 ΔJ 进行控制参数的梯度估计，以迭代方式在梯度下降方向上进行控制参

数 u 的搜索，使评价函数逐渐收敛，最终达到极值。SPGD 算法的计算过程如下(第 n 次迭代时)。

(1) 生成随机扰动向量 $\Delta\boldsymbol{u}^{(n)}$：

$$\Delta\boldsymbol{u}^{(n)}=\{\Delta\boldsymbol{u}_1,\Delta\boldsymbol{u}_2,\cdots,\Delta\boldsymbol{u}_k\}^{(n)} \tag{2-73}$$

(2) 计算施加正、负扰动电压后评价函数的变化量 $\Delta J_+^{(n)}$ 和 $\Delta J_-^{(n)}$，得到双向评价函数的变化量 $\Delta J^{(n)}$。

(3) 根据下式更新控制参数 $\boldsymbol{u}$，若评价函数不满足停止条件，则进行第 n+1 次迭代，反之停止迭代：

$$\boldsymbol{u}^{(n)}=\boldsymbol{u}^{(n-1)}+\gamma\Delta\boldsymbol{u}^{(n-1)}\Delta J^{(n-1)} \tag{2-74}$$

式中，γ 为增益系数。实际应用中，若使性能指标向极大方向优化，γ 取正值；反之，γ 取负值。实验中 $\boldsymbol{u}$ 代表变形镜的控制电压，评价函数 J 代表耦合进单模光纤的光功率值，首先，将变形镜的初始控制电压置零，对变形镜的促动器施加随机扰动电压，读取施加电压后的光功率变化量，利用迭代公式。

(4) 计算得到迭代后的电压值，再次读取此时的功率值，当光功率值达到系统设定的阈值或者最大值，则终止迭代过程。在迭代结束前使用夏克-哈特曼波前传感器测量波前斜率，所测到的波前斜率即为后续波前校正系统的参考斜率。

对于自适应光学系统而言，主要采用 PI 算法进行校正。如图 2-41 所示为基于直接斜率(direct wavefront gradient, DWG)算法[31~33]的 PI 控制器的自适应光学校正模型，根据该模型可知，其控制算法工作流程为：首先利用推拉法进行系统响应矩阵的测定，随后利用 S-H 波前传感器探测波前斜率，并利用直接斜率法将其转换为电压值，随后将此值传送至 PI 控制器进行控制，获取最终的变形镜驱动电压值并发送给驱动器，驱动变形镜工作。

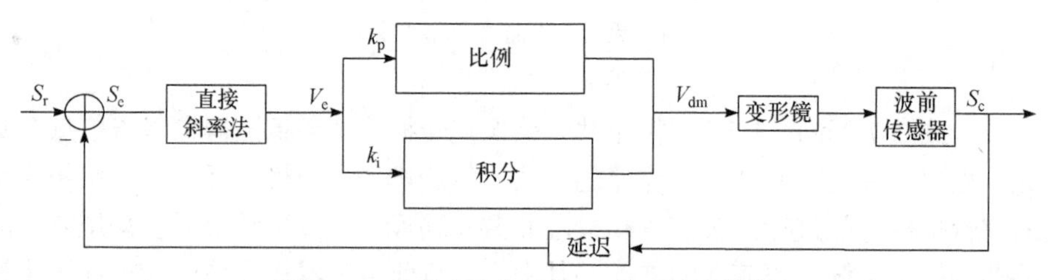

图 2-41　自适应光学系统 PI 算法校正模型

直接斜率法是通过建立波前传感器测量信号和波前校正器校正特性之间的对应关系，并通过一定的算法直接求取校正器的驱动电压值。首先根据直接斜率法将 WFS 探测的波前斜率转换为驱动电压：

$$V_e(k)=\mathbf{IM}^+\cdot S_e(k) \tag{2-75}$$

式中，$S_e(k)$为 k 时刻波前斜率；$\mathbf{IM}^+$ 为变形镜的响应矩阵 **IM** 的广义逆矩阵。响应矩阵 **IM** 可通过系统标定得到；$V_e(k)$为采用直接斜率法获取的对应驱动电压。则采用增量式 PI 算法校正后，k 时刻变形镜驱动器电压值 V_{dm} 为

$$\begin{aligned} V_{dm}(k) &= V_{pid} + V_{dm}(k-1) \\ &= k_p\left[V_e(k) - V_e(k-1)\right] + k_i V_e(k) + V_{dm}(k-1) \end{aligned} \tag{2-76}$$

3) 实验研究

为了验证算法对校准非共光路像差的可行性，搭建了自适应光学实验系统。图 2-42 为实验原理图和实物图，激光器 Adjustik E15 发出的光通过发射天线发射，在接收端由接收天线接收后经过准直透镜 L1 准直，随后入射至 DM 镜面，经 DM 反射入射到分光棱镜 BS，光束被分为两路，一路进入由透镜 L2 和 L3 构成的 4f 系统进行缩束和准直，波前探测器 WFS 则位于 L3 透镜后面进行波前探测，并将探测信息传输给波前控制器 PC，PC 通过控制算法得到控制电压发送给 DM 进行波前校正，形成有波前的自适应光学闭环控制系统，另一路则由耦合透镜 L4 聚焦耦合进入单模光纤中，光功率计对耦合进光纤的激光进行测量，作为反馈输入给电脑，电脑通过优化算法产生变形镜控制电压驱动变形镜的形变，形成无波前误差校准回路。

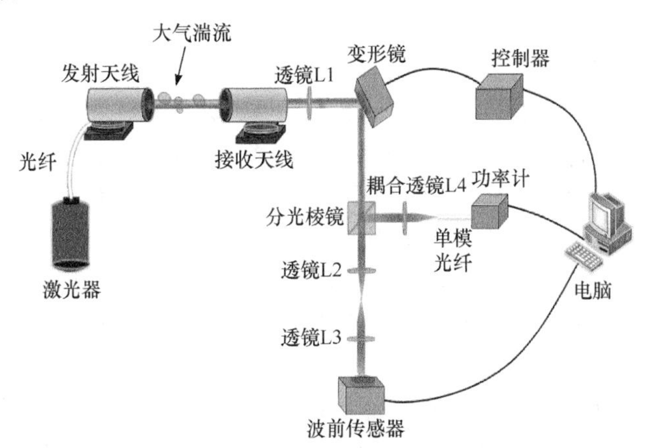

图 2-42 以光功率作为系统评价指标的实验系统图

实验选用的收、发天线为卡塞格伦式望远镜，通光口径为 105mm，遮光比为 20%，激光器为波长为 1550nm 的光纤激光器，透镜 L2、L3、L4 的焦距分别为 175mm、75mm 和 75mm，变形镜选用法国 ALPAO 公司的高速连续反射变形镜，促动器单元为 69 单元，促动器直径 10.5mm，促动器间距 1.5mm。波前传感器选用 Image Optic 公司生产的夏克-哈特曼波前传感器 HAS04-FIRST，探测波长范围 $1500 \sim 1600\text{nm}$，子孔径数为 32×40。实验采用耦合进单模光纤的光功率作为评

价指标，像差校准前后采集到的光功率结果如图 2-43 所示。

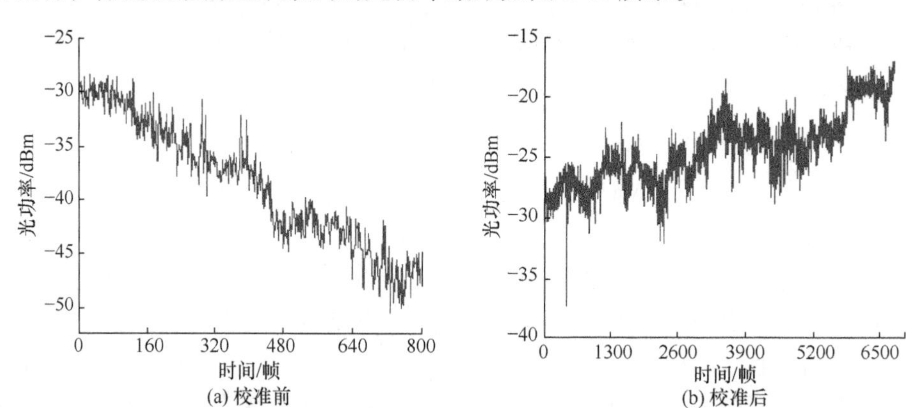

图 2-43　非共光路像差校准前后，自适应光学闭环过程中光功率变化曲线

图 2-43(a)是实验直接进行系统闭环后耦合进单模光纤的 1550nm 信号光的光功率变化曲线，从图中可看出，由于没有校准系统静态误差，系统闭环时，光功率明显下降。图 2-43(b)是校准静态误差后闭环光功率的变化情况，从图中可以看出，经过校准后，耦合进单模光纤的光功率由校正前的−28dBm 提高到−16dBm，提升了 12dBm。

2. 非共轭像差对系统的影响

在自适应光学系统中常用 4f 光学系统使系统入射光瞳和波前探测器及变形镜处于共轭位置，从而保证探测、校正和通信波前的一致性。理想 4f 系统中两个透镜具有将平面波变为严格球面波的性质，而不引入其他附加像差，因此由光学成像理论容易推出共轭位置可以完全再现波前。然而由于系统的复杂性，在安装调试的过程中往往难以保证波前传感器和变形镜之间处于严格共轭状态。如图 2-44 所示，设系统入射光瞳面在位置 A 处，待校正波前为 ϕ_0，A 经系统的严格共轭位置在 B，其波前为 ϕ_1，在偏离共轭位置距离 L 处的 B' 处，波前变化为 ϕ_1'，B' 点出波前 ϕ_1' 与 B 点出的波前 ϕ_1 之差即为非严格共轭引起相位误差。

实际光学系统中单个球面透镜或任意组合的光学系统，只能对近轴物点以细光束成完善像，随着视场和孔径的增大，成像光束的同心性将遭到破坏，产生各种成像缺陷，这种成像缺陷可以用若干种像差来描述。非共光路误差和非共轭静态像差共同构成系统静态误差。系统静态像差附加到通信光路会导致通信光路波前的不确定性，影响通信系统的通信质量。如果不考虑系统静态误差的影响，当系统闭环后，则会出现耦合进单模光纤的光功率下降的现象。图 2-45 是某次实验直接进行系统闭环后耦合进单模光纤的 1550nm 光信号的光功率变化曲线，由于没有抑制系统静态误差，系统闭环时，光功率明显下降。

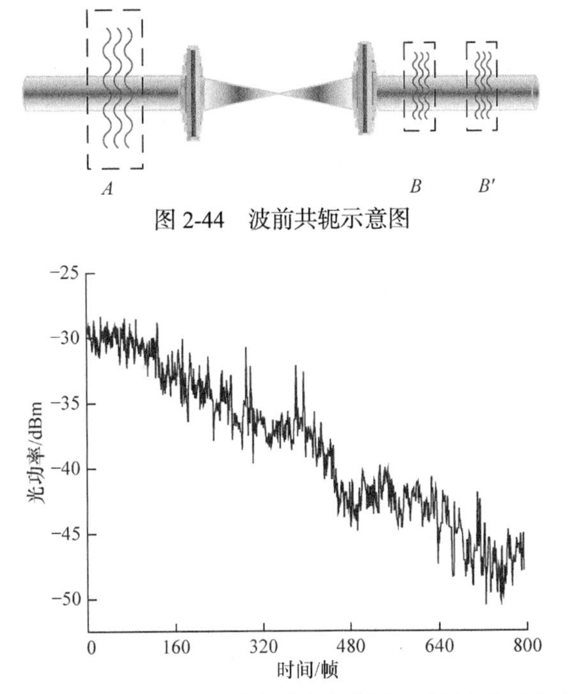

图 2-44　波前共轭示意图

图 2-45　有非共光路误差时自适应光学闭环过程中光功率变化

2.5.2　抑制系统误差方法

使用耦合进单模光纤光功率或者中频电压峰峰值作为系统的评价指标，首先将变形反射镜的初始控制电压设置为零，对变形镜的促动器施加随机扰动电压，通过一定的随机寻优算法确定变形镜控制电压的初始值和系统的参考波前。确定的依据为当中频电压值(或耦合进单模光纤的光功率)达到系统设定的阈值或者最大值时，则终止迭代过程。在迭代结束前使用夏克-哈特曼波前传感器测量波前，所测到的波前即为后续波前校正系统的参考波前，此时变形镜所施加的电压值即为系统的初始值。

基于随机迭代的自适应光学系统误差抑制模块主要包括:变形镜、光纤耦合模块、中频电压采集模块(包括光混频器、双平衡探测器、中频电压峰峰值检波器)或者光电探测模块和变形镜。图 2-46 是以中频电压峰峰值为系统评价指标的误差抑制示意图，其工作原理为：畸变的波前经变形镜后耦合进单模光纤，与本振激光在混频器中相干混频后，被双平衡探测器输出 I、Q 两路中频信号，输出的中频信号经包络检波器检波、A/D 采样后，通过 RS232 传递给控制服务器的初始化模块，其中混频器、双平衡探测器、包络检波器和 A/D 共同构成系统的性能评价指标反馈模块。图 2-47 是以耦合进单模光纤光功率为系统评价指标的误差抑制光路示意图，其工作原理为：畸变的波前通过变形镜后耦合进单模光纤，经光电探测器转换为电信号后经 RS232 传递给控制服务器的初始化模块。图 2-46 和图 2-47 所使用的控制算法均为 SPGD 算法。

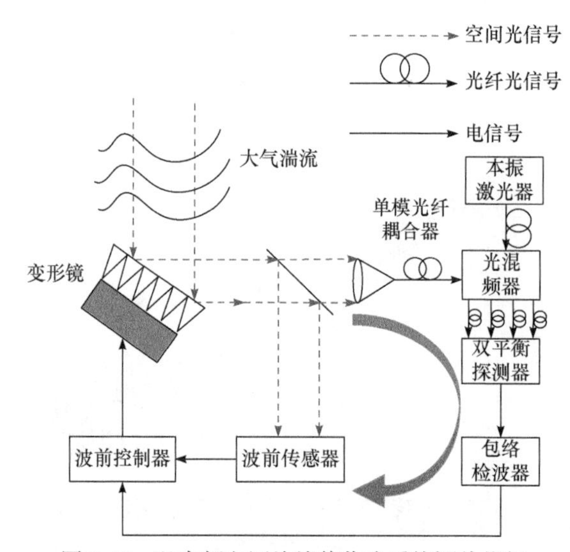

图 2-46　以中频电压峰峰值作为系统评价指标

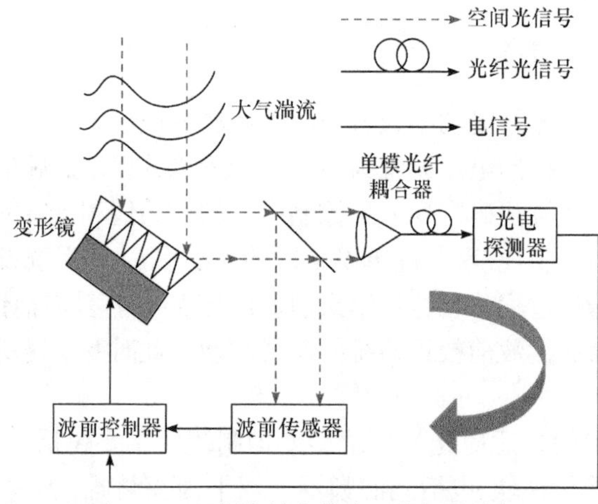

图 2-47　以耦合效率作为系统评价指标

2.5.3　误差抑制方法比较

图 2-48 是以中频电流为评价指标的系统误差抑制过程。从图 2-48 可以发现，从整体来看，使用随机并行梯度下降算法进行静态误差校正以后，相干接收机输出的归一化中频电压值从整体上看呈上升趋势，并且经校正后，归一化中频电压值由校正前的 0.75 提升到校正后的 0.9，提升了 0.15(中频电压值约为 300mV)。图 2-49

是在相同大气条件下，以耦合进单模光纤的光功率为评价指标的系统误差抑制过程，从图中可以看出，经过校正后，耦合进单模光纤的光功率由校正前的−28dBm(中频电压值为 1.0V)提高到−16dBm(中频电压值为 1.8V)，提升了 12dBm(800mV)。比较图 2-48 和图 2-49 可以看出，虽然两种方案均能在一定程度上抑制系统误差，但是整体效果可以看出，以光功率为评价指标的误差抑制方法较以归一化中频电压峰峰值为评价指标的误差抑制方法提升幅度更大。造成这种现象的主要原因是相干接收机输出的中频电压不但受输入的单模光纤的光功率的影响，还与本振光光功率、光信号与本振光频率、偏振态，以及相位匹配程度等因素的影响，这些因素均会制约相干接收机输出的中频电压的大小，并且对于外差检测的相干接收机必须将光信号和本振光的频率保持在一定的范围内，相干接收机才会有中频信息号的输出，而此过程只有当光信号功率达到一定值时才能完成。

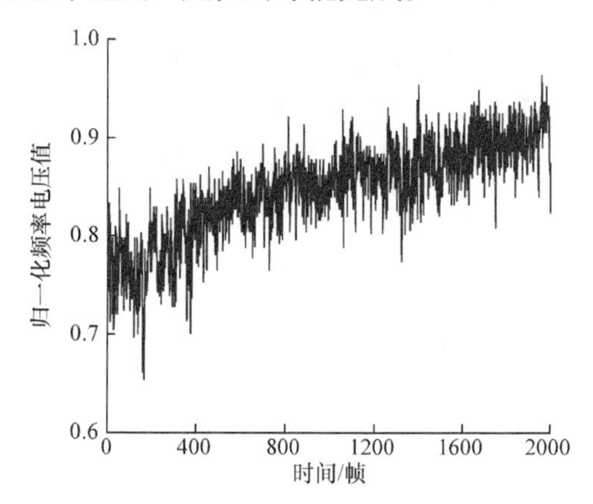

图 2-48　以中频电流为评价指标的系统误差抑制过程

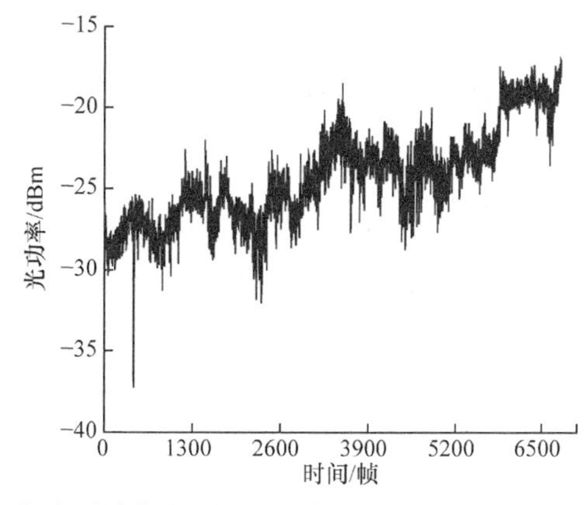

图 2-49　以耦合进单模光纤的光功率为评价指标的系统误差抑制过程

根据实验室标定，本系统光信号需要的最小光功率为−35dBm，换言之，当光信号功率小于−35dBm 时，该方法将失效，因此这将极大地限制该方法的使用范围。而以光功率作为评价指标的系统误差抑制方法不会受到以上因素的影响，使系统误差抑制的相对更彻底，故将光信号光功率作为系统评价指标更具合理性。综上所述，为了更彻底的校正系统误差，实验使用耦合效率作为系统评价指标来抑制系统误差。

以中频信号或耦合进单模光纤中的光功率为评价系统误差抑制方法的指标，实验发现，当系统误差抑制以后，耦合进单模光纤的光功率可以提高 12dB、中频电压可以提高 800mV。

2.6 波前畸变自适应控制

图 2-50 是自适应 PI 控制算法的系统模型，其中，G_r 是大气湍流扰动；G_n 是探测噪声；S_n 是波前斜率；$\Delta\phi$ 是实时重构后的波前；E 是由 $\Delta\phi$ 和响应矩阵计算出的残余电压。波前响应矩阵一般由现场标定获得，为了提高保持系统的稳定性，需要对标定出的响应矩阵进行奇异值滤波。V_n 是经过 PI 运算后输出的变形镜的实际控制电压；Z^{-1} 表示系统延时，一般取一个采样周期[34]。

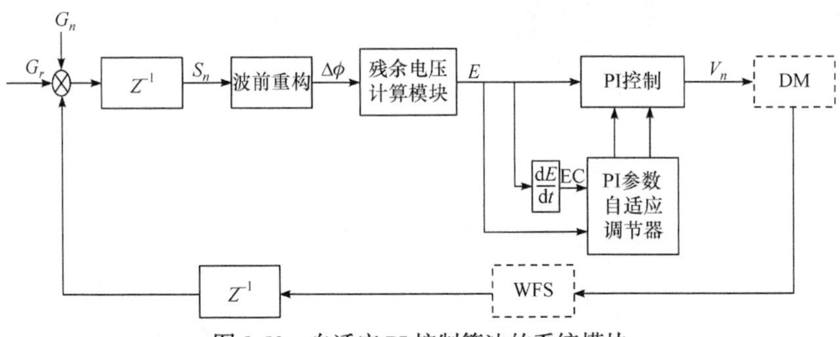

图 2-50 自适应 PI 控制算法的系统模块

2.6.1 PI 控制算法

PI 控制算法是一种利用偏差实现对应用对象控制的算法。其中比例控制主要用于成比例的反映控制系统的偏差信号，当偏差产生后，控制器会立即产生控制作用以减少偏差量。当比例控制系数增大时，闭环系统的灵敏度增加，调节速度加快，稳态误差减小，振荡增强。因此，一旦比例控制系数超过某一临界值，闭环系统将变得不稳定。积分控制主要用于消除自适应控制系统中的稳态误差，提高无差度。积分控制作用越大，系统的稳定误差消除的越快，但是如果该值过大，系统会产生积分饱和的现象，从而引起系统超调现象[35]。

数字 PI 算法一般有位置算法和增量算法两种，在使用增量算法时只需对当前时刻与前一时刻的误差量进行计算，位置算法需要对之前所有时刻的误差数据进行计算，所以增量算法计算量远小于位置算法，而且增量算法不会出现积分饱和现象。

第 k 和 $k-1$ 采样时刻的控制量 $V_n(k)$ 、$V_n(k-1)$ 分别如下：

$$V_n(k)=k_{\mathrm{p}}\left[E(k)+\frac{T}{T_i}\sum_{j=0}^{k}E(j)\right] \tag{2-77}$$

$$V_n(k-1)=k_{\mathrm{p}}\left[E(k-1)+\frac{T}{T_i}\sum_{j=0}^{k-1}E(j)\right] \tag{2-78}$$

将式(2-77)与式(2-78)相减可得第 k 时刻控制量的增量：

$$\Delta V(k)=k_{\mathrm{p}}[E(k)-E(k-1)]+\frac{k_{\mathrm{p}}T}{T_{\mathrm{i}}}E(k) \tag{2-79}$$

式(2-79)可简化为

$$\Delta V(k)=k_{\mathrm{p}}E(k)-k_{\mathrm{i}}E(k-1) \tag{2-80}$$

式中，$k_{\mathrm{p}}=k_{\mathrm{p}}\left(\frac{1}{T}+\frac{1}{T_i}\right)$；$k_{\mathrm{i}}=\frac{k_{\mathrm{p}}}{T}$。

假设系统的最大误差矢量为 $E_{\max}$，此时控制器的输出矢量为 $V_{\max}$，系统的最小误差矢量为 $E_{\min}$。当 $|E|\geqslant E_{\max}$，由于受变形镜的性能参数的限制，这时系统误差超出系统的校正能力，故设立输出门限，系统输出为 $V_n=\operatorname{sign}(E)\cdot V_{\max}$。系统频繁的控制动作有可能引起系统振荡，为了避免控制动作过于频繁，消除系统振荡，因此当 $|E|\leqslant E_{\min}$，系统输出为 $V_n=V_{n-1}$；而当 $E_{\min}\leqslant|E|\leqslant E_{\max}$，这时系统误差处于有效校正范围之内，变形镜的输出控制矢量为

$$V_n=V_{n-1}+\Delta V \tag{2-81}$$

式中，ΔV 为经过波前控制器实际输出控制矢量，即

$$\Delta V(k)=k_{\mathrm{p}}E(k)-k_{\mathrm{i}}E(k-1) \tag{2-82}$$

2.6.2　闭环控制参数调节

自适应光学系统中，PI 控制器要想取得较好的控制效果，就必须根据当时大气扰动的情况调整好比例、积分两种控制作用[36]，形成控制量中既相互配合又相互制约的关系。然而这种关系不一定是简单的“线性组合”，因此往往需要从变化无穷的非线性组合中找出一组最佳解。神经网络具有任意非线性的表达能力，可通过对系统性能学习使 PI 控制器的两个控制参数整定到最佳状态，从而实现最优控制。图 2-51 是基于 BP 神经网络的 PI 参数自适应控制结构，神经网络可根据系

统的运行状态，调节 PI 控制器参数，以期达到某种性能指标的最优化，使输出层神经元的输出状态对于 PI 控制器的两个可调整参数 k_{p} 、k_{i} 通过神经网络自学习、加权系数的调整，对应于某种最优控制规律下的 PI 控制参数。

网络隐含层的计算公式如下：

$$\mathrm{net}_i(k)=\sum_{j=1}^{2}\omega_{ij}x_j \tag{2-83}$$

式中，ω_{ij} 为输入层到隐含层的加权系数。网络输出层的计算公式如下：

$$\mathrm{net}_l(k)=\sum_{i=1}^{2}\omega_{li}\mathrm{net}_i(k) \tag{2-84}$$

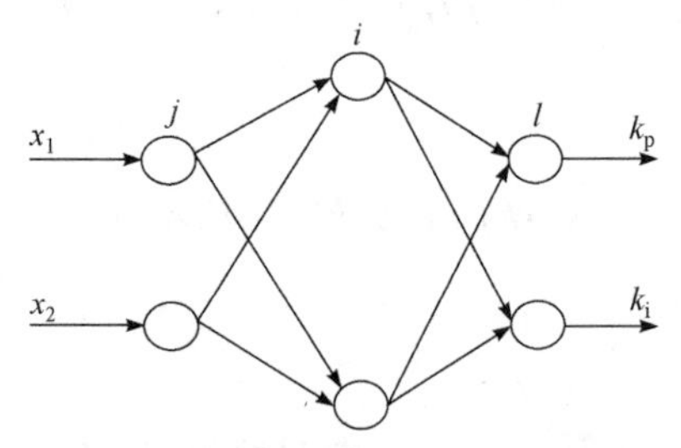

图 2-51　BP 神经网络的 PI 参数自适应控制结构示意图

式中，ω_{li} 为输入层到隐含层的加权系数。取性能指标函数为如下的形式：

$$J(k)=\frac{1}{2}\left[E(k)\right]^2 \tag{2-85}$$

按照梯度下降调整网络的加权系数，即按 $J(k)$ 对加权系数的负方向搜索调整，PI 神经网络权值若仅仅采用梯度学习算法，则神经元网络加权系数修正较慢并陷入局部最优，因此可通过增加项的方法提高网络学习效率。PI 神经网络加权系数学习公式如下。

(1) 输入层到隐含层的连接权值更新公式：

$$\omega_{ij}(k)=-\eta\frac{\partial J(k)}{\partial\omega_{ij}}+\omega_{ij}(k-1)+\eta_1\left[\omega_{ij}(k-1)-\omega_{ij}(k-2)\right] \tag{2-86}$$

(2) 隐含层到输出层的连接权值更新点公式：

$$\omega_{li}(k)=-\eta\frac{\partial J(k)}{\partial\omega_{li}}+\omega_{li}(k-1)+\eta_1\left[\omega_{li}(k-1)-\omega_{li}(k-2)\right] \tag{2-87}$$

式中，η 、η_1 为学习速率。

将神经网络与 PI 控制相结合，通过神经网络的自学习、加权系数自调整的特点对 PI 控制参数进行在线整定，使系统能够始终处理最优控制状态，极大地提高了系统的稳定性。

2.7 系统标定

2.7.1 系统组成

由 WFS 和 DM 所组成的 AO 系统如图 2-52 所示，光源采用波长为 650nm 的半导体激光器作为光源，经第一片透镜和第二片透镜扩束后将直径为 3.3mm 的平行光扩束为直径为 22mm 的平行光。扩束后的平行光经分光棱镜的反射后，作用到 DM 反射面，经 DM 部分反射后的平行光再经分光棱镜透射，由第三片和第四片透镜组成的缩束系统将直径为 10.5mm 的平行光缩束为直径为 4.5mm 的平行光，作用于 WFS 感光面，通过 PC 与 WFS 和 DM 相连接，组成完整的 AO 系统。其中第一、二、三、四片透镜的焦距分别为 30mm、200mm、175mm、75mm，WFS 型号为 Shack-hartmann wavefront sensor Haso4 First，DM 型号为 Alpao DM69。

由于光学的波前通常为圆形，且模拟后续接收天线出射光斑的形状，需要对 WFS 的有效感光面进行设定。WFS 的感光区域为 40μm×32μm 长方形微透镜阵列，为有效利用感光区域，减少后续矩阵的计算量，依据入射光场大小分布，设置有效感光区域为环形，如图 2-53(a)所示，其中白色代表有效感光区域，黑色代表无效感光区域，有效感光单元数为 1018 个。图 2-53 为 WFS 设置有效感光区域和斜率采集图像。

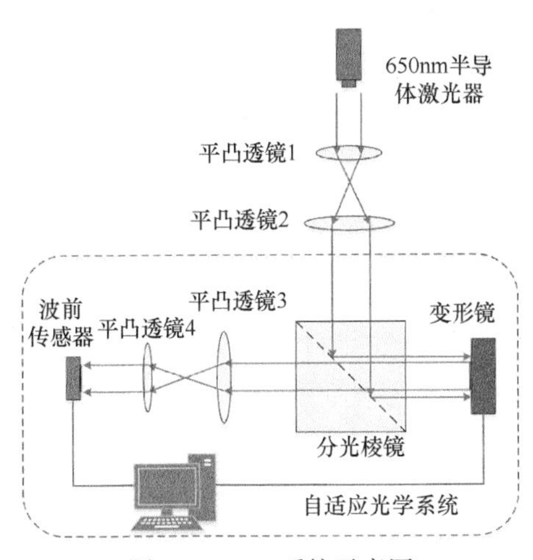

图 2-52　AO 系统示意图

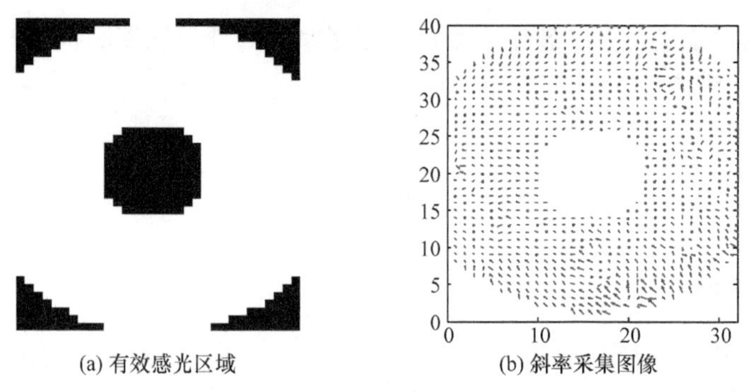

(a) 有效感光区域　　(b) 斜率采集图像

图 2-53　感光区域

2.7.2　推拉法标定

依据参考文献[37]，采用推拉法对系统进行标定，完成响应矩阵计算。变形镜具有 69 个驱动单元，对第一个驱动器发送电压 v_0，分别采集 x 方向的斜率 $\text{Slope}_{x,+}^{1}$ 和 y 方向的斜率 $\text{Slope}_{y,+}^{1}$；完成采集后再对第一个驱动器发送电压为 $-v_0$，分别采集 x 方向的斜率 $\text{Slope}_{x,-}^{1}$ 和 y 方向的斜率 $\text{Slope}_{y,-}^{1}$，可得第一个驱动器产生的驱动量和 WFS 所感应的斜率之间的关系：

$$\text{Slope}^{1}=\left[\frac{\text{Slope}_{x,+}^{1}-\text{Slope}_{x,-}^{1};\text{Slope}_{y,+}^{1}-\text{Slope}_{y,+}^{1}}{2v_0}\right] \tag{2-88}$$

式中，Slope 上角标 1 为第 1 个驱动器处于驱动状态；下角标 $x,+$ 为波前斜率为 x 方向，发送电压为正。任一方向斜率采集个数值与上述设置 WFS 的感光域有关，通过式(2-88)的计算，斜率矩阵 Slope^1 大小为 1×2036。

上述过程可在一个电压指令下进行反复的推和拉，并在每次保持推和拉的状态下采集多组斜率值，分别求取平均值，得到最终的关系。历遍 69 个促动器单元，计算每个单元所对应的斜率响应，完成最终的 IM 计算，因此可得

$$\text{IM}_{\text{cmd2Slope}}=\begin{bmatrix}\dfrac{\left(\sum\limits_{i=1}^{m}\sum\limits_{j=1}^{n}\text{Slope}_{i,j,+,x}^{1}-\sum\limits_{i=1}^{m}\sum\limits_{j=1}^{n}\text{Slope}_{i,j,-,x}^{1}\right)}{2v_0mn} & \dfrac{\left(\sum\limits_{i=1}^{m}\sum\limits_{j=1}^{n}\text{Slope}_{i,j,+,y}^{1}-\sum\limits_{i=1}^{m}\sum\limits_{j=1}^{n}\text{Slope}_{i,j,-,y}^{1}\right)}{2v_0mn}\\ \vdots & \vdots \\ \dfrac{\left(\sum\limits_{i=1}^{m}\sum\limits_{j=1}^{n}\text{Slope}_{i,j,+,x}^{69}-\sum\limits_{i=1}^{m}\sum\limits_{j=1}^{n}\text{Slope}_{i,j,-,x}^{69}\right)}{2v_0mn} & \dfrac{\left(\sum\limits_{i=1}^{m}\sum\limits_{j=1}^{n}\text{Slope}_{i,j,+,y}^{69}-\sum\limits_{i=1}^{m}\sum\limits_{j=1}^{n}\text{Slope}_{i,j,-,y}^{69}\right)}{2v_0mn}\end{bmatrix} \tag{2-89}$$

式中，m 为推的次数；n 为任一状态下采集斜率图片的个数。响应矩阵代表电压到斜率的转化，记为 $\mathrm{IM}_{\mathrm{cmd2Slope}}$，大小为 69×2036。

2.7.3　Hadamard 矩阵法标定

依据文献[38]，为使 IM 误差的协方差矩阵最小，电压发送矩阵所构成的行列式值应最大化，从而使得响应矩阵的估计误差最小，如下最优解：

$$\begin{cases}\max\ J(\boldsymbol{V})=\det(\boldsymbol{V})\\ \quad \text{s.t.}\ \left|v_{i,j}\right|<1\end{cases}\tag{2-90}$$

依据文献[39]可知，通过 Hadamard 矩阵构建发送电压矩阵作用于变形镜，可降低误差。具体算法如下。

(1) 由于 Hadamard 矩阵的阶数为 2 或者 4 的整倍数，阶数除以 12、除以 20 必须为 2 的整次幂，变形镜的单元数为 69 个，选择 Hadamard 矩阵的阶数要大于 69，符合上述条件，设 Hadamard 矩阵阶数为 80，虚拟 11 个促动器用于实际运算。

(2) 设 $\boldsymbol{V}_{+,H}^{1}=\begin{bmatrix}v_0\\0\\\vdots\\0\end{bmatrix}$ 为 80×1 的列矩阵，令 $\boldsymbol{H}_{80}$ 为 80×80 的 Hadamard 方阵，计算 $\boldsymbol{H}_{80}\cdot\boldsymbol{V}_{+,H}^{1}=\boldsymbol{V}^{1}$，得 $\boldsymbol{V}^{1}$ 为 80×1 的列矩阵，取 $\boldsymbol{V}^{1}$ 的前 69 个元素作用于变形镜，分别采集 x 方向的斜率 $\mathrm{Slope}_{x,+,H}$ 和 y 方向的斜率 $\mathrm{Slope}_{y,+,H}$。

(3) 反置电压，重复步骤(2)，即将 $\boldsymbol{V}_{-,H}^{1}=\begin{bmatrix}-v_0\\0\\\vdots\\0\end{bmatrix}$ 与 $\boldsymbol{H}_{80}$ 相乘后取前 69 个元素作用于变形镜，分别采集 x 方向的斜率 $\mathrm{Slope}_{x,-,H}$ 和 y 方向的斜率 $\mathrm{Slope}_{y,-,H}$。

(4) 历遍 $\boldsymbol{V}_{+,H}$ 和 $\boldsymbol{V}_{-,H}$ 的 80 个单元，每个单元可多次发送，在每次发送后可采集多组斜率的信息，最终求取平均获取 Hadamard 矩阵和 Slope 之间的关系，此时的 $\mathrm{IM}_{\mathrm{Hadamard2Slope}}$ 矩阵大小为 80×2036，代表了 Hadamard 矩阵发送电压到斜率之间的关系：

$$\mathrm{IM}_{\mathrm{Hadamard2Slope}}=\begin{bmatrix}\dfrac{\left(\sum_{i=1}^{m}\sum_{j=1}^{n}\mathrm{Slope}_{i,j,+,x,H}^{1}-\sum_{i=1}^{m}\sum_{j=1}^{n}\mathrm{Slope}_{i,j,-,x,H}^{1}\right)}{2v_0mn} & \dfrac{\left(\sum_{i=1}^{m}\sum_{j=1}^{n}\mathrm{Slope}_{i,j,+,y,H}^{1}-\sum_{i=1}^{m}\sum_{j=1}^{n}\mathrm{Slope}_{i,j,-,y,H}^{1}\right)}{2v_0mn}\\ \vdots & \vdots \\ \dfrac{\left(\sum_{i=1}^{m}\sum_{j=1}^{n}\mathrm{Slope}_{i,j,+,x,H}^{80}-\sum_{i=1}^{m}\sum_{j=1}^{n}\mathrm{Slope}_{i,j,-,x,H}^{80}\right)}{2v_0mn} & \dfrac{\left(\sum_{i=1}^{m}\sum_{j=1}^{n}\mathrm{Slope}_{i,j,+,y,H}^{1}-\sum_{i=1}^{m}\sum_{j=1}^{n}\mathrm{Slope}_{i,j,-,y,H}^{1}\right)}{2v_0mn}\end{bmatrix} \tag{2-91}$$

(5) 计算 Hadamard 矩阵到实际发送电压之间的关系，从而计算电压到斜率之间的关系，对于步骤(2)中所计算的$\boldsymbol{V}^k\left(k=1\sim80\right)$，取前 69 个元素，排列构成矩阵$\mathrm{IM}_{\mathrm{Hadamard2cmd}}$，大小为 80×69。

(6) 对矩阵$\mathrm{IM}_{\mathrm{Hadamard2cmd}}$求伪逆，再与$\mathrm{IM}_{\mathrm{Hadamard2Slope}}$相乘，即可得到电压到斜率的响应矩阵：

$$\mathrm{IM}_{\mathrm{cmd2Slope}}=\left(\mathrm{IM}_{\mathrm{Hadamard2Slope}}\right)^{-1}\cdot\mathrm{IM}_{\mathrm{Hadamard2Slope}} \tag{2-92}$$

式中，–1 为矩阵的伪逆运算。

分别计算采用传统推拉法发送的电压矩阵行列式和采用 Hadamard 矩阵法发送电压矩阵的行列式，取v_0=0.3，有

$$J_1=\det\left(\boldsymbol{V}\right)=\begin{bmatrix}v_0 & 0 & \cdots & 0\\ 0 & v_0 & \cdots & 0\\ \vdots & \vdots & & \vdots\\ 0 & 0 & \cdots & v_0\end{bmatrix}_{69\times69,\ v_0=0.3}=8.34\times10^{-37}$$

$$J_2=\det\left(\boldsymbol{V}_H\right)=\begin{bmatrix}v_0 & v_0 & \cdots & v_0\\ v_0 & -v_0 & \cdots & v_0\\ \vdots & \vdots & & \vdots\\ v_0 & v_0 & \cdots & -v_0\end{bmatrix}_{80\times80,\ v_0=0.3}=1.96\times10^{34} \tag{2-93}$$

采用 Hadamard 矩阵方式进行标定，尽可能增大促动器的行程，相对于传统的推拉方法能够起到更好的效果。

图 2-54 为采用传统推拉法所计算的 IM 的等高线分布图，图 2-55 为采用 Hadamard 矩阵标定所计算的 IM 的等高线分布图，两者标定参数相同，发送电压$v_0=0.1$，推拉次数$m=2$，采集图片数$n=2$。

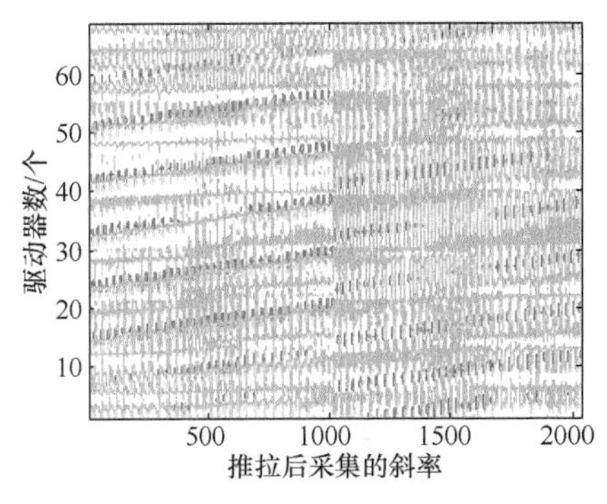

图 2-54　推拉法计算的等高线图

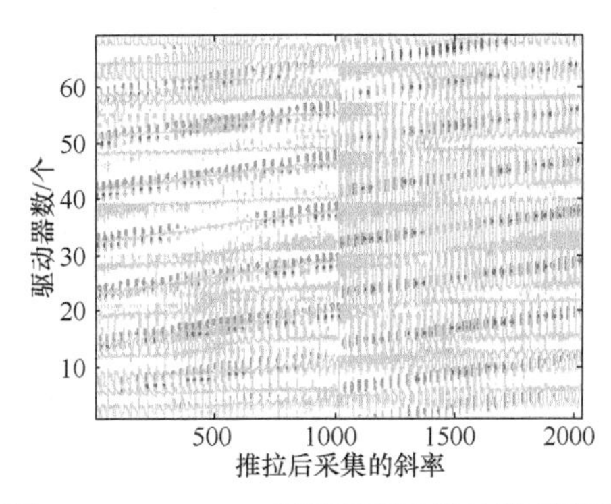

图 2-55　Hadamard 矩阵标定计算的等高线图

2.8　闭　　环

2.8.1　闭环算法

实际闭环系统需要将采集的斜率转化为变形镜电压,采用奇异值分解法对 IM 求伪逆计算得到命令矩阵。舍去对角阵 $\boldsymbol{s}$ 中较小的奇异值，起到滤波效果。

$$
\begin{aligned}
&\mathrm{IM}_{\mathrm{cmd2Slope}}=\boldsymbol{usv}' \\
&\mathrm{CM}_{\mathrm{Slope2cmd}}=(\boldsymbol{v}')^{-1}(\boldsymbol{s})^{-1}(\boldsymbol{u})^{-1}
\end{aligned}
\tag{2-94}
$$

设分别发送两次电压矩阵 $\boldsymbol{v}_1$ 和 $\boldsymbol{v}_2$ ，采集斜率信息分别为 Slope_1 和 Slope_2 ，$\mathrm{CM}_{\mathrm{Slope2cmd}}$ 建立了斜率和电压的线性关系，满足可加性和齐次性，即

$$
\begin{aligned}
&(\mathrm{Slope}_1+\mathrm{Slope}_2)\cdot\mathrm{CM}_{\mathrm{Slope2cmd}}=\boldsymbol{V}_1+\boldsymbol{V}_2 \\
&(A\cdot\mathrm{Slope}_1)\cdot\mathrm{CM}_{\mathrm{Slope2cmd}}=A\cdot\boldsymbol{V}_1
\end{aligned}
\tag{2-95}
$$

WFS 和 DM 组成的线性光学系统采用传统的 PID 控制即可完成。自适应光学系统 PID 控制算法框图如图 2-56 所示。

设控制目标为平面波，$\boldsymbol{S}_{\mathrm{tar}}=0$ ，与实测的误差波前相减后将误差波前 $\boldsymbol{S}_{\mathrm{err}}$ 转化为误差电压后，分别经过比例、微分和积分运算后作用于变形镜，再次采集波前斜率，完成系统的闭环迭代。系统闭环的迭代公式可以表示如下：

$$
\begin{aligned}
\Delta\boldsymbol{V}(n)=\big\{&k_{\mathrm{p}}\cdot\left[\boldsymbol{S}_{\mathrm{err}}(n)-\boldsymbol{S}_{\mathrm{err}}(n-1)\right] \\
&+k_{\mathrm{i}}\cdot\left[\boldsymbol{S}_{\mathrm{err}}(n)\right] \\
&+k_{\mathrm{d}}\cdot\left[\boldsymbol{S}_{\mathrm{err}}(n)-2\boldsymbol{S}_{\mathrm{err}}(n-1)+\boldsymbol{S}_{\mathrm{err}}(n-2)\right]\big\}\cdot\mathrm{CM}_{\mathrm{Slope2cmd}}
\end{aligned}
\tag{2-96}
$$

式中，$\Delta\boldsymbol{V}(n)$ 为施加在变形镜上的电压迭代量；$\boldsymbol{S}_{\mathrm{err}}(n)$、$\boldsymbol{S}_{\mathrm{err}}(n-1)$、$\boldsymbol{S}_{\mathrm{err}}(n-2)$ 分别为当前迭代斜率误差、上一次迭代斜率误差和上两次迭代斜率误差。

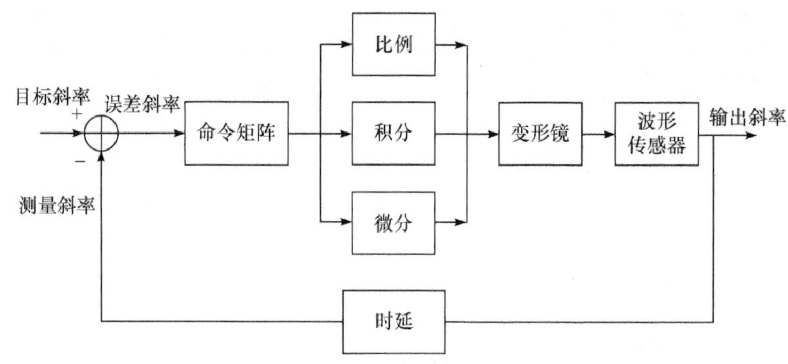

图 2-56　PID 控制算法框图

由于波前峰谷值和均方根在任何状态下均大于 0，在调节 PID 参数的过程中，若系统处于欠阻尼状态，无法准确观察输出参量随时间的变化。取每次施加在变形镜电压向量的最大值作为系统输出的响应曲线。

对实际系统进行 PID 参数的调整，依据 PID 参数调节原理，依次调节 k_p 、k_i 和 k_d ，使得系统处于临界振动状态，即处于最佳稳定的状态，分别调节参数可得到如图 2-57 所示的曲线。

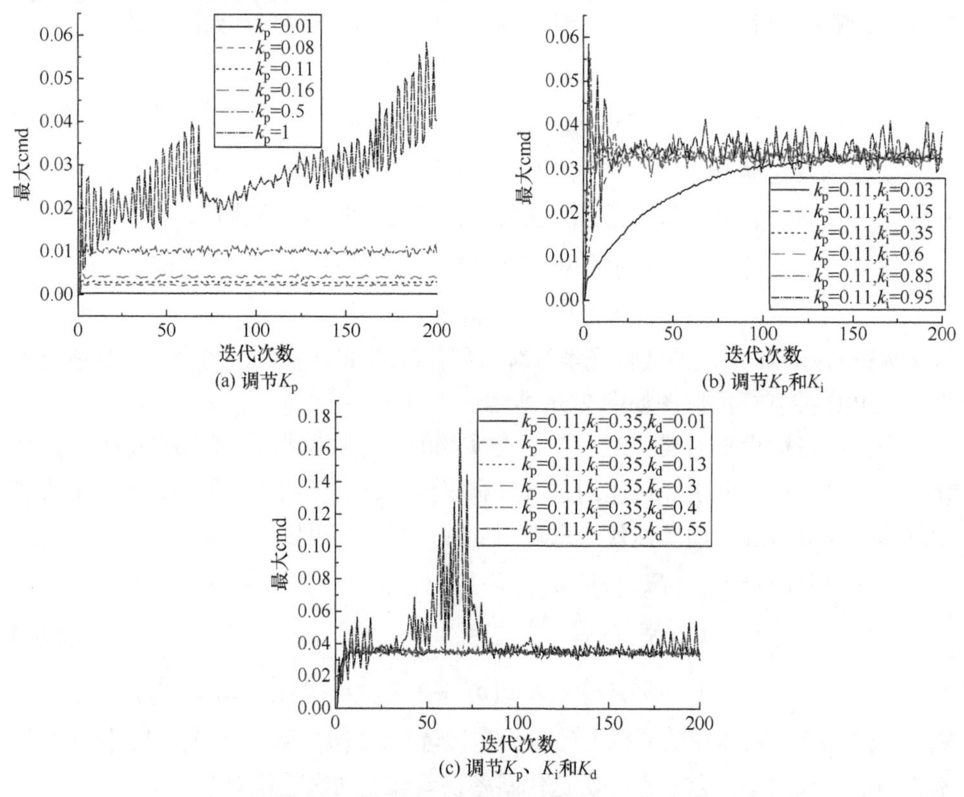

图 2-57　调节 PID 参数输出最大电压曲线图

通过参数的调整，当 $k_p = 0.11, k_i = 0.35, k_d = 0.13$ 时，系统处于最佳的临界稳定状态。通过对比开环和闭环情况下的 PV 值曲线，系统闭环后，波前均值可满足 $PV = 0.13\lambda, RMS = 0.026\lambda$，达到了波前修正的要求(图 2-58)。

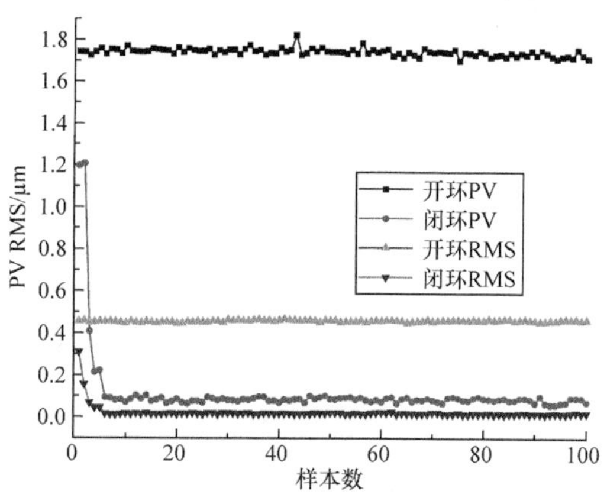

图 2-58　开、闭环波前 PV 和 RMS 变化曲线

2.8.2　闭环带宽分析

波前重构作为自适应光学闭环控制的非必要环节[39, 40]，波前重构计算会占用闭环带宽的一定资源[40]，分别测量无波前测量重构、区域法重构和模式法重构三种条件下的 AO 带宽，如表 2-2 所示。

表 2-2　不同条件下自适应光学闭环带宽

条件	带宽/Hz
模式法重构	30.71
区域法重构	33.15
无波前测量重构	98.9

对于 AO 闭环，依据实测数据，若无波前重构模块，系统带宽可接近 100Hz，这与 WFS 的最高采集帧频率相匹配，此时的系统达到最高带宽，而有波前重构模块，并对环路进行监视，系统带宽约为 30Hz，这极大地降低了自适应光学的带宽，说明波前重构的计算直接影响了系统的闭环。

(1) 采用推拉法和 Hadamard 矩阵法进行系统的标定，完成了高质量的响应矩阵的计算，建立了 DM 和 WFS 之间精确的数学关系，这对于后续系统标定更加具有意义。

(2) 采用 PID 控制算法对系统进行调节，当 $k_p = 0.11, k_i = 0.35, k_d = 0.13$，系统处

于稳定闭环状态，实现单色光平面波波前的修正，闭环后 $PV = 0.13\lambda$，$RMS = 0.026\lambda$，闭环带宽最高可达 100Hz。这对于后续的光纤耦合控制系统和双波长波前校正控制系统具有算法上的指导意义。

参 考 文 献

[1] 柯熙政. 无线光通信. 北京: 科学出版社, 2016.

[2] 陈莫. 空间相干光通信的相位匹配研究. 成都: 中国科学院光电技术研究所, 2016.

[3] 武云云. 自适应光学技术在大气光通信中的应用研究. 成都：中国科学院光电技术研究所, 2013.

[4] Tyson R K, Wizinowich P L. Principles of adaptive optics. Physics Today, 1992, 45(2): 100.

[5] 姜宗福, 习锋杰, 许晓军. 光栅型波前曲率传感器原理和应用. 中国激光, 2010, 37(1): 205-210.

[6] 许晓军, 陆启生. 剪切干涉仪与哈特曼波前传感器的波前复原比较. 强激光与粒子束, 2000, 12(3): 269-272.

[7] 白福忠, 饶长辉. 自参考干涉波前传感器中针孔直径对闭环自适应光学系统校正精度的影响. 物理学报, 2010, 59(11): 8280-8286.

[8] Olivier S S. Advanced adaptive optics technology development. International Symposium on Optical Adaptive Optics Systems and Technology Ⅱ：International Society for Optics and Photonics, 2001, 4494: 1-10.

[9] 杨华峰, 饶长辉, 张雨东, 等. 自适应光学系统中变形镜和波前传感器共轭位置要求的分析. 光电工程, 2009, 36(4): 27-34.

[10] 张洪鑫, 张健, 吴丽莹. 液晶空间光调制器用于波前校正的研究. 红外与激光工程, 2008, 37(6): 1062-1065.

[11] 张天树, 雷广玉, 杜祥琬. 非线性光学相位共轭补偿激光大气传输束畸变. 中国工程物理研究院科技年报, 2000, 27(4): 269-270.

[12] 郭友明, 饶长辉, 鲍华. 一种自适应光学系统响应矩阵的直接计算方法. 物理学报, 2014, 63(14): 455-461.

[13] 付福兴, 张彬. 激光束畸变波前高频相位的恢复. 中国激光, 2011, 38(4): 44-49.

[14] 冯国英, 周寿桓. 激光光束质量综合评价的探讨. 中国激光, 2009, 36(7): 1643-1653.

[15] Mahajan V N. Strehl ratio for primary aberrations: Some analytical results for circular and annular pupils. Journal of the Optical Society of America, 1993, 71(9): 1258-1266.

[16] Breckinridge J B. Atmospheric wavefront simulation and Zernike polynomials. Amplitude and Intensity Spatial Interferometry: International Society for Optics and Photonics, 1990.

[17] Noll R J. Zernike polynomials and atmospheric turbulence. Journal of the Optical Society of America, 1976, 66: 207-211.

[18] Boyer C, Michau V. Adaptive optics: Interaction matrix measurements and real time control algorithms for the COME-ON project. Adaptive Optics and Optical Structures: International Society for Optics and Photonics, 1990, 1237: 63-81.

[19] Overschee P V, Moor B D. Subspace Identification for Linear Systems. Berlin: Springer, 1996.

[20] Tohru K. Subspace Methods for System Identification. London: Springer-Verlag: 239-357.

[21] Ba T Y, Guan X Q, Zhang J W. Vehicle predictive control based on the recursive subspace identification method. Proceedings of the Institution of Mechanical Engineers, Part D: Journal of Automobile Engineering, 2015, 229(8): 1094-1109.

[22] Chiuso A. On the relation between CCA and predictor-based subspace identification. IEEE Transactions on Automatic Control, 2007, 52(10): 1795-1812.

[23] 李正明, 郭世伟. 基于N4SID子空间辨识的线性自抗扰控制器. 信息与控制, 2017, (2):5-10.

[24] 杨华. 基于子空间方法的系统辨识及预测控制设计. 上海: 上海交通大学.

[25] 林海奇. 基于模型辨识的自适应光学系统控制技术研究. 成都: 中国科学院光电技术研究所, 2019.

[26] Overschee P V, Moor B D. Subspace Identification for Linear Systems. Berlin: Springer, 1996.

[27] 王亮, 陈涛, 刘欣悦, 等. 适用于波前处理器的自适应光学系统非共光路像差补偿方法. 光子学报, 2015, 44(5): 116-120.

[28] 王追. 基于多核 DSP 的波前处理算法实时性研究. 成都: 中国科学院光电技术研究所, 2014.

[29] 王亮, 陈涛, 刘欣悦. 适用于波前处理器的自适应光学系统非共光路像差补偿方法. 光子学报, 2015, 44(5): 116-120.

[30] 章承伟. 基于 GPU 的自适应光学实时波前控制系统研究. 合肥: 中国科学技术大学, 2018.

[31] 严海星, 张德良, 李树山. 自适应光学系统的数值模拟: 直接斜率控制法. 光学学报, 1997, 17(6): 119-126.

[32] Jiang W H, Li H G. Hartmann-Shack wavefront sensing and wavefront control algorithm. Adaptive Optics and Optical Structures: International Society for Optics and Photonics, 1990, 1271: 82-93.

[33] 李新阳, 王春鸿, 鲜浩, 等. 自适应光学系统的实时模式复原算法. 强激光与粒子束, 2002, 14(1): 53-56.

[34] 刘章文, 李正东, 周志强, 等. 基于模糊控制的自适应光学校正技术. 物理学报, 2016, 65(1): 1-8.

[35] Boyer C, Michau V. Adaptive optics: Interaction matrix measurements and real time control algorithms for the COME-ON project. Adaptive Optics and Optical Structures: International Society for Optics and Photonics, 1990, 1237: 63-81.

[36] Kasper M, Fedrigo E, Looze D P, et al. Fast calibration of high-order adaptive optics systems. JOSAA, 2004, 21(6): 1004-1008.

[37] Brenner J. The Hadamard maximum determinant problem. American Mathematical Monthly, 1972, 79(6): 626-630.

[38] 罗倩, 吴时彬, 汪利华, 等. 稀疏子孔径区域内正交多项式重构波前. 光子学报, 2018, 47(6): 207-214.

[39] 庞博清, 王帅, 杨平. 基于压缩调制模式的波前重构. 光学学报, 2018, 38(9): 35-42.

[40] 刘同舜, 谢宛青, 朱进. 星间光通信系统中多样化波前畸变的小波重构. 强激光与粒子束, 2014, 26(10): 13-17.

第 3 章　比例+积分算法与迭代算法

本章介绍了 AO 系统的标定方法，并在此基础上阐明基于直接斜率法的 PI 算法，高斯赛德尔(Gauss-Seidel, G-S)迭代算法和重复学习迭代算法的控制原理及其参数影响。同时结合三个算法的运算量，分析 PI 算法和迭代算法的校正性能。

3.1　比例+积分算法

3.1.1　系统响应矩阵标定

变形镜可通过驱动器带动薄膜镜面运动，产生指定面形。因此，对于入射至变形镜表面的光束，其因变形镜而产生的波前相位可表示为

$$\phi_{\mathrm{dm}}(x,y)=\sum_{i=1}^{h}V_i\cdot\mathrm{IM}_i \tag{3-1}$$

式中，IM_i 和 V_i 分别为第 i 个驱动器的响应函数和电压值。则根据夏克-哈特曼波前传感器工作原理，探测的波前斜率与变形镜驱动器电压值及响应函数之间的关系可表示为[1]

$$\begin{cases} SX(i)=\sum\limits_{i=1}^{h}V_i\dfrac{\iint\limits_{A_i}\dfrac{\partial W(r)}{\partial x}\mathrm{d}x\mathrm{d}y}{A_i}=\sum\limits_{i=1}^{h}\mathrm{IM}_x(i)V_i \\ SY(i)=\sum\limits_{i=1}^{h}V_i\dfrac{\iint\limits_{A_i}\dfrac{\partial W(r)}{\partial y}\mathrm{d}x\mathrm{d}y}{A_i}=\sum\limits_{i=1}^{h}\mathrm{IM}_y(i)V_i \end{cases} \tag{3-2}$$

式中，IM_x 和 IM_y 分别为 x 方向和 y 方向的响应函数。上式的矩阵形式可写作

$$\boldsymbol{S}_c=\mathrm{IM}\cdot V_s \tag{3-3}$$

式中，$\boldsymbol{S}_c=\left[s_{x_1},s_{x_2},\cdots,s_{x_t};s_{y_1},s_{y_2},\cdots,s_{y_t}\right]^{\mathrm{T}}$ 为波前传感器的斜率矩阵，由 x 方向和 y

方向两部分构成；t 为波前传感器子孔径总数；$V_s=\left[v_{s_1},v_{s_2},\cdots,v_{s_h}\right]^{\mathrm{T}}$ 为从斜率求得的变形镜驱动器控制电压；IM 为变形镜的响应矩阵，其大小为 $2t\times h$。

由式(3-3)可知，进行波前修正需要通过系统标定获取响应矩阵。根据 Boyer 等的研究，响应矩阵可分解为 x 方向与 y 方向，利用推拉法进行计算[2]。

推拉法是对变形镜各个驱动器依次施加正单位和负单位的驱动电压，通过采集波前传感器的测量斜率以获取波前斜率和驱动电压之间的对应关系。图 3-1 是变形镜响应矩阵测定流程图，测定响应矩阵需要指定变形镜驱动器数目、波前传感器子孔径数目、推拉次数、图片采集数目及电压值。设变形镜驱动电压为

$$V_{\mathrm{dm}}=\left[V_1,V_2,V_3,\cdots,V_h\right] \tag{3-4}$$

式中，h 为变形镜驱动器总数。则系统响应矩阵表示为

$$\mathbf{IM}=\left[\mathrm{IM}_1,\mathrm{IM}_2,\mathrm{IM}_3,\cdots,\mathrm{IM}_i\right] \tag{3-5}$$

式中，IM_i 为第 i 个驱动器的响应函数,其测定过程主要分为以下四个步骤。

(1) 发送正电压：第 i 个驱动器发送正电压 V，其余驱动器发送电压值为 0。

(2) 采集正电压对应斜率：利用夏克-哈特曼波前传感器采集此时的波前斜率。

(3) 发送负电压：第 i 个驱动器发送负电压$-V$，其余驱动器发送电压值为 0。

(4) 采集负电压对应斜率:通过夏克-哈特曼波前传感器采集此刻的波前斜率，则第 i 个驱动器的响应函数可表示为

$$\begin{aligned}\mathrm{IM}_i&=\frac{S_i^+-S_i^-}{2V}\\&=\left[\frac{S_{x_1}^+-S_{x_1}^-}{2V},\frac{S_{x_2}^+-S_{x_2}^-}{2V},\cdots,\frac{S_{x_t}^+-S_{x_t}^-}{2V},\frac{S_{y_1}^+-S_{y_1}^-}{2V},\frac{S_{y_2}^+-S_{y_2}^-}{2V},\cdots,\frac{S_{y_t}^+-S_{y_t}^-}{2V}\right]^{\mathrm{T}}\end{aligned} \tag{3-6}$$

式中，$S_{x_t}^+$、$S_{x_t}^-$、$S_{y_t}^+$、$S_{y_t}^-$ 为对驱动器分别发送正电压和负电压时波前传感器所采集到的 x 方向和 y 方向的第 t 个斜率值。则根据式(3-7)历遍变形镜的所有驱动器，获取其对应响应函数，并依次代入式(3-6)，即可获得完整的响应矩阵。

为了提高响应矩阵的准确性，将多次图片采集求平均以及多次推拉求平均的方式进行波前斜率的测定。假设采集图片数为 p，在进行上述(2)、(4)的斜率采集时，利用夏克-哈特曼波前传感器当中的 CCD 相机采集多组斜率值，并用这些数据的统计平均代替单次测量数据。同时，在此基础上设定推拉总次数为 q，则对于每一个驱动器，上述响应函数测定步骤需重复 q 次。将 q 次计算所得的所有数据进行统计平均，以降低外界干扰，提高测量准确度。此时，单个驱动器的响应函数最终可表示为

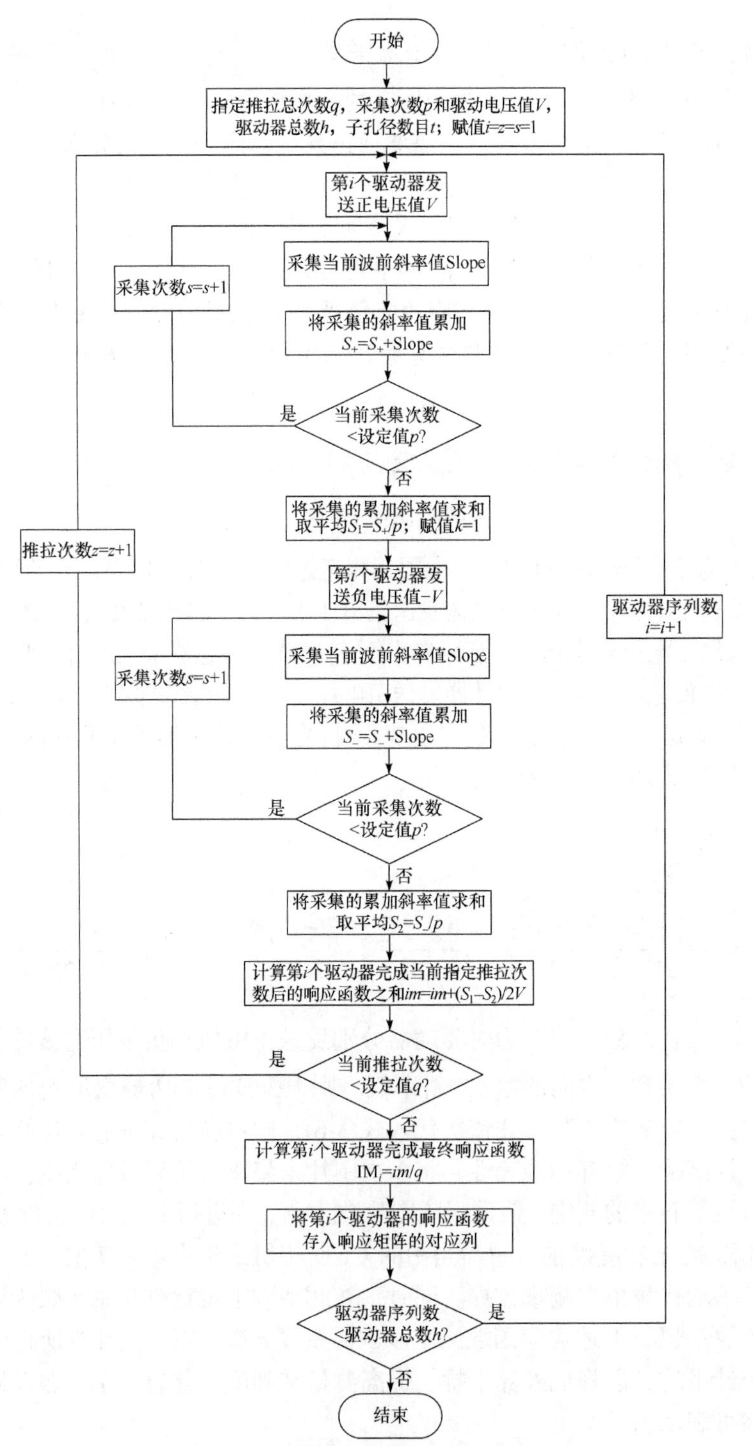

图 3-1　变形镜响应矩阵测定流程图

$$
\begin{aligned}
\mathrm{IM}_i &= \frac{S_i^+ - S_i^-}{2Vpq} \\
&= \left[\frac{\sum_{z=1}^{q}\left(\sum_{s=1}^{p} S_{x_1}^+ - \sum_{s=1}^{p} S_{x_1}^-\right)}{2Vpq}, \frac{\sum_{z=1}^{q}\left(\sum_{s=1}^{p} S_{x_2}^+ - \sum_{s=1}^{p} S_{x_2}^-\right)}{2Vpq}, \cdots, \frac{\sum_{z=1}^{q}\left(\sum_{s=1}^{p} S_{x_{t-1}}^+ - \sum_{s=1}^{p} S_{x_{t-1}}^-\right)}{2Vpq}, \frac{\sum_{z=1}^{q}\left(\sum_{s=1}^{p} S_{x_t}^+ - \sum_{s=1}^{p} S_{x_t}^-\right)}{2Vpq},\right. \\
&\quad \left.\frac{\sum_{z=1}^{q}\left(\sum_{s=1}^{p} S_{y_1}^+ - \sum_{s=1}^{p} S_{y_1}^-\right)}{2Vpq}, \frac{\sum_{z=1}^{q}\left(\sum_{s=1}^{p} S_{y_2}^+ - \sum_{s=1}^{p} S_{y_2}^-\right)}{2Vpq}, \cdots, \frac{\sum_{z=1}^{q}\left(\sum_{s=1}^{p} S_{y_{t-1}}^+ - \sum_{s=1}^{p} S_{y_{t-1}}^-\right)}{2Vpq}, \frac{\sum_{z=1}^{q}\left(\sum_{s=1}^{p} S_{y_t}^+ - \sum_{s=1}^{p} S_{y_t}^-\right)}{2Vpq}\right]^{\mathrm{T}}
\end{aligned}
\tag{3-7}
$$

对于单个测定对象，括号及下标 $x=x_i$ 和 $y=y_i$ 表示该值为第 i 个测定对象的 x、y 方向响应函数值：

$$
\left\{\frac{\sum_{z=1}^{q}\left(\sum_{s=1}^{p} S_{x_1}^+ - \sum_{s=1}^{p} S_{x_1}^-\right)}{2Vpq}\right\}_{x=x_i}
\tag{3-8}
$$

则最终波前斜率与驱动器控制电压之间响应矩阵可表示为

$$
\mathbf{IM} = \left[\mathrm{IM}_1, \mathrm{IM}_2, \mathrm{IM}_3, \cdots, \mathrm{IM}_h\right]
$$

$$
= \begin{bmatrix}
\left\{\frac{\sum_{z=1}^{q}\left(\sum_{s=1}^{p} S_{x_1}^+ - \sum_{s=1}^{p} S_{x_1}^-\right)}{2Vpq}\right\}_{x=x_1} & \left\{\frac{\sum_{z=1}^{q}\left(\sum_{s=1}^{p} S_{x_1}^+ - \sum_{s=1}^{p} S_{x_1}^-\right)}{2Vpq}\right\}_{x=x_2} & \cdots & \left\{\frac{\sum_{z=1}^{q}\left(\sum_{s=1}^{p} S_{x_1}^+ - \sum_{s=1}^{p} S_{x_1}^-\right)}{2Vpq}\right\}_{x=x_h} \\
\vdots & \vdots & & \vdots \\
\left\{\frac{\sum_{z=1}^{q}\left(\sum_{s=1}^{p} S_{x_t}^+ - \sum_{s=1}^{p} S_{x_t}^-\right)}{2Vpq}\right\}_{x=x_1} & \left\{\frac{\sum_{z=1}^{q}\left(\sum_{s=1}^{p} S_{x_t}^+ - \sum_{s=1}^{p} S_{x_t}^-\right)}{2Vpq}\right\}_{x=x_2} & \cdots & \left\{\frac{\sum_{z=1}^{q}\left(\sum_{s=1}^{p} S_{x_t}^+ - \sum_{s=1}^{p} S_{x_t}^-\right)}{2Vpq}\right\}_{x=x_h} \\
\left\{\frac{\sum_{z=1}^{q}\left(\sum_{s=1}^{p} S_{y_1}^+ - \sum_{s=1}^{p} S_{y_1}^-\right)}{2Vpq}\right\}_{y=y_1} & \left\{\frac{\sum_{z=1}^{q}\left(\sum_{s=1}^{p} S_{y_1}^+ - \sum_{s=1}^{p} S_{y_1}^-\right)}{2Vpq}\right\}_{y=y_2} & \cdots & \left\{\frac{\sum_{z=1}^{q}\left(\sum_{s=1}^{p} S_{y_1}^+ - \sum_{s=1}^{p} S_{y_1}^-\right)}{2Vpq}\right\}_{y=y_h} \\
\vdots & \vdots & & \vdots \\
\left\{\frac{\sum_{z=1}^{q}\left(\sum_{s=1}^{p} S_{y_t}^+ - \sum_{s=1}^{p} S_{y_t}^-\right)}{2Vpq}\right\}_{y=y_1} & \left\{\frac{\sum_{z=1}^{q}\left(\sum_{s=1}^{p} S_{y_t}^+ - \sum_{s=1}^{p} S_{y_t}^-\right)}{2Vpq}\right\}_{y=y_2} & \cdots & \left\{\frac{\sum_{z=1}^{q}\left(\sum_{s=1}^{p} S_{y_t}^+ - \sum_{s=1}^{p} S_{y_t}^-\right)}{2Vpq}\right\}_{y=y_h}
\end{bmatrix}
\tag{3-9}
$$

相应地，Zernike 多项式系数与波前斜率之间也存在一定的转换关系[3]，类似于式(3-9)，此关系式可转换为

$$\mathbf{ZM}=\left[\mathrm{ZM}_1,\mathrm{ZM}_2,\mathrm{ZM}_3,\cdots,\mathrm{ZM}_z\right] \tag{3-10}$$

式中，ZM_i 为第 i 阶 Zernike 多项式对应的交互函数测定方法，与变形镜响应函数相同，因而最终的 Zernike 响应矩阵表达式为

$$\mathbf{ZM}=\left[\mathrm{ZM}_1,\mathrm{ZM}_2,\mathrm{ZM}_3,\cdots,\mathrm{ZM}_z\right]$$

$$=\begin{bmatrix}
\left\{\dfrac{\sum\limits_{z=1}^{q}\left(\sum\limits_{s=1}^{p}Z_{x_1}^{+}-\sum\limits_{s=1}^{p}Z_{x_1}^{-}\right)}{2Vpq}\right\}_{x=x_1} & \left\{\dfrac{\sum\limits_{z=1}^{q}\left(\sum\limits_{s=1}^{p}Z_{x_1}^{+}-\sum\limits_{s=1}^{p}Z_{x_1}^{-}\right)}{2Vpq}\right\}_{x=x_2} & \cdots & \left\{\dfrac{\sum\limits_{z=1}^{q}\left(\sum\limits_{s=1}^{p}Z_{x_1}^{+}-\sum\limits_{s=1}^{p}Z_{x_1}^{-}\right)}{2Vpq}\right\}_{x=x_z} \\
\vdots & \vdots & & \vdots \\
\left\{\dfrac{\sum\limits_{z=1}^{q}\left(\sum\limits_{s=1}^{p}Z_{x_t}^{+}-\sum\limits_{s=1}^{p}Z_{x_t}^{-}\right)}{2Vpq}\right\}_{x=x_1} & \left\{\dfrac{\sum\limits_{z=1}^{q}\left(\sum\limits_{s=1}^{p}Z_{x_t}^{+}-\sum\limits_{s=1}^{p}Z_{x_t}^{-}\right)}{2Vpq}\right\}_{x=x_2} & \cdots & \left\{\dfrac{\sum\limits_{z=1}^{q}\left(\sum\limits_{s=1}^{p}Z_{x_t}^{+}-\sum\limits_{s=1}^{p}Z_{x_t}^{-}\right)}{2Vpq}\right\}_{x=x_z} \\
\left\{\dfrac{\sum\limits_{z=1}^{q}\left(\sum\limits_{s=1}^{p}Z_{y_1}^{+}-\sum\limits_{s=1}^{p}Z_{y_1}^{-}\right)}{2Vpq}\right\}_{y=y_1} & \left\{\dfrac{\sum\limits_{z=1}^{q}\left(\sum\limits_{s=1}^{p}Z_{y_1}^{+}-\sum\limits_{s=1}^{p}S_{y_1}^{-}\right)}{2Vpq}\right\}_{y=y_2} & \cdots & \left\{\dfrac{\sum\limits_{z=1}^{q}\left(\sum\limits_{s=1}^{p}Z_{y_1}^{+}-\sum\limits_{s=1}^{p}Z_{y_1}^{-}\right)}{2Vpq}\right\}_{y=y_z} \\
\vdots & \vdots & & \vdots \\
\left\{\dfrac{\sum\limits_{z=1}^{q}\left(\sum\limits_{s=1}^{p}Z_{y_t}^{+}-\sum\limits_{s=1}^{p}Z_{y_t}^{-}\right)}{2Vpq}\right\}_{y=y_1} & \left\{\dfrac{\sum\limits_{z=1}^{q}\left(\sum\limits_{s=1}^{p}Z_{y_t}^{+}-\sum\limits_{s=1}^{p}Z_{y_t}^{-}\right)}{2Vpq}\right\}_{y=y_2} & \cdots & \left\{\dfrac{\sum\limits_{z=1}^{q}\left(\sum\limits_{s=1}^{p}Z_{y_t}^{+}-\sum\limits_{s=1}^{p}Z_{y_t}^{-}\right)}{2Vpq}\right\}_{y=y_z}
\end{bmatrix} \tag{3-11}$$

3.1.2 基于直接斜率法的 PI 控制算法原理

1. 直接斜率法

自适应光学系统主要由波前传感器进行畸变波前信号的探测，并通过一定的控制算法计算波前校正器所需的驱动信号，传递给波前校正器进行波前修正，从而改善光束质量。由于常用的波前传感器如夏克-哈特曼传感器、旋转光栅剪切干涉仪等是将波前相位信号转换为局部波前斜率进行测量而非直接对畸变波前相位进行探测[4~6]。因此需要进行波前重构，即通过波前探测器得到的波前斜率经过一系列算法解算出波前相位[7~9]。这样会大大增加系统的运算复杂度。而直接斜率法[10~12]

是通过建立波前传感器测量信号和波前校正器校正特性之间的对应关系，并通过一定的算法直接求取校正器的驱动电压值。这个算法实际上是对模式法进行了一定程度的简化，将原本模式法当中需要进行的波前重构及求解控制电压这两个步骤简化为直接求取驱动电压这一个步骤[11]。人们已经证明直接斜率法中变形镜各个驱动器控制回路之间相互解耦，因此可针对独立控制回路分别设计控制器[12]。当所选控制算法针对所有驱动器通道采用相同的控制算法参数时，可降低控制参数整体难度及算法复杂度。同时，基于直接斜率法的各类控制算法直接将测量信号作为控制对象，避免了波前重构的过程，有效降低系统运算量，提高系统性能。

直接斜率法采用最小二乘法求解式(3-12)，即从夏克-哈特曼传感器所测量的子孔径斜率信号中直接求解出变形镜所需的控制信号：

$$V_{\mathrm{s}} = \mathbf{IM}^{+} \cdot S_{\mathrm{c}} \tag{3-12}$$

式中，$\mathbf{IM}^{+}$为响应矩阵 **IM** 的广义逆矩阵。当$2t > h$时，两者之间存在如下关系：

$$\mathbf{IM}^{+} \cdot \mathbf{IM} = I_{h\times h}, \mathbf{IM} \cdot \mathbf{IM}^{+} = I_{2t\times 2t} \tag{3-13}$$

式中，I 为单位矩阵。实际应用中多用 **IM** 伪逆矩阵代替 $\mathbf{IM}^{+}$。通常可先进行 $\mathbf{IM}^{+}$ 和 $\mathbf{IM}^{+}$的测定和计算，并进行保存，校正过程中直接调用即可。

直接斜率法是通过补偿波前斜率来完成对波前畸变相位的补偿。它对系统的依赖性主要在于响应矩阵的建立。因此在准确测定响应矩阵的前提下，直接斜率法求解简单方便，容易闭环。

2. 基于直接斜率法的增量式 PI 算法

PID 算法是自动控制理论当中的经典算法。PID 算法依据系统及设备本身，根据算法构成负反馈回路进行调节。PID 控制器的控制系统原理框图如图 3-2 所示。该算法由比例、积分、微分三部分构成，通过将偏差与这三者构建线性组合，达到控制被控对象的目的。由图 3-2 得到的连续 PID 算法表达式为

$$u(t) = k_{\mathrm{p}}\left[e(t) + \frac{1}{T_{\mathrm{i}}}\int_0^t e(t)\mathrm{d}t + T_{\mathrm{d}}\frac{\mathrm{d}e(t)}{\mathrm{d}t}\right] \tag{3-14}$$

式中，k_{p}为比例系数；t 为采样时间；T_{i}为积分时间常数；T_{d}为微分时间常数。对应的离散形式如式(3-15)所示：

$$u(k) = k_{\mathrm{p}}e(k) + k_{\mathrm{i}}\sum_{j=0}^{k} e(j) + k_{\mathrm{d}}\left[e(k) - e(k-1)\right] \tag{3-15}$$

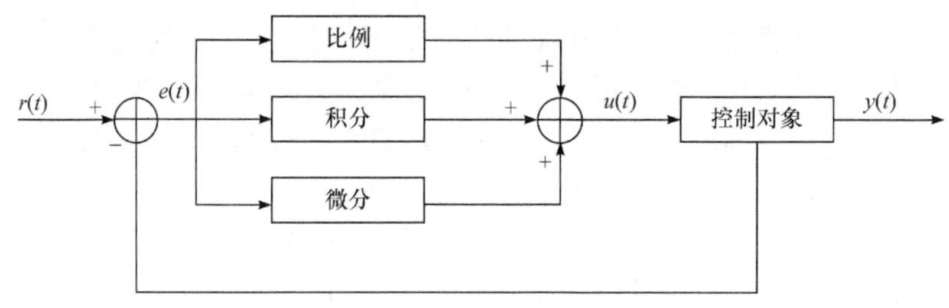

图 3-2　PID 控制系统原理图

式中，k 为采样时刻；$u(k)$为第 k 次采样时刻的计算机输出值；$e(k)$为 k 次采样时刻输入的偏差值；$e(k-1)$为 $k-1$ 采样时刻输入的偏差值；k_i 为积分系数；k_d 为微分系数。一般采用增量式比例积分算法[3]进行校正。根据直接斜率法将 WFS 探测的波前斜率转换为驱动电压：

$$V_e(k) = \mathrm{IM}^+ \times S_e(k) \tag{3-16}$$

式中，$S_e(k)$为 k 时刻波前斜率；$V_e(k)$为采用直接斜率法获取的对应驱动电压。则采用增量式 PI 算法校正后，k 时刻变形镜驱动器电压值 V_{dm} 为

$$\begin{aligned} V_{dm}(k) &= V_{pid} + V_{dm}(k-1) \\ &= k_p\left[V_e(k) - V_e(k-1)\right] + k_i V_e(k) + V_{dm}(k-1) \end{aligned} \tag{3-17}$$

图 3-3 是基于直接斜率法的 PI 控制器的自适应光学校正模型，其控制算法工作流程为：首先利用推拉法测定系统响应矩阵；然后利用 S-H 波前传感器探测波前斜率；最后利用直接斜率法将其转换为电压值。将此值传送至增量式 PI 控制器进行控制，获取最终的变形镜驱动电压值并发送给驱动器，驱动变形镜工作。

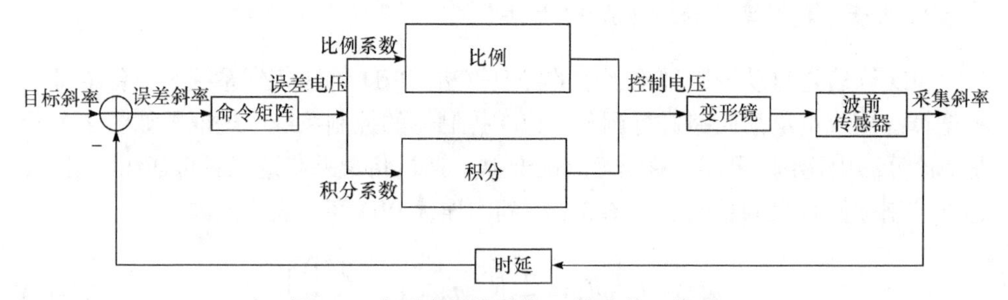

图 3-3　自适应光学系统 PI 算法校正模型

3.1.3　迭代算法控制原理

1. G-S 算法

波前斜率和变形镜驱动电压之间的相关性可由式(3-17)表示。迭代算法通过将该式变形，通过迭代的方法求取该线性方程组的近似解，获取控制电压。对

于响应矩阵 IM，其逆矩阵可表示为：$\mathrm{IM}^{+}=\left(\mathrm{IM}^{\mathrm{T}}\cdot\mathrm{IM}\right)^{-1}\mathrm{IM}^{\mathrm{T}}$，因此式(3-17)可改写为[4]

$$V_{\mathrm{dm}}=\left(\mathrm{IM}^{\mathrm{T}}\cdot\mathrm{IM}\right)^{-1}\mathrm{IM}^{\mathrm{T}}\cdot S_{\mathrm{c}} \tag{3-18}$$

式(3-18)两侧同时乘以 $\mathrm{IM}^{\mathrm{T}}\cdot\mathrm{IM}$，则[12]

$$\left(\mathrm{IM}^{\mathrm{T}}\cdot\mathrm{IM}\right)V_{\mathrm{dm}}=\mathrm{IM}^{\mathrm{T}}\cdot S_{\mathrm{c}} \tag{3-19}$$

式(3-19)与线性方程组 $\boldsymbol{T}x=d$ 具有相同形式，其中 $\boldsymbol{T}$ 为非奇异矩阵，$\boldsymbol{T}=\mathrm{IM}^{\mathrm{T}}\cdot\mathrm{IM}$；$d$ 则为 $\mathrm{IM}^{\mathrm{T}}\cdot S_{\mathrm{c}}$。因此，式(3-19)的求解可转化为线性方程组的求解。而对于后者，将矩阵 $\boldsymbol{T}$ 分解为

$$\boldsymbol{T}=\boldsymbol{M}-\boldsymbol{N} \tag{3-20}$$

式中，$\boldsymbol{M}$ 为非奇异矩阵。将该式代入线性方程组并整理，得其同解线性方程为[13]

$$x=M^{-1}Nx+M^{-1}d=\boldsymbol{P}x+f \tag{3-21}$$

式中，x 为变形镜控制电压；f 为 x 取 0 时对应的值，称为起始值；$\boldsymbol{P}$ 为关系矩阵，不同迭代算法对应着不同形式的值。迭代算法的关键在于构造关系矩阵 $\boldsymbol{P}$。对于 G-S 算法，首先将线性方程组中的矩阵 $\boldsymbol{T}$ 进行分解[9]：

$$\boldsymbol{T}=\boldsymbol{D}+\boldsymbol{L}+\boldsymbol{U} \tag{3-22}$$

式中，$\boldsymbol{D}$ 为对角矩阵：

$$\boldsymbol{D}=\mathrm{diag}\left(t_{11},t_{22},\cdots,t_{hh}\right) \tag{3-23}$$

$\boldsymbol{L}$ 为三角矩阵：

$$\boldsymbol{L}=\begin{bmatrix}0 & 0 & \cdots & 0\\ t_{21} & 0 & \cdots & 0\\ \vdots & \vdots & & \vdots\\ t_{h1} & \cdots & t_{h,h-1} & 0\end{bmatrix} \tag{3-24}$$

$\boldsymbol{U}$ 为上三角矩阵。

$$\boldsymbol{U}=\begin{bmatrix}0 & t_{12} & \cdots & t_{1h}\\ 0 & 0 & \cdots & 0\\ 0 & 0 & & t_{h-1,h}\\ 0 & 0 & \cdots & 0\end{bmatrix} \tag{3-25}$$

令 $\boldsymbol{M}=\boldsymbol{D}+\boldsymbol{L}$，$\boldsymbol{N}=-\boldsymbol{U}$，则式(3-21)可改写为[12]

$$x=-\left(\boldsymbol{D}+\boldsymbol{L}\right)^{-1}\boldsymbol{U}x+\left(\boldsymbol{D}+\boldsymbol{L}\right)^{-1}d \tag{3-26}$$

由此可得对应的迭代表达式为[12]

$$x(k+1)=\boldsymbol{P}x(k)+f \qquad k=1,2,\cdots \tag{3-27}$$

式(3-27)中，$\boldsymbol{P}$ 与 f 分别定义为[12]

$$\begin{cases}\boldsymbol{P}=-(\boldsymbol{D}+\boldsymbol{L})^{-1}\boldsymbol{U}=I-(\boldsymbol{D}+\boldsymbol{L})^{-1}\boldsymbol{T}\\ f=(\boldsymbol{D}+\boldsymbol{L})^{-1}d\end{cases} \tag{3-28}$$

因此，将对应参数代入(3-18)后，则可知迭代表达式为

$$\begin{aligned}V_{\text{dm}}(k+1)&=\boldsymbol{P}V_{\text{dm}}(k)+f\\&=\left[I-(\boldsymbol{D}+\boldsymbol{L})^{-1}\boldsymbol{T}\right]V_{\text{dm}}(k)+(\boldsymbol{D}+\boldsymbol{L})^{-1}\text{IM}^{+}S_{\text{c}}\end{aligned} \tag{3-29}$$

对于 G-S 算法，当满足以下三种情况中的任意一种，该算法即收敛[5]。

(1) 矩阵 $\boldsymbol{T}$ 为严格对角占优矩阵，则 G-S 算法收敛。

(2) 矩阵 $\boldsymbol{T}$ 为弱对角占优矩阵且 $\boldsymbol{T}$ 不可约，则 G-S 算法收敛。

(3) 矩阵 $\boldsymbol{T}$ 为对称正定矩阵，则 G-S 算法收敛。

由于变形镜驱动器电压为一矩阵向量，本书采用相邻两次迭代向量差值绝对值的最大值 IC 作为迭代终止判断条。

若式(3-30)中 IC 小于迭代误差精度 δ，则停止该次迭代计算，输出控制电压值进行波前校正。

$$\text{IC}=\max\left[\left|V_{\text{dm}}(k+1)-V_{\text{dm}}(k)\right|\right] \tag{3-30}$$

因此，G-S 算法的校正过程为：首先完成响应矩阵标定，然后采用 S-H 传感器探测该时刻的波前斜率，并计算相关参数值，随后将这些值代入迭代公式计算控制电压及迭代判断条件值。若迭代判断条件值小于所设定的迭代误差精度，则证明该算法收敛，可停止迭代直接发送变形镜控制电压；否则重复反馈，直至满足条件为止。此时即完成单次波前校正，系统可进行下一次斜率采集过程并重复上述步骤，完成闭环。

2. ILC 算法

重复学习算法[13]是一种新型的迭代控制算法。它从波前 Zernike 多项式与校正器控制电压之间的关系出发，构造迭代关系式。波前可采用 Zernike 多项式进行描述。因此，将自适应光学看作线性系统，则存在以下关系式：

$$A=\text{ZM}\cdot V_{\text{dm}} \tag{3-31}$$

式中，A 为波前 Zernike 系数；V_{dm} 则为 DM 控制电压。若 k 时刻 DM 产生的波前用 Zernike 表示为 $A_{\text{dm}}(k)$，而期望波前表示为 A_{r}，则 k 时刻波前误差可表示为

$$e_k = A_r - A_{dm}(k) = A_r - ZM \cdot V_{dm}(k) \tag{3-32}$$

以此类推，$k+1$ 时刻误差为

$$e_{k+1} = A_r - A_{dm}(k+1) = A_r - ZM \cdot V_{dm}(k+1) \tag{3-33}$$

将式(3-33)与式(3-32)相减，得

$$e_{k+1} = e_k - ZM\left[V_{dm}(k+1) - V_{dm}(k)\right] \tag{3-34}$$

针对式(3-34)，ILC 算法将其转化为求解式(3-35)的最优解：

$$\min\left[e_{k+1}^{T}\boldsymbol{Q}_e e_{k+1} + V_{dm}^{T}(k+1)\boldsymbol{Q}_{V_{dm}}V_{dm}(k+1) + \Delta V_{dm}^{T}\boldsymbol{Q}_{\Delta V_{dm}}\Delta V_{dm}\right] \tag{3-35}$$

式中，$\Delta V_{dm} = V_{dm}(k+1) - V_{dm}(k)$；$\boldsymbol{Q}_e$、$\boldsymbol{Q}_{V_{dm}}$ 及 $\boldsymbol{Q}_{\Delta V_{dm}}$ 为加权矩阵。给各加权矩阵分别取值为

$$\boldsymbol{Q}_e = I,\quad \boldsymbol{Q}_{V_{dm}} = \gamma I,\quad \boldsymbol{Q}_{\Delta V_{dm}} = \beta I \tag{3-36}$$

式中，β 和 γ 为正实数参数，则由式(3-35)、式(3-36)可解得迭代公式[14]：

$$V_{dm}(k+1) = \boldsymbol{Q}\left[V_{dm}(k) + Le(k)\right] \tag{3-37}$$

其中：

$$\boldsymbol{Q} = \left(ZM^{T} \cdot ZM + \gamma I + \beta I\right)^{-1}\left(ZM^{T} \cdot ZM + \beta I\right) \tag{3-38}$$

$$\boldsymbol{L} = \left(ZM^{T} \cdot ZM + \beta I\right)^{-1} ZM^{T} \tag{3-39}$$

因此，重复学习算法的校正过程为：首先进行系统 Zernike 响应矩阵的标定，指定变量值，并依此计算相关参数值。随后采用 S-H 传感器探测该时刻的波前斜率，转换为对应的 Zernike 系数值后输出至波前控制器。根据上述迭代方程计算对应的变形镜驱动电压值，将其发送至驱动器以完成单次波前校正。随后重新读取波前 Zernike 系数值并重复上述步骤，完成系统闭环。

3.2　PI 算法与迭代算法的参数影响与运算量

根据 PI 算法、G-S 算法及 ILC 算法的控制原理，下面将对各个算法进行仿真，分析算法中各次参数对校正效果的影响。在中湍流条件下仿真，取 D/r_0 值为 10，变形镜驱动器数为 69，Zernike 多项式采用前 30 阶，校正次数为 1000 次。

3.2.1　PI 控制算法参数影响

图 3-4 是单独采用比例系数 k_p(以下称为比例算法)进行校正后波前 Zernike 系数、PV 值分布图，其中 k_p 取值为 0 表示为初始波前状态。由图 3-4(a)可知，k_p

从 0 增加至 1 的过程中，波前 Zernike 多项式的系数值整体呈现先下降后上升的趋势，在取值为 0.9 处系数值整体达到最小。由此可见，单独比例系数对畸变波前存在校正能力，且在上述取值中当 k_p 为 0.9 时校正效果最佳。校正后的 Zernike 多项式系数值与初始状态系数值相比并未发生数量级改变。由图 3-4(b)可知，采用比例算子校正过程中，系统呈现明显的欠阻尼状态，即随着 k_p 的增大，震荡幅度逐步增加。单独采用比例系数校正时，虽然系统稳定后的 PV 值有所降低，但相较于初始波前的 PV 值(19.91μm)，采用最优比例系数值 0.9 进行校正后 PV 值也仅降至 10.48μm，证明在自适应光学系统中单独采用该算法进行校正并不能大幅度减小波前畸变。

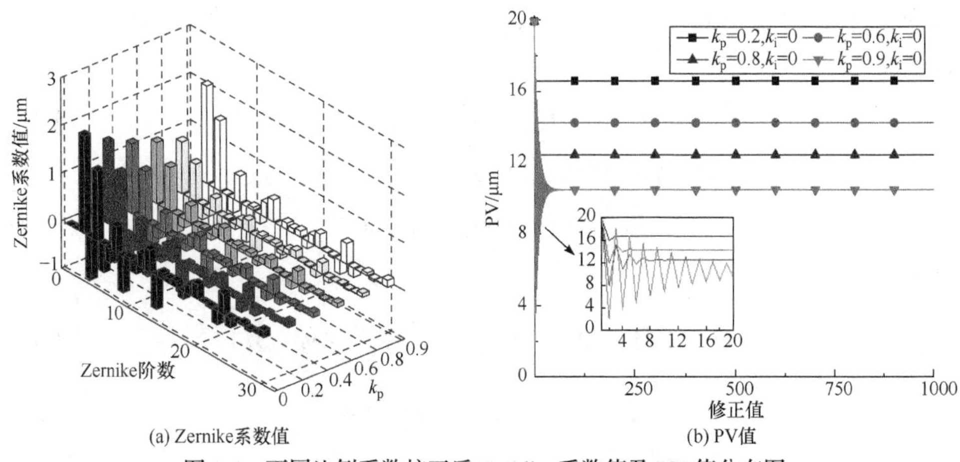

(a) Zernike系数值　　(b) PV值

图 3-4　不同比例系数校正后 Zernike 系数值及 PV 值分布图

图 3-5 是初始时刻与单独采用 k_p 进行校正后所拟合的波前相位图。从图中可发现，与标准平面波相比，初始波前的畸变情况相比较而言较为严重。该波前近似于半球面状态，且多处凹凸，表面不平整。而当比例系数 k_p 取值为 0.90 时，即根据上文分析处于单独比例算法最佳校正状态时，校正后的波前虽然相比初始畸变状态有所缓解，但波面的不平整度仅是小幅度降低，波面整体仍然呈现出明显的球面趋势。拟合的相位数据范围也仅仅从初始状态的−4.93～14.99μm 缩小至−2.59～7.79μm。可见单独比例算法校正虽然可降低波前畸变程度，但校正能力十分有限。

图 3-6 是单独采用积分系数 k_i(以下称为积分算法)进行波前校正后各阶 Zernike 系数值分布图。据图可知，单独采用 k_i 进行波前校正后的 Zernike 系数值与初始状态时的系数值相比存在明显差异。图 3-6(b)展示了初始状态下 k_i 为 0，1 进行校正后所对应的 Zernike 系数值。相较于初始状态波前 Zernike 系数值集中在 10^1～10^{-1} 数量级而言，单独采用积分系数校正后数量级则可下降至 10^{-16}，表明单独的积分算法可有效减小波前 Zernike 多项式的各阶系数值。同时，与比例算子校正

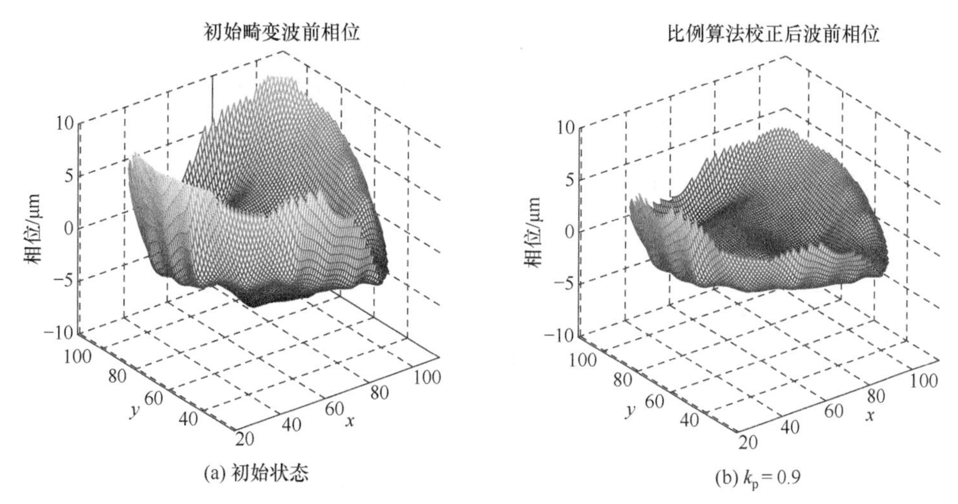

图 3-5　不同比例系数校正后波前相位图[15]

能力相对照可发现，单独比例系数校正后 Zernike 数量级仍维持在 10^1～10^{-1} 数量级，而单独积分系数校正后则可大幅度降低数量级，将其数量级降低至 10^{-16}，由此说明在自适应光学系统中，单独的积分系数比单独的比例系数更能够进行波前畸变的修正。

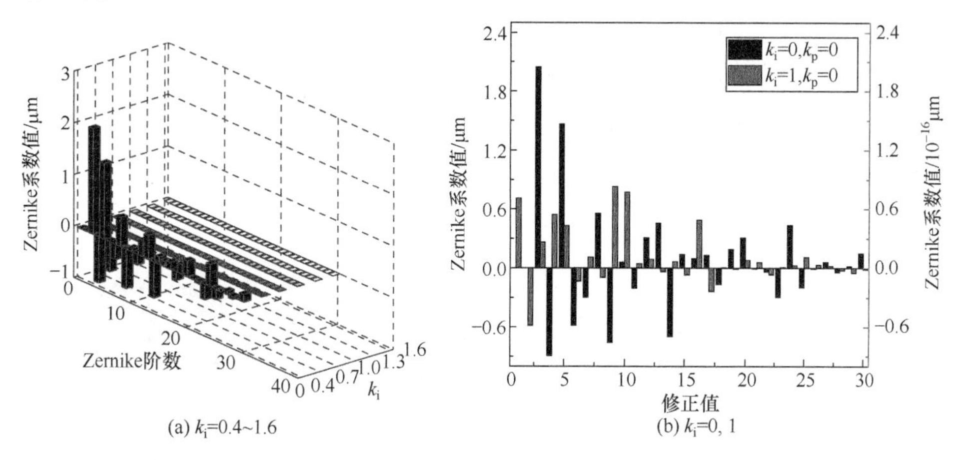

图 3-6　不同积分系数校正后 Zernike 系数值分布图[15]

图 3-7 展示了单独采用积分系数进行波前校正后的系统 PV 变化曲线。随着积分系数从 0.1 依次增大至 1.0 的过程中，系统 PV 值下降速度依次增快，意味着系统的闭环速度逐渐提升。同时，针对初始波前计算所得 PV 值为 19.91μm；而当单独采用上述积分系数进行校正时，当系统达到稳定状态后波前 PV 值均降至 10^{-14} 数量级，此数量级远远小于单独采用比例系数校正后的系统 PV 值。由此可见，在自适应光学系统中主要依靠积分系数进行波前修正。

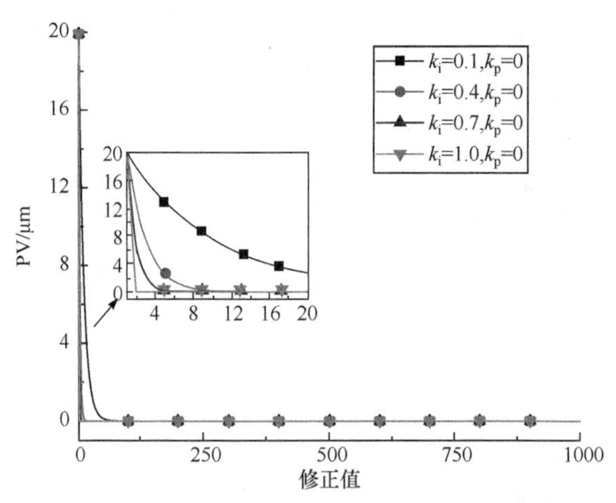

图 3-7 单独采用积分系数进行波前校正后系统 PV 变化曲线[15]

初始时刻及采用积分算法校正后的波前相位图如图 3-8 所示。针对同样的初始随机波前，相比图 3-5(b)所示的比例算法最佳校正下的相位图，积分算法具有明显的校正效果。在相同的外界条件及绘制坐标范围下，k_i 取值 1.3 时，经过 50 次校正后拟合的相位值数据便处于 10^{-15} 数量级，波前相比初始状态也已十分趋近平面波形态，凹凸程度及表面不平整度均大幅度减小，并远远大于单独比例算法选取最优值校正后的相位值数量级。由此证明，自适应光学系统中单独采用积分算法即可有效降低相位之间的差距，修正波前畸变。

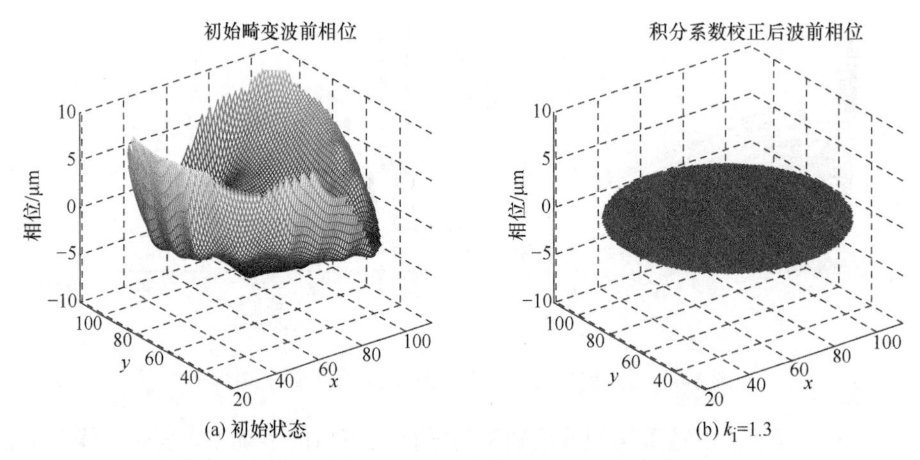

图 3-8 初始时刻及采用积分算法校正后的波前相位图[15]

3.2.2 G-S 算法参数影响

根据 1.3.3 节所述 G-S 算法原理可知，G-S 算法的校正效果受控于迭代误差精度 δ 的大小。因此，本小节针对此参数进行分析讨论。

图 3-9 对比了初始状态与选用不同迭代误差精度 δ 完成 1000 次 G-S 算法校正的波前 Zernike 系数值。其中，δ 取值为 0 表示初始状态。由图可以看出，初始状态时 Zernike 数量级维持在 $10^{-2}\sim10^{1}$。在 δ 取值从 10^{-3} 逐渐减小至 10^{-11} 的过程中，校正后的 Zernike 系数以约 10^{2} 量级逐步减小。当 δ 为 1×10^{-13} 时，校正后的波前 Zernike 值与初始状态下的系数值相差 10^{11} 量级，表明该算法可有效校正波前 Zernike 系数值，降低波前畸变程度。

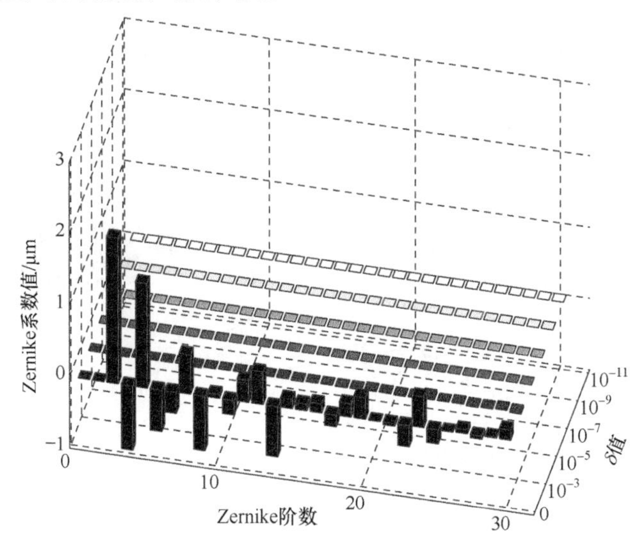

图 3-9　不同 δ 值校正后的波前 Zernike 系数值[15]

表 3-1 列出了不同 δ 取值下系统第一次校正过程中收敛循环次数与相应的 PV 值。根据表格数据可知，当 δ 取值为 1×10^{-3} 时，收敛循环次数仅为 107。此后，随着 δ 取值的减小，收敛循环次数开始大幅度上升。当 δ 取值为 1×10^{-7} 时，循环次数已经达到 10^{6} 量级。结合校正后的波前 Zernike 系数量级可知，当迭代精度要求较低，即 δ 取值较大时，算法所需收敛次数小，但校正效果较差；而当提高收敛精度后，校正效果会有所提升，但算法的运算量和存储量也会上升，相应地，实时性也会因此降低。由此可见，针对 G-S 算法需要根据系统需求合理设置 δ 取值，以达到系统校正效果与系统实时性的平衡。

表 3-1　不同 δ 取值下系统第一次校正过程中收敛循环次数与相应的 PV 值[15]

δ 值	收敛循环次数	PV/μm
1×10^{-1}	1	15.10
1×10^{-3}	107	4.81
1×10^{-5}	1209	0.16
1×10^{-7}	122511	0.01
1×10^{-9}	325596	1×10^{-4}
1×10^{-11}	528681	1.1×10^{-6}

图 3-10 展示了初始状态与 δ 取值为 10^{-5}、10^{-7}、10^{-11} 进行校正后的波前相位图。由图可以看出，相较于初始状态的波前，采用 G-S 算法进行校正后，其波前畸变程度均有所缓解。当 δ 为 10^{-5} 及 10^{-7} 时，完成 1000 次校正后拟合的波前相位数据值范围分别为–0.0672～0.1013μm 和–0.0043～0.0066μm，波面的平整度相比初始状态亦有所提高。当 δ 取值为 10^{-11} 时，波前相位量级已达到 10^{-7}，相同坐标系下波面相比初始状态变得更加平滑，可近似看作“平面状态”。由此可见，增大 δ 取值可有效提升 G-S 算法的校正效果。

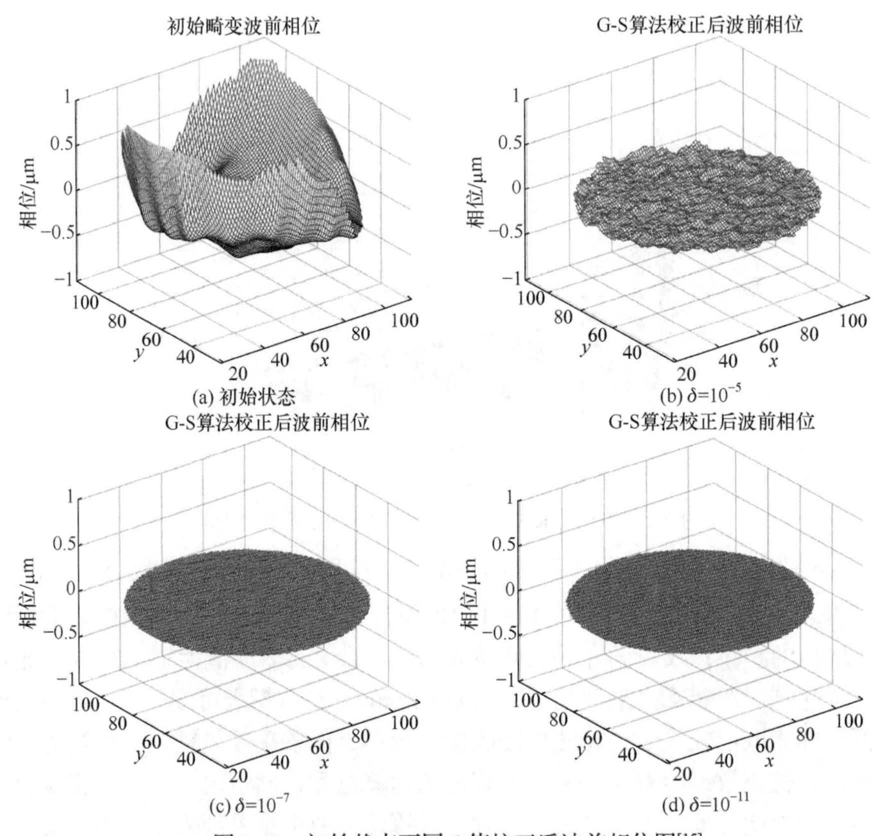

图 3-10　初始状态不同 δ 值校正后波前相位图[15]

3.2.3　ILC 算法参数影响

ILC 算法存在两个参数 γ 和 β。以下分别对各个参数影响进行分析。图 3-11 表示不同 γ 取值下采用 ILC 算法进行波前校正后的 Zernike 系数值和系统 PV 值变化情况。由图 3-11(a)可知，当 γ 取值分别为 1×10^{-10}、1×10^{-6}、1×10^{-4} 和 0.001 完成波前校正后，Zernike 系数量级分别集中在 10^{-6}～10^{-9}、10^{-5}～10^{-8}、10^{-4}～10^{-6}、10^{-2}～10^{-5}。当 γ 值增大至 0.1 和 1 时，相应的校正后 Zernike 系数则处于 10^{-1}～10^{-3} 数量级。与初始状态相比，上述取值均对波前 Zernike 系数值量级有明显的降

低作用，由此可见，改变γ值可有效影响校正后波前 Zernike 系数值。同时，观察图 3-11(b)展示的 PV 值变化曲线可知，γ取上述值时，随着γ取值的增大，系统达到稳态后系统的 PV 值亦逐渐增加，证明在上述取值范围内该算法的校正效果随着γ取值的增加而逐步降低。

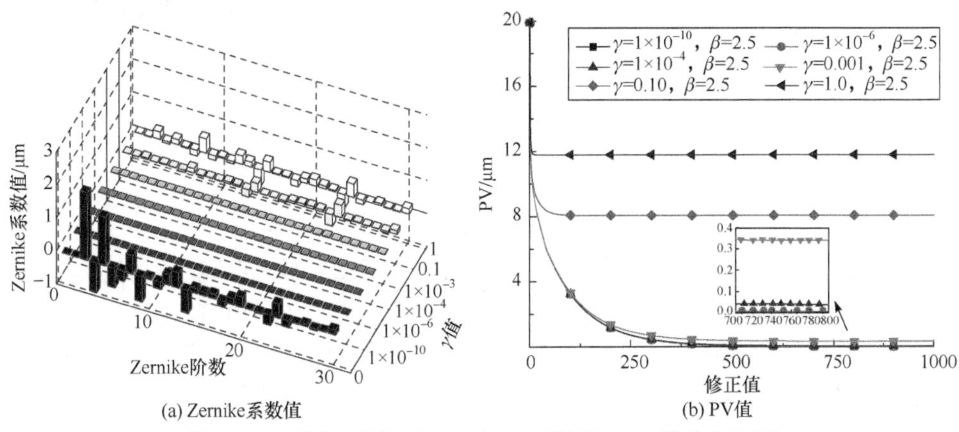

(a) Zernike系数值　(b) PV值

图 3-11　不同γ值校正后 Zernike 系数值、PV 值分布图[15]

图 3-12 则是初始状态以及γ值分别为 1×10^{-10}、0.001 及 1 完成 1000 次波前校正后的波前相位图。由图可知，当γ值为 1 时，拟合的相位值变化范围为-3.19～8.61μm；而当γ取值为 0.001 时，相位数据区间缩小至-0.10～0.24μm；当γ减小至 1×10^{-10} 时，数据值处于 10^{-4} 量级，各个相位值之间也相差无几。由此可见，在上述取值范围内随着γ值的减小，波前相位数据之间的差距也逐渐降低，即波前畸变程度依次减小，证明改变γ值影响该算法对波前畸变的校正程度。

图 3-13 是 ILC 算法中采用不同β取值进行 1000 次校正后的波前 Zernike 系数值及 PV 值分布图。由图 3-13(a)可知，相比初始状态下的 Zernike 系数值，采用β值依次为 0.25、2.0、3.0、10 及 25。进行波前校正后 Zernike 系数量级均有大幅度降低，证明改变此参数可对重复学习算法的波前校正能力产生影响。而由图 3-13(b)展示的不同β取值校正过程中系统 PV 值变化情况可知，随着β取值的

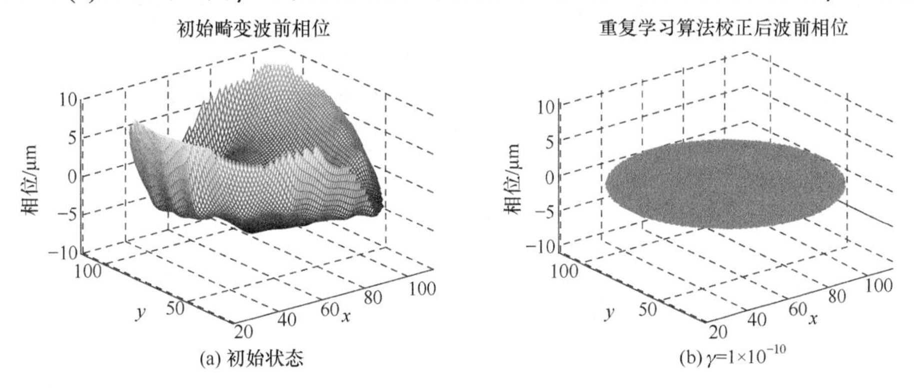

(a) 初始状态　(b) $\gamma=1\times10^{-10}$

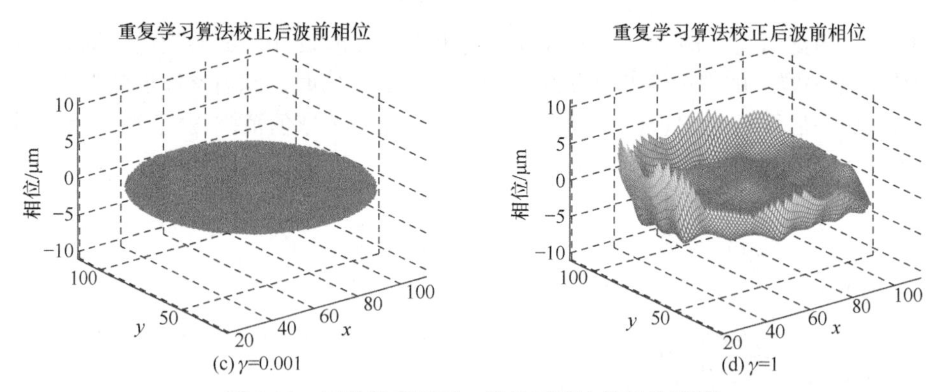

(c) γ=0.001 (d) γ=1

图 3-12 初始状态不同 γ 值校正后波前相位图[15]

逐渐增大，系统闭环速度逐渐下降。当 β 值增大至 25 时，系统已经明显无法在 1000 次迭代过程中达到稳定状态。这意味着在此种情况下，通信系统需要更多迭代次数以达到系统闭环稳定状态，这会消耗更多的时间，造成资源浪费。同时，随着 β 值在上述取值的逐渐增大，稳定后的系统 PV 值也逐步增大，证明在上述取值范围内，该算法的校正效果随着 β 取值的增大而减小。

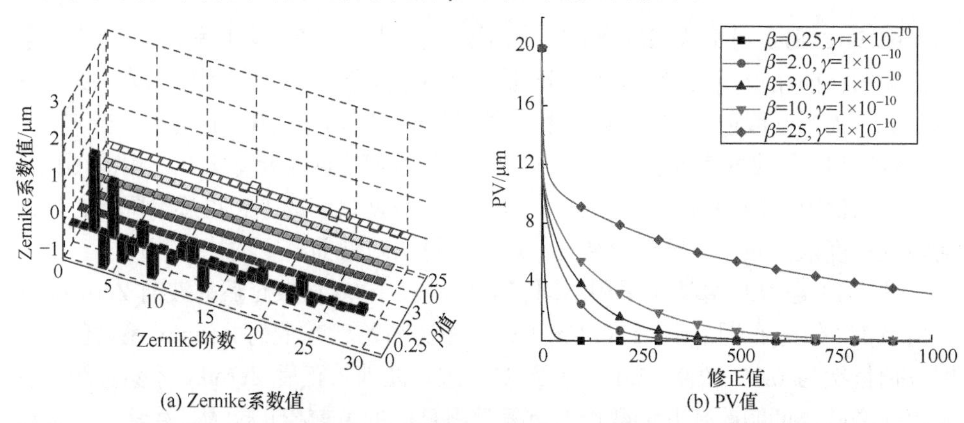

(a) Zernike系数值 (b) PV值

图 3-13 不同 β 值进行 1000 次校正后 Zernike 系数值、PV 值分布图[15]

图 3-14 是初始状态以及 β 分别取值为 0.25、3 及 25 时完成校正后的波前相位图。由图可知，相比于初始时刻波面凹凸不平，畸变明显的状态。若采用上述 β 值进行 1000 次重复学习算法校正后，波前的畸变程度均有所缓解。但是随着该参数的增大，完成校正后拟合的波前数据值量级也逐渐增大。当 β 值增大至 25 时，系统无法在 1000 次校正后达到稳定状态，则需要将拟合的相位数据范围扩大至 −0.87～3.24μm，且相比前两个 β 取值的校正结果，此时的波前仍存在明显的凹凸，表明此时参数值选取不合理，导致校正效果不理想。这是由于系统未在指定次数内达到稳态，即此条件下算法收敛速度缓慢。综上所述，在上述取值范围中，该算法校正效果随着 β 值的增大而逐渐降低，系统闭环速度亦受影响。

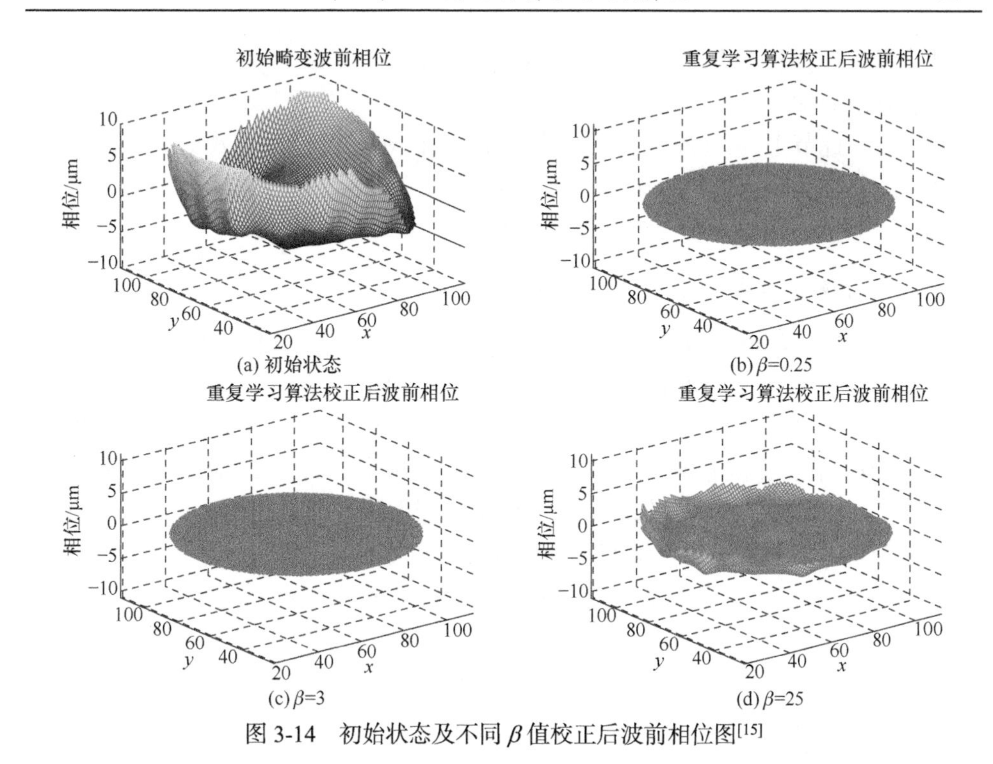

图 3-14　初始状态及不同 β 值校正后波前相位图[15]

3.2.4　PI 算法与迭代算法参数特性对比

根据以上分析可知，在上述相同波前畸变程度下，迭代类算法虽然也可修正波前畸变，但其仿真 γ 所得校正效果不如 PI 算法。同时，迭代算法仍存在许多问题，如 G-S 算法需要在自适应光学系统中保证算法收敛性才可完成对波前畸变的校正，因此当增大迭代误差精度，即提升校正精度时，系统的收敛循环次数骤增，会导致算法总体的运算量增加；而 ILC 算法当中取值的变化幅度达到 10^{10} 数量级，这意味着在实际校正过程中参数整定困难，且该算法收敛速度实际由 $\beta/(\beta+\gamma)$ 决定，因此当参数选择不合理时，系统的闭环速度与校正精度均难以达到要求，使得这类算法的应用场景受限。

而对于 PI 算法而言，在自适应光学系统中主要以积分校正为主导，这就意味着在湍流影响较轻或校正程度需求相比较低的情况下甚至可以只选用积分系数进行校正，相比而言算法复杂度较低。同时，该算法原理简单，故在实际工程系统中应用广泛，使得其参数选取有迹可循，大大降低了参数的整定难度。

3.2.5　迭代算法与 PI 算法运算量分析

对于波前畸变控制算法，随着其运算量的提升，AO 校正系统对各类设备的硬件性能要求也逐渐严苛；相应地，波前校正实时性也有所影响。算法运算量可体现在累加计算及累乘运算两方面。因此，本书主要从以上两个角度探讨两类波前控制算法的优劣。

假设在此节中，变形镜有效驱动器数目为 h，波前传感器有效子孔径数为 $2t$，则系统的斜率响应矩阵、Zernike 响应矩阵大小分别为 $2t\times h$ 及 $2t\times z$。由于响应矩阵可提前测量，在校正过程中直接调用即可。

1. 基于直接斜率法的 PI 控制算法运算量

图 3-15 是基于直接斜率法的 PI 控制算法波前校正流程图。由图可以看出，针对基于直接斜率法的 PI 控制算法而言，其单次校正运算量要包括三部分，分别是针对 $V_e(k)-V_e(k-1)$进行的 1 次矩阵加法；直接斜率法 $S_e\times IM^+$，比例系数 $k_p[V_e(k)-V_e(k-1)]$以及积分系数 $k_iV_e(k)$所进行的 3 次矩阵乘法；$k_p[V_e(k)-V_e(k-1)]+k_iV_e(k)+V_{dm}(k-1)$的 2 次矩阵加法运算。因此，当响应矩阵逆矩阵大小为 $h\times 2t$ 时，其单次校正过程中加法运算量 C_{add} 及乘法运算量 C_{mul} 应为

$$C_{add}=(2t-1)h+h+2h=2th+2h \tag{3-40}$$

$$C_{mul}=2th+h+h=2th+2h \tag{3-41}$$

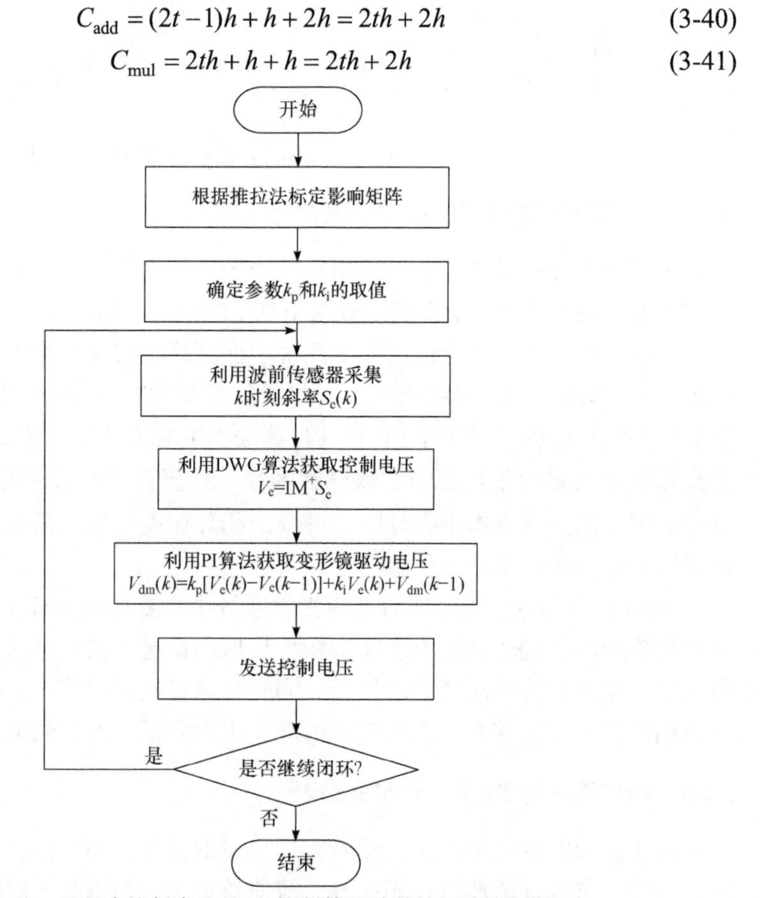

图 3-15　基于直接斜率法的 PI 控制算法波前校正流程图[15]

2. G-S 迭代算法运算量

采用 G-S 迭代算法进行自适应光学系统波前校正的具体过程如图 3-16 所示。由图可知该算法的运算量主要来自为三部分[14]，分别是$(D+L)^{-1}\cdot \mathrm{IM}^{+}\mathrm{Slope}$的 1 次矩阵乘法，$P\cdot \mathrm{cmd}(k)$的 k 次矩阵向量乘法以及 $P\cdot \mathrm{cmd}(k)+f$ 的 k 次向量加法。其中$(D+L)^{-1}\cdot \mathrm{IM}^{+}$可作为常数提前计算保存，因此，除去可提前计算部分外，该算法单次运行过程中的加法运算量及乘法运算量分别为

$$C_{\mathrm{add}} = h(2t-1) + kh(h-1) + kh = 2th + kh^2 - h \tag{3-42}$$

$$C_{\mathrm{mul}} = h\cdot 2t + khh = 2th + kh^2 \tag{3-43}$$

式中，k 为收敛循环次数。

3. ILC 迭代算法运算量

图 3-17 是重复学习算法校正波前畸变的流程图。由图可知，在完成参数设定及部分参数计算后，单次重复学习算法的运算量主要包括四方面，分别是波前 Zernike 系数误差 Zerror 的 1 次矩阵向量加法、$L\times$Zerror 的 1 次矩阵向量乘法、$\mathrm{cmd}(k)+L\cdot \mathrm{Zerror}$ 的 1 次矩阵向量加法及 $Q\cdot[\mathrm{cmd}(k)+L\cdot \mathrm{Zerror}]$的 1 次矩阵向量乘法。因此，该算法单次校正过程中的加法运算量及乘法运算量分别为

$$C_{\mathrm{add}} = z + h(z-1) + h + h(h-1) = h^2 + zh + z - h \tag{3-44}$$

$$C_{\mathrm{mul}} = hz + hh = h^2 + hz \tag{3-45}$$

式中，z 为系统选用的 Zernike 阶数值。

4. PI 算法与迭代算法运算量对比

由上述算法运算量分析可知，本书所述两类控制算法的运算量包含四个影响因素：变形镜驱动器有效数目、波前传感器件有效子孔径数目、系统 Zernike 阶数以及收敛循环次数，其中前两项为主要影响因素。

由基于直接斜率法的 PI 算法与 G-S 迭代算法运算量表达式可知，当 k 取值为正整数时，两种算法总运算量表达式分别为 $4th+4h$ 和 $4th+2kh^2-h$，即 PI 算法的总运算量小于 G-S 的算法运算量的总和。随着驱动器有效数目 h 和波前传感器有效子孔径数 $2t$ 的逐渐增大，系统规模逐步扩增。此时，系统的响应矩阵中总元素数量迅速增长，导致基于直接斜率法的 PI 类算法运算量增加，而迭代类算法运算量则根据控制原理有所差异。在大规模系统中，以系统响应矩阵为基础的迭代算法(如本书所述 G-S 算法)可通过稀疏矩阵向量乘的技术缩减运算量，但需响应矩阵中具有较多零元素且变形镜交连值较小[7]；而立足于波前 Zernike 系数的迭代算法

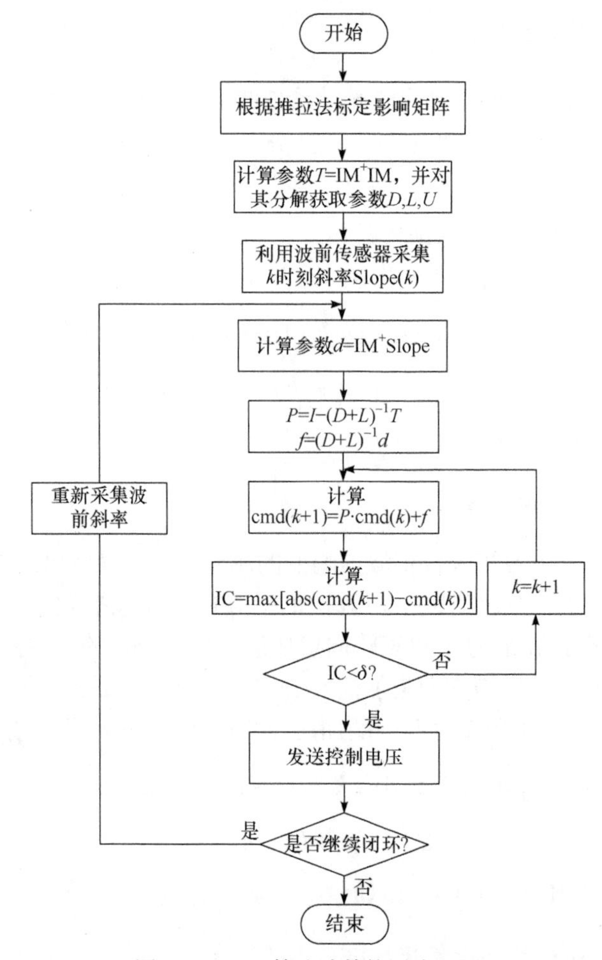

图 3-16　G-S 算法波前校正流程图

(如本书所述 ILC 算法)的运算量主要受系统变形镜驱动器数目和系统 Zernike 阶数影响，此时系统 Zernike 阶数值远远小于波前传感器有效子孔径数 t 与变形镜有效驱动器数 h，因此在此情况下该算法的运算量小于 PI 算法。

迭代类算法与 PI 算法具有不同的侧重点。迭代类算法根据迭代公式构造原理的不同，为 AO 系统校正波前畸变提供了更多的校正思路。但迭代类算法本身存在算法复杂度、算法收敛性、参数取值范围等问题。同时，相对于大规模 AO 系统而言，迭代类算法可通过稀疏矩阵相乘等原理降低运算量，但是需满足一定条件，因此在实际系统中的应用仍然受限，而 PI 算法原理简单，具有较好的校正效果，同时参数较少且其调整规律有迹可循，大大降低了校正难度。根据实际校正表现，甚至可以选择只使用积分系数进行波前修正，因此相比而言 PI 算法总体性能更优。

本章主要对 PI 算法及迭代算法的控制原理、校正特性进行分析。首先从自适应

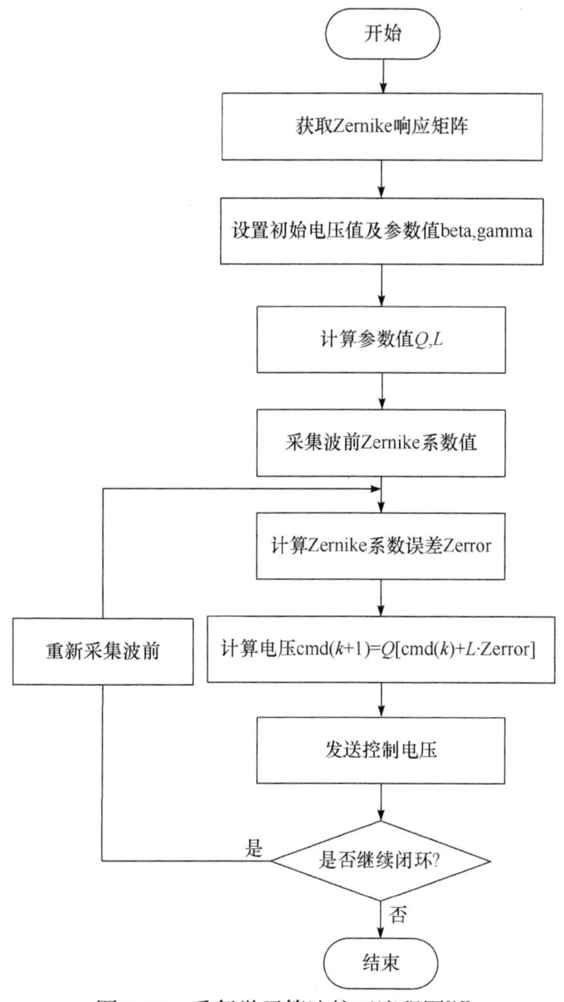

图 3-17　重复学习算法校正流程图[15]

光学系统出发，介绍了系统标定原理；然后对 G-S 算法、重复学习算法以及基于直接斜率法的 PI 算法原理进行阐述，并分析了各个算法的参数影响；最后结合运算量表达式，对比分析了两类算法的校正特性。仿真结果表明迭代类算法存在算法收敛性、参数取值范围过大、参数整定困难等问题，因此在实际应用中受到限制。PI 算法相比而言校正效果良好，参数调节有迹可循，因此 PI 算法性能整体更优。

3.3　相干光通信波前校正实验

3.3.1　波前控制器的闭环控制效果分析

波前控制的闭环控制效果主要由闭环调整时间、系统控制误差和控制器的有效校正带宽组成，其中控制器的有效校正带宽可根据比较开闭环控制电压功率谱得到。

图 3-18 是开环扰动方差 σ^2 为 0,即大气扰动为静态的时域控制曲线。图 3-18(a)中的控制目标曲线表征开环时的控制电压，实际输出曲线表征闭环控制器输出的控制电压，从实时控制曲线可以看出经过最初的 0.60s 的调节后，系统达到稳定状态，即在静态误差校正时，系统的闭环调整时间为 0.60s。图 3-18(b)是在静态误差下闭环控制误差曲线，它反映的是经过闭环校正后，系统的剩余误差值，在静态误差下系统的起始控制误差为 1.56，随着自适应控制过程的加深，系统的控制剩余误差随之减小，当系统达到稳定闭环时，闭环控制误差已降低到 0.0001，最后趋于稳定状态。

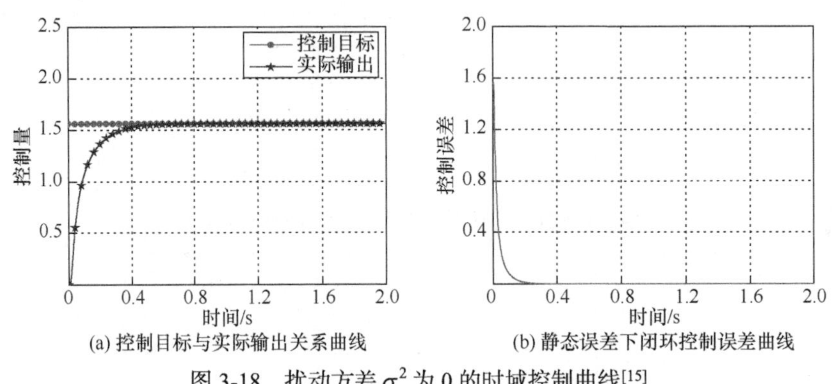

(a) 控制目标与实际输出关系曲线　　(b) 静态误差下闭环控制误差曲线

图 3-18　扰动方差 σ^2 为 0 的时域控制曲线[15]

图 3-19 是开环扰动方差 σ^2 为 0.015，即当大气扰动较小时的时域控制曲线，图 3-19(a)为当控制器经过最初的 0.3s 左右调节后，控制器的输出值基本保持不变，也就是说系统的闭环调节时间为 0.3s。图 3-19(b)是大气扰动较小时的控制误差曲线，此时的起始控制误差为 0.075，当系统达到稳定闭环以后，闭环控制误差已降低到 0.0045 以内，比起始时降低了 0.0705。

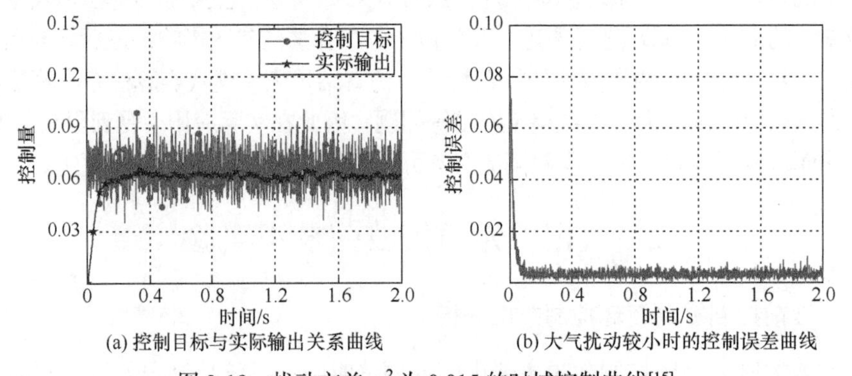

(a) 控制目标与实际输出关系曲线　　(b) 大气扰动较小时的控制误差曲线

图 3-19　扰动方差 σ^2 为 0.015 的时域控制曲线[15]

图 3-20 是开环扰动方差 σ^2 为 0.06，即当大气扰动中等时的时域控制曲线，从图 3-20(a)可以看出，当控制器在经过最初的 0.4s 左右调节，控制器的输出值基本保持不变，也就是说系统的闭环调节时间为 0.4s。图 3-20(b)是大气扰动较小时的控制误差曲线，此时的起始控制误差为 0.32，当系统达到稳定闭环以后，闭环控制误差已降低到 0.02 以内，比起始时降低了 0.3。

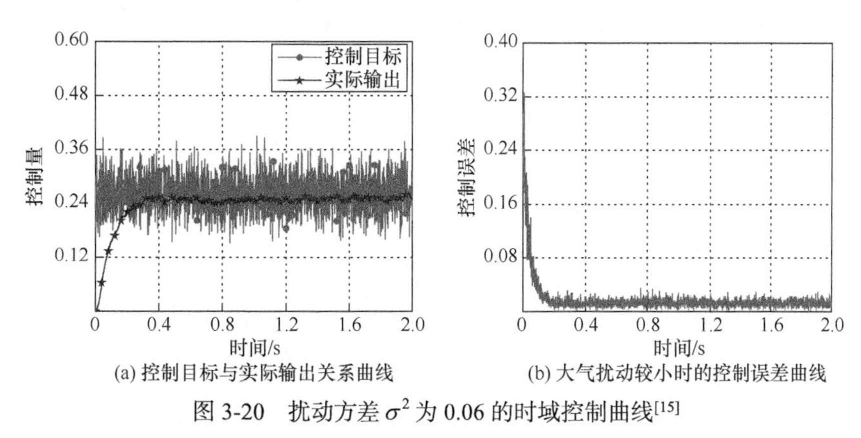

(a) 控制目标与实际输出关系曲线　　(b) 大气扰动较小时的控制误差曲线

图 3-20　扰动方差 σ^2 为 0.06 的时域控制曲线[15]

图 3-21 是开环扰动方差 σ^2 为 0.128，即当大气扰动较大时的时域控制曲线，从图 3-21(a)可以看出，系统的稳定闭环调节时间为 0.5s。图 3-21(b)是大气扰动较小时的控制误差曲线，此时的起始控制误差为 0.95，当系统达到稳定闭环以后，闭环控制误差已降低到 0.075 以内，比起始时降低了 0.875。

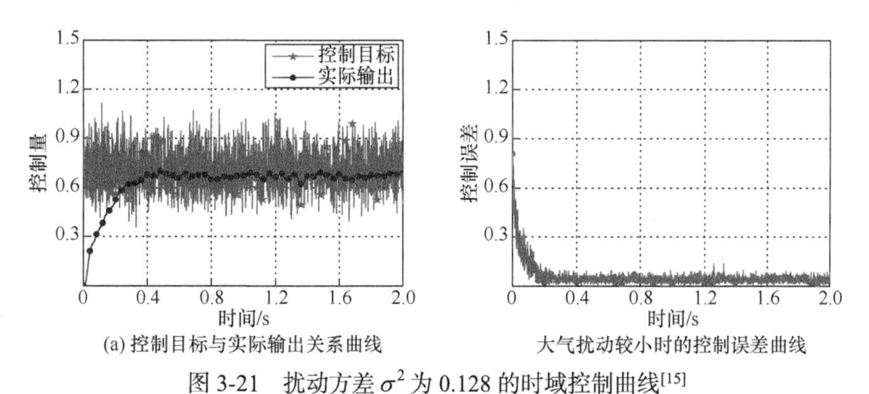

(a) 控制目标与实际输出关系曲线　　大气扰动较小时的控制误差曲线

图 3-21　扰动方差 σ^2 为 0.128 的时域控制曲线[15]

图 3-17～图 3-20 分别为不同大气湍流扰动下，自适应 PI 控制算法的时域控制效果，通过比较闭环调节时间和闭环控制误差可发现：影响静态误差的闭环调节时间仅与被控量的大小有关；影响动态误差时间不仅与被控量的均值有关，还与波前扰动方差有关。对于动态误差，随着扰动方差的增大，对应的闭环调节时间虽然也随之增大，但系统稳定闭环时的剩余控制误差值远小于被控量，说明对

大扰动而言，该控制系统仍有较好的控制效果。该算法对静态和动态误差均具有良好的收敛效果和闭环控制效果。

图 3-22 是开环扰动方差 σ^2 为 0.128 时采用自适应 PI 控制算法时，开环控制信号和校正后残差控制信号的功率谱。从图中可以发现当频率较低时，开环功率谱密度和闭环功率谱密度的差值较大，而随着频率的增加，两者之间的差值逐渐减小；且当频率大于 25Hz 时，两者之间的功率谱重叠。从中可看出该控制器对低频信号分量具有较好的补偿能力，且系统的校正误差带宽约为 25Hz。

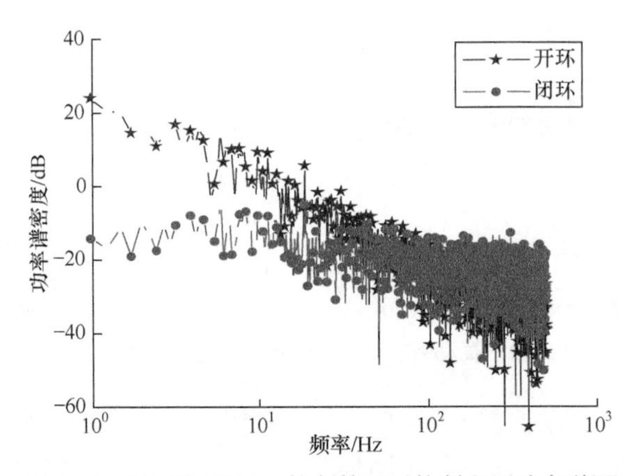

图 3-22　采用自适应 PI 控制算法时控制电压功率谱[15]

3.3.2　AO 闭环校正对波前 PV 和波前 RMS 的影响

图 3-23 是某天不同时间段内自适应光学系统开、闭环下的 RMS 和 SR 随时间的变化情况。图 3-23(a)是平均波前 RMS，从图中可以得到该天不同时刻的大气湍流的强弱变化情况。从图中可以看出，在这一天中，在 8:00～10:00 和 18:00～21:00 时间段的开环的平均波前 RMS 相对于其他时刻较大，分别为 2.97μm、3.83μm 和 3.62μm，说明这两个时间段内的大气湍流较其他时间强。通过观察闭环后的波前 RMS，可看出当自适应光学系统闭环时，波前均方根得到普遍降低，说明自适应光学闭环校正可以很好地补偿由大气湍流引起的波前畸变。此外，系统最好校正效果是在 12:00～14:00 这个时间段，经过校正后，系统平均波前均方根为 0.48μm。

图 3-23(b)是与图 3-23(a)对应的波前 SR，它反映了光强能量的集中程度，即当大气湍流越强时，波前畸变越严重，光束 SR 越小，反之 SR 越大。经过比较闭环前后 SR 可以发现，自适应光学的校正能力直接关系到光束的能量集中程度，如在 14:00～15:00 这个时间段内，大气湍流较弱，开环时波前均方根较小，所对应的平均开环 SR 相对较大，在经过 AO 闭环校正后，SR 最高可以提高到 0.6。

以上结果可看出，研制的 AO 系统具有长时间稳定闭环的工作能力，经过闭环校正后，波前变得更加平坦，光束能量更加集中。

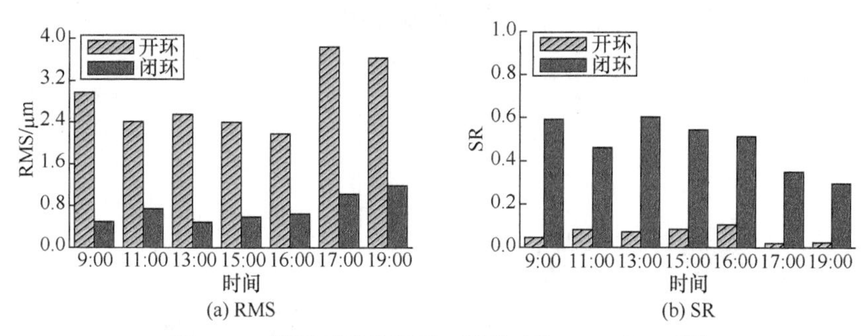

图 3-23　某天不同时刻开、闭环时的 RMS 和 SR[15]

图 3-24(a)、(b)分别为阴天时自适应光学开、闭环的波前性能曲线。开环时，波前 PV 的均值为 12.99μm，方差为 0.50，波前 RMS 的均值为 3.0μm，方差为 0.03；闭环时，波前 PV 为 1.4μm，相比开环降低了 11.55μm，方差为 0.13，相对于开环时降低了 0.37，波前 RMS 的均值为 0.28μm，相比开环时降低了 2.72μm，方差为 0.0065，相比开环时降低了 0.027。通过以上数据可看出在阴天开环时，波前 PV 和 RMS 的均值较大，方差较小，表明波前畸变中，波前变化速率较慢，可看出此时的大气相对宁静，经过 AO 闭环校正后，波前 PV 和 RMS 变得很小，波前变得极为平坦，几乎接近理想平面，反映该 AO 系统在阴天对波前具有良好的校正效果。

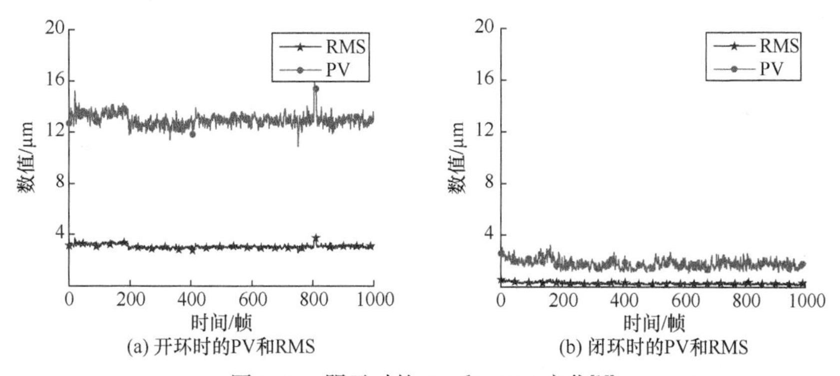

图 3-24　阴天时的 PV 和 RMS 变化[15]

图 3-25(a)、(b)分别为晴天时自适应光学开、闭环时波前性能曲线。开环时，波前 PV 的均值为 8.1 μm，方差为 1.19，波前 RMS 的均值为 2.27 μm，方差为 0.09；闭环时，波前 PV 为 2.3 μm，相比开环降低了 5.8 μm，方差为 0.41，相对于开环时降低了 0.78，波前 RMS 的均值为 0.50 μm，相比开环时降低了 1.77 μm，方差为 0.03，相比开环时降低了 0.05。和阴天时相比，此时的开环 PV 和 RMS 均值较

小，但方差较大，表明波前畸变中波前扰动严重。而经过 AO 闭环校正后，波前 PV 和 RMS 均值和方差虽然比晴天时稍大，但和开环比明显变小，说明在晴天时该 AO 系统对波前起伏仍然具有明显的抑制作用。

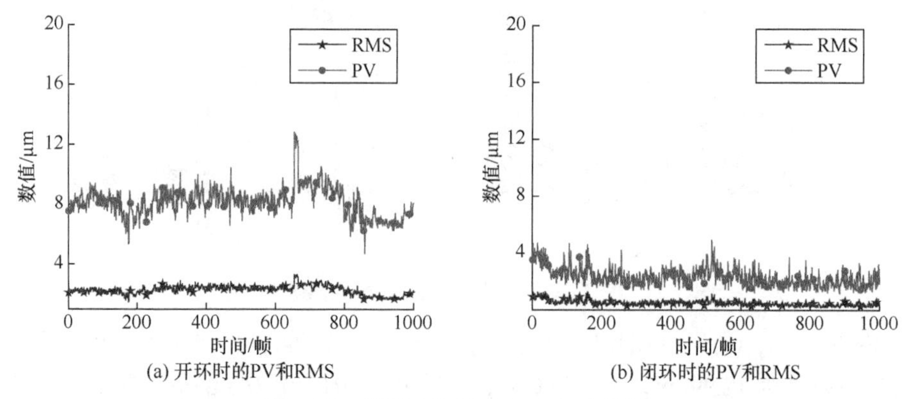

(a) 开环时的PV和RMS　　(b) 闭环时的PV和RMS

图 3-25　晴天时的 PV 和 RMS 变化[15]

图 3-26(a)、(b)分别为雨天自适应光学开、闭环时波前性能曲线。开环时，波前 PV 的均值为 9.31μm，方差为 1.73，波前 RMS 的均值为 2.3 μm，方差为 0.125；闭环时，波前 PV 为 1.6μm，相比开环降低了 7.72μm，方差为 0.25，相对于开环时降低了 1.47，波前 RMS 的均值为 0.34μm，相比开环时降低了 2.0μm，方差为 0.011，相比开环时降低了 0.112。以上数据说明采用 AO 闭环校正后，波前 PV 和 RMS 在整体下降的同时，校正后波前起伏得到明显改善，波前趋于平坦。此外，从图 3-26(a)可以看出在开环时，波前的深度衰落现象严重，是影响相干光通信系统稳定性的主要因素之一，从图 3-26(b)可以看出经过自适应光学闭环校正后，波前性能基本保持在一个相对较好的状态，并且波前性能的深度衰落现象得到明显改善。以上结果可以看出，该系统可以有效抑制湍流引起的波前畸变，在降低波前峰谷值 PV 和波前均方根 RMS 同时可以有效地抑制波前起伏和深度衰落现象。

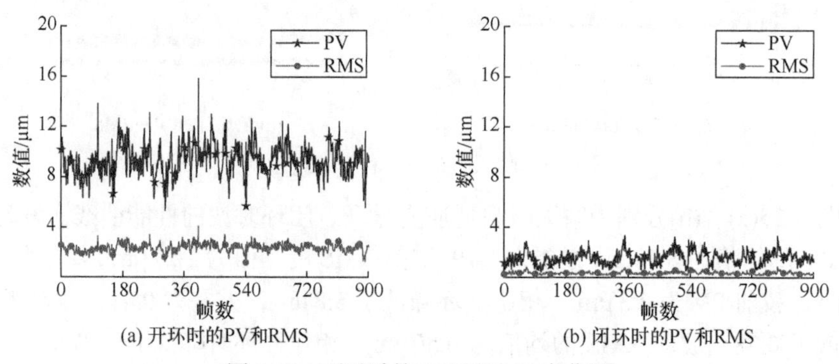

(a) 开环时的PV和RMS　　(b) 闭环时的PV和RMS

图 3-26　雨天时的 PV 和 RMS 变化[15]

图 3-24～图 3-26 分别对应阴天、晴天和雨天开闭环波前校正曲线，分别对应弱湍流、中湍流和强湍流，比较开环波前可发现，在强湍流时，波前起伏严重，尤其是深度衰落现象尤为突出，这使耦合进单模光纤的光功率抖动严重，而在中湍流、弱湍流时，波前起伏相对较小，而波前均值较大，这将严重影响耦合进单模光纤的光功率的大小。通过弱湍流、中湍流和强湍流的闭环校正效果可发现，经过闭环校正后，波前 PV 和 RMS 均值和方差较小，说明波前起伏得到很好的抑制，可见该 AO 系统对弱湍流、中湍流和强湍流引起的畸变波前均具有较好的校正效果。

3.3.3　AO 闭环校正对耦合效果和中频信号的影响

对于相干光通信系统，自适应光学的校正效果直接影响相干接收机的性能。因此本节分析了 AO 闭环校正对耦合进单模光纤的光功率、相干接收机输出的中频电压和中频电压的功率谱密度的影响。

1. 闭环校正对单模光纤光功率的影响

闭环校正效果直接影响着耦合进单模光纤的光功率，而光功率的大小和起伏直接影响着相干接收机的相干效率。本小节主要研究在不同天气条件下，自适应光学闭环校正对耦合进单模光纤的光功率的影响。

图 3-27 分别是阴天、晴天和雨天时的开环、闭环时耦合进单模光纤的光功率曲线。从图 3-27(a)可看出在闭环过程中，耦合进单模光纤的光功率会不断增加，最终在闭环控制的第 70 帧后基本达到稳定状态。经过统计分析，在自适应光学稳定闭环后，光功率由开环时的–41.54dBm 提高到闭环时的–30.03dBm，提高了 11.51dB，方差从 0.270 降低到 0.052，降低了 0.218；从图 3-27(b)可看出在闭环的过程中，系统在经过最初的 76 帧闭环调节后基本达到稳定状态。经过统计分析，在自适应光学稳定闭环后，光功率由开环时的–44.20dBm 提高到闭环时的–33.41dBm，提高了 10.79dB，方差从 1.81 降低到 0.97，降低了 0.84；从图 3-27(c)可看出在闭环的过程中，经过最初的 127 帧闭环校正后耦合进单模的光功率达到稳定状态。经过统计分析，在自适应光学稳定闭环后，光功率由开环时的–43.72dBm 提高到闭环时的–34.60dBm，提高了 9.12dB，方差从 2.82 降低到 1.35。比较阴天、晴天和雨天时，AO 闭环校正的提升效果可发现，在阴天时的提升效果明显好于晴天和雨天，晴天时又好于雨天，这种提升效果主要体现在光功率均值的提升和波前抖动的降低。通过以上数据可看出，在开环时，受大气湍流影响，波前相位畸变导致耦合进单模光纤光功率较低，且伴随着严重的快衰落现象，这种快衰落现象是大气湍流、望远镜天线机架等引入的各种频率抖动等原因造成的。通过实验发现，如果耦合进单模光纤的光功率急剧下降，那么相干接收机输出的

中频信号也会急剧降低，从而降低通信质量，甚至是中断通信，而经过 AO 闭环校正，在光功率提升的同时，这种快衰落现象得到了明显抑制。

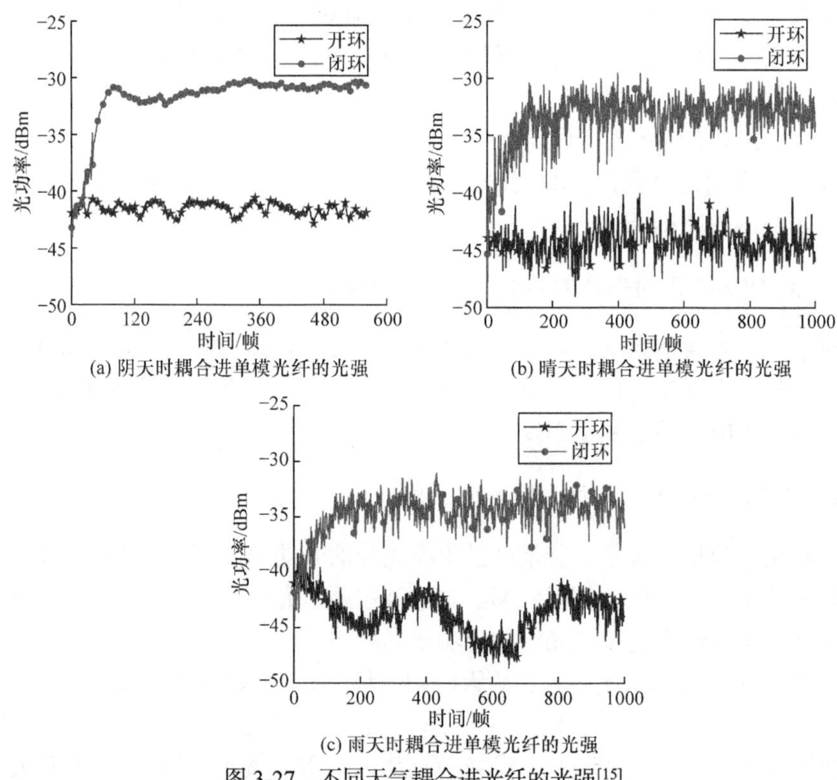

(a) 阴天时耦合进单模光纤的光强　(b) 晴天时耦合进单模光纤的光强

(c) 雨天时耦合进单模光纤的光强

图 3-27　不同天气耦合进光纤的光强[15]

2. 闭环校正对中频电压峰峰值的影响

图 3-28 是阴天时相干接收机输出的中频电压瞬时值。图 3-28(a)是开环时的中频电压瞬时变化曲线，此时的瞬时中频电压峰峰值为 200mV；图 3-28(b)是闭环时的中频电压，中频电压峰峰值可以提升到 640mV，相对于开环时提高了 440mV。图 3-29 是晴天时相干接收机输出的中频电压瞬时值。图 3-29(a)是开环时的中频电压瞬时变化曲线，此时的瞬时中频电压峰峰值为 160mV；图 3-29(b)是闭环时的中频电压，中频电压峰峰值可以提升到 390mV，相对于开环时提高了 230mV。图 3-30 是雨天时相干接收机输出的中频电压瞬时值。图 3-30(a)是开环时的中频电压瞬时变化曲线，此时的瞬时中频电压峰峰值为 50mV；图 3-30(b)是闭环时的中频电压，中频电压峰峰值可以提升到 260mV，相对于开环时提高了 210mV。比较阴天、晴天和雨天时，AO 对中频电压峰峰值的提升效果可发现，在阴天的中频电压提升效果明显好于晴天和雨天，晴天时又好于雨天。根据实验系统测试，当中频电压峰峰值小于 220mV，相干解调系统解调出的信号质量较差，无法满足

通信要求。在开环时，相干解调系统恢复出的基带信号质量较差；在闭环校正后，随着单模光纤耦合效率的提高，相干混频效率也随之提高，从而使相干解调系统恢复出质量较好的基带信号。

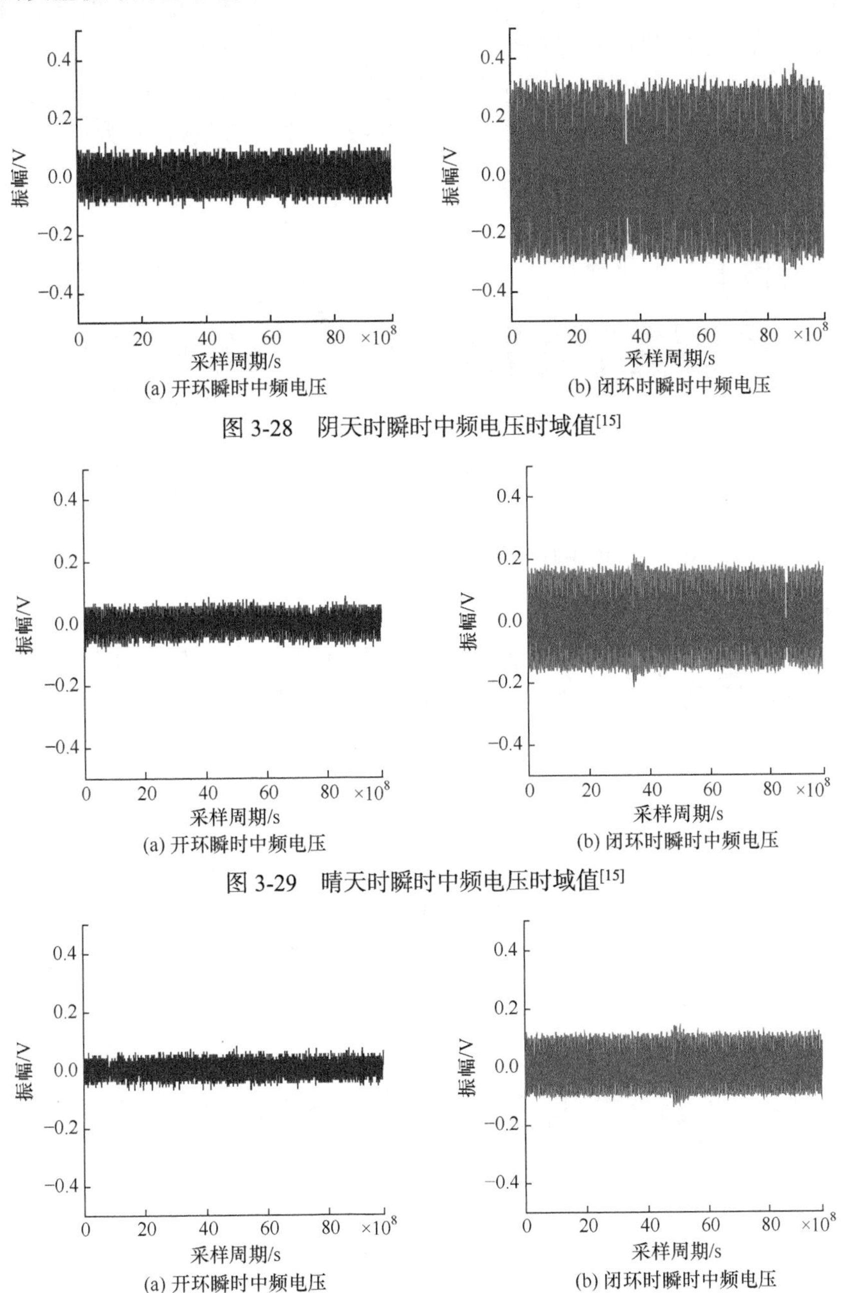

(a) 开环瞬时中频电压　(b) 闭环时瞬时中频电压

图 3-28　阴天时瞬时中频电压时域值[15]

(a) 开环瞬时中频电压　(b) 闭环时瞬时中频电压

图 3-29　晴天时瞬时中频电压时域值[15]

(a) 开环瞬时中频电压　(b) 闭环时瞬时中频电压

图 3-30　雨天时瞬时中频电压曲线[15]

3. 闭环校正对中频电压功率谱的影响

图 3-31 是阴天时的中频电压功率谱。图 3-31(a)是开环时的中频电压功率谱，功率谱主次谐波峰值为在 117.1MHz 处的 3.6dB/MHz，多次谐波峰值不够明显；图 3-31(b)是经过闭环校正时的中频电压功率谱，功率谱主次谐波峰值为在 102.1MHz 处的 23.8dB/MHz，比开环时提升了 20.2dB，且多次谐波峰值也明显变大，说明闭环控制校正可在一定程度上抑制噪声对系统的影响，提升系统信噪比。

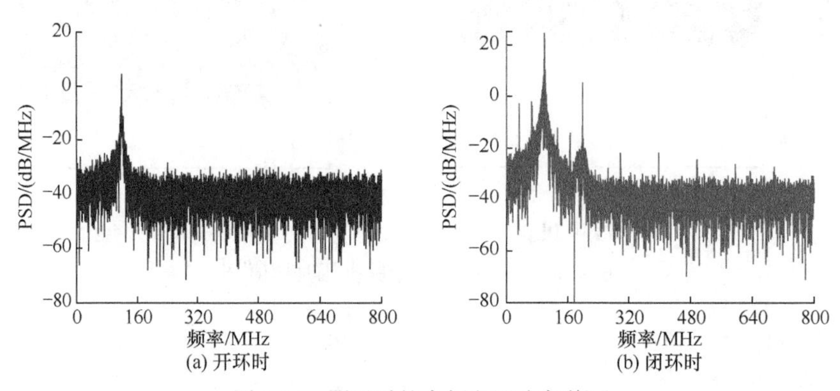

图 3-31 阴天时的中频电压功率谱[15]

图 3-32 是晴天时的中频电压功率谱，图 3-32(a)是开环时的中频电压功率谱，功率谱主次谐波峰值为在 76.8MHz 处的 8.2dB/MHz，多次谐波峰值不够明显；图 3-32(b)是经过闭环校正时的中频电压功率谱，功率谱主次谐波峰值为在 74.1MHz 处的 19.6dB/MHz，比开环时提升了 13.4dB，而对高次谐波，虽然峰值得到一定的提升，当时提升效果不够明显。图 3-33 是雨天时的中频电压功率谱，图 3-33(a)是开环时的中频电压功率谱，功率谱主次谐波峰值为在 78.3MHz 处的 5.45dB/MHz，多次谐波峰值不够明显；图 3-33(b)是经过闭环校正时的中频电压功率谱，功率谱主次谐波峰值为在 76.6Mhz 处的 15.5dB/MHz，相比开环时提升了 10.05dB。

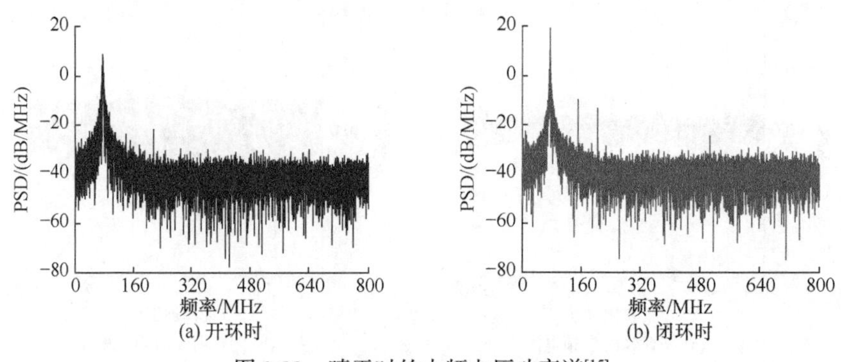

图 3-32 晴天时的中频电压功率谱[15]

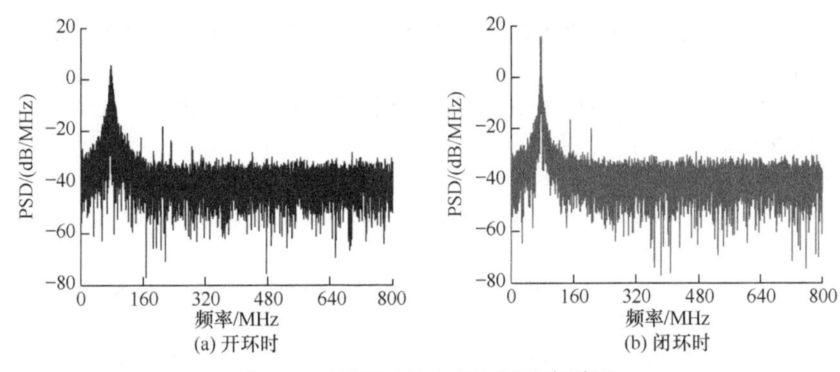

图 3-33　雨天时的中频电压功率谱[15]

图 3-31～图 3-33 分别是阴天、晴天和雨天时的中频电压功率谱。对比开环、闭环功率谱可发现，在阴天、晴天和雨天条件下，经过闭环校正后，相干接收机增益分别提升了 20.3dB、13.4dB 和 10.05dB，说明阴天时的闭环校正效果比晴天和雨天要好，这是由于在阴天时，大气相对宁静，波前起伏较小；而在晴天和雨天时，天气温度造成的光斑漂移和大气湿度形成的很多折射率不同的气团，以及雨水造成的光功率衰减都会使单模光纤耦合效率降低、起伏增大，严重制约着相干接收机的接收性能。

AO 闭环校正可有效地校正光束的波前畸变，通过比较阴天、晴天和雨天的 AO 闭环校正对相干光通信性能的提升效果可发现，在阴天、晴天和雨天时，当 AO 闭环时，耦合进单模光纤的光功率可分别从–41.54dBm、–44.20dBm 和–43.72dBm 提高到–30.03dBm、–33.41dBm 和 34.60dBm；中频电压峰峰值可分别从 200mV、170mV 和 50mV 提高到 640mV、380mV 和 260mV；相干接收增益分别提高了 20.3dB、13.4dB 和 10.05dB。

参 考 文 献

[1] 罗琳，佟首峰，张雷，等. 基于自适应光学系统的波前处理算法研究. 激光与红外，2019, 49(10): 1245-1251.

[2] Boyer C, Michau V, Rousset G. Adaptive optics: Interaction matrix measurements and real time control algorithms for the COME-ON project. Adaptive Optics and Optical Structures: International Society for Optics and Photonics, 1990: 63-81.

[3] 章承伟. 基于 GPU 的自适应光学实时波前控制系统研究. 合肥：中国科学技术大学, 2018.

[4] 颜召军，李新阳，饶长辉. 自适应光学闭环系统实时多路自适应控制算法. 光学学报，2013, 3(3): 16-23.

[5] 李新阳，姜文汉. 自适应光学系统的最优斜率复原算法. 光学学报, 2003, 23(6): 756-760.

[6] 李新阳，王春红，鲜浩，等. 直接斜率波前复原算法的控制效果分析. 光电工程，1998, 25(6): 10-15.

[7] 李新阳, 王春鸿, 鲜浩, 等. 自适应光学系统的实时模式复原算法. 强激光与粒子束, 2002, 14(1): 53-56.

[8] 严海星, 张德良, 李树山. 自适应光学系统的数值模拟:直接斜率控制法. 光学学报, 1997, 17(6): 119-126.

[9] Jiang W H, Li H G. Hartmann-Shack wavefront sensing and wavefront control algorithm. Adaptive Optics and Optical Structures: International Society for Optics and Photonics, 1990: 82-93.

[10] 程生毅. 自适应光学系统迭代波前控制算法研究. 成都: 中国科学院光电技术研究所, 2015.

[11] 段倩. 自适应光学快速迭代控制算法研究与实现. 成都: 电子科技大学, 2018.

[12] Polo A, Haber A, Pereir S F, et al. An innovative and effecivient method to control the shape of push-pull membrane deformable mirror. Optics Express, 2012, 20(25): 27922-27932.

[13] 程生毅. 自适应光学系统迭代波前控制算法研究. 成都: 中国科学院光电技术研究所, 2015.

[14] 程生毅, 陈善球, 董理治. 交连值对斜率响应矩阵和迭代矩阵稀疏度的影响. 物理学报, 2014, 63(7): 144-150.

[15] 张丹玉. 自适应光学波前畸变控制及实验研究. 西安: 西安理工大学, 2020.

第 4 章　双重模糊自适应 PID 控制

本章主要介绍了双重模糊自适应 PID 的控制原理，并给出其控制模型。同时针对输入论域范围及输出论域范围的影响进行分析，并对该算法进行理论分析。

4.1　基于直接斜率法的双重模糊自适应 PID 控制原理

PI 控制算法参数整体难度较小、校正效果明显。但是 AO 是一个典型的多输入多输出系统，因此针对多单元系统采用相同 PI 参数进行控制时会对系统校正效果及对外界环境适应性产生较大限制。

双重模糊自适应 PID 是在 PID 控制算法基础上加入模糊控制[1]，以达到自动调整 PID 参数的目的。模糊控制包含四部分：模糊器、规则库、模糊推理机及解模糊器。PID 算法则选用增量式 PID，模糊控制系统输入量为系统经直接斜率法求得的初步控制电压：

$$V_{\mathrm{e}}(k)=\left[V_{\mathrm{e}_1}(k),V_{\mathrm{e}_2}(k),\cdots,V_{\mathrm{e}_h}(k)\right]^{\mathrm{T}} \tag{4-1}$$

其一阶导数如式(4-2)所示，在离散系统中为相邻两次控制电压之差：

$$V_{\mathrm{ec}}(k)=\left[V_{\mathrm{ec}_1}(k),V_{\mathrm{ec}_2}(k),\cdots,V_{\mathrm{ec}_h}(k)\right]^{\mathrm{T}} \tag{4-2}$$

模糊控制器的输出为 PID 控制器的控制参数值$\{\mathrm{KP}(k)\}$、$\{\mathrm{KI}(k)\}$及$\{\mathrm{KD}(k)\}$，符号$\{\}$表示集合。首先确定模糊器输入论域并记作$\{-u,-u+1,\cdots,0,\cdots,u-1,u\}$。由于本书采用双重模糊控制，内层模糊器的输入论域$\{V_{\mathrm{e}}\}$及$\{V_{\mathrm{ec}}\}$由实验过程中第一次采集的 $V_{\mathrm{e}}(1)$、$V_{\mathrm{ec}}(1)$的数值范围构成，而外层模糊器的输入论域范围可通过权重因子进行调控，确保模糊论域范围始终略大于系统输入量的范围，因此量化因子取 1 即可。随后采用“负大、负中、负小、零、正小、正中和正大”共计 7 个语言值将模糊输入论域进行划分，形成式(4-3)所示的模糊子集。相应地，针对输出论域$\{\mathrm{KP}\}$、$\{\mathrm{KI}\}$及$\{\mathrm{KD}\}$，比例因子也取 1，模糊子集定义如式(4-3)所示。隶属度分布函数则选用三角形函数，如图 4-1 所示。

$$\{\mathrm{NB},\mathrm{NM},\mathrm{NS},\mathrm{ZO},\mathrm{PS},\mathrm{PM},\mathrm{PB}\} \tag{4-3}$$

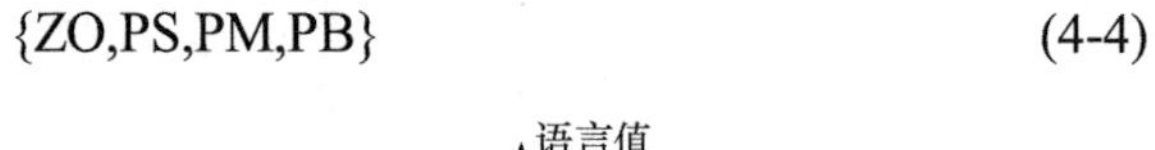

$$\{ZO,PS,PM,PB\} \tag{4-4}$$

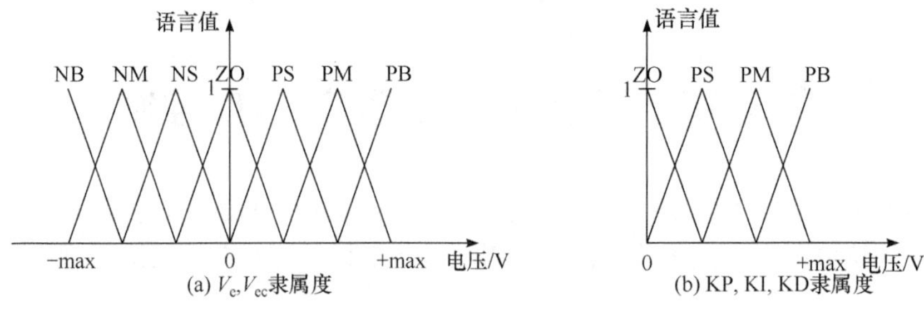

图 4-1　V_e, V_{ec}, KP, KI, KD 隶属度分布函数[1]

模糊控制的关键在于建立模糊规则库和进行模糊推理。本书根据专家决策系统，建立如表 4-1 所示的模糊规则库，然后采用标准模糊 if-then 规则，结合隶属度函数对 PID 的各个参数采用相同算法进行模糊推理。以 KP 为例：

$$T^l: \text{if}\,(V_e \text{ is } A) \text{ and } (V_{ec} \text{ is } B) \text{ then (KP is } C) \tag{4-5}$$

表 4-1　KP, KI, KD 模糊规则表

KP		V_e						
		NB	NM	NS	ZO	PS	PM	PB
V_{ec}	NB	PB	PM	PS	PS	PS	PM	PB
	NM	PM	PS	PS	PM	PS	PS	PM
	NS	PS	PM	PM	PB	PM	PM	PS
	ZO	ZO	PS	PM	PB	PM	PS	ZO
	PS	PS	PM	PM	PB	PM	PM	PS
	PM	PM	PS	PS	PM	PS	PS	PM
	PB	PB	PM	PS	PS	PS	PM	PB
KI		V_e						
		NB	NM	NS	ZO	PS	PM	PB
V_{ec}	NB	ZO	ZO	PS	PS	PS	ZO	ZO
	NM	ZO	PS	PS	PM	PS	PS	ZO
	NS	PS	PM	PM	PM	PM	PM	PS
	ZO	ZO	PS	PM	PB	PM	PS	ZO
	PS	PS	PM	PM	PM	PM	PM	PS
	PM	ZO	PS	PS	PM	PS	PS	ZO
	PB	ZO	ZO	PS	PS	PS	ZO	ZO

续表

KD		V_e						
		NB	NM	NS	ZO	PS	PM	PB
V_{ec}	NB	PM	PM	PS	PM	PS	PM	PM
	NM	PS	PS	PM	PB	PM	PS	PS
	NS	ZO	PS	PM	PB	PM	PS	ZO
	ZO	ZO	PM	PB	ZO	PB	PM	ZO
	PS	ZO	PS	PM	PB	PM	PS	ZO
	PM	PS	PS	PM	PB	PM	PS	PS
	PB	PM	PM	PS	PM	PS	PM	PM

式(4-5)为论域推理规则。其中 A，B，C 分别为$\{V_e\}$, $\{V_{ec}\}$, $\{\mathrm{KP}\}$的模糊子集，T^l 为第 l 条规则，其中的蕴含模糊关系记作 H_l。根据表 4-1 可知，l 为不大于 49 的正整数。选用的模糊蕴含算子为乘积运算，模糊合成算子为“代数积–和”推理运算方法，则合成的模糊推理规则如式(4-6)所示[1]：

$$T=\left[\left(V_e\cdot V_{ec}\right)\cdot H_1\right]+\left[\left(V_e\cdot V_{ec}\right)\cdot H_2\right]+\cdots+\left[\left(V_e\cdot V_{ec}\right)\cdot H_{49}\right] \tag{4-6}$$

根据式(4-6)获取的模糊控制器的输出集$\{R\}$并输入模糊器中。采用重心算法将其转化为精确的控制参数值，可表示为

$$R_{ev}(k)=\frac{\sum_{i=1}^{p}r_i(k)\mu_r\left(r_i\right)}{\sum_{i=1}^{p}\mu_r\left(r_i\right)} \tag{4-7}$$

式中，$\mu_r(r_i)$为输出集的隶属度函数；$r_i(k)$为模糊量化值；$R_{ev}(k)=\{\mathrm{KP}_{ev}(k),\ \mathrm{KI}_{ev}(k),\ \mathrm{KD}_{ev}(k)\}$为经解模糊器后输出的 PID 精确参数。则 k 时刻最终模糊控制系统输出值可表示为

$$\begin{cases}\left\{\mathrm{KP}_{ev}(k)\right\}=\left\{\mathrm{KP}_{ev_1}(k),\mathrm{KP}_{ev_2}(k),\cdots,\mathrm{KP}_{ev_h}(k)\right\}^{\mathrm{T}}\\ \left\{\mathrm{KI}_{ev}(k)\right\}=\left\{\mathrm{KI}_{ev_1}(k),\mathrm{KI}_{ev_2}(k),\cdots,\mathrm{KI}_{ev_h}(k)\right\}^{\mathrm{T}}\\ \left\{\mathrm{KD}_{ev}(k)\right\}=\left\{\mathrm{KD}_{ev_1}(k),\mathrm{KD}_{ev_2}(k),\cdots,\mathrm{KD}_{ev_h}(k)\right\}^{\mathrm{T}}\end{cases} \tag{4-8}$$

将求得的 PID 参数传送至 PID 控制器以进行波前校正。由于采用多路控制，每一个驱动器对应一组模糊 PID 控制参数。因此，将式(4-8)代入式(3-15)可得

$$\begin{aligned}\{\Delta V(k)\}=&\left\{\mathrm{KP}_{ev}(k)\right\}\cdot\left[\left\{V_e(k)\right\}-\left\{V_e(k-1)\right\}\right]+\left\{\mathrm{KI}_{ev}(k)\right\}\cdot\left\{V_e(k)\right\}\\&+\left\{\mathrm{KD}_{ev}(k)\right\}\cdot\left[\left\{V_e(k)\right\}-2\left\{V_e(k-1)\right\}+\left\{V_e(k-2)\right\}\right]\end{aligned} \tag{4-9}$$

为了提高系统的闭环速度，采用带有权重因子的双重模糊控制，即根据实际输入电压误差最大值与内层输入论域的最大值之比α选取权重因子β，对外层模糊控制的输入论域范围进行调控，并采用较大 PID 参数范围进行校正。待系统相对稳定，实际论域范围小于内层模糊控制输入论域范围时采用内层模糊 PID 进行校正。则式(4-9)可改写为[1]

$$\{\Delta V(k)\}=\begin{cases}\{\mathrm{KP_{ev}}(k)|_{\mathrm{FC1}}\}\cdot\left[\{V_{\mathrm{e}}(k)\}-\{V_{\mathrm{e}}(k-1)\}\right]+\{\mathrm{KI_{ev}}(k)|_{\mathrm{FC1}}\}\cdot\{V_{\mathrm{e}}(k)\}\\ +\{\mathrm{KD_{ev}}(k)|_{\mathrm{FC1}}\}\cdot\left[\{V_{\mathrm{e}}(k)\}-2\{V_{\mathrm{e}}(k-1)\}+\{V_{\mathrm{e}}(k-2)\}\right], & \alpha>1\\ \\ \{\mathrm{KP_{ev}}(k)|_{\mathrm{FC2}}\}\cdot\left[\{V_{\mathrm{e}}(k)\}-\{V_{\mathrm{e}}(k-1)\}\right]+\{\mathrm{KI_{ev}}(k)|_{\mathrm{FC2}}\}\cdot\{V_{\mathrm{e}}(k)\}\\ +\{\mathrm{KD_{ev}}(k)|_{\mathrm{FC2}}\}\cdot\left[\{V_{\mathrm{e}}(k)\}-2\{V_{\mathrm{e}}(k-1)\}+\{V_{\mathrm{e}}(k-2)\}\right], & \alpha\leqslant 1\end{cases}\tag{4-10}$$

式中，$\{\mathrm{KP_{ev}}(k)|_{\mathrm{FC1}}\}$、$\{\mathrm{KI_{ev}}(k)|_{\mathrm{FC1}}\}$、$\{\mathrm{KD_{ev}}(k)|_{\mathrm{FC1}}\}$、$\{\mathrm{KP_{ev}}(k)|_{\mathrm{FC2}}\}$、$\{\mathrm{KI_{ev}}(k)|_{\mathrm{FC2}}\}$和$\{\mathrm{KD_{ev}}(k)|_{\mathrm{FC2}}\}$分别为由外层模糊控制和内层模糊控制计算所得 PID 参数集合。

根据式(4-10)求得波前误差斜率对应的校正电压值。则变形镜驱动器控制电压为此时刻计算所得电压值与上一时刻变形镜实际发送值之和，如式(4-11)所示：

$$\{V_{\mathrm{dm}}(k)\}=\{\Delta V(k)\}+\{V_{\mathrm{dm}}(k-1)\}\tag{4-11}$$

为了减少模糊控制的运算量，对于模糊自适应 PID 校正加入阈值判断。完成k时刻的波前校正之后，记录此时刻的模糊 PID 参数值。然后重新测量波前斜率，并根据直接斜率法计算校正所需控制的电压。将当前时刻控制电压最大值与第一次根据直接斜率法，计算所得控制电压最大值的比值α与阈值δ进行比较。若小于阈值δ，则认为畸变量较小，直接沿用上一时刻 PID 控制参数值进行校正，无须再次进行模糊参数计算，以此减少模糊运算总量。否则根据其比值选取β值和相应的模糊控制器进行模糊控制，重新计算 PID 参数。经双重模糊自适应 PID 算法校正后最终的输出电压如式(4-12)所示。

$$\{V_{\mathrm{dm}}(k)\}=\begin{cases}\{\Delta V(k)\}+\{V_{\mathrm{dm}}(k-1)\}, & \max(V_{\mathrm{s}})\leqslant\delta\\ \{\mathrm{KP_{ev}}(k-1)\}\cdot\left[\{V_{\mathrm{e}}(k)\}-\{V_{\mathrm{e}}(k-1)\}\right] & \\ +\{\mathrm{KI_{ev}}(k-1)\}\cdot\{V_{\mathrm{e}}(k)\} & \\ +\{\mathrm{KD_{ev}}(k-1)\}\cdot\left[\{V_{\mathrm{e}}(k)\}-2\{V_{\mathrm{e}}(k-1)\}+\{V_{\mathrm{e}}(k-2)\}\right] & \max(V_{\mathrm{s}})>\delta\\ +\{V_{\mathrm{dm}}(k-1)\}, & \end{cases}\tag{4-12}$$

自适应光学系统的双重模糊自适应 PID 校正模型如图 4-2 所示。该算法控制思路为：首先求取变形镜响应矩阵 IM 及其逆矩阵 IM^{+}；然后使用 WFS 探测波前

斜率 S_c 并与理想波前斜率 S_r 做差，获取波前斜率误差 S_e，即可根据直接斜率法获得变形镜初步控制电压 V_e 及其变化量 dV_e/dt；最后进行阈值判断，若满足阈值条件则直接输出对应参数至 PID 控制器，否则进行输入论域修正，获取 β 值并传送至相应模糊控制器，重新计算参数并传送。PID 控制器接收参数并针对初步控制电压进行校正，获取最终控制电压 V_{dm} 并发送至变形镜驱动器，经 WFS 重新采集校正后的斜率。重复上述步骤，构成系统的闭环控制。

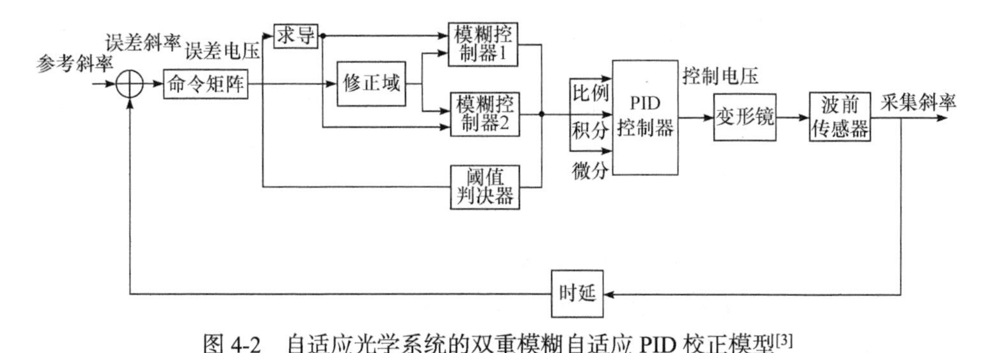

图 4-2　自适应光学系统的双重模糊自适应 PID 校正模型[3]

4.2　输入论域对模糊自适应 PID 算法的影响分析

由于双重模糊自适应 PID 控制算法是在 PID 算法的基础上完成校正的，因此比例系数和积分系数对算法的影响与 PI 控制算法当中的阐述相同，在此不做赘述。而微分单元的作用主要是防止系统产生超调，即可看做以预测的形式提高系统校正精度而非直接进行系统校正。

4.2.1　不同控制电压输入论域范围对模糊 PID 算法的影响

图 4-3 展示了采用不同控制电压论域范围校正后波前 Zernike 系数值及系统 PV 值变化情况，其中 PB 取值为 0 代表为初始状态。仿真中控制电压一阶导数论域范围设定为−0.6～0.6，PID 参数的论域范围则分别是−0.06～0.06、−0.15～0.15 和-6×10^{-4}～6×10^{-4}。由图 4-3(a)可知，当控制电压的 PB 值分别取值为 1.2、1.4、1.5、1.8 及 3 时，校正后的 Zernike 系数值基本稳定在 10^{-15}～10^{-17} 量级，相较于初始状态的 Zernike 系数值而言有了大幅度的降低，证明该算法可有效降低波前 Zernike 系数值量级，即可有效修正波前畸变。图 4-3(b)展示的 PV 变化曲线表明当控制电压输入论域的 PB 值从 1.2 递增至 1.5 时，系统达到稳态后的 PV 值逐渐减小。当 PB 值为 1.5 时，系统达到最佳的校正效果。此后继续增大 PB 值，系统的 PV 值相比而言则开始增大。由此可见，论域范围过大或过小都会导致 PID 参数选择的不合理，从而降低对波前畸变的修正能力。

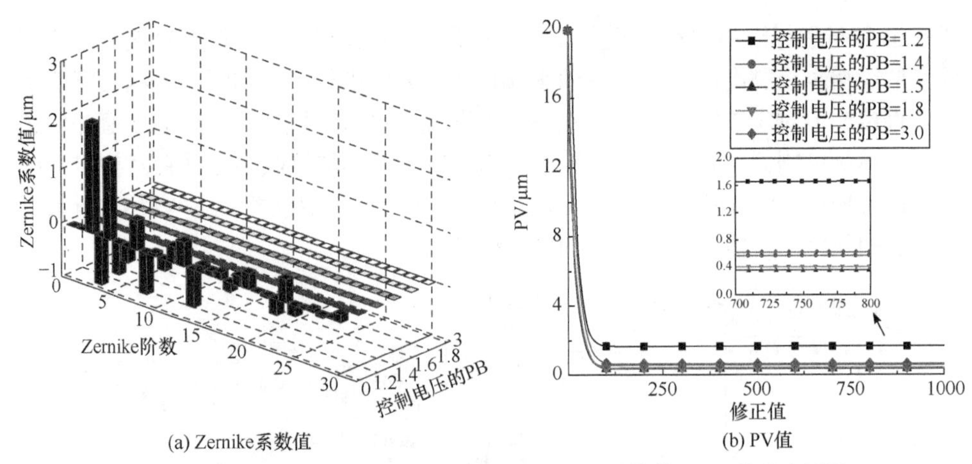

(a) Zernike系数值　　(b) PV值

图 4-3　不同控制电压输入论域校正后 Zernike 系数值、PV 值分布图[3]

图 4-4 展示了采用不同控制电压输入论域进行校正后所拟合的波前相位。相比 3-5(a)展示的初始波前状态，采用输入论域 PB 值为 1.2、1.5 和 3.0 完成校正后波面的凹凸度均有所缓解，从初始的半球面形状转变为相对平整的近似平面状态，因此对应的 PV 值及 RMS 值也大幅度降低。当 PB 为 1.5 时作为最优论域，相位值范围最窄，波面最为平坦，与上述曲线相对应；当输入论域变为−0.6～0.6 时，校正后的波前数据范围大于初始波前，说明此时波前畸变程度比初始状态更为严重；而当 PB 值增大为 3 时，波面的畸变程度相比初始仍有一定程度的减轻。由此可见，较大输入论域可对波前存在一定校正效果，但是会影响最终的 PV 值，即最终波前畸变程度；而较小输入论域虽然也可校正畸变，但过小时则会出现反向校正状态，加剧了波前畸变程度。因此，要根据实际波前情况合理选择控制电压的输入论域，同时确保所设输入论域大于实际输入论域，方可保证校正精度。

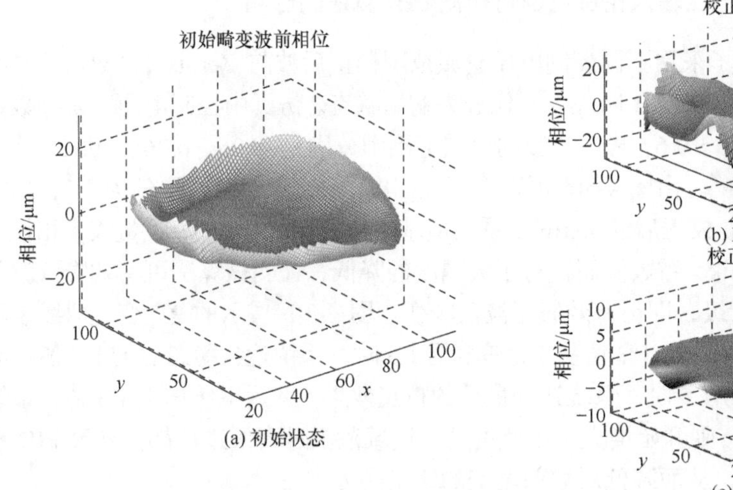

(a) 初始状态

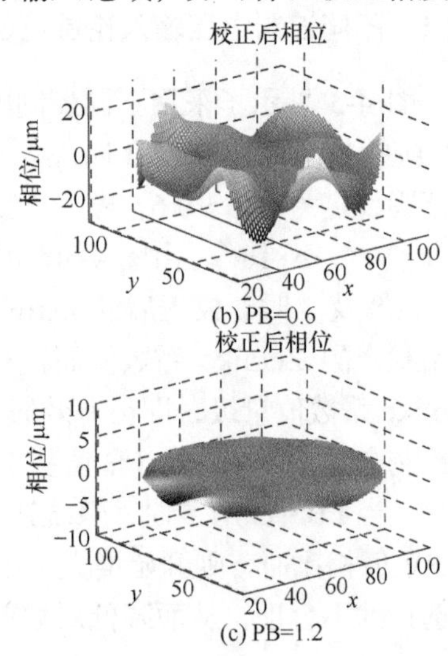

(b) PB=0.6

(c) PB=1.2

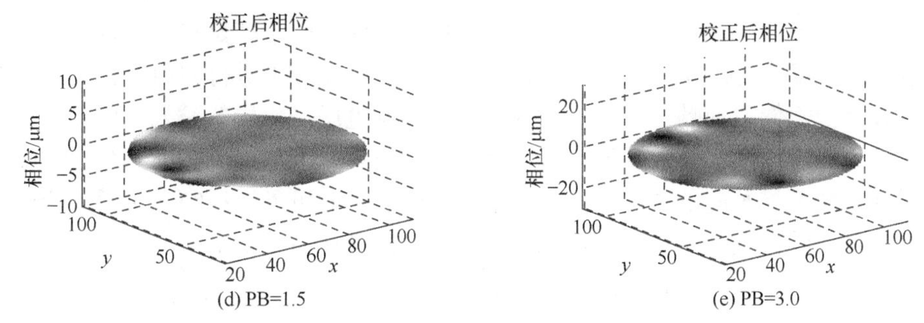

(d) PB=1.5　(e) PB=3.0

图 4-4　不同控制电压输入论域校正后波前相位[3]

4.2.2　不同控制电压一阶导数输入论域范围对模糊 PID 算法的影响

图 4-5 是采用不同控制电压一阶导数论域范围进行校正后波前 Zernike 系数及 PV 值变化情况。仿真中设定控制电压论域范围为–1.5～1.5V；PID 参数的论域范围则分别为–0.06～0.06、–0.15～0.15 和-6×10^{-4}～6×10^{-4}。由图 4-5(a)可看出，当控制电压一阶导数输入论域中的 PB 值依次取 0.1、0.3、0.6、0.9 和 1.2 时，系统达到稳定状态后的 Zernike 多项式系数量相比于初始状态最多可降低约 10^{16} 数量级。图 4-5(b)则展示了相应校正过程的 PV 值变化情况。由图可知，随着 PB 值在上述范围内逐渐增大，系统达到稳态后的 PV 值总体呈现先减小后上升的趋势，当 PB 值为 0.6 时对应最佳的校正效果。由此可见，对于自适应光学系统而言，改变控制电压一阶导数输入论域会对校正效果产生影响，即过大或过小的输入论域都会导致系统 PV 值增大，从而降低波前畸变校正程度。

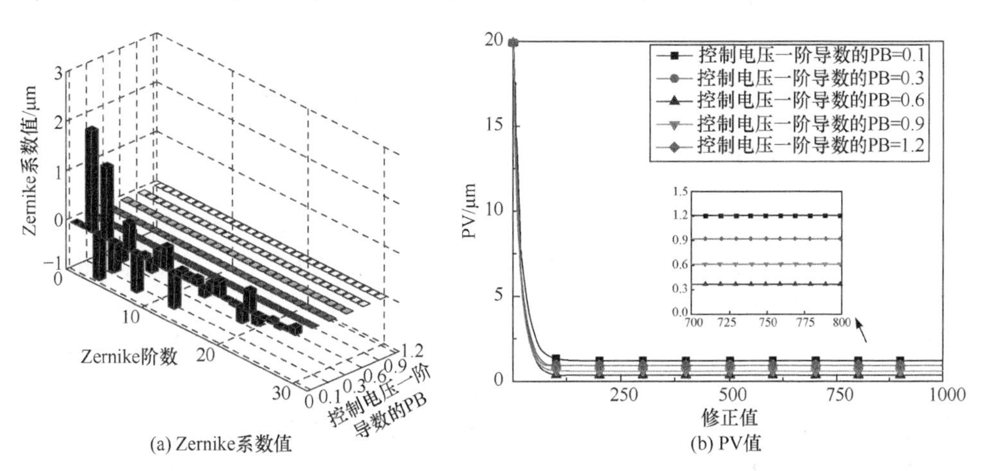

(a) Zernike系数值　(b) PV值

图 4-5　不同控制电压一阶导数输入论域校正后 Zernike 系数、PV 值分布图[3]

采用不同控制电压一阶导数输入论域进行模糊 PID 校正后拟合的波前相位如图 4-6 所示。由图 4-6(a)可知初始状态的波面呈现明显弯曲状态，且表面凹凸不平。而图 4-6(b)～(d)表示的不同论域校正后的波前相较于初始状态而言，弯曲程度及不平整度均有一定程度的缓解，证明在这三种论域下进行波前校正后均可在一定程度上降低波前畸变程度。此外，随着控制电压一阶导数输入论域的逐渐扩大，计算所得波前相位数值波动范围呈现先缩小后扩大的趋势，PB 取值为 0.6，即最优论域范围对应的波面相比而言最为平整。由此可见，控制电压输入论域与控制电压一阶导数输入论域的影响机理相同，均存在最优范围解。

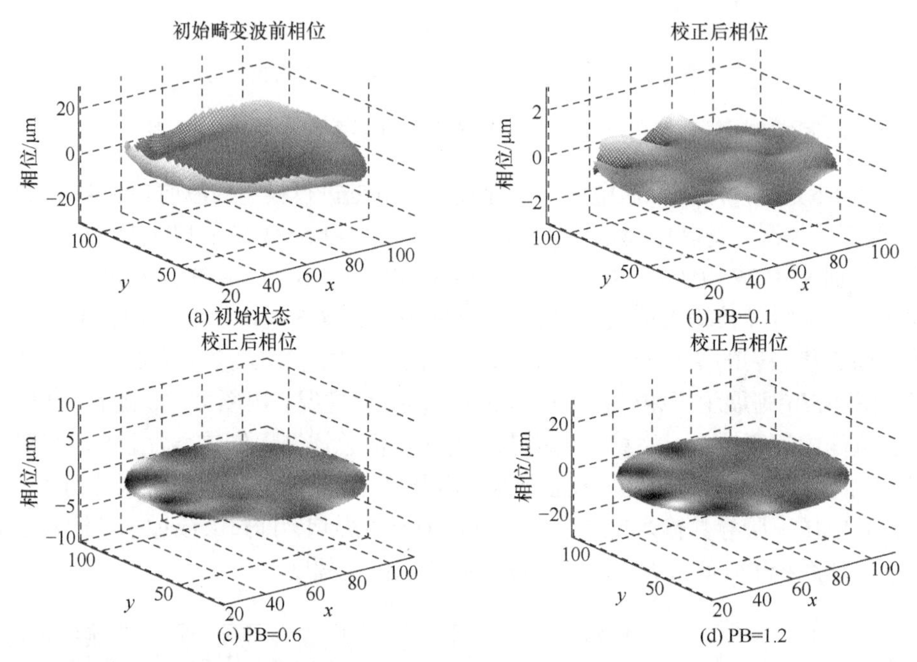

(a) 初始状态　(b) PB=0.1

(c) PB=0.6　(d) PB=1.2

图 4-6　不同控制电压一阶导数输入论域校正后波前相位

4.2.3　模糊自适应 PID 算法仿真输出论域影响分析

图 4-7 是采用不同积分系数输出论域范围校正后波前 Zernike 系数和 PV 值变化情况。仿真中设定控制电压论域范围为−1.5～1.5，控制电压论一阶导数域范围为−0.6～0.6，比例系数及微分系数的论域范围分别为−0.06～0.06 以及-6×10^{-4}～6×10^{-4}。由图 4-7(a)知，随着积分参数的输出论域逐渐扩大，校正后的 Zernike 系数值量级逐渐降低。当论域范围为−1.5～1.5 时，校正后 Zernike 系数量级与初始状态的 Zernike 系数值量级相差约 10^{17}。而图 4-7(b)则展示了对应的 PV 值变化过程。其中，PB 值为 0.15 时校正效果最优。而当 PB 值为 0.015 时，系统的前期校正过程呈现轻微波动，证明此时的输出论域设置不合理，未能为系统选择合适 PID 参数，导致校正效果一般。同时，在合适的取值范围内，PB 值较小时系统闭环速度比较慢，但是校正后的 PV 值则更小，证明此时的校正能力较强；而 PB 值较

大时校正波前的 PV 值相比而言有所增大，但系统闭环速度有所提升。由此可见，在自适应光学系统中，积分系数输出论域的改变对波前校正能力存在影响。

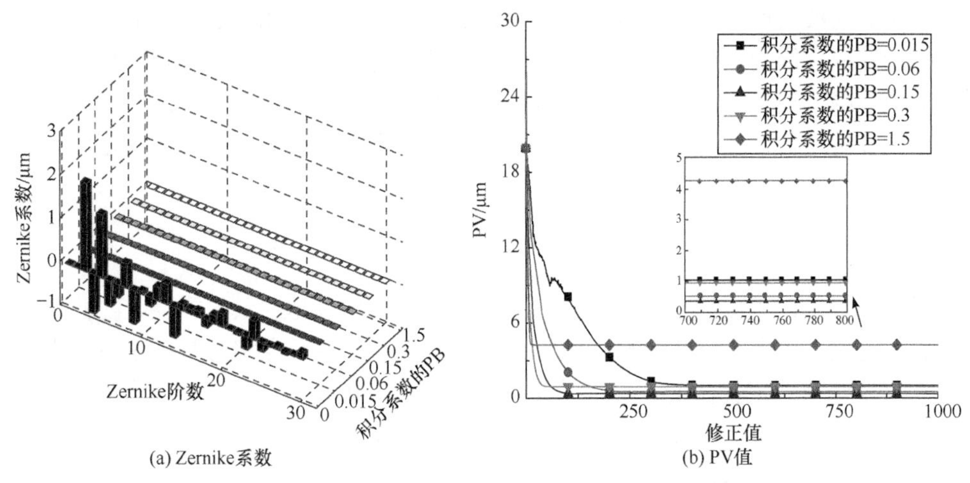

(a) Zernike系数　(b) PV值

图 4-7　不同积分系数输出论域校正后 Zernike 系数、PV 值分布图[3]

根据图 4-8 中因不同论域改变所导致的 PV 值变化幅度可知，改变控制电压输入论域和控制电压一阶导数输入论域对系统 PV 值的影响相比较小，改变积分系数输出论域的影响相比较大。

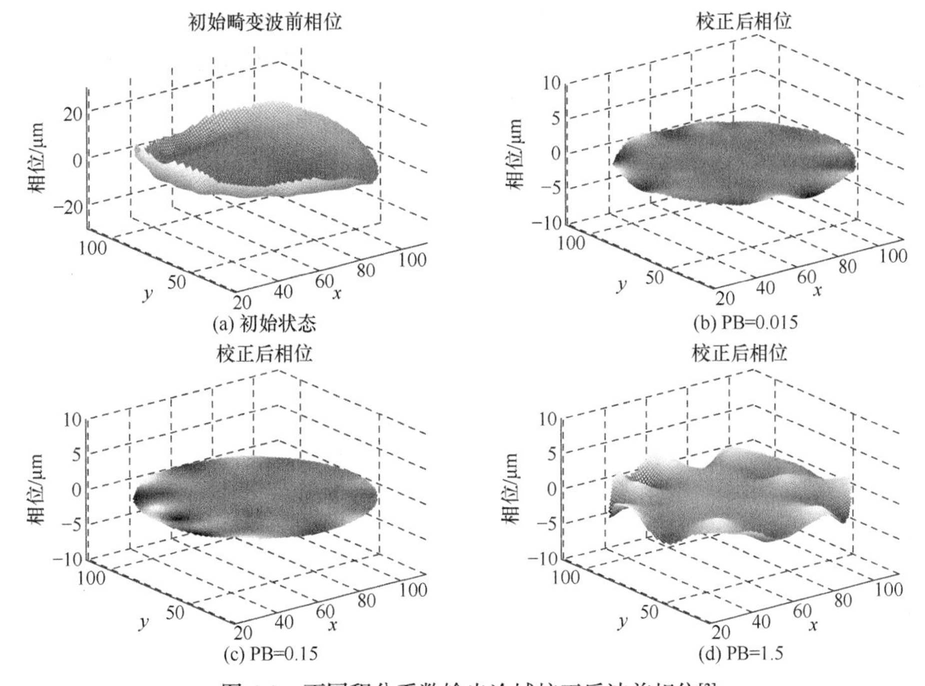

(a) 初始状态　(b) PB=0.015

(c) PB=0.15　(d) PB=1.5

图 4-8　不同积分系数输出论域校正后波前相位[3]

图 4-8 展示了初始状态和模糊 PID 中采用不同积分系数输出论域校正后所拟合的校正后波前相位。根据上文分析可知，PB 为 0.15 系统处于最优校正状态，因而相应的波面形状相比而言最为平整；而当 PB 为 0.015 和 1.5 时完成校正后所拟合的波面边缘起伏则更为严重。随着论域范围的逐渐扩大，畸变相位校正后数据波动范围呈现先下降后上升的态势，证明存在最优积分系数输出论域，因此，采用该算法进行自适应光学系统波前校正时，需合理选择论域以确保校正效果。

4.3 模糊控制实验

通过对迭代算法和 PI 算法对比说明了 PI 算法的优越性及局限性，在此基础上进行优化，形成双重模糊自适应 PID 算法。因此，本节在实验室搭建系统光路对 PID 算法及迭代算法的正确性及参数影响进行分析，并对双重模糊自适应 PID 算法进行外场实验，验证参数影响的同时与 PI 算法进行对比讨论。

4.3.1 自适应光学系统实验装置

图 4-9 所示为单元自适应光学系统的实验原理图。光源由激光器发射，并经过由透镜 L1、L2 构成的 4f 系统完成扩束和准直。随后光束经过分光棱镜反射后入射至变形镜镜面。变形镜驱动器控制变形镜产生一定形变，对畸变波前进行补偿校正。校正后的光束再次经过分光棱镜进行透射，并入射至由 L3、L4 构成的 4f 系统进行缩束。波前传感器则位于 L4 透镜焦点处进行波前探测，并将探测信息传输给波前控制器。电脑通过控制算法得出控制电压，发送给变形镜进行波前修正，形成自适应光学的闭环校正系统。

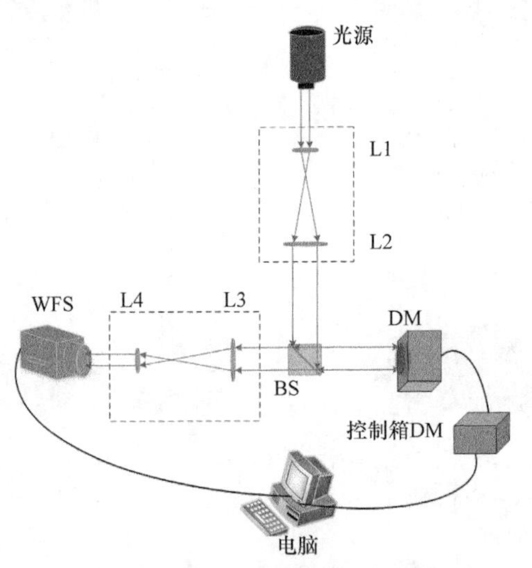

图 4-9　单元自适应光学系统实验系统图[3]

图 4-9 中采用的透镜 L1、L2、L3 及 L4 焦距分别为 30mm、200mm、175mm 及 75mm。变形镜选用法国 ALPAO 公司的高速连续反射变形镜(表 4-2)，波前传感器选用 Image Optic 的夏克-哈特曼波前传感器 HASO4-FIRST(表 4-3)。

表 4-2　变形镜参数[3]

参数名称	参数值
促动器数目	69
通光口径/mm	10.5
促动器间隔(PtV)/mm	1.5
倾斜波前调制/μm	60
非线性误差	<3%
工作温度/℃	−10～35

表 4-3　波前传感器参数[3]

参数名称	参数值
孔径尺寸/mm	3.6×4.6
子孔径数目	32×40
工作波长/nm	400～1100
最大采集频率/Hz	100
倾斜测量灵敏度/μrad	5
工作温度/℃	15～30

4.3.2　迭代控制算法校正实验

1. G-S 算法实验研究

图 4-10 为采用不同迭代误差精度校正后系统的 PV、RMS 曲线图。实验中初始电压取为 0，Zernike 系数为 30 阶，开环时刻系统的 PV 值和 RMS 值波动范围分别为 2.23～2.37μm、0.49～0.52μm。由图 4-10 可知，随着迭代进程的推进，系统 PV、RMS 值呈现明显的下降趋势。经约 10 次的迭代后，系统趋近闭环稳定状态，PV、RMS 值在较小范围内波动，且相较于开环状态存在明显差异，由此可见该算法可有效校正波前畸变，且闭环速度较快。而当迭代误差精度 δ 值分别为 10^{-3}、10^{-5} 和 10^{-9} 时，系统 PV 值波动范围依次为 0.07～0.24μm、0.06～0.22μm 及 0.06～0.19μm；RMS 的最小值则分别为 0.014μm、0.014μm 及 0.013μm。证明上述取值随着 δ 值的减小，系统 PV 值波动幅度逐渐降低。实际应用中随着迭代

误差越小，意味着单次校正过程中迭代次数有所增加，这会使得系统运算量增加，降低了系统实时性。

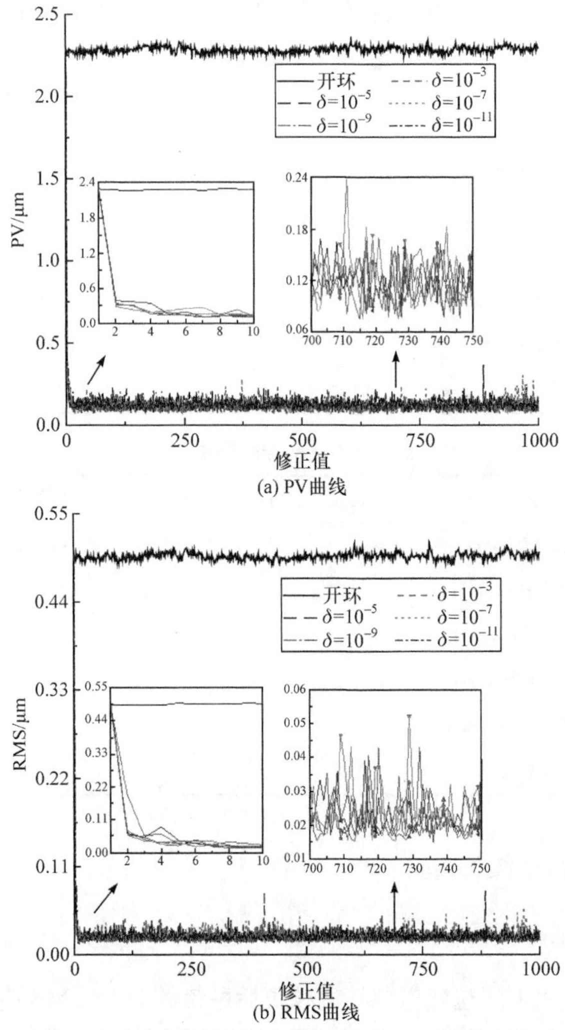

(a) PV曲线

(b) RMS曲线

图 4-10　不同 δ 值校正后系统 PV、RMS 曲线图[3]

图 4-11 是开环状态下及采用迭代误差精度为 10^{-11} 时进行闭环校正后的波前相位。由图 4-11(a)可知，对于开环时刻，波前数据值范围为–0.73～1.49μm，拟合波面为一曲面形状，呈现明显的倾斜趋势，证明此时存在一定程度的波前畸变。而采用 δ 为 10^{-11} 进行 G-S 算法闭环校正后，根据图 4-11(b)所示的波面情况可知校正后的相位数值区间缩小至–0.05～0.05μm，波面弯曲及倾斜程度大幅度降低。与开环状态相比，此时的波面趋于平滑，表明校正后的波前畸变程度有所降低。可见 G-S 算法可有效修正波前相位，降低波前畸变程度。

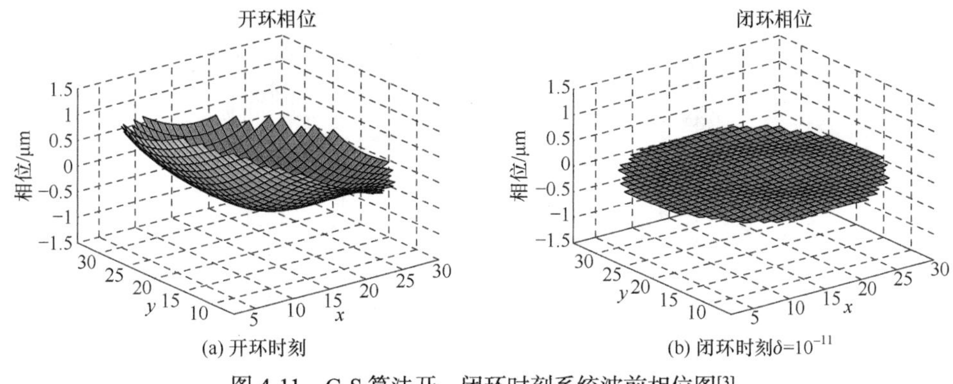

(a) 开环时刻　　(b) 闭环时刻$\delta=10^{-11}$

图 4-11　G-S 算法开、闭环时刻系统波前相位图[3]

2. ILC 算法实验研究

图 4-12 是 ILC 算法中采用不同γ值校正后的系统 PV、RMS 曲线图。其中β值为 0.006。开环情况下系统 PV 值及 RMS 值的波动范围分别为 2.21～2.39μm，0.54～0.57μm。由图可知，采用 ILC 算法进行校正后，系统经过少量迭代次数便可达到闭环稳定状态，PV 和 RMS 值相比开环时刻也大幅度降低，证明 ILC 算法可有效修正波前畸变。同时，当γ值取值从 0.006 逐步增大至 0.04 的过程中，系统达到闭环稳态后 PV 值和 RMS 值波动范围依次从 0.06～0.12μm、0.01～0.03μm 扩增至 0.11～0.16μm 和 0.02～0.03μm，即取值为 0.006 时作为极值具有最强的校正效果，其余参数值校正能力则有所下降。由此可见，在合适的参数取值范围内，重复学习算法的校正效果随γ值的增大而降低。这与仿真结果保持一致。

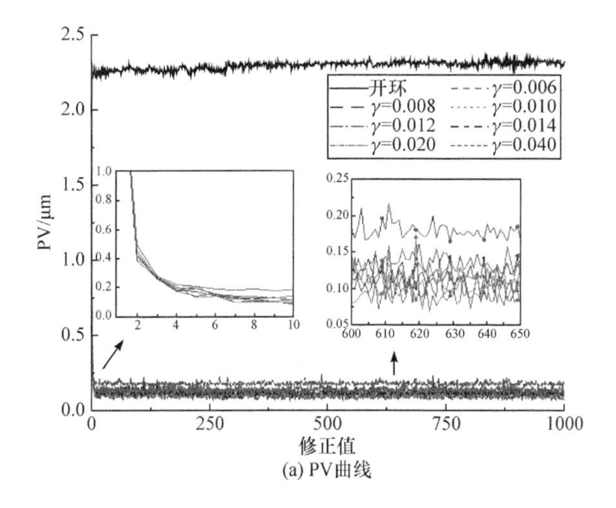

(a) PV曲线

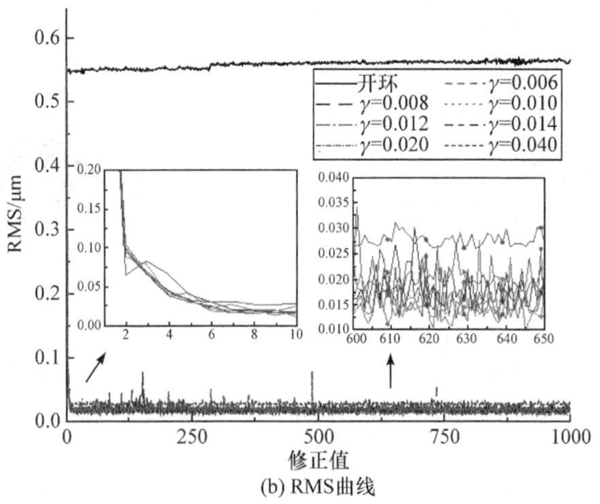

(b) RMS曲线

图 4-12 不同 γ 值校正后系统 PV、RMS 曲线图[3]

图 4-13 展示了开环时刻及不同 γ 取值校正后的波前相位图。由 4-13(a)可知，开环时刻波前凹凸不平，波前畸变明显，因此波前相位数据之间相差较大。而图 4-13(b)～(d)中闭环时刻的波前畸变程度明显降低，波面趋于平滑，证明该算法可有效修正波前畸变。此外，开环时刻波前相位数据范围为–0.93～1.34μm。闭环校正稳定后 γ 取值为 0.006 时，波前相位数据范围减小至–0.03～0.06μm；当取值为 0.014 时，相位数据区间为–0.04～0.08μm；当取值继续增大至 0.04 时，相位数据则在–0.05～0.12μm。观察数据可知，随着 γ 取值的增大，校正后的波前相位数据波动区间亦逐渐扩增，证明该算法的校正能力随着 γ 取值的增大而降低，这与上文的仿真结果保持一致。由此可见，γ 的取值影响了 ILC 算法的波前修正能力。

ILC 算法中 β 参数的影响则由图 4-14 展现，其中 γ 取值为 0.01。开环时波前的 PV、RMS 值分别在 2.32～2.40μm 和 0.57～0.58μm 内浮动。由图 4-14(a)可知，AO 闭环后系统的 PV 值和 RMS 值相比开环时刻大幅度降低，证明该算法可有效校正波前畸变，提高波前质量。此外，当 β 依次取值为 0.002、0.008 以及 0.03 时，系统达到闭环稳定后的 PV 值范围分别是 0.0894～0.1472μm、0.0881～0.1499μm、

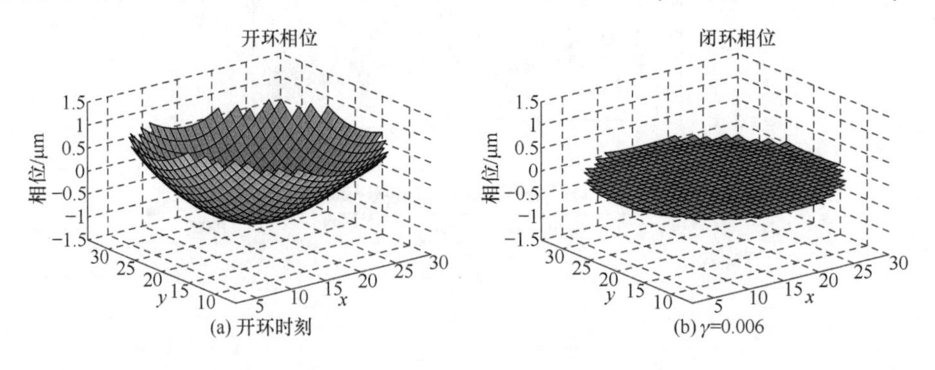

(a) 开环时刻 (b) γ=0.006

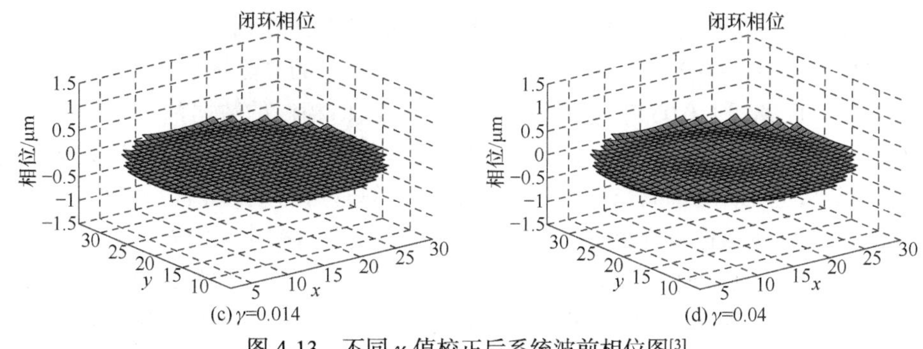

图 4-13　不同 γ 值校正后系统波前相位图[3]

0.0884～0.1571μm，即随着该参数取值的增大，系统 PV 值波动范围逐渐增大。RMS 值的变化呈现相同趋势。由此可见，在上述 β 参数取值中，该算法对畸变波前的校正效果随着 β 值的增大而降低。

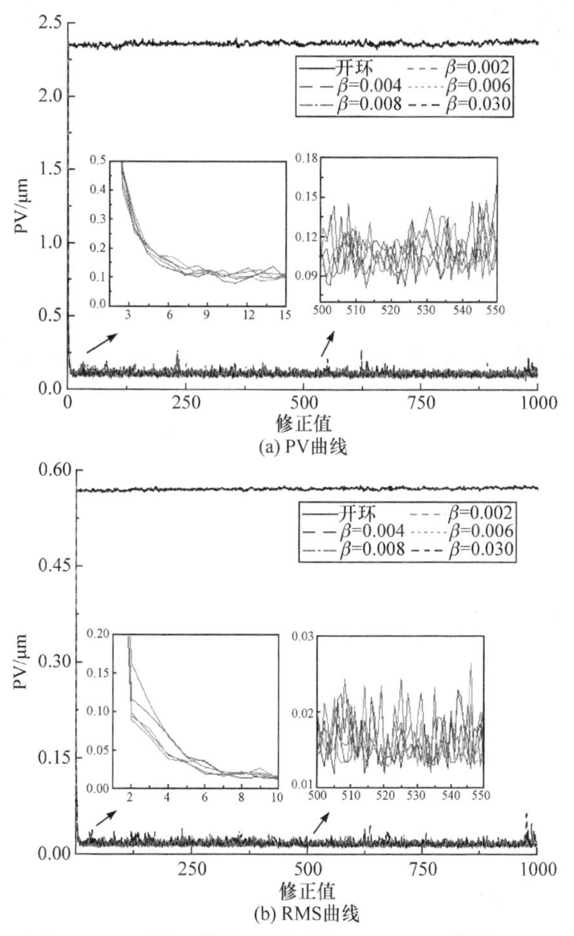

图 4-14　不同 β 值校正后系统 PV、RMS 曲线图[3]

图 4-15 是采用不同 β 值进行 ILC 校正后系统波前相位图。开环状态下，波前相位数据集中在–0.9318～1.3122μm，波面呈现明显的弯曲状态。而当 β 值依次为 0.002、0.008 和 0.03 时进行波前校正后，波前相位的数据范围分别变化为–0.03～0.07μm、–0.05～0.07μm 以及–0.02～0.06μm。相比开环时刻相位数据区间均有所减小，波面相比而言亦趋于平整，证明该算法可有效修正波前畸变。但是，当 β 值为 0.03 时数据范围小于前两组，这是由于实验过程中系统处于动态平衡阶段。因此单一看某一时刻的波前数据值并不能完整展现算法的参数影响。结合系统 PV 值、RMS 值的变化趋势可知，在上述取值范围中，整体而言随着 β 值的增加，校正效果降低。

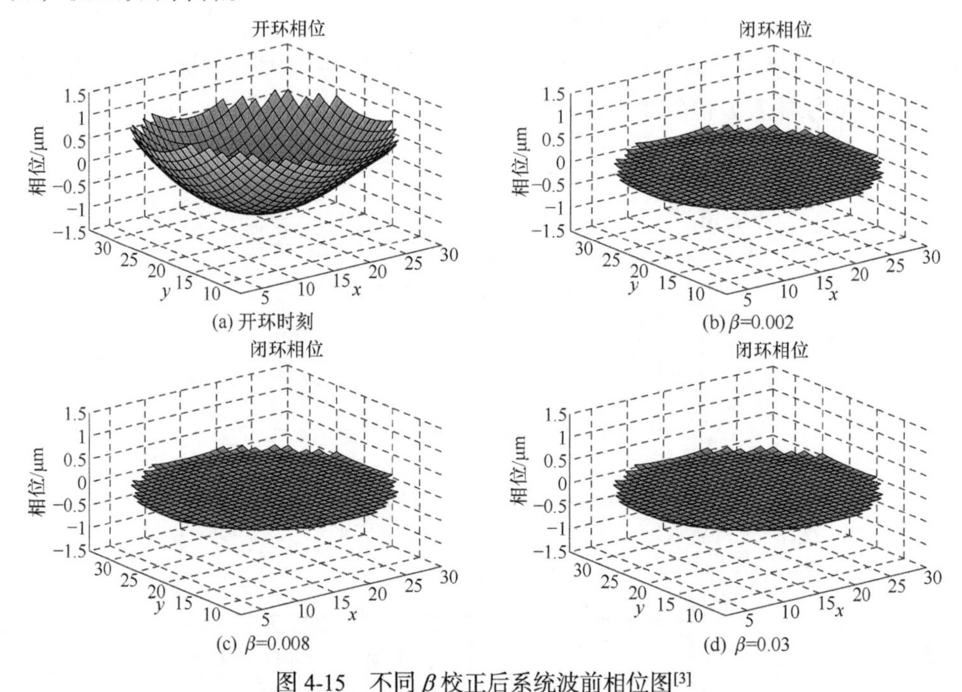

图 4-15　不同 β 校正后系统波前相位图[3]

4.3.3　PID 类控制算法校正实验

1. PI 控制算法的实验

自适应光学系统中单独采用比例算法无法达到波前控制的目的,下面在比例及积分系数同时作用下讨论比例系数变化对校正的影响，而对于积分系数的影响分析则建立在比例系数为 0 的前提下。

图 4-16 是分别采用不同比例系数进行波前校正后的 PV 曲线图及 RMS 曲线图。其中，k_p 取值为 0.03。由图 4-16 可知，开环状态下波前 PV 和 RMS 变化范围为 3.76～3.94μm 和 0.98～1.04μm。而开始闭环后，系统 PV、RMS 值则开始下降，直至系

统达到稳态。当 k_p 取值从 0.002 增加至 0.008 时，系统闭环稳定后的 PV、RMS 值波动范围也逐步下降，在 0.008 时达到最小，证明此时处于最佳校正效果。此后，随着 k_p 取值的继续增大，系统的评价指标值则有所上升，同时对应的波动区间也有所扩展，证明此时系统的稳定性降低。由此可证明，在合适的取值范围内，比例系数存在最优值使得自适应光学系统对波前畸变达到最佳校正效果。

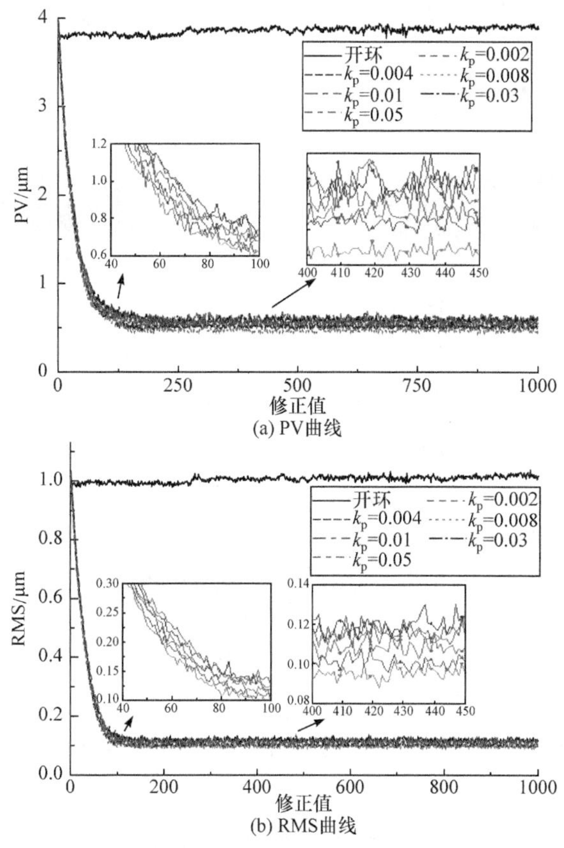

(a) PV曲线

(b) RMS曲线

图 4-16　不同比例系数校正后 PV、RMS 曲线图[3]

图 4-17 是开环状态以及闭环时采用不同比例系数校正后的波前相位。由图 4-17(a)可知，开环时波前处于倾斜状态，波面近似为一曲面，相比标准平面波而言具有明显畸变。而图 4-17(b)～(d)中闭环时刻相位相比而言趋于平滑，倾斜程度亦被大幅度削减。当 k_p 分别为 0.002、0.008 及 0.03 时，校正后相位范围分别为−0.23～0.31μm、−0.19～0.26μm 和−0.23～0.32μm，即比例系数取值为 0.008 可使系统处于最优校正状态，其余校正值会使得校正效果降低，由此可见，改变该参数可对波前校正的效果产生影响。

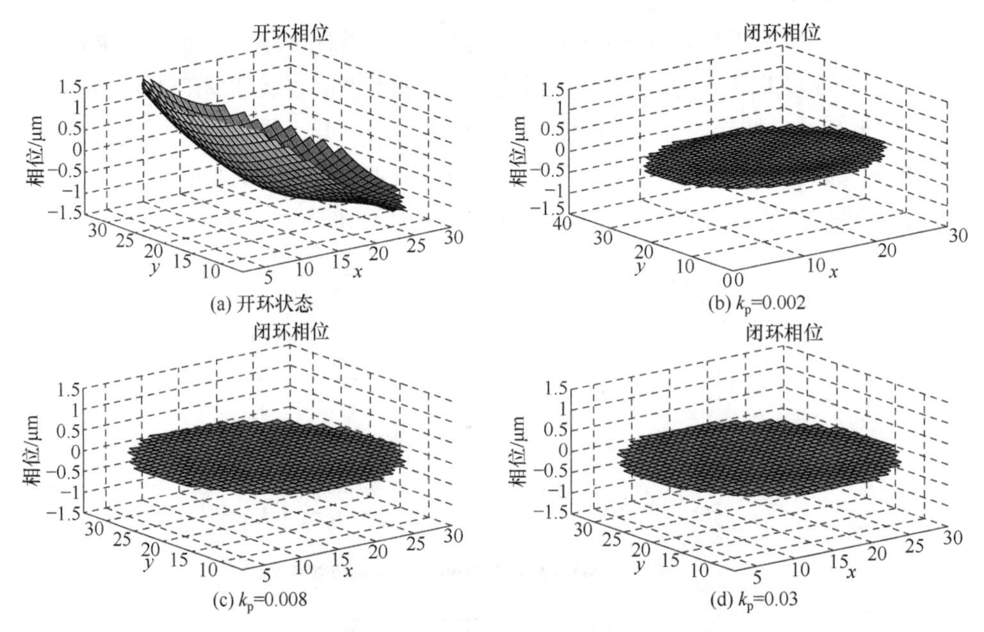

(a) 开环状态　(b) k_p=0.002　(c) k_p=0.008　(d) k_p=0.03

图 4-17　不同比例系数校正后波前相位[3]

图 4-18 为不同积分系数校正后的 PV 曲线图和 RMS 曲线图，其中比例系数取值为 0。由图 4-18 可知，当系统处于开环状态时，波面 PV 值及 RMS 值的波动范围分别是 2.17～2.27μm 和 0.47～0.50μm。而当单独采用图中所示 k_i 值进行波前校正后，系统的 PV 和 RMS 值首先呈现快速下降的趋势，当系统达到闭环稳定后则在一定范围内波动。且相比于开环时刻，上述所有积分系数进行 AO 校正后系统的 PV、RMS 值均有明显降低。由于此时 AO 系统中仅存在比例系数进行波前修正，自适应光学系统中主要依靠积分系数进行校正作用。同时，随着积分系数值的逐渐增大，系统达到闭环稳态所需校正次数亦逐渐减小，证明系统的闭环速度逐步提高。

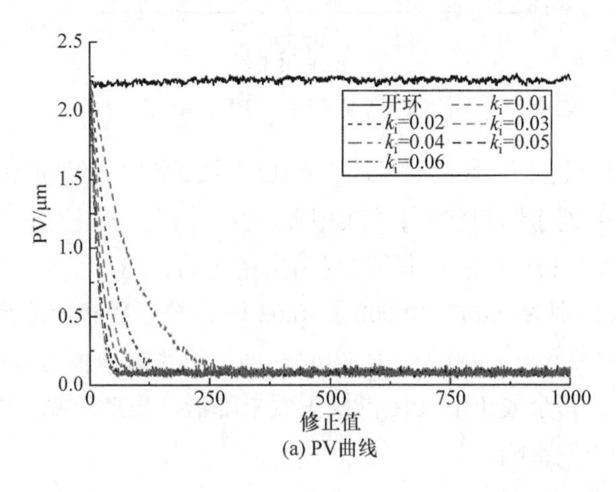

(a) PV曲线

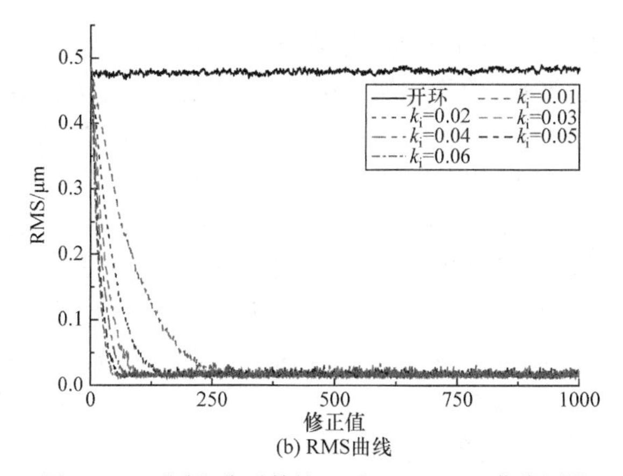

(b) RMS曲线

图 4-18　不同积分系数校正后 PV、RMS 曲线图[3]

图 4-19 是单独采用积分系数进行校正后的系统开、闭环时刻波前相位。由图 4-19 可知，开环状态下波前呈现明显倾斜趋势，波面凹凸程度加深，近似为曲面状态，因此相位数据间的差异也比较大。而单独采用积分系数进行校正后系统稳态下的相位数值差距明显减小。图 4-19 所示的波面更趋近于平面状态，倾斜程度也被大幅度削减。比例系数此时取值为 0，表明此时 AO 系统中仅存在积分系数对畸变波前的修正作用。因此证明在自适应光学当中，单独采用积分系数进行控制即可有效校正波前畸变，改善波前质量。

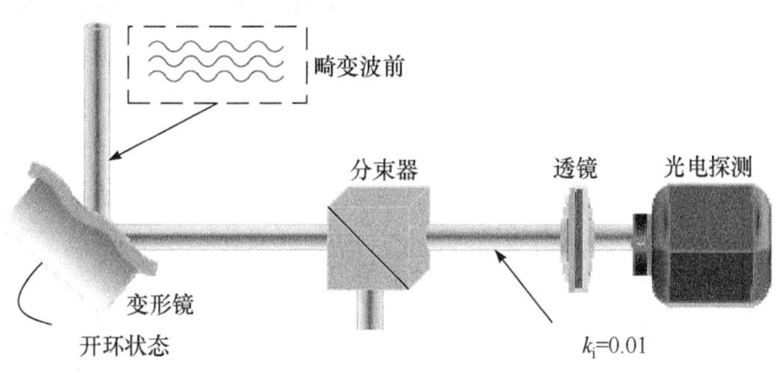

图 4-19　积分系数校正时开、闭环时刻波前相位图[3]

2. 双重模糊自适应 PID 控制算法的实验研究

图 4-20 是模糊 PID 控制当中采用不同输入论域校正后的系统 PV、RMS 曲线图，其中输入论域包含两部分：控制电压输入论域及控制电压一阶导数输入论域。系统内层 PID 输出论域为–0.006～0.006、–0.06～0.06 和–0.006～0.006，外层 PID 输出论域为–0.12～0.12、–0.6～0.6 和–0.09～0.09。开环时刻 PV 值、RMS 值分别在 2.8μm 和 0.61μm 左右波动，而采用该算法进行闭环校正后，PV、RMS 值相比开环时刻大幅度下降，证明模糊 PID 算法可有效校正波前畸变。由图 4-20(a)、 (b)可知，对于控制电压输入论域而言，在 PB 值从 0.03 递增至 0.12 的过程中，当 PB 值为 0.06 时所对应的评价指标值最小，其余控制电压输入论域范围则导致 PV、RMS 值及其波动范围有所增大。图 4-20(c)、(d)则是不同控制电压一阶导数输入论域进行 1000 次模糊 PID 校正后的 PV 值和 RMS 值。同样，在 PB 值从 0.05 递增至 0.09 的过程中，PB 值为 0.08 对应的系统 PV、RMS 值，波动范围亦明显小于输出论域，证明对于当前实验环境而言，控制电压一阶导数输入论域范围在 PB 值为 0.08 时校正效果最佳。综上所述，控制电压输入论域与控制电压一阶导数输入论域均存在最优范围使得波前校正效果最佳，即过大或过小的输入论域会扩大系统 PV、RMS 值的浮动范围，影响系统校正效果，因此要合理设置输入论域范围以保证该算法对畸变波前的修正能力。

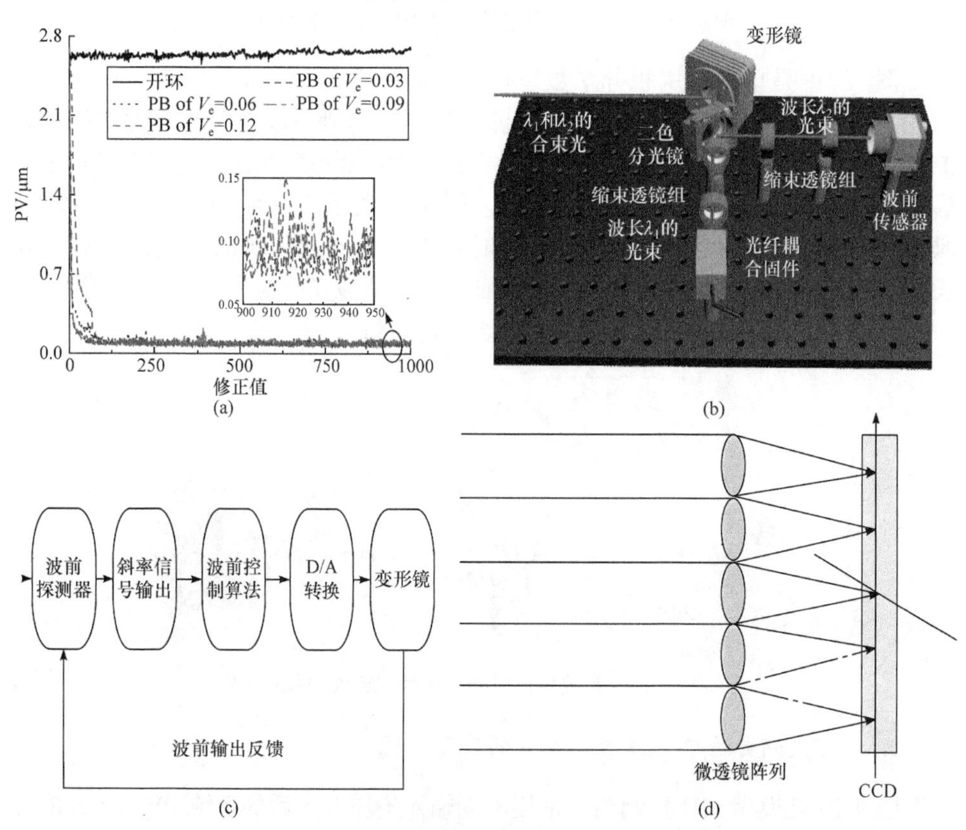

图 4-20　不同输入论域校正后 PV、RMS 曲线图[3]

(a)、(b) 控制电压输入论域；(c)、(d) 控制电压一阶导数输入论域

图 4-21 是采用不同内层积分系数输出论域校正后进行双重模糊 PID 校正后的 PV、RMS 曲线图。系统输入论域范围为−0.06～0.06 和−0.1～0.1，外层 PID 参数论域区间则为 0～0.12、0～0.6 和 0～0.09。当采用 PB 值分别为 0.04、0.05、0.06、

0.07、0.08 和 0.09 时，系统闭环稳定速度略微有所差别：PB 为 0.06 时闭环速度最慢，PB 为 0.08 时则 PV、RMS 值下降最快。此外，由图 4-21 可知校正后 PV、RMS 值处于一个动态波动范围内。当 PB 为 0.08 时，PV、RMS 值的波动范围相对较小，证明此时属于内层输出论域最佳校正状态。但是整体而言，图中各个曲线的交叠范围较大，即数据间虽然存在差异，但差异较小。这是因为针对 69 个单元的自适应光学系统，双重模糊 PID 控制算法采用多输入多输出结构，即针对每一个变形镜驱动器单元均有一组 PID 参数进行校正，并添加模糊控制以调整其参数。而对于室内探测的波前而言，其畸变程度轻微，因此各单元计算的 PID 对应参数差距也较小。当 PB 值从 0.04 递增至 0.09 时，系统完成 1000 次校正后的 69 个 k_i 值波动范围从 0.0125～0.0130 变化为 0.0284～0.030，波动上下限差距不超过 0.005。因此各个论域校正过后的效果也较为接近。

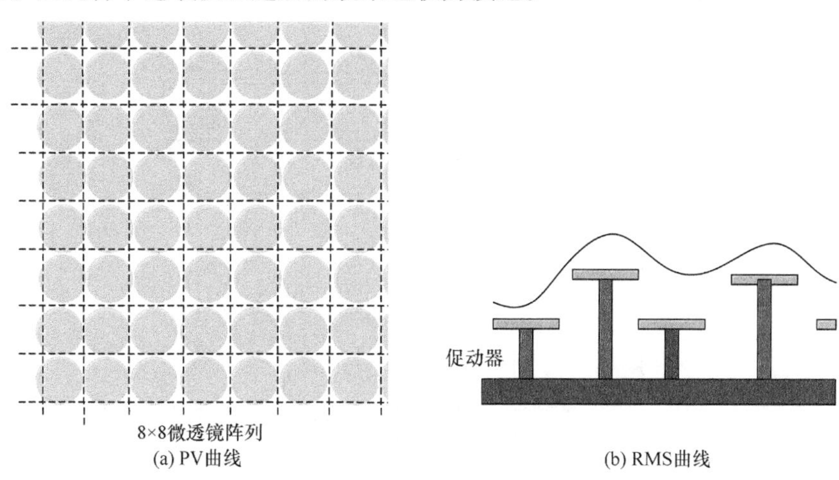

(a) PV曲线　　(b) RMS曲线

图 4-21　不同内层积分系数输出论域校正后系统 PV、RMS 曲线图[3]

图 4-22 是开环状态和闭环状态中积分输出论域中 PB 值为 0.08 时所对应的系统波前相位图。对于开环时刻的波前，其相位数据值在–0.99～1.44μm，波面近似为半球面，弯曲程度较大，相比标准平面波而言畸变程度明显。采用模糊自适应 PID 算法进行校正后相位数据值范围缩小至–0.03～0.04μm，在相同坐标下拟合的波面不平整度也明显减小，波面变得平滑且趋于平面状态，无明显畸变。由此可见，双重模糊自适应 PID 算法可有效进行波前校正，降低波前畸变程度。

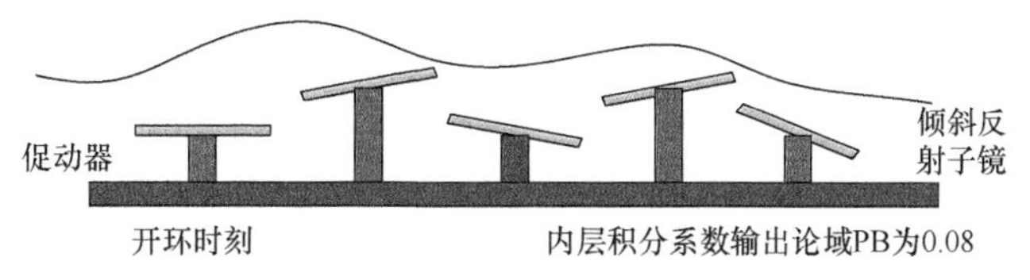

开环时刻　　内层积分系数输出论域PB为0.08

图 4-22　双重模糊自适应 PID 算法开、闭环时刻波前相位图[3]

图4-23则是采用不同外层积分系数输出论域进行双重模糊PID校正后的PV、RMS曲线图。系统控制电压输入论域与控制电压一阶导数输入论域为–0.06～0.06和–0.1～0.1，内层PID参数论域区间则为0～0.006、0～0.06和0～0.006。当积分系数输出论域中的PB值分别为0.05、0.06、0.07、0.08和0.09时，系统完成1000次校正后69个k_i值的范围分别是0.0189～0.0200、0.0191～0.0200、0.0191～0.0200、0.0190～0.0200和0.0191～0.2200，即系统闭环稳定后的控制参数取值相差较小，因此校正效果也基本相同。然而，观察前100次校正过程中PV、RMS值变化曲线可知，当PB值取较小值，如0.06时PV、RMS下降速度相比而言较为缓慢，证明此时系统达到闭环稳定状态需要较多校正次数；而当PB取较大值，如0.09时系统PV、RMS值下降速度则有所提升。可见外层积分系数输出论域主要对系统闭环速度产生影响。

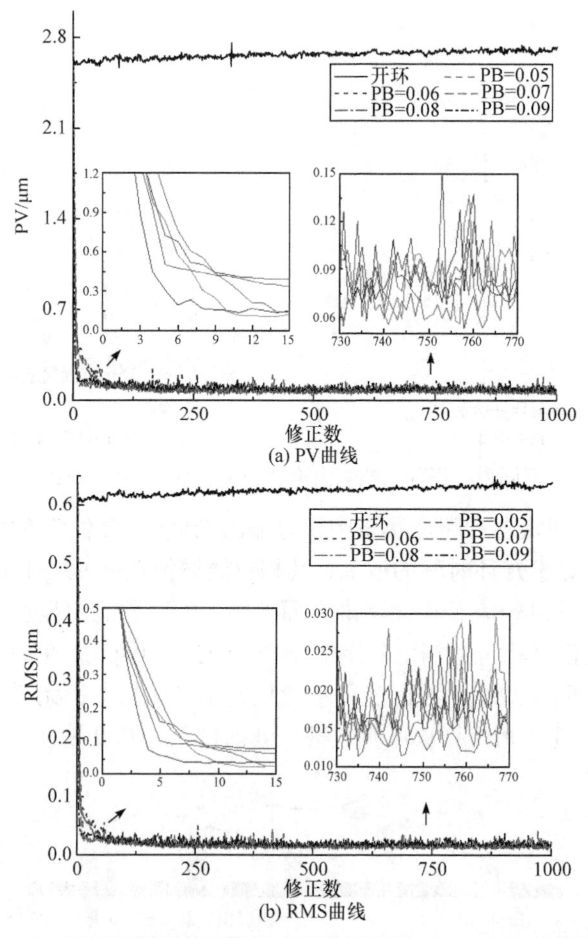

图4-23 不同外层积分系数输出论域校正后PV、RMS曲线图[3]

图 4-24 展示了采用模糊 PID 算法进行闭环控制时第 8 号驱动器和第 35 号驱动器的控制参数变化情况。实验中针对内、外层的积分系数输出论域选择同等范围，而控制电压输入论域与控制电压一阶导数输入论域的 PB 值则分别为 0.06 及 0.009。由图 4-24 可知在校正过程中，模糊自适应 PID 算法可根据预设的模糊规则自行计算校正过程中各个驱动器的控制参数取值，从而达到控制参数自整定的效果。因此相比 PI 算法而言，模糊自适应 PID 算法对于外界环境的变化具有更高的适应性。

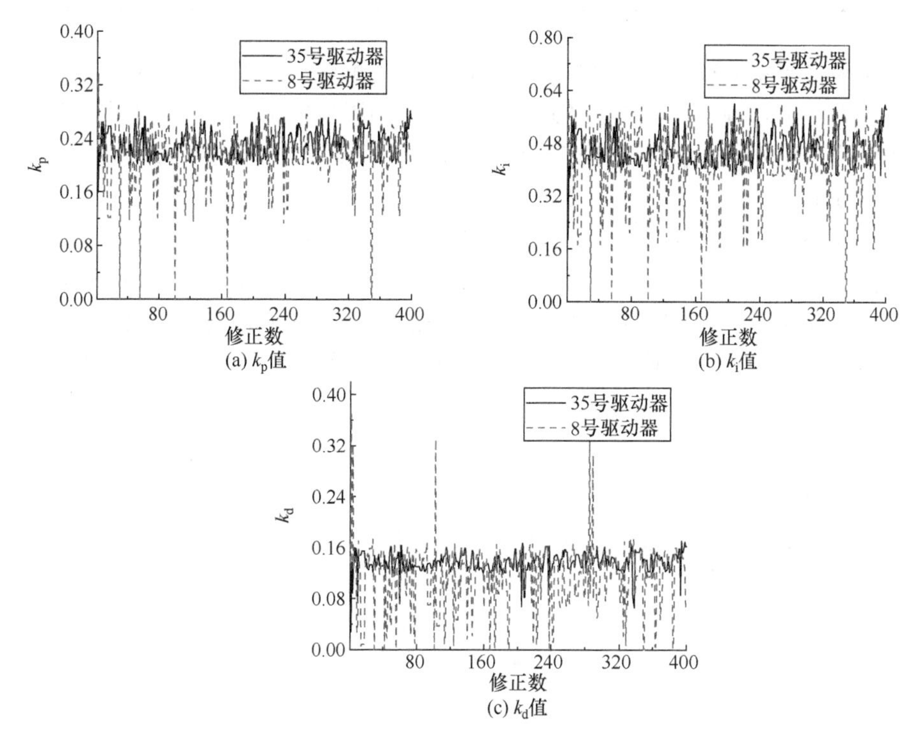

图 4-24　模糊 PID 校正过程中不同驱动器的控制参数变化曲线图[3]

双重模糊自适应 PID 算法包含三部分：外层 PID 校正、内层 PID 校正及阈值校正。表 4-4 展示了系统设定不同阈值时三个校正单元的工作次数。随着阈值的增大，系统外层校正次数不受影响，内层校正次数逐渐减少，阈值校正次数逐渐增加。同时，设定以上阈值进行校正后，系统完成校正后对应的 1000 个 PV、RMS 值差距较小。在后 700 次校正后，系统 PV 值的浮动范围分别为 0.06～0.18μm、0.06～0.16μm、0.06～0.16μm 和 0.07～0.16μm；RMS 值浮动范围则为 0.01～0.03μm、0.01～0.03μm、0.01～0.03μm 和 0.02～0.03μm。说明随着阈值的增大，系统 PV、RMS 值虽有所上升，但幅度较低。因此，根据系统实际要求合理设定阈值，可在保证校正效果的前提下减少系统总运算量。

表 4-4 设定不同阈值时各校正单元工作次数[3]

校正次数	阈值设定值 δ			
	0.001	0.01	0.03	0.05
外层校正	17	16	17	16
阈值校正	182	938	983	984
内层校正	801	46	0	0

实验室实验中输入论域和输出论域的改变虽可对双重模糊自适应 PID 控制算法的效果产生影响，但效果不太明显。因此，为了更准确地讨论以上参数论域变化的影响，用外场实验以更准确地分析算法特性。实验发射端与接收端两者之间距离 600m。

图 4-25 为 600m 模糊自适应 PID 算法校正实验系统图。接收天线为马卡式，因此接收到的光斑为一环状，直径约为 8mm。环状光经准直镜后入射至 DM 表面，DM 对光束进行校正，随后将其反射，经过由 L1(f=175mm)，L2(f=75mm)构成的 4f 系统将其缩束至直径略小于 WFS 面型宽度，最后光束入射至 WFS 表面进行波前探测。

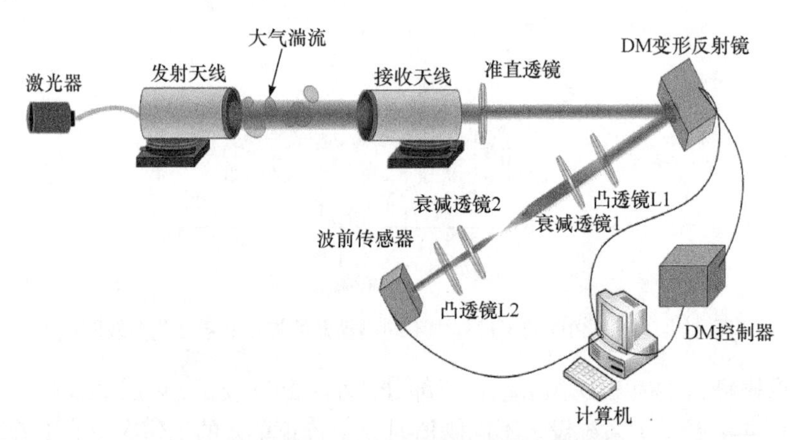

图 4-25 600m 模糊自适应 PID 算法校正实验系统图[3]

采用不同控制电压输入论域进行双重模糊 PID 校正后的 PV、RMS 曲线图如图 4-26 所示。根据图中曲线的变化可知，论域范围的选定对算法的校正效果有所影响。在后 600 次校正过程中，当 PB 值依次为 0.06、0.09 以及 0.12 时，系统 PV 值波动范围分别为 0.19～1.13μm、0.22～1.05μm 和 0.26～1.26μm。相应地，RMS 值的波动区间为 0.04～0.27μm、0.04～0.25μm 和 0.05～0.33μm，即当 PB 值为 0.09 时，PV 及 RMS 值的波动范围均为最窄且 RMS 为三者之中最小。当控制电压输入论域过大或过小时会导致计算参数值以及系统闭环速度有所区别，从而对校正效果产生影响。针对当时的畸变波前，最佳输入论域为-0.09～0.09。因此当取另外两组输入论域时，PV 和 RMS 值相比而言有所增大，波动范围增宽。

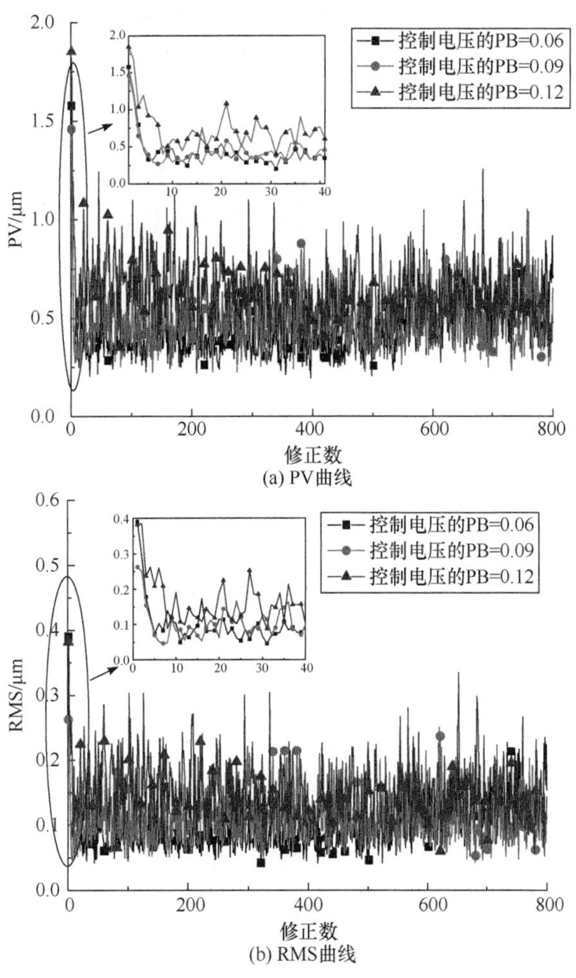

(a) PV曲线

(b) RMS曲线

图 4-26　不同控制电压输入论域校正后 PV、RMS 曲线图[3]

图 4-27 是采用不同积分系数输出论域进行模糊 PID 校正后的 PV、RMS 曲线图，其中内外层积分论域范围相同。根据前文分析可知 PID 参数论域的范围直接决定了校正效果的好坏。由图 4-27 可知，当 PID 参数取值范围分别为 0～0.12、0～0.06 和 0～0.09 时，系统闭环速度缓慢，因此需要 200 次左右的校正才可达到闭环稳定状态。而当 PID 参数范围分别增大 0～0.3、0～0.6 和 0～0.18 时，系统校正 10 次左右便可达到稳定状态，大大减少了系统响应时间。但是，当系统达到稳态平衡后，相对较小的 PID 参数取值校正后，其 PV 值和 RMS 值处于 0.05～0.06μm

和 0.02～0.22μm 内；当参数范围增大后，PV 和 RMS 值则处于 0.05～1.05μm 和 0.04～0.26μm。这说明输出论域较小时系统达到闭环稳定所需时间较多，但当系统稳定后，波前的 PV、RMS 值较小。当增大参数时，虽然提高了系统的闭环速度，但是相比而言校正能力也有所降低。因此，双重模糊 PID 算法可通过内外层输出论域的差异完成系统校正，同时保证校正效果。外层控制可通过权重因子对外层模糊控制的输入论域进行灵活调控，采用较大 PID 参数论域以提高系统的闭环速度，减少系统达到平衡所需时间。待实际输入论域达到内层模糊控制输入论域要求时，改用内层模糊控制，并采用较小 PID 参数论域以保证校正效果。同时，当出现外界干扰时，外层模糊控制可快速对其进行校正，以提高系统对外界环境的适应力。

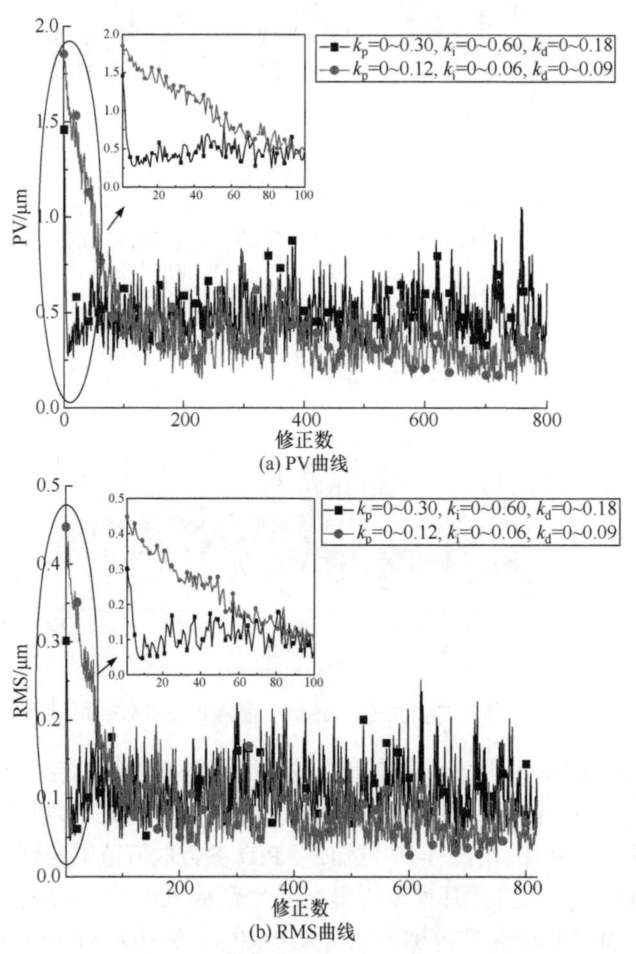

图 4-27　不同积分系数输出论域进行校正后 PV、RMS 曲线图[3]

图 4-28 展示了双重模糊自适应 PID 算法校正后系统的 PV、RMS 值以及第

35 号驱动器的 PID 系数值变化曲线。由图可看出，该算法针对每一个驱动器均采用一组 PID 参数进行控制，且其系数值可自行调整。同时，相比开环时刻 PV、RMS 值而言，采用该算法进行闭环校正后，两者数值均大幅度降低，证明该算法可有效校正波前畸变，同时增加系统对外界的适应力。此外，实验中设置阈值为 0.005V，权重因子为 1.3 时，发现在 1000 次校正过程中外层模糊控制 5 次，内层模糊控制 992 次，阈值控制 3 次。证明在满足校正要求的前提下采用双重模糊控制时适当增大阈值可有效降低模糊控制计算总量。

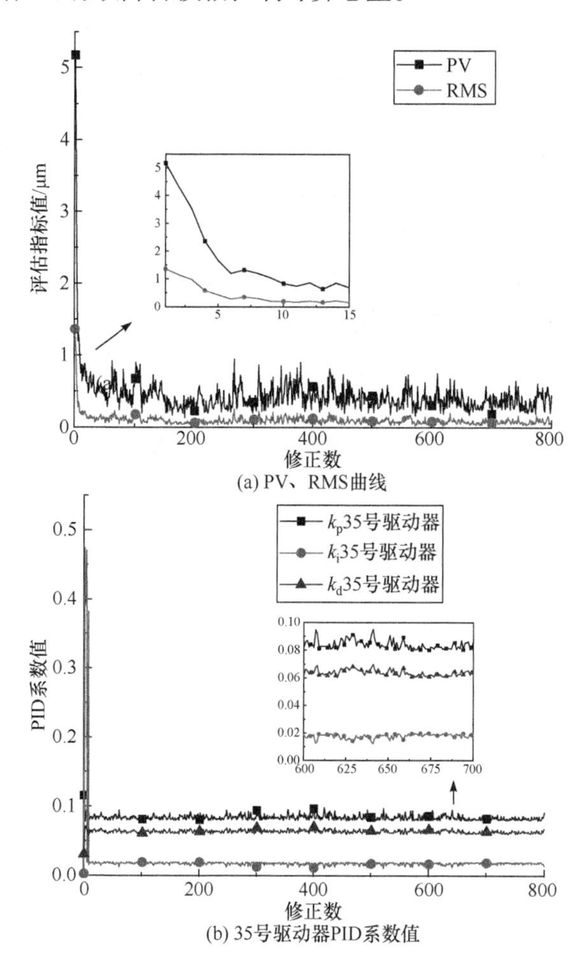

图 4-28　双重模糊自适应 PID 校正后 PV、RMS 及 35 号驱动器 PID 系数值变化曲线[3]

PI 算法和双重模糊自适应 PID 算法均可修正波前畸变。PI 算法主要依靠积分系数进行波前修正，比例系数则主要影响系统稳定性。而针对双重模糊自适应 PID 算法则是在 PID 算法基础上引入模糊控制以调控 PID 参数数值，因此对于该算法而言，控制电压输入论域、控制电压一阶导数输入论域以及相应的 PID 系数输出论域范围选择的不同均会影响 PID 参数的计算，从而影响修正效果。

比较 PI 算法与双重模糊自适应 PID 算法，PI 算法虽可有效修正波前畸变，但对于外界环境的改变不具有适应性，即在实际应用中需根据大气湍流强度、探测器噪声大小等工作环境的改变调节参数取值，因而耗时较长且使用效率低。AO 系统是一个典型的多输入多输出系统。PI 算法由于其参数的固定一般无法同时兼顾系统稳定性和校正性能优越性。而双重模糊自适应 PID 算法则针对每一路控制回路采用一组 PID 控制器进行调控，并通过模糊的规则对 PID 控制器的参数进行自适应整定。此外，该算法还通过权重因子与阈值判断实现论域范围及算法运算量的调控，在保证系统校正效果及闭环速度的前提下极大地增强了算法的自适应力。

实际中可选择单独使用积分系数或者采用比例系数与积分系数相结合的方法进行波前校正。而当外界环境条件相较而言频繁变化时，PI 算法的适用性降低，此时可选用双重模糊 PID 算法进行波前修正，在保证校正效果的同时提升系统对外界环境的适应力。同时，若系统对实时性有所要求，则可通过设立合适的阈值缩减模糊控制的运算量，以提高系统运算速度。

参 考 文 献

[1] 张国良, 曾静, 柯熙政, 等. 模糊控制及其 MATLAB 应用. 西安: 西安交通大学出版社, 2002.

[2] 柯熙政. 无线光通信. 北京: 科学出版社, 2017.

[3] 张丹玉. 自适应光学波前畸变控制及实验研究. 西安: 西安理工大学, 2020.

第5章　SPGD算法自适应波前畸变校正

在无线光相干光通信中，光信号在大气信道中传输时其传输光程会发生随机变化，导致波前失真。在接收端，含有像差的光信号和本振光混频时无法保证空间上的角准直性，降低了系统的混频效率和信噪比。无波前探测自适应光学技术成本低，系统结构简单，无须借助波前探测器测量光信号畸变信息。本章主要介绍基于 SPGD，随机并行梯度下降算法的无波前探测自适应光学技术原理，并通过数值分析及实验验证其校正效果。

5.1　SPGD算法对畸变高斯光束的波前校正

5.1.1　SPGD算法

无波前探测自适应光学分为两大类[1]：基于模式的优化算法和无模式优化算法。基于模式的优化是选用合适的基底模式描述波前误差，通过优化基底模式系数来校正波前畸变，特点是需要获得变形镜各促动器面形影响函数。基于模式优化一般有两种方法：一是基于迭代的模式优化方法，主要思想是将畸变波前用合适的 Zernike 多项式模式阶数表示，建立变形镜影响函数与各模式系数之间的关系矩阵，再通过对优化算法多次迭代即可获得变形镜各促动器控制信号大小；另一种是基于非迭代的模式，即将某种特定模式作为基底函数，认为波前像差可以由该模式线性展开，再根据模式系数与评价函数的数学关系，求解模式系数，最后获得共轭波前，实现对波前像差的校正。无模式优化算法是直接控制变形镜对畸变波前进行校正并使系统性能评价指标达到最优值。常用的无模式优化算法有：遗传算法、模拟退火算法(simulated annealing algorithm)和随机并行梯度下降算法。

图 5-1 为 SPGD 算法的流程图。首先生成变形镜初始电压信号和符合伯努利分布的随机扰动电压信号，在初始电压信号的基础上，分别加一次正向扰动电压和一次负向扰动电压，分别计算在相应电压下系统目标函数变化量，最后根据迭代公式算出本次迭代中需加载的电压信号，如此循环，直至目标函数满足系统初始所设定的条件。SPGD 算法实现步骤如下[2]。

(1) 初始化：随机产生一组变形镜促动器的初始控制电压信号 $U_0=[u_1,u_2,\cdots,u_N]$，其中 $u_i=0,i=1,2,\cdots,N$。

(2) 校正迭代模块：已知第 j 次迭代结果，在第 $j+1$ 次迭代中，产生相互独立且符合伯努利分布的随机扰动电压量 $\Delta u_j=[\delta u_1,\delta u_2,\cdots,\delta u_N]$，分别将电压 $U_j+\Delta u_j$ 和 $U_j-\Delta u_j$ 施加给变形镜，并计算在该电压作用下，系统性能评价函数 $\delta J_+^{(j)}$ 和 $\delta J_-^{(j)}$，由 $\delta J_+^{(j)}$ 和 $\delta J_-^{(j)}$ 计算出系统性能评价函数变化量 $\delta J^{(j)}=\delta J_+^{(j)}-\delta J_-^{(j)}$。

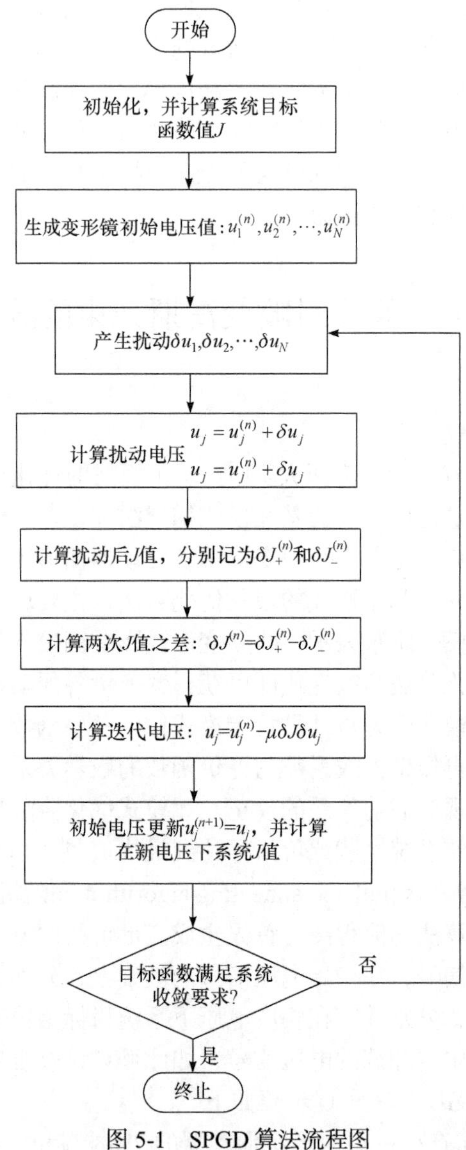

图 5-1　SPGD 算法流程图

(3) 校正更新模块：根据电压迭代公式 $U_{j+1}=U_j-\mu\delta J^{(j)}\Delta u_j$ 计算新的电压量

U_{j+1} 和对应的系统性能评价函数值 $J^{(j+1)}$。如果当前 $J^{(j+1)}$ 不满足系统要求，则循环步骤(2)，如果满足要求，则退出循环。

5.1.2　光传输方程与多相位屏法

数值模拟光在随机介质中的传播从光场的传播方程出发，如果介质非均匀尺度远大于光波长 λ，则沿 z 方向的传播问题可进行傍轴近似。标准抛物线方程[3]：

$$2\mathrm{i}k\frac{\partial u}{\partial z}+\frac{\partial^2 u}{\partial x^2}+\frac{\partial^2 u}{\partial y^2}+2k^2 n_1 u=0 \tag{5-1}$$

式中，n_1 为折射率的起伏值；$k=2\pi/\lambda$；u 为光场复振幅；(x,y,z) 为点光源的空间位置。

当只考虑光在真空介质中传播时，则式(5-1)中与折射率有关的项为零，仅存场的导数项，位于空间 (x',y',z') 的点光源在空间 (x,y,z) 的解为 Green 函数，即

$$u(x,y,z)=\frac{u\left(x',y',z'\right)}{z-z'}\exp\left[-\mathrm{i}k\frac{\left(x-x'\right)^2+\left(y-y'\right)^2}{2\left|z-z'\right|}\right] \tag{5-2}$$

当只考虑介质折射率对光传播影响时，令式(5-2)中与折射率无关项为零，则沿着传播方向光的相位调制量为

$$u(r,z)=u\left(r,z'\right)\exp\left[\mathrm{i}k\int_{z'}^{z}n_1(r,\zeta)\mathrm{d}\zeta\right]=u\left(r,z'\right)\mathrm{e}^{\mathrm{i}S} \tag{5-3}$$

式中，当相位 S 变化足够小，可以分开讨论真空与介质折射率对光传播的影响，即把光束的传输路径 z 看成由自由空间和均匀散布其间的 i 个相位屏 z_i 构成，如图 5-2 所示。自由空间的传输采用菲涅耳衍射完成，激光通过相位屏时，振幅不变，只有相位发生改变。激光从 z_i 平面传输到 $z_{i+1}=z_i+\Delta z$ 平面的光场为

$$u\left(r,z_{i+1}\right)=f^{-1}\left\{f\left[u\left(r,z_i\right)\exp\left[\mathrm{i}\phi\left(r,z_i\right)\right]\right]\exp\left(\mathrm{i}k\Delta z_{i+1}-\mathrm{i}\frac{K_x^2+K_y^2}{2k}\Delta z_{i+1}\right)\right\} \tag{5-4}$$

式中，f、f^{-1} 分别为傅里叶变换和傅里叶逆变换；Δz 为相邻相位屏之间的间距；K_x^2 和 K_y^2 分别为空域 x 方向和 y 方向的空间波数；波数 $k=2\pi/\lambda$（λ 为波长)。如果光场 $u(r,z_i)$，相位屏 $\phi(r,z_i)$ 已知，通过式(5-4)可求出经传输之后的光场 $u(r,z_{i+1})$。

5.1.3　高斯光束大气湍流传输模拟

沿 z 轴方向传输的基模高斯光束可表示为[4]

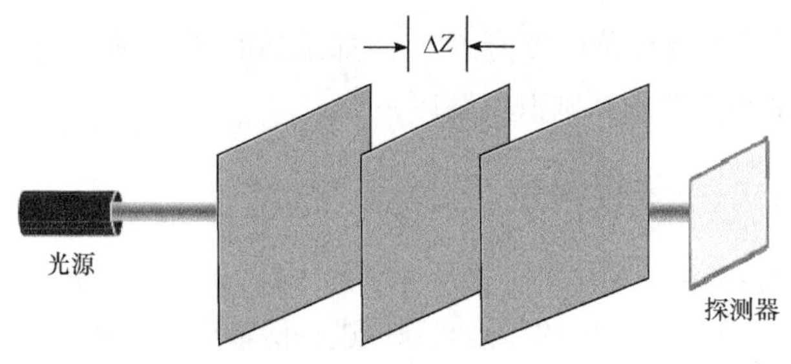

图 5-2　多相位屏传输原理图

$$u(x,y,z)=\frac{c}{w(z)}\exp\left\{\left[-\frac{r^2}{w^2(z)}\right]-\mathrm{i}\left[kz+\frac{kr^2}{2R}-\operatorname{arctg}\frac{z}{f}\right]\right\} \tag{5-5}$$

式中，c 为常数因子；$w(z)$ 为高斯光在 z 点处的光斑半径，$w(z)=w_0[1+(z/f)^2]^{1/2}$，$w_0$ 为束腰半径，f 为共焦参数，$f=\pi w_0^2/\lambda$，λ 为波长；$R=R(z)=z[1+(f/z)^2]$，$R(z)$ 为高斯光在 z 点处的曲率半径。

分别采用 Zernike 多项式和基于 Hill 谱反演法模拟相位屏。仿真参数为：光束束腰半径 $w_0=10\text{mm}$、传输距离 $z=6\text{km}$、波长 $\lambda=632.8\text{nm}$、相位屏尺寸 $L=0.4\text{m}$、相位屏网格数 256×256、相位屏间隔为 1.5km。经不同湍流强度传输后，远场光斑光强分布见图 5-3～图 5-6。从图 5-3 中可以看出，在无湍流条件下，高斯光束经大气信道传输后远场光斑光强呈高斯形分布；从图 5-4～图 5-6 中可以看出，光经不同强度的大气湍流传输后，远场光斑会发生畸变，随着湍流强度的增加，畸变情况越严重。也可发现，光经大气湍流传输后，会发生远场光斑质心漂移和分裂等现象。图 5-6(b)中 (x,y) 代表光斑质心位置，无湍流时，光斑质心坐标为 $(x,y)=(129,129)$；当为弱湍流时，光斑质心坐标为 $(x,y)=(131,128)$；当为强湍流时，光斑质心坐标为 $(x,y)=(115,126)$，说明随着湍流强度的增大，湍流对远场光斑的影响也会加强。

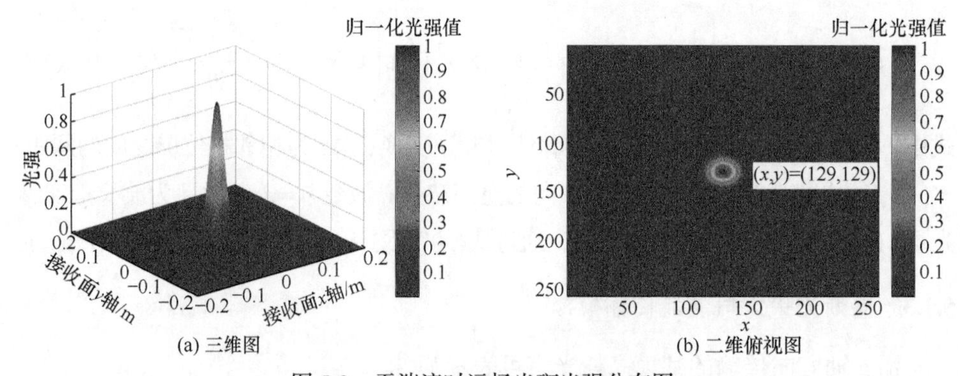

(a) 三维图　　(b) 二维俯视图

图 5-3　无湍流时远场光斑光强分布图

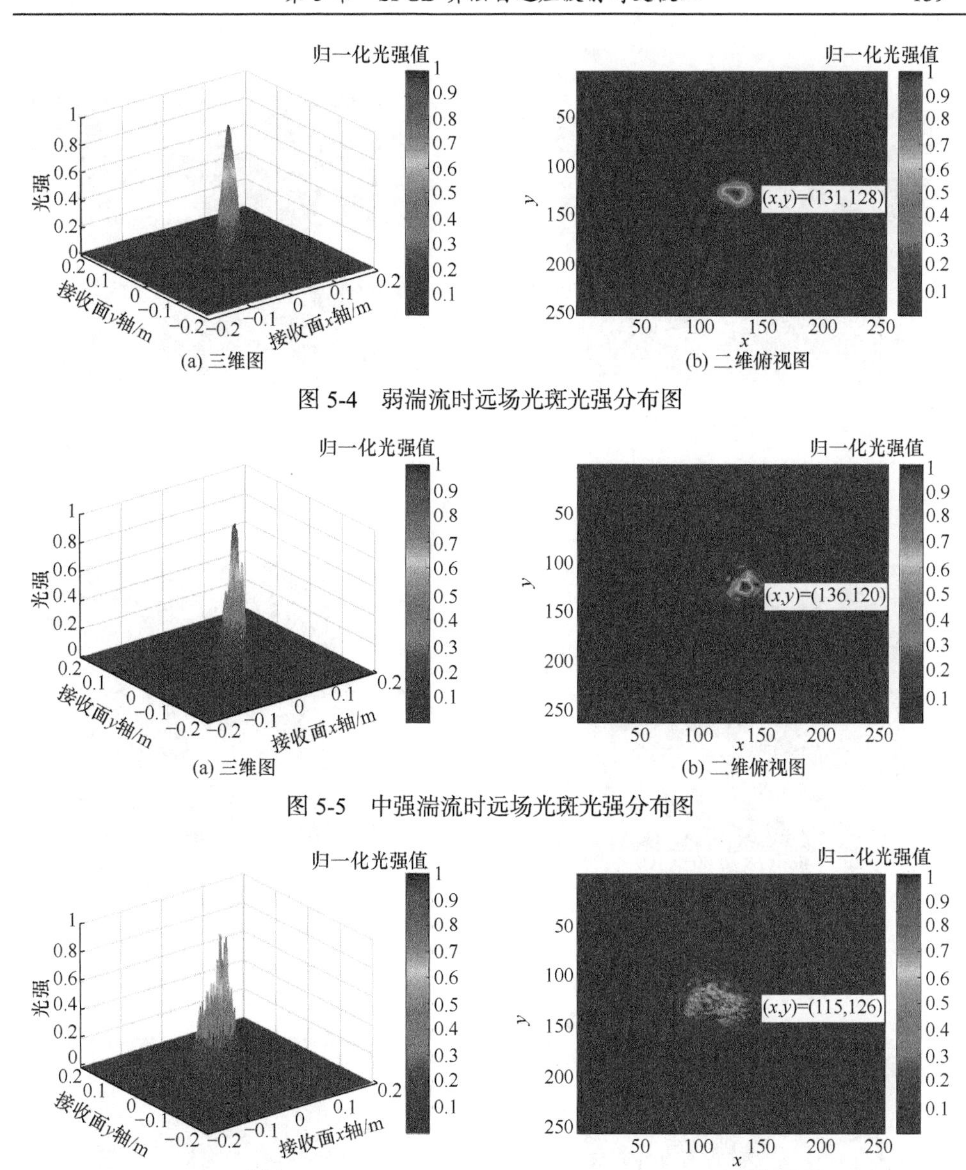

图 5-4　弱湍流时远场光斑光强分布图

图 5-5　中强湍流时远场光斑光强分布图

图 5-6　强湍流时远场光斑光强分布图

5.1.4　不同湍流强度下光信号波前校正

基于变增益系数的SPGD算法可有效地提高SPGD算法的校正能力并可以使算法快速趋于收敛。如图 5-7～图 5-9 所示，分别为 SPGD 算法对弱湍流、中强湍流和强湍流条件下光波波前畸变的校正仿真结果。仿真条件为：扰动幅度 $\delta u = 0.006$，增益系数 $\gamma = 1.6/(1+J)$，迭代次数为 500 次。

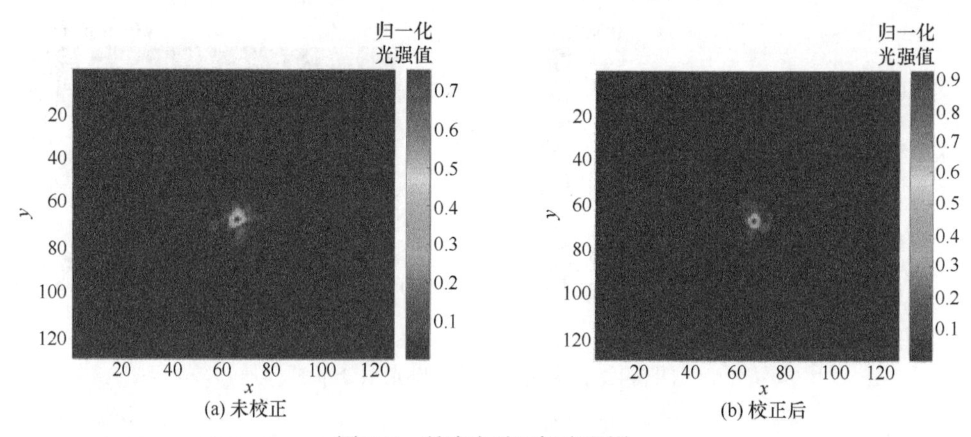

(a) 未校正　(b) 校正后

图 5-7　弱湍流时远场光斑图

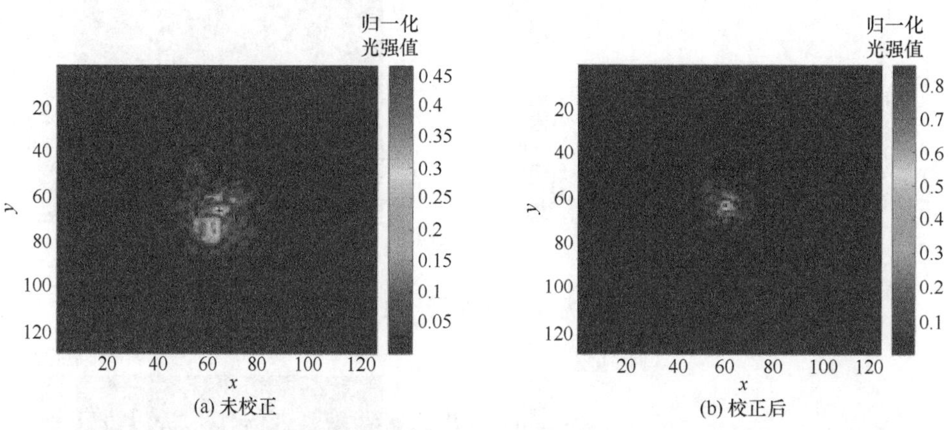

(a) 未校正　(b) 校正后

图 5-8　中强湍流时远场光斑图

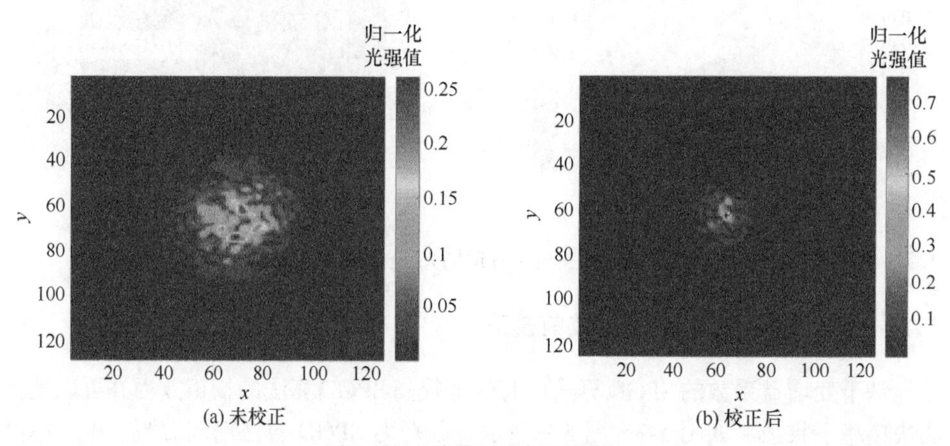

(a) 未校正　(b) 校正后

图 5-9　强湍流时远场光斑图

从图 5-7～图 5-9 中可以看出，当光信号经弱湍流传输后，经自适应光学校正后远场光斑归一化光强值由 0.7 提高到 0.9；当光信号经中强湍流传输后时，经自适应光学校正后远场光斑归一化光强值由 0.45 提高到 0.8；当光信号经强湍流传输后，经自适应光学校正后远场光斑归一化光强值由 0.25 提高到 0.7。对于不同湍流强度来说，校正前远场光斑散斑严重，能量不均匀，经无波前探测自适应光学校正后远场光斑能量变得更加汇聚，杂散光得到很好的抑制。数值分析结果表明基于变增益系数 SPGD 算法的无波前探测自适应光学技术对不同湍流强度下的波前畸变均有很好的校正能力。

5.1.5　自适应光学技术对相干光通信系统性能的改善

信号光和本振光的混频效率在相干光通信系统中有着至关重要的作用，混频效率越高说明光信号和本振光的相干性越好，下面分析基于 SPGD 算法的无波前探测自适应光学技术对外差探测相干光通信系统混频效率的影响，图 5-10 所示为迭代 500 次条件下，系统混频效率的变化。

从图 5-10 中可以看出，随着算法迭代次数的增加，混频效率由校正前的 0.39 提高到 0.80，当迭代次数为 200 次时混频效率趋于稳定。当光信号和本振光为 Airy+Gauss 分布模型时，理论上系统混频效率的最大值为 0.8145。图 5-10 结果说明了自适应光学技术可有效地改善相干光通信系统混频效率。

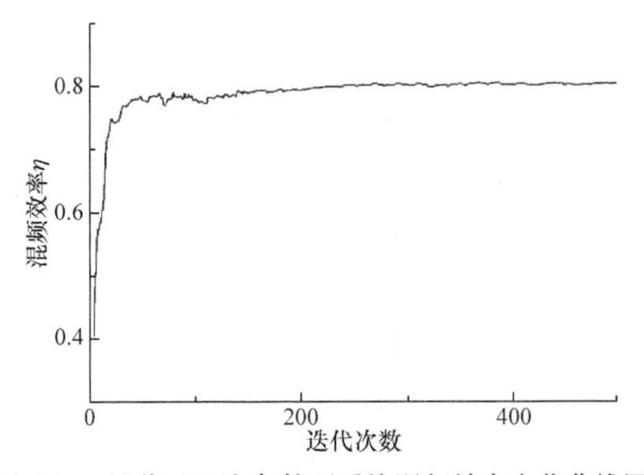

图 5-10　迭代 500 次条件下系统混频效率变化曲线图

在相干光通信系统中，由于大气湍流中粒子的散射和吸收导致接收端光信号功率十分微弱，而本振光功率对于光信号功率有放大作用。为了提高系统的传输增益，会要求本振光功率越高越好。所以在空间相干光通信系统中本振光功率会远大于光信号功率，因此接收机内部噪声主要是本振光产生的散粒噪声。接收机内部平均噪声电流为[5]

$$\langle i_N \rangle^2 = 2e\Delta f I_{\mathrm{LO}} = 2e\Delta f R P_{\mathrm{LO}} = 2e\Delta f R K \int_U A_{\mathrm{LO}}^2 \mathrm{d}U \tag{5-6}$$

式中，e 为电荷量；I_{LO} 为本振光电流；Δf 为探测器带宽，$\Delta f = 2/B$，B 为比特

率；R 为探测器灵敏度，$R = e\eta / hv$，η 为量子效率，h 为普朗克常量，v 为载波频率；P_{LO} 为本振光功率；K 为探测器的比例系数。

光信号功率 $P_{\mathrm{S}} = K\int_U A_{\mathrm{S}}^2 \mathrm{d}U$，本振光功率 $P_{\mathrm{LO}} = K\int_U A_{\mathrm{LO}}^2 \mathrm{d}U$，则相干光通信系统的信噪比(signal noise ratio, SNR)为

$$\begin{aligned}\mathrm{SNR} &= \frac{\langle i_{\mathrm{RF}}\rangle^2}{\langle i_N\rangle^2} = \frac{2\eta P_{\mathrm{S}}}{hvB}\cdot\frac{\left[\int_U A_{\mathrm{S}}A_{\mathrm{LO}}\cos(\Delta\varphi)\mathrm{d}U\right]^2 + \left[\int_U A_{\mathrm{S}}A_{\mathrm{LO}}\sin(\Delta\varphi)\mathrm{d}U\right]^2}{\int_U A_{\mathrm{S}}^2\mathrm{d}U\int_U A_{\mathrm{LO}}^2\mathrm{d}U} \\ &= \frac{2\eta P_{\mathrm{S}}}{hvB}\cdot\gamma_{\mathrm{RF}}\end{aligned} \tag{5-7}$$

式中，$\mathrm{SNR}_0 = \dfrac{2\eta P_{\mathrm{S}}}{hvB}$ 为散粒噪声极限时系统的信噪比。式(5-7)可简化为

$$\mathrm{SNR} = \mathrm{SNR}_0\cdot\gamma_{\mathrm{RF}} \tag{5-8}$$

光信号功率 P_{S} 可表示为 $P_{\mathrm{S}} = N_{\mathrm{P}}hvB$，其中 N_{P} 为单位比特时间内接收到的平均光子数。所以 SNR_0 可写为

$$\mathrm{SNR}_0 = \frac{2\eta P_{\mathrm{S}}}{hvB} = \frac{2\eta}{hvB}N_{\mathrm{P}}hvB = 2\eta N_{\mathrm{P}} \tag{5-9}$$

将式(5-9)代入式(5-8)，得

$$\mathrm{SNR} = 2\eta N_{\mathrm{P}}\cdot\gamma_{\mathrm{RF}} \tag{5-10}$$

误码率是用来衡量单位时间内数据传输正确性的重要指标，误码率越小说明系统数据传输正确性越高。差分相移键控(differential phase shift keying, DPSK)又被称为二相相对调相，主要是利用前后码元初相之差传送数字信息。DPSK 信号解调时只需通过区分前后码元的相位关系就可正确恢复出基带信号，避免了二相相移键控(binary phase shift keying, BPSK)中“倒π”现象的出现，DPSK 调试允许接收信号的功率有一定波动，即接收灵敏度高。对于基于 DPSK 调制的外差探测相干光通信系统，系统的平均误码率可以表示为[6]

$$\mathrm{BER} = \frac{1}{2}\mathrm{e}^{-\mathrm{SNR}} \tag{5-11}$$

将式(5-8)代入式(5-11)得到外差探测系统中系统误码率为

$$\mathrm{BER}_{\mathrm{RF}} = \frac{1}{2}\mathrm{e}^{-\mathrm{SNR}_0\cdot\gamma_{\mathrm{RF}}} \tag{5-12}$$

在数值仿真中，取量子效率 $\eta = 1$，平均光子数 $N_{\mathrm{P}} = 18$。图 5-11 为迭代 500 次条件下，经无波前探测自适应光学校正后系统误码率的变化曲线。

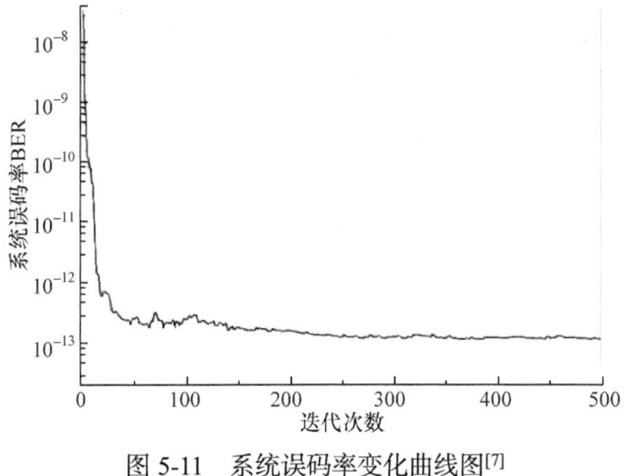

图 5-11　系统误码率变化曲线图[7]

从图 5-11 中可以看出，随着校正迭代次数的增加，系统误码率得到很好的改善，由初始 3.4×10^{-8} 降低到 1.1×10^{-13}，并在迭代次数为 200 次时达到最优值并趋于稳定。说明自适应光学技术对外差探测相干光通信系统误码率有很好的校正效果，可以大幅度降低数字信号经大气湍流传输后误码的出现概率。

5.2　SPGD 算法波前畸变校正实验

5.2.1　静态波前畸变的校正

图 5-12 为无波前探测自适应光学实验原理图。实验器材主要包括氦氖激光器、空间光调制器、透镜、偏振片、分束镜、CCD 相机。在图 5-12 中，激光器发出的平行光经偏振片 P1 后，入射到 L1 和 L2 组成的 4f 系统中扩束准直，准直后的光束经分光棱镜 BS1 分束后入射到空间光调制器，加载有相位屏的空间光调制器对平行光进行相位调制并将调制后的光束由反射镜 PM 反射后再由 BS2 分束，经 BS2 分束后的光入射到 DM。DM 对畸变光进行初次校正后由透镜 L3 汇聚入射到 CCD 相机，CCD 相机对畸变光束光强进行采集并将信息传递给电脑，计算机通过优化算法产生变形镜控制信号对波前畸变进行多次闭环校正。

实验中采用发射功率为 35mW、激光波长为 650nm 的半导体激光器作为光源，将不同湍流强度下所生成的基于 Hill 谱模型湍流相位屏加载到液晶空间光调制器使光束发生波前畸变，采用基于变增益系数的 SPGD 算法对波前畸变进行校正。采用 CCD 相机采集的光斑灰度信息作为反馈量，采用以光斑质心为中心的环围像素平均灰度值为目标函数，实验中取以光斑质心为中心的 10×10 个像素点平均灰度值。相位屏尺寸 $L=0.4\text{m}$，选取 SPGD 算法扰动幅度 $\delta=0.006$，增益系数 $\gamma=1.6/(1+J)$ (J 为系统目标函数值)，将不同湍流强度下的畸变波前作为校正对象，进行 300 次闭环校正实验。图 5-13～图 5-15 分别是在弱湍流、中强湍流和强湍流情况下，自适应光学技术对波前畸变的校正前后光斑光强值的变化图。

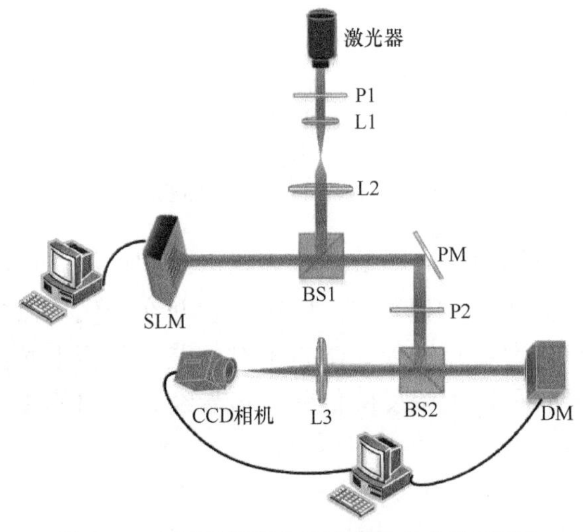

图 5-12　无波前探测自适应光学实验原理图[7]

从图 5-13～图 5-15 可以看出自适应光学技术对不同湍流强度下带有像差的波前畸变均有很好的校正能力。校正前光斑灰度值很小而且光斑分布不均匀，湍流强度越强，光斑畸变越严重。光波的波前畸变经自适应光学校正后光斑能量变得更加均匀和汇聚，中心灰度值得到大幅度提高。

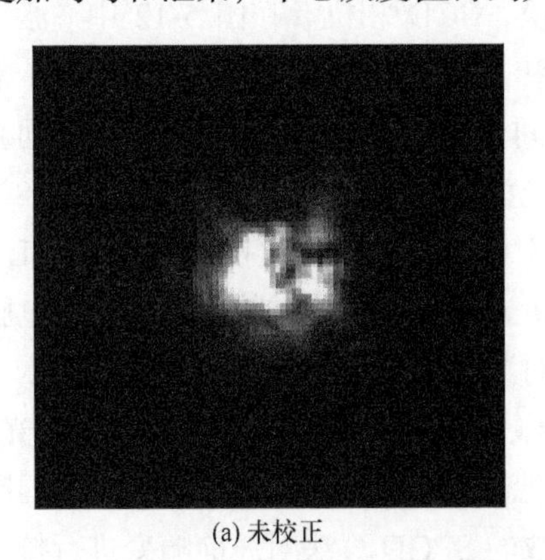

(a) 未校正

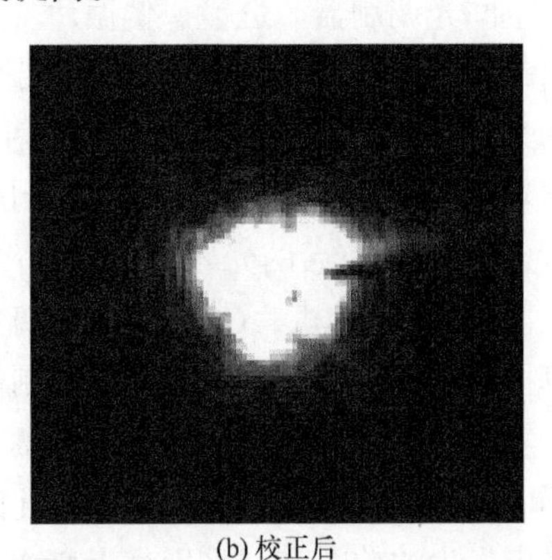

(b) 校正后

图 5-13　弱湍流条件下光信号光强分布[7]

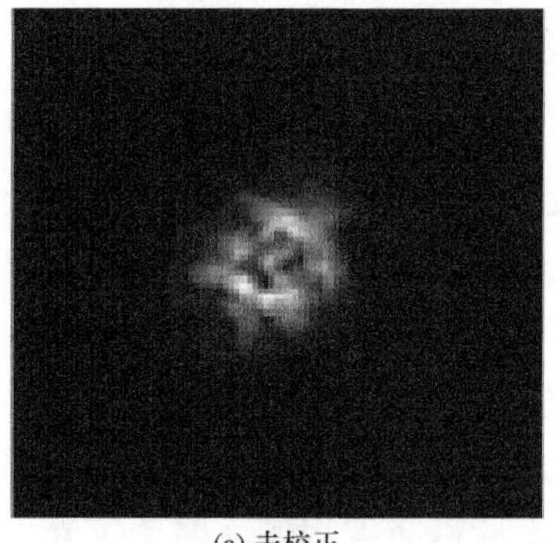

(a) 未校正

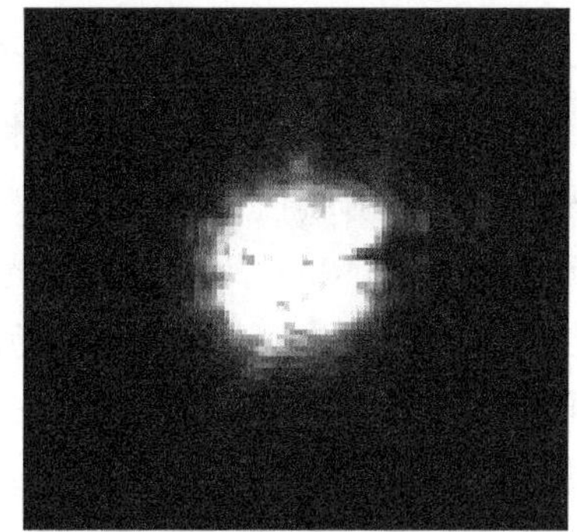

(b) 校正后

图 5-14 中强湍流条件下光信号光强分布[7]

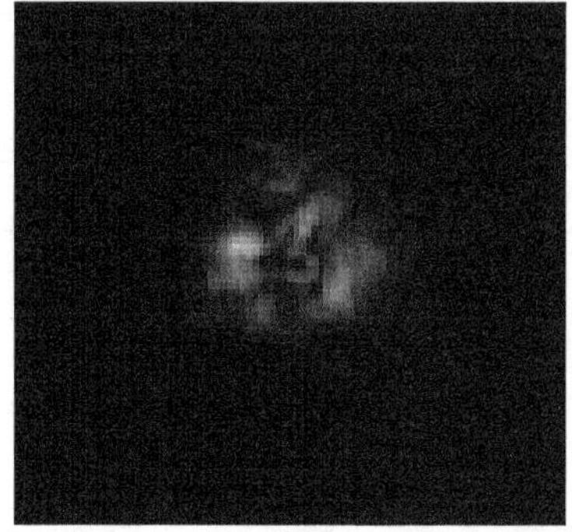

(a) 未校正

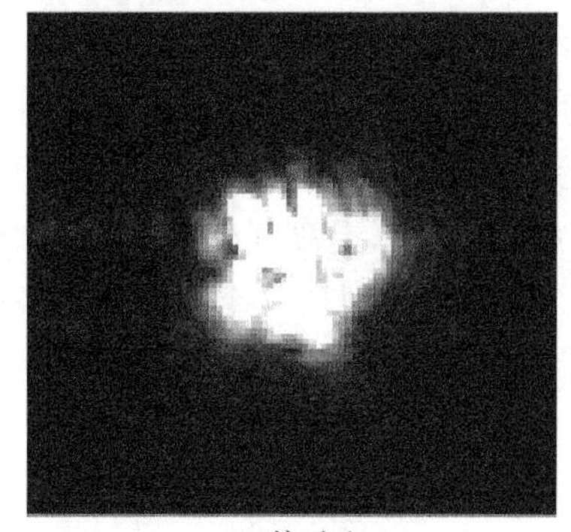

(b) 校正后

图 5-15 强湍流条件下光信号光强分布[7]

图 5-16 为系统进行 300 次闭环校正后以光斑质心为中心的 10×10 个像素点的平均灰度值变化曲线。从图 5-16 中可以看出系统光斑光强的平均灰度值很快就趋于收敛且达到全局最优值，在弱湍流、中强湍流和强湍流条件下，光波波前畸变经自适应光学校正后，目标函数值(CCD 相机探测的光斑中心 100 个像素点的平均灰度均值)由 119.8、84.6 和 35.7 分别上升到 246.6、249.1 和 245.7，验证了理论结果的正确性。

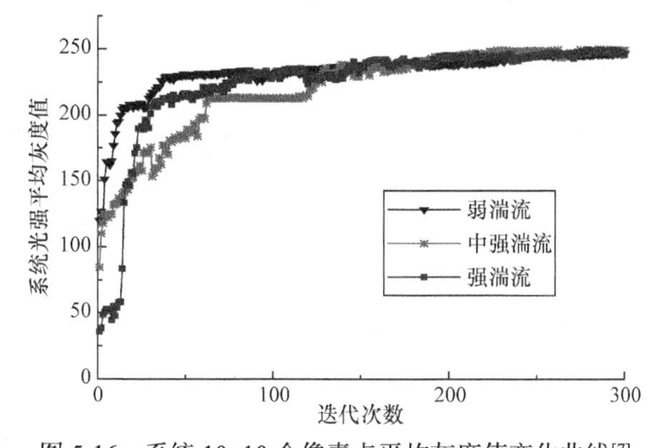

图 5-16 系统 10×10 个像素点平均灰度值变化曲线[7]

5.2.2 SPGD 算法对外差探测相干光通信系统的波前校正

图 5-17 为基于自适应光学技术的自由空间外差探测相干光通信系统原理图。该系统在发射端使用调制方式为 DPSK 的铌酸锂相位调制器，将视频信息调制到波长为 1550nm 的窄线宽激光器 Adjustik E15 发出的光信号上并通过卡塞格伦天线发出，光信号经大气湍流传输后产生带有像差的畸变光，在接收端由接收天线接收后通过变形镜 DM 反射并入射到分束镜 BS，经 BS 反射的光信号由耦合透镜耦合进单模光纤后与波长为 1550nm 的 Basik E15 窄线宽激光器发出的本振光通过混频器进行相干混频，混频器将输出的 4 路相位分别相差 90°的光信号接入双平衡探测器，探测器将光信号转变为中频电流信号并传递给解调系统，通过解调器中高速数字信号处理单元实现在电脑上观看视频。研究发现，较低的混频效率会导致混频器输出的光信号功率特别微弱，使系统中频电流信号减小无法恢复出视频信号。通过在接收端使用自适应光学技术校正畸变光信号可以提高光信号和本振光的耦合效率，增大中频信号，改善通信系统质量。下面分别从三个外场实验场景来验证自适应光学技术对相干光通信系统的校正能力。

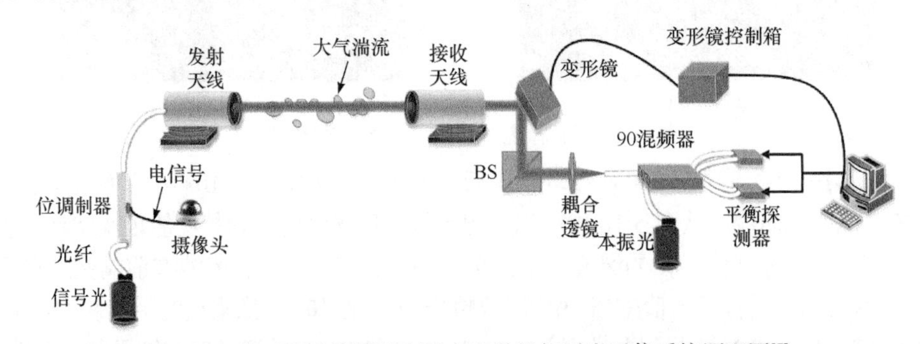

图 5-17　基于无波前探测自适应光学的相干光通信系统原理图[7]

1. 外场 600m 实验

实验中取 SPGD 算法扰动幅度 $\delta = 0.006$ ，增益系数 $\gamma = 1.3/(90+J)$ (J 为系统目标函数值)，以接收端耦合进单模光纤的光功率值作为系统目标函数，进行 500 次闭环校正实验。图 5-18 是校正过程中耦合进单模光纤光功率值变化曲线，从图中可以看出，随着迭代次数的增加，光功率值由初始的–36.32dBm 提高到–10dBm。当迭代次数为 310 次时，光功率值达到全局最优值并趋于稳定，说明自适应光学技术可有效提高单模光纤的耦合效率。表 5-1 是相邻 100 次迭代中，光功率方差的变化情况。

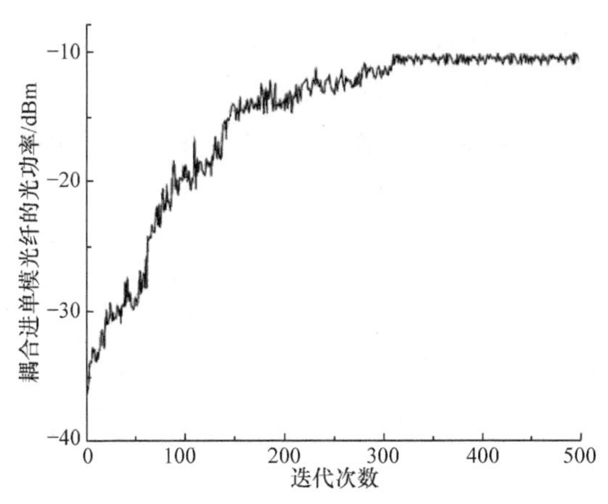

图 5-18　耦合进单模光纤的光功率变化曲线[7]

表 5-1　每 100 次光功率方差值

迭代次数	0～100	100～200	200～300	300～400	400～500
方差	23.62	5.62	0.60	0.11	0.06

从表 5-1 中可以看出在前 100 次的迭代中，光功率方差为 23.62，说明在此阶段光功率值增长速度很快，随着迭代次数的增加光功率方差值逐渐减小并趋于 0，说明该阶段光功率值增长速度逐渐减小，达到全局最优值。

图 5-19 为校正前后中频信号的功率谱曲线图，从图中可以看出，经校正后主谱峰变得更尖锐，主谱峰处中频信号功率谱密度峰值由 20dB/Hz 提高到 38dB/Hz，相对于校正前校正后的中频信号噪声得到滤除，系统信噪比得到提高。

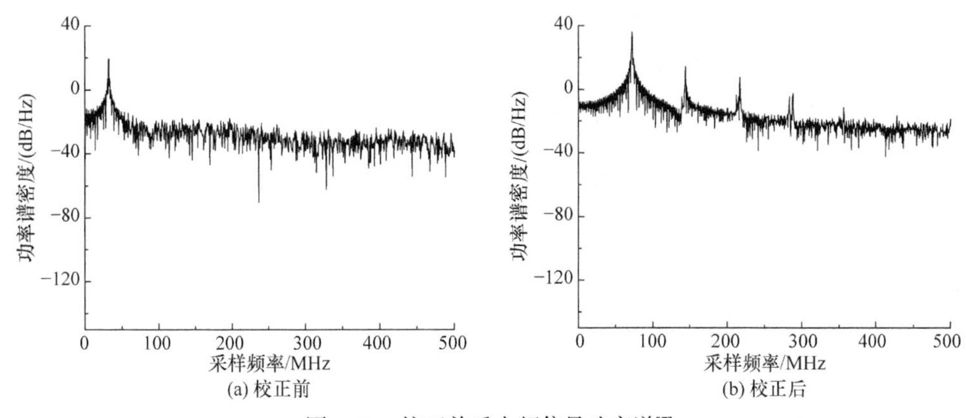

图 5-19　校正前后中频信号功率谱[7]

经自适应光学技术校正后，相干光通信系统接收端耦合进单模光纤的光功率值有很大的提升，说明光信号波前畸变经校正后系统混频效率提高。图 5-20 为经

AO 校正前后解调系统解出的基带信号图，从图中可以看出，校正前系统中频信号太小，解码器输出的基带信号形状不规则，周围毛刺较多；光信号波前畸变经 AO 技术校正后中频信号满足接收端解码要求，解码器解出的基带信号形状和方波近似，可以很好地对信息进行解码。

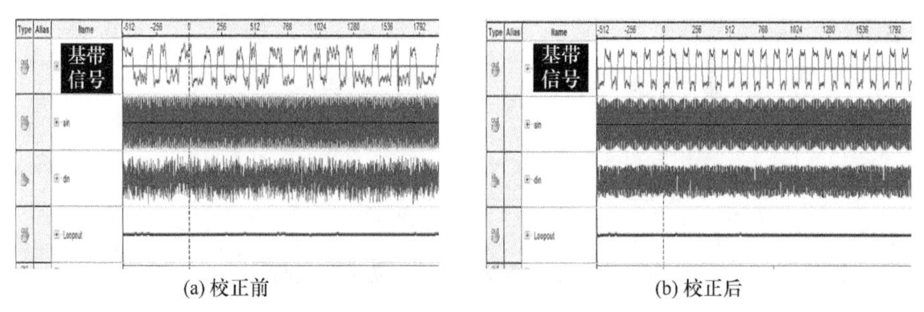

(a) 校正前　　(b) 校正后

图 5-20　经 AO 校正前后基带信号[7]

2. 外场 1300m 实验

图 5-21 是距离 1300m 时耦合进光纤的光功率随着迭代次数的增加，光功率值由初始的–43.68dBm 提高到–30.1dBm，当迭代次数为 120 次时光功率达到最优值并趋于稳定。说明经自适应光学技术校正后，相干光通信系统接收端耦合进单模光纤的光功率值有很大的提升，光信号波前畸变经校正后系统混频效率得到提高。

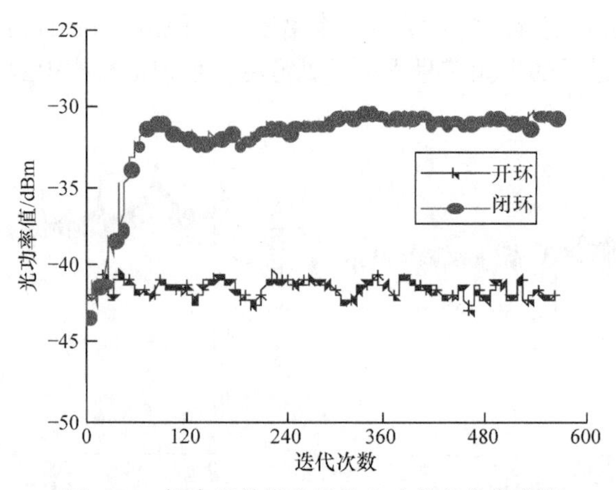

图 5-21　耦合进单模光纤的光功率变化曲线[7]

如图 5-22 为校正前后中频信号的功率谱曲线图，从图中可以看出，经校正后主谱峰变得更尖锐，主谱峰处中频信号功率谱密度峰值由 3dB/Hz 提高到 20dB/Hz，相对于校正前校正后的中频信号噪声得到滤除，系统信噪比得到提高。

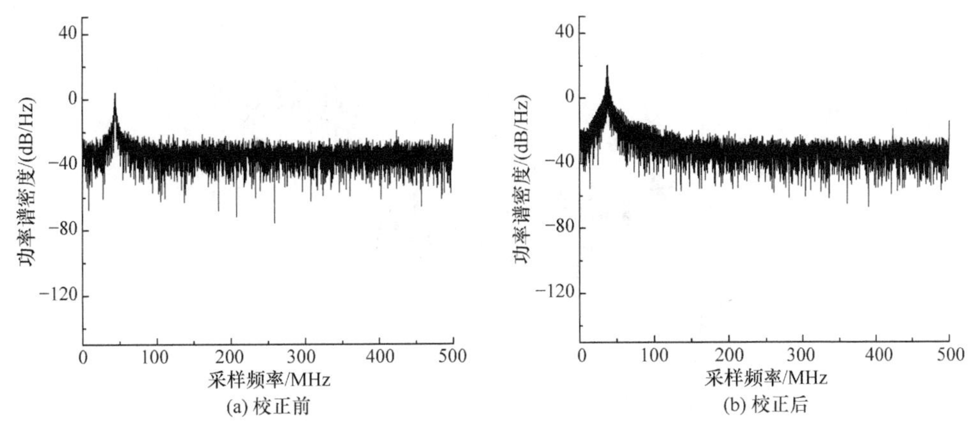

(a) 校正前　(b) 校正后

图 5-22　校正前后中频信号功率谱[7]

经自适应光学技术校正后，相干光通信系统接收端耦合进单模光纤的光功率值有很大的提升，说明光信号波前畸变经校正后系统混频效率提高。如图 5-23 所示为校正前后解调系统解出的基带信号图。从图 5-23 中可以看出，校正前系统中频信号太小，不能达到解码要求，解码器解出的基带信号形状不规则，周围毛刺较多。光信号波前畸变经 AO 技术校正后中频信号满足接收端解码要求，解码器解出的基带信号形状和方波近似，可以很好地对视频信息进行解码。

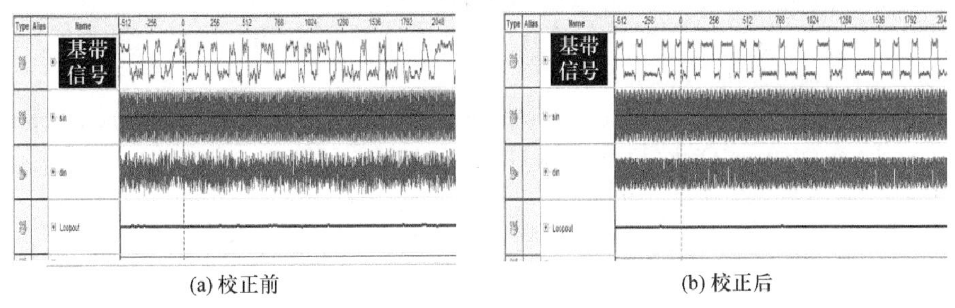

(a) 校正前　(b) 校正后

图 5-23　经 AO 校正前后基带信号[7]

3. 外场 10.2km 实验

在外场 10.2km 实验中取 SPGD 算法扰动幅度 $\delta = 0.006$，已知增益系数 $\gamma = 1.3/(110+J)$ (J 为系统目标函数值)，以接收端耦合进单模光纤的光功率作为系统目标函数，进行 1250 次闭环校正实验。如图 5-24 所示，为校正过程中耦合进单模光纤光功率值变化曲线，从图中可以看出，随着迭代次数的增加，光功率值由初始的−41.66dBm 提高到−16.80dBm，当迭代次数为 1050 次时光功率达到最优值并趋于稳定。

通过不同通信距离的外场实验结果表明：基于 SPGD 的无波前探测自适应光学技术可对光信号波前畸变很好地校正，实验结果与仿真结果基本吻合。

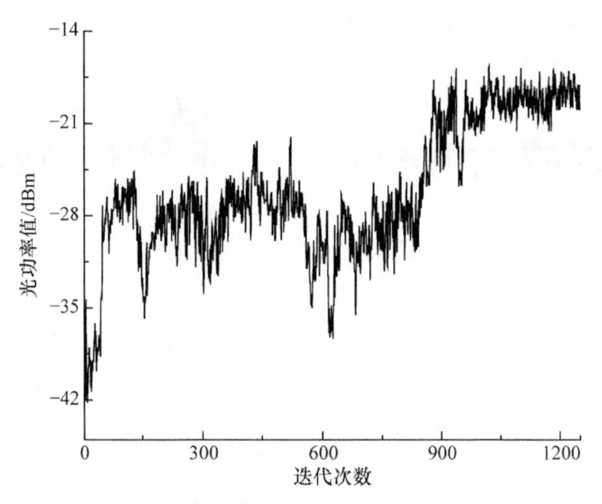

图 5-24 耦合进单模光纤的光功率变化曲线[7]

参 考 文 献

[1] 柯熙政. 无线光通信. 北京: 科学出版社, 2016.

[2] Spall J C. Multivariate stochastic approximation using a simultaneous perturbation gradient approximation. IEEE Transactions on Automatic Control, 2002, 37(3): 332-341.

[3] 饶瑞中. 光在湍流大气中的传播. 合肥: 安徽科学技术出版社, 2005.

[4] 韩冬, 刘云清, 赵馨, 等. 光束腰半径对空间相干光通信外差效率的影响. 长春理工大学学报(自然科学版), 2016, 39(3):36-40.

[5] Liu C, Chen S, Li X Y, et al. Performance evaluation of adaptive optics for atmospheric coherent laser communications. Optics Express, 2014, 22(13):15554-15563.

[6] 樊昌信, 曹丽娜. 通信原理. 北京: 国防工业出版社, 2012.

[7] 吴加丽. 无波前探测的相干光通信系统实验研究. 西安: 西安理工大学, 2018.

第 6 章　变形镜本征模式法波前畸变校正

无波前传感器自适应光学(wavefront sensorless adaptive optics, WSAO)系统，因构造简单、成本低廉而受到了广泛关注。在自由空间光通信系统(free space optical communication，FSOC)中携带信息的激光束极易受到大气湍流的影响。因此,将WSAO系统引入FSOC系统中来减弱大气湍流造成的负面影响非常有必要。

6.1　变形镜本征模式法

WSAO 系统主要由成像探测器、波前校正器和波前控制器组成。成像探测器实时获取畸变光斑图像，然后经过波前控制器生成校正电压，波前校正器根据电压形成相应的促动器面型，实现对畸变光信号的实时校正。在应用时，WSAO 系统位于 FSOC 系统的接收端，其模型示意图如图 6-1 所示。在发射端，光信号由发射天线发出后经过大气湍流进行传输，产生具有畸变波前的畸变光信号；在接收端，畸变光信号被接收后进入 WSAO 系统中进行共轭相位补偿。

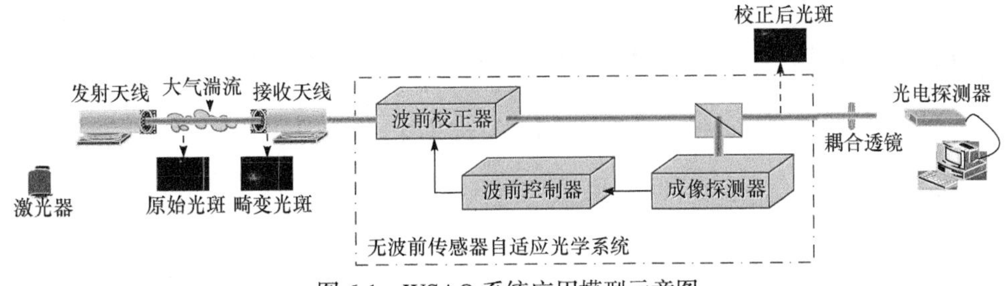

图 6-1　WSAO 系统应用模型示意图

变形镜本征模式法的实现主要分为两部分：系统函数计算和校正系数推导，接下来对本征模式法的具体实现原理进行介绍。

6.1.1　系统函数

不同的系统函数将导致不同的校正结果，采用接收端 CCD 探测到的光斑图像的功率谱密度 $S_j(m)$在低频部分的积分和作为系统函数[1]：

$$g\left(M_1,M_2\right)=\int_0^{2\pi}\int_{M_1}^{M_2}S_j(m)m\mathrm{d}m\mathrm{d}\xi \tag{6-1}$$

式中，m 为归一化处理后的空间频率，$m=(m\cos\xi,m\sin\xi)$；M_1 和 M_2 为 m 的取值范围，在不同大气湍流情况下，其取值在 0.01～0.03 时系统校正效果最佳[2]；ξ 为空间频率方向角。在通过非相干成像光学系统后，其物与像的关系可以表示为

$$S_j(m)=\left|H(m)\right|^2 S_{\mathrm{T}}(m) \tag{6-2}$$

式中，$H(m)$ 为光学传递函数(optical transfer function, OTF)；$S_{\mathrm{T}}(m)$ 为物的功率谱密度。

在低频部分，系统的 OTF 和像差间的联系可以表示为

$$|H(m)|^2\approx\left|H_0(m)\right|^2-\frac{1}{\pi}\iint_p(m\cdot\nabla\varPhi)^2\mathrm{d}s \tag{6-3}$$

式中，$\iint_p \mathrm{d}s$ 为对光瞳面的积分；$H_0(m)$ 为理想状态下的 OTF；$\varPhi$ 为去除平移、倾斜后的波前像差。系统函数可以表示为

$$\begin{aligned}g(M_1,M_2)&=\int_0^{2\pi}\int_{M_1}^{M_2}S_j(m)m\mathrm{d}m\mathrm{d}\xi\\&=\int_{M_1}^{M_2}\left\{|H_0(m)|^2\int_0^{2\pi}S_{\mathrm{T}}(m)\mathrm{d}\xi-\frac{1}{\pi}\int_0^{2\pi}S_{\mathrm{T}}(m)\left[\iint_p(m\cdot\nabla\varPhi)^2\mathrm{d}s\right]\mathrm{d}\xi\right\}m\mathrm{d}m\end{aligned} \tag{6-4}$$

可以将 $S_{\mathrm{T}}(m)$ 视为有关 ξ 的周期函数，则 $S_{\mathrm{T}}(m)$ 可以展开为[2]

$$S_{\mathrm{T}}(m)=\frac{\alpha_0(m)}{2}+\sum_{i=1}^{\infty}\left[\alpha_i(m)\cos(2\mathrm{i}\xi)+\beta_i(m)\sin(2\mathrm{i}\xi)\right] \tag{6-5}$$

根据周期函数的性质可得

$$\int_0^{2\pi}S_{\mathrm{T}}(m)\mathrm{d}\xi=\pi\alpha_0(m) \tag{6-6}$$

对 $\varPhi$ 进行微分可以得到 $\nabla\varPhi$，而 $\nabla\varPhi$ 也可以看成 $|\nabla\varPhi|(\cos\chi,\sin\chi)$，将其代入式(6-4)内，可得

$$\begin{aligned}\iint_p(m\cdot\nabla\varPhi)^2\mathrm{d}s&=\iint_p\left\{m|\nabla\varPhi|\left[(\cos\xi\cos\chi)+(\sin\xi\sin\chi)\right]\right\}^2\mathrm{d}s\\&=\frac{m^2}{2}\iint_p(\nabla\varPhi)^2\left[1+\cos(2\xi-2\chi)\right]\mathrm{d}s\end{aligned} \tag{6-7}$$

式中，χ 为 $\nabla\varPhi$ 的辐角。通过式(6-4)、式(6-5)和式(6-7)可得

$$\int_0^{2\pi} S_{\mathrm{T}}(m)\left[\iint_p (m\cdot\nabla\Phi)^2\mathrm{d}s\right]\mathrm{d}\xi=\frac{\pi^2}{2}\iint_p(\nabla\Phi)^2\left[\alpha_0(m)+\alpha_1(m)\cos(2\chi)+\beta_1(m)\sin(2\chi)\right]\mathrm{d}s \tag{6-8}$$

由式(6-8)可知，$\alpha_0(m)$、$\alpha_1(m)$ 和 $\beta_1(m)$ 均对系统函数有一定的影响，对于无明显周期性规律的光斑而言，可以看成 $\alpha_1(m)=0$，$\beta_1(m)=0$。将其代入式(6-4)和式(6-8)中，便能得到所求的系统函数表示式为

$$g(M_1,M_2)=q_0(M_1,M_2)-q_1(M_1,M_2)\iint_p|\nabla\Phi|^2\mathrm{d}s \tag{6-9}$$

式中，$q_0(M_1,M_2)=\pi\int_{M_1}^{M_2}|H_0(m)|^2a_0(m)m\mathrm{d}m$；$q_1(M_1,M_2)=\frac{\pi}{2}\int_{M_1}^{M_2}a_0(m)m^3\mathrm{d}m$。

6.1.2　校正系数

在获得系统函数之后，需要求解模式校正系数。波前误差被展开为关于变形镜本征模式的多项式，且根据本征模式导数的正交特性将系统函数 g 用模式系数 C_{Mi} 表示为[2]

$$g=q_0-q_1\sum_{i=4}^{N}C_{Mi}^2 \tag{6-10}$$

式中，q_0 与 q_1 为和图像结构相关的常数；N 为模式阶数；C_{Mi} 为第 i 阶模式系数。式(6-10)适用于小像差情况，当像差较大时，可将式(6-10)表示为[3]

$$G=g^{-1}=q_2+q_3\sum_{i=4}^{N}C_{Mi}^2 \tag{6-11}$$

式中，$q_2=1/q_0$；$q_3=q_1/q_0^2$，式(6-11)同样适用于小像差情况。

在计算其中某一阶的模式系数时，首先计算初始光斑的系统函数 G_0，然后分别产生各阶模式系数的偏移量 $\pm b_i$，通过波前探测器探测到对应的光斑图像，并得到此时的系统函数 $G_{\pm}$。则可得到第 i 阶变形镜本征模式系数与系统函数的方程关系式：

$$\begin{cases}G_0=q_2+q_3\sum\limits_{k=i}C_{Mi}^2+q_3C_{Mi}^2\\G_+=q_2+q_3\sum\limits_{k=i}C_{Mi}^2+q_3(C_{Mi}+b_i)^2\\G_-=q_2+q_3\sum\limits_{k=i}C_{Mi}^2+q_3(C_{Mi}-b_i)^2\end{cases} \tag{6-12}$$

求解式(6-12)将得到第 i 阶变形镜本征模式的系数校正量 $\boldsymbol{C}_{Mi,\text{corr}}$:

$$\boldsymbol{C}_{Mi,\text{corr}} = -C_{Mi} = -\frac{b_i(G_+ - G_-)}{2G_+ - 4G_- + 2G_0} \tag{6-13}$$

将以上过程循环 N 次,得到共 N 阶模式的校正系数矩阵 $\boldsymbol{C}_{\text{Mcorr}}$,已知 $\boldsymbol{C}_M = \boldsymbol{U}^{\text{T}}\boldsymbol{C}$,则可以推导出所需的校正电压。该算法仅需进行 $2N+1$ 次的光斑测量,就可以计算得到 N 阶模式的校正量,相比基于无模型优化算法的自适应光学系统,该系统的校正速度得到了极大提升。

6.1.3 变形镜本征模式

变形镜本征模式是根据变形镜自身的影响函数演算得到的具有导数正交性的模式,可以用拟合变形镜面型。具体推导过程如下[1]:

变形镜的面型 $\varPsi$ 与变形镜促动器的影响函数 ω 及控制电压矩阵 $\boldsymbol{C}$ 之间的关系为

$$\varPsi = \omega \boldsymbol{C} \tag{6-14}$$

然后能得到 ω 间的耦合矩阵 $\boldsymbol{\varGamma}$,它表示为

$$\boldsymbol{\varGamma} = \boldsymbol{\omega}^{\text{T}}\boldsymbol{\omega} \tag{6-15}$$

式中,$\boldsymbol{\omega}^{\text{T}}$ 为 $\boldsymbol{\omega}$ 的转置矩阵。

因为矩阵 $\boldsymbol{\varGamma}$ 是厄米矩阵,故可以将其进行奇异值分解为

$$\boldsymbol{\varGamma} = \boldsymbol{U}\boldsymbol{S}\boldsymbol{U}^{\text{T}} \tag{6-16}$$

式中,$\boldsymbol{U}$ 为酉矩阵;$\boldsymbol{U}^{\text{T}}$ 为 $\boldsymbol{U}$ 的转置矩阵;$\boldsymbol{S}$ 为对角阵。

根据酉矩阵的特性可以将式(6-14)表示为

$$\boldsymbol{\varPsi} = \boldsymbol{\omega}\boldsymbol{U}\boldsymbol{U}^{\text{T}}\boldsymbol{C} \tag{6-17}$$

设 $\boldsymbol{M} = \boldsymbol{\omega}\boldsymbol{U}$,$\boldsymbol{C}_M = \boldsymbol{U}^{\text{T}}\boldsymbol{C}$,则公式(6-17)为

$$\boldsymbol{\varPsi} = \boldsymbol{M}\boldsymbol{C}_M \tag{6-18}$$

式中,$\boldsymbol{M}$ 为变形镜本征模式矩阵;$\boldsymbol{C}_M$ 为系数矩阵。根据上述原理,在实际应用时我们需要测量得到所使用变形镜的影响函数矩阵 $\boldsymbol{\omega}$,便可推导出其相应的矩阵 $\boldsymbol{M}$。

6.2 本征模式法的畸变波前校正仿真

6.2.1 校正流程及方法

如图 6-2 所示,首先需要建立光学系统模型,模拟准直高斯光束在大气中的传输,生成畸变光斑;然后需要建立变形镜模型,并推导出其对应的变形镜本征

模式以作为基底模式；最后计算系统函数，根据变形镜本征模式法原理对波前像差进行校正。系统仿真的具体步骤如下。

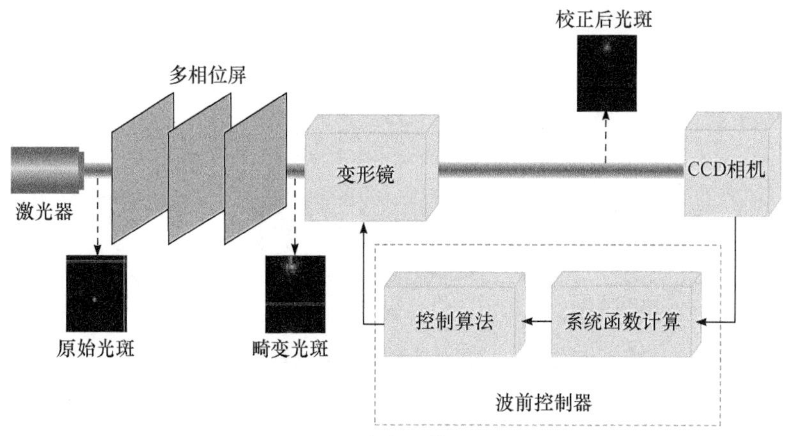

图 6-2　变形镜本征模式法示意图

(1) 建立光学系统模型，产生畸变光斑。

(2) 建立变形镜模型并推导出其本征模式，变形镜是自适应光学波前校正系统的重要器件，仿真时根据其促动器排列次序及影响函数等参数建立模型，然后求出相应的本征模式。

(3) 计算系统函数。以光斑功率谱密度在低频区域的积分和作为系统函数，仿真时需要确定模式系数偏置的取值。

(4) 波前误差求解与校正。通过模式法的校正原理可以知道，在求取每一阶变形镜本征模式 M_i 的校正系数时，需要分别产生各阶模式的正负偏移量 $\pm b_i$，在仿真时给相位屏相位项添加 $\pm b_i M_i$，以得到 $\pm b_i$ 偏移量影响下新的畸变光斑图像，此时根据系统函数求解公式得到 $G_{\pm}$，然后利用式(6-18)便可以得到第 i 阶模式的校正系数，将以上过程循环 N 遍后得到校正系数矩阵 $\boldsymbol{C}_{\mathrm{Mcorr}}$，最后生成相应的共轭波前进行波前误差校正。

6.2.2　变形镜建模及其本征模式

1. 变形镜建模

在仿真模拟变形镜时，以 69 单元的高速可变形镜为参考进行模型建立，其具体模型如图 6-3 所示。其中，69 个点代表 69 个促动器，从左下角向上依次排布；圆形代表光瞳的大小，为了不受边缘受限的影响，只使用光瞳内的促动器进行校正。

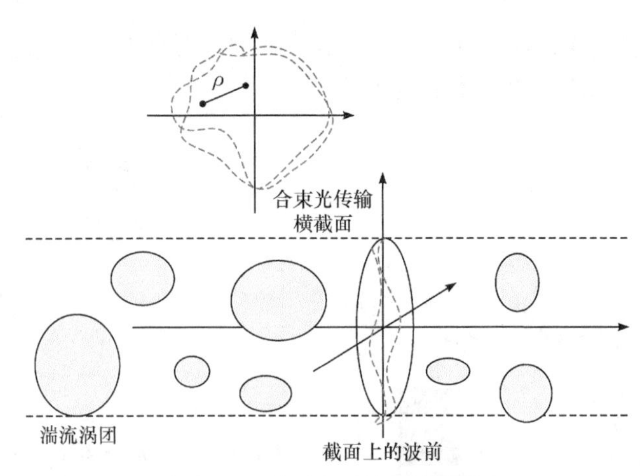

图 6-3　69 单元变形镜促动器排布

一般使用高斯函数来模拟连续表面变形镜的影响函数[4]，如下所示：

$$\omega(x,y)=\exp\left\{\ln\omega\left[\frac{1}{d}\sqrt{(x-x_i)^2+(y-y_i)^2}\right]^{\alpha}\right\} \tag{6-19}$$

式中，(x,y)为促动器上的位置坐标；(x_i,y_i)是第i个促动器的位置；ω为各促动器之间的耦合系数；d为各促动器间的距离；α为高斯指数。设置参数$\omega=0.08$，$\alpha=2$，当给某一个促动器施加单位电压时，可以得到图 6-4 所示的促动器影响函数图，图 6-4(a)为ω=0.08，α=2 二维分布，图 6-4(b)是ω=0.08，α=2 三维分布。

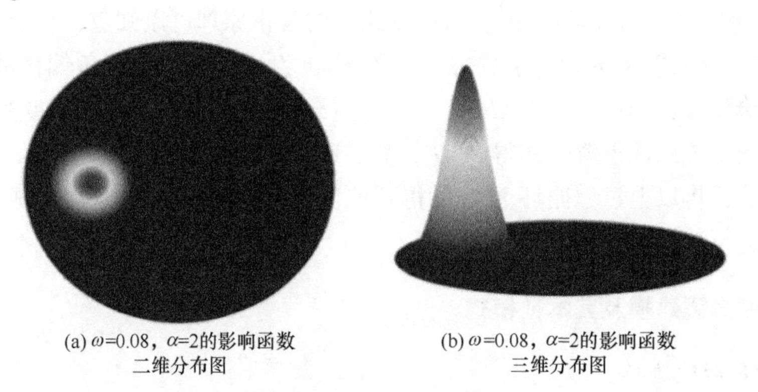

(a) ω=0.08，α=2的影响函数二维分布图　　(b) ω=0.08，α=2的影响函数三维分布图

图 6-4　促动器影响函数

变形镜可以得到的总面型如式(6-20)所示[5]：

$$\psi(r)=\sum_{j=1}^{N}V_i\omega_i(r) \tag{6-20}$$

式中，N 为促动器个数；V_i 为施加在第 i 个促动器上的电压；$\omega_i(r)$ 为第 i 个促动器的影响函数。当给所有促动器均施加单位电压后，可得到图 6-5 所示的面形。

图 6-5　69 单元变形镜面形

2. 变形镜本征模式

69 单元变形镜模型得到对应的 69 阶变形镜本征模式，如图 6-6 所示。从上到下、从左到右依次为第 1 阶到第 69 阶变形镜本征模式，可以看出随着模式阶数的增多，模式的复杂度也随之增加。对于变形镜本征模式，其模式阶数越高，则对应的校正精度也会越高。

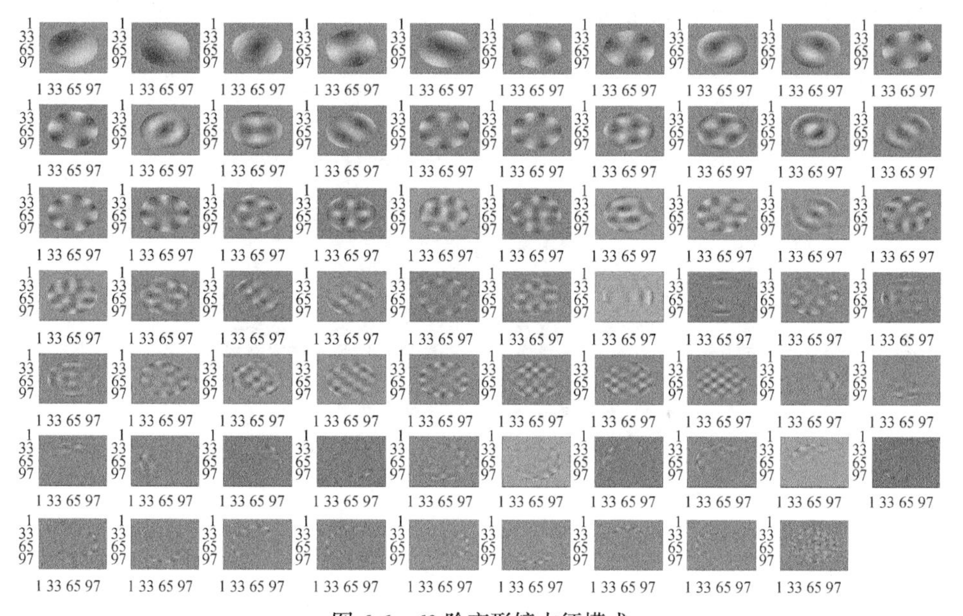

图 6-6　69 阶变形镜本征模式

3. 模式偏置系数对校正结果的影响

真实大气环境中大气湍流的强弱是不断变化的，并且湍流大小对通信质量有很大的影响，所以需要研究不同大气湍流情况下畸变光斑的校正情况。在求解其中某一阶模式的校正系数时需要引入系数偏置 b_i，该参数的值对校正结果有很大影响。为了得到不同湍流情况下的最佳参数取值，通过仿真分析不同湍流情况下系数偏置 b_i 对校正效果的影响，结果如图 6-7～图 6-9 所示。

在不同湍流情况下均随机生成 20 组畸变光斑，设置不同的偏置系数进行校正，以寻求最优的偏置系数设置。图 6-7～图 6-9 分别为算法迭代 20 次、b_i=[0.1～2.4]时，b_i 对强湍流、中强湍流及弱湍流情况下算法校正效果的影响曲线。对校正后的光斑光强值进行归一化处理，即取畸变光斑光强值除以理想光斑光强最大值的结果。图中纵坐标为每一次校正后光斑归一化光强最大值的均值，横坐标为算法迭代次数。由图 6-7 可知：在强湍流情况下，模式系数偏置取值为 0.4 时校正效果最差，且模式系数偏置的最佳取值约为 2.0；由图 6-8 可知：在中强湍流情况时，模式系数偏置取值为 0.4 时校正效果最差，模式系数偏置的最佳取值约为 0.8；由图 6-9 可知：在弱湍流情况时，模式系数偏置取值为 0.1 时便可以有较好的校正效果。通过分析可以发现，针对不同湍流情况，需要设置不同的模式系数偏置，且模式系数偏置取值过小或过大都达不到理想的校正结果。

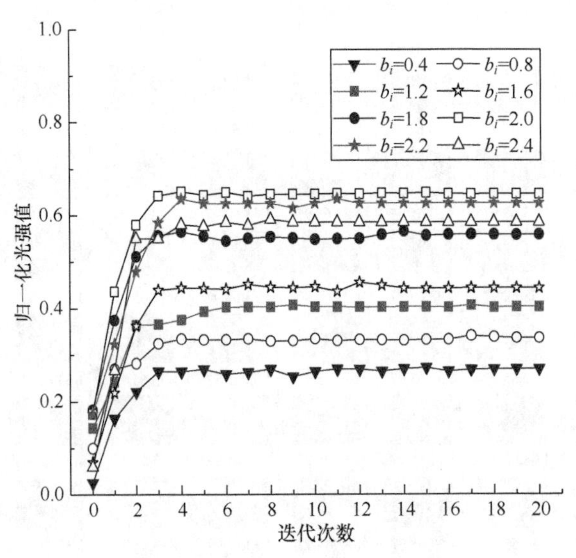

图 6-7　强湍流情况下不同偏置系数时校正效果

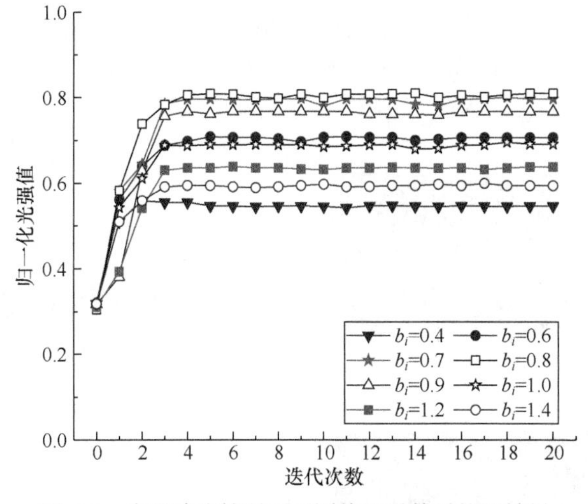

图 6-8　中强湍流情况下不同偏置系数时校正效果

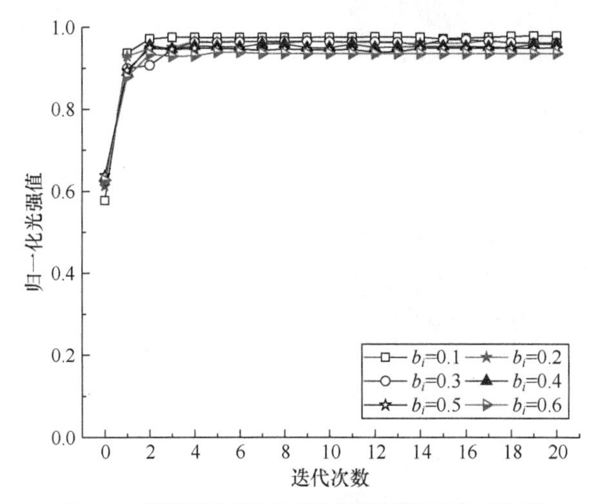

图 6-9　弱湍流情况下不同偏置系数时校正效果

6.3　变形镜本征模式法的畸变波前校正仿真

6.3.1　不同湍流强度校正结果

分别对不同大气湍流情况下畸变光斑的校正进行分析。仿真时设置光束波长 l=632.8nm，相位屏宽度 D=0.4m，相位屏网格数为 128×128，光束束腰半径 $\omega_0=50\text{mm}$，传输距离 $z=6\text{km}$，相位屏间隔为 1.5km。取前 60 阶变形镜本征模式进行校正，迭代次数为 20 次。

图 6-10～图 6-12 分别为在强湍流、中湍流、弱湍流情况时校正前后光斑的光强图。其中，图(a)、(b)分别为校正前二维光强图和三维光强图，图(c)、(d)分别为校正后二维光强图和三维光强图。

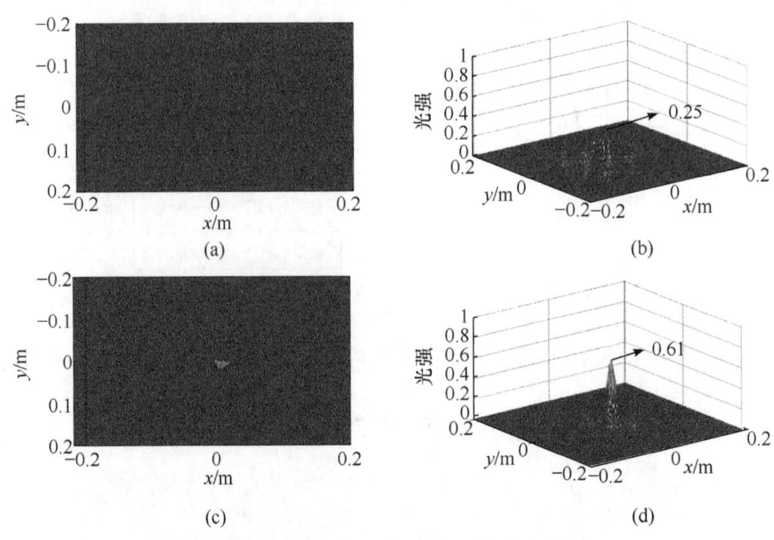

图 6-10　强湍流下光斑校正前后光强图

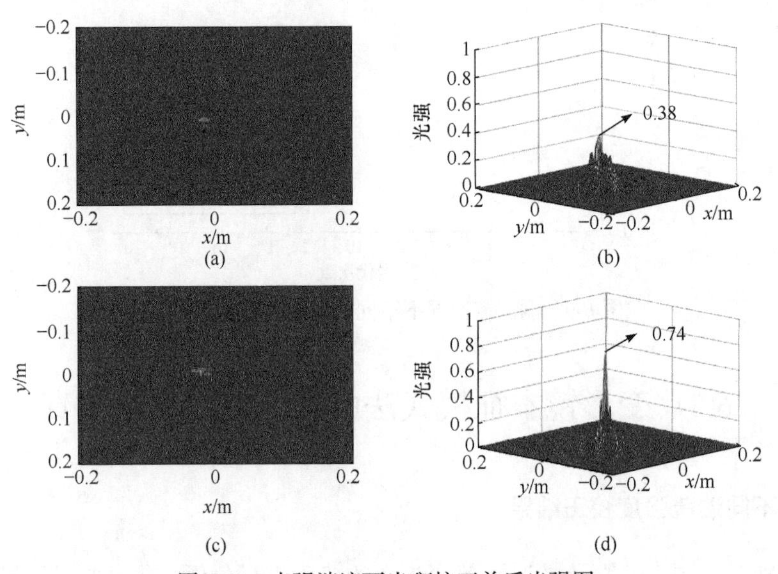

图 6-11　中强湍流下光斑校正前后光强图

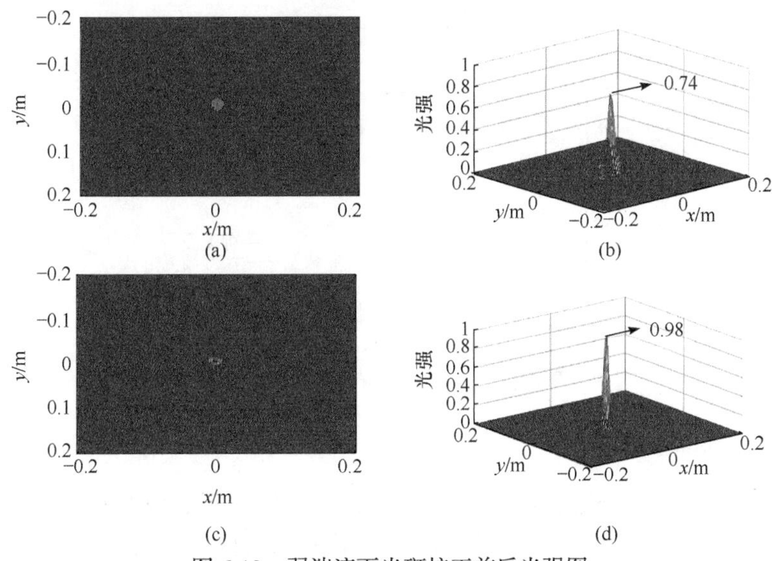

图 6-12　弱湍流下光斑校正前后光强图

由图 6-10～图 6-12 可以看出：在不同湍流强度下，校正之前的光斑均破碎分散、能量不集中，并且随着湍流强度的增强，光斑破碎更加严重；经变形镜本征模式法校正后光斑更加汇聚，能量变得更加集中。湍流强度越大，WSAO 系统的校正效果减弱。

表 6-1 对校正前后的归一化光强值进行汇总，由表可知：在强湍流情况时，经校正后光斑归一化光强值由 0.25 提高到 0.61；在中湍流情况时，经校正后光斑归一化光强值由 0.38 提高到 0.74；在弱湍流情况时，经校正后光斑归一化光强值由 0.74 提高到 0.98。结果表明基于变形镜本征模式法的 WSAO 系统对不同湍流强度下的波前畸变均具有很好的校正能力。

表 6-1　校正前后归一化光强值

项目	强湍流	中强湍流	弱湍流
校正前光强值	0.25	0.38	0.74
校正后光强值	0.61	0.74	0.98

图 6-13 为不同湍流情况下算法迭代 20 次时系统 SR 变化曲线图，由图可知：在强湍流情况下，系统的 SR 可由 0.18 提高到 0.61；在中强湍流情况下，系统的 SR 可由 0.42 提高到 0.74；在弱湍流情况下，系统的 SR 可由 0.76 提高到 0.96。结果表明经校正后 SR 值得以增加，波前校正发挥了作用。从图 6-13 的结果来看，在强湍流、中强湍流、弱湍流情况下，达到收敛时算法的循环次数分别为 4 次、4 次和 3 次。

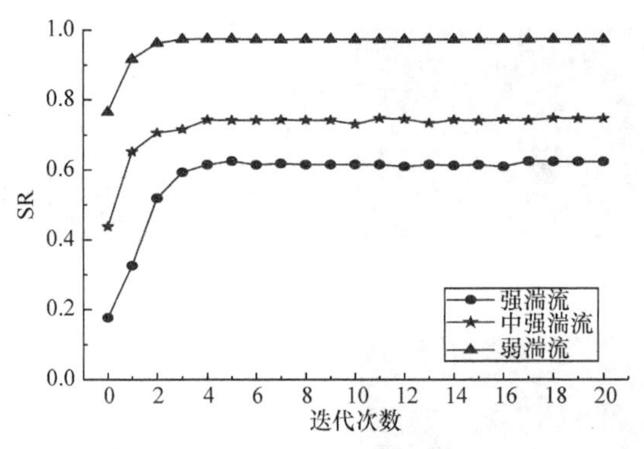

图 6-13　不同湍流情况下的系统 SR

6.3.2　快速收敛百分比

对于模式法，可以通过算法运行一次之后的系统校正效果来体现算法的性能，所以针对畸变光斑，如果将控制算法执行一次后系统的 SR 值大于等于整体校正后理想值 SR_{ideal} 的 60%称为快速稳定收敛(fast-steady convergence, FSC)，那么就可以将下式定义为基于模式法的 WASO 系统的快速稳定收敛百分比[6]：

$$FSC=\left(\frac{1}{N}\sum_{i=1}^{N}p_i\right)\times 100\% \tag{6-21}$$

式中，p_i 为校正的判定值，当 $(SR/SR_{ideal})\geqslant 0.6$ 时，$SR_{ideal}=1$，$p_i=1$，反之则等于 0；N 为校正数据的总组数，N 越大分析结果也越准确。

从图 6-13 显示的校正结果来看，不同湍流强度下强湍流 FSC 比例为 80%、中强湍流 FSC 比例为 95%、弱湍流 FSC 比例为 100%。可以看出，随着大气环境的恶化，系统收敛的稳定性也会随之降低。

6.3.3　不同校正算法的对比

1. 基于 Lukosz 模式对畸变波前校正的数值仿真

采用基于 Lukosz 模式的自适应光学系统对不同大气湍流情况下畸变光斑进行校正分析。图 6-14～图 6-16 分别为强湍流、中强湍流和弱湍流情况下，校正前后光斑的光强图和系统 SR 值变化曲线图。

从图 6-14～图 6-16 中能够发现：在强湍流情况时，光斑光强值可以由 0.23 提高到 0.53；在中湍流情况时，光斑光强值可以由 0.43 提高到 0.69；在弱湍流情况时，光斑光强值可以由 0.73 提高到 0.89。

从图 6-14(c)～图 6-16(c)能够发现：在强湍流情况下，系统的 SR 可由 0.19 提高到 0.55；在中强湍流情况下，系统的 SR 可由 0.48 提高到 0.71；在弱湍流情况下，系统的 SR 可由 0.73 提高到 0.92，且系统达到收敛时算法的循环次数分别是 5 次、4 次和 3 次。

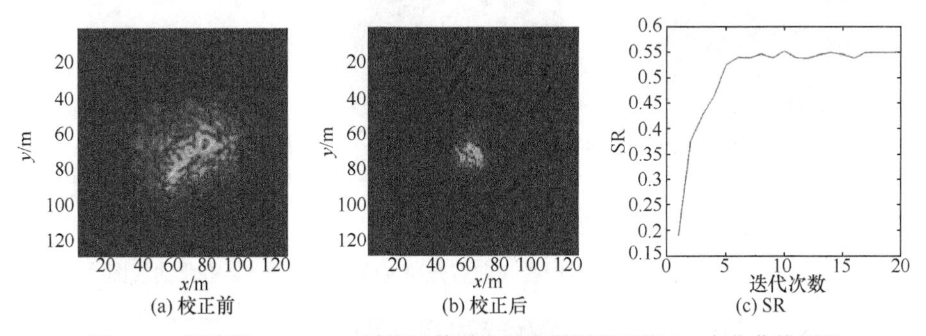

(a) 校正前　(b) 校正后　(c) SR

图 6-14　强湍流 $r_0 = 0.02\text{m}$ 时校正前后光斑光强图和系统 SR 变化曲线图[6]

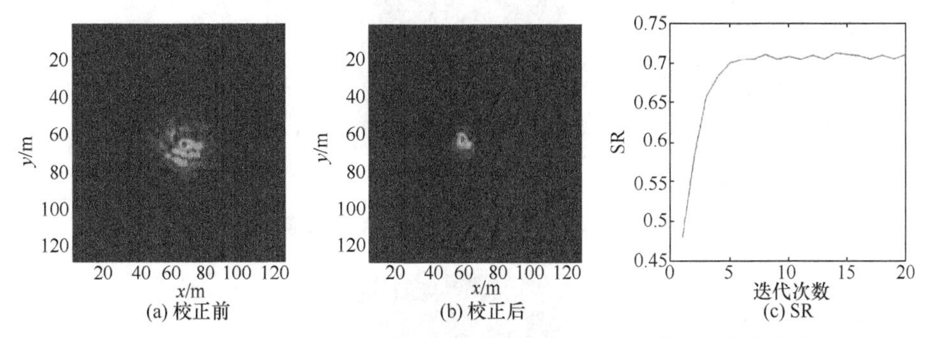

(a) 校正前　(b) 校正后　(c) SR

图 6-15　中强湍流 $r_0 = 0.04\text{m}$ 时校正前后光斑光强图和系统 SR 变化曲线图[6]

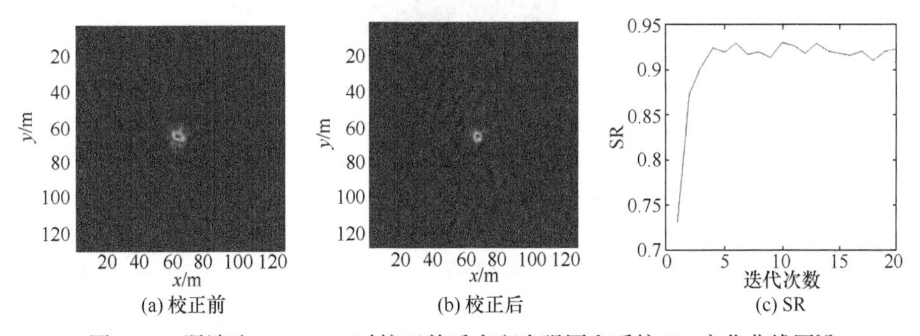

(a) 校正前　(b) 校正后　(c) SR

图 6-16　弱湍流 $r_0 = 0.2\text{m}$ 时校正前后光斑光强图和系统 SR 变化曲线图[6]

2. 无模式优化算法对畸变波前校正的数值仿真

本节主要将无模式优化算法中的 SPGD 算法应用到校正系统中，校正不同湍流下的畸变光斑。仿真时设置参数：扰动幅度 $\delta u = 0.006$，增益系数 $\gamma = 1.6/(1+J)$，迭代次数为 500 次，分别取 r_0=0.02、r_0=0.04 及 r_0=0.2。图 6-17～图 6-19 分别为强

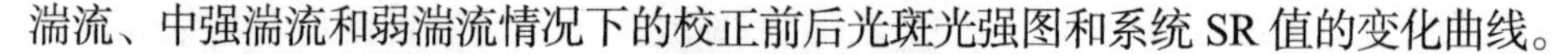
湍流、中强湍流和弱湍流情况下的校正前后光斑光强图和系统 SR 值的变化曲线。

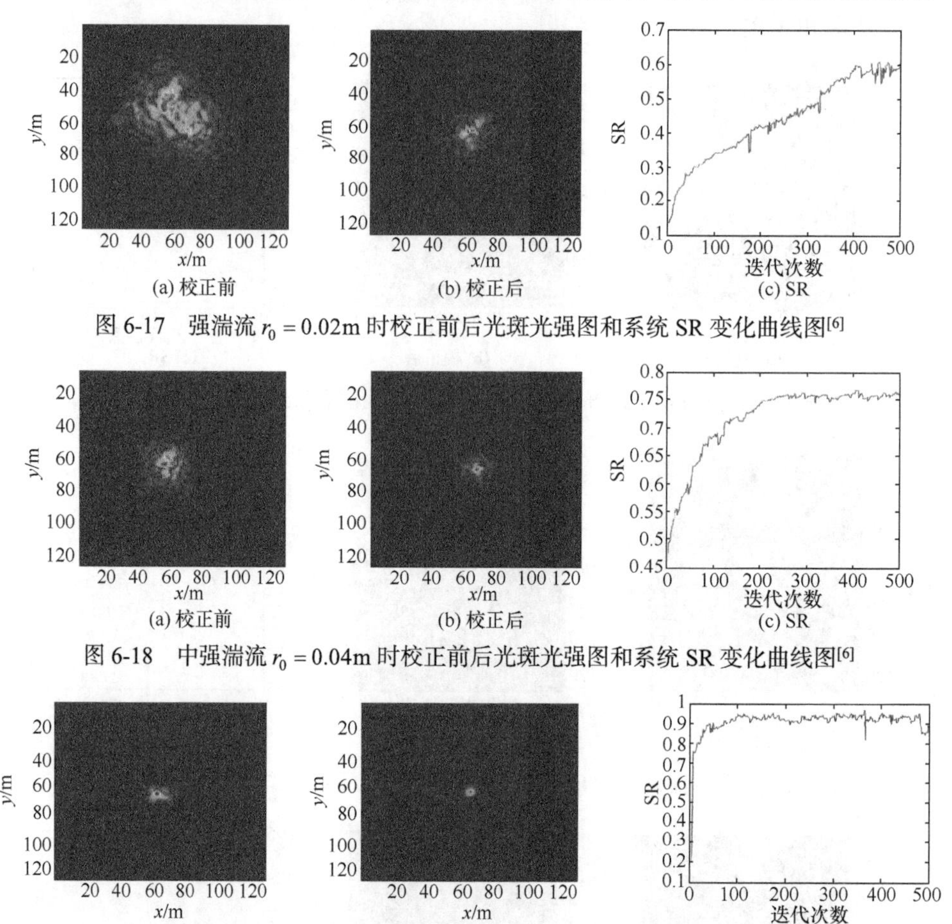

(a) 校正前　(b) 校正后　(c) SR

图 6-17　强湍流 $r_0 = 0.02\text{m}$ 时校正前后光斑光强图和系统 SR 变化曲线图[6]

(a) 校正前　(b) 校正后　(c) SR

图 6-18　中强湍流 $r_0 = 0.04\text{m}$ 时校正前后光斑光强图和系统 SR 变化曲线图[6]

(a) 校正前　(b) 校正后　(c) SR

图 6-19　弱湍流 $r_0 = 0.2\text{m}$ 时校正前后光斑光强图和系统 SR 变化曲线图[6]

从图 6-17～图 6-19 中可以看出：在强湍流情况时，经校正后光斑的归一化光强值可以由 0.22 提高到 0.61；在中湍流情况时，经校正后光斑的归一化光强值可以由 0.44 提高到 0.80；在弱湍流情况时，经校正后光斑的归一化光强值可以由 0.74 提高到 0.96。结果表明 SPGD 算法可以有效校正不同湍流强度下的畸变波前。并且从算法校正迭代 500 次的 SR 值变化曲线图可以看出：在强湍流情况下，系统的 SR 可由 0.14 提高到 0.61；在中强湍流情况下，系统的 SR 可由 0.48 提高到 0.77；在弱湍流情况下，系统的 SR 可由 0.21 提高到 0.97，且系统达到收敛时算法的循环次数分别为 411 次、255 次和 100 次。

3. 校正结果讨论与分析

变形镜本征模式法、基于 Lukosz 模式和无模式优化算法的自适应光学系统均可以有效校正波前像差，但算法的性能存在很大差异。

将 Lukosz 模式的算法和变形镜本征模式法相比得出变形镜本征模式法对畸变光斑的校正效果更好一些。由于变形镜本征模式可以准确地反映变形自身的校正能力，而 Lukosz 模式无法完全拟合出变形镜面型，将会影响校正精度。

无模式优化算法和变形镜本征模式法相比：两种算法的校正精度相差不大，但模式法的校正速度明显高于 SPGD 算法。例如，在中强湍流情况时，SPGD 算法和变形镜本征模式法可以将系统的 SR 分别由 0.48 和 0.42 提高到 0.77 和 0.74，但是变形镜本征模式法仅需要 4 次便可以达到系统收敛，而 SPGD 算法需要迭代 255 次。

6.4　变形镜本征模式法实验

6.4.1　变形镜影响函数及其本征模式的测量

在采用变形镜本征模式法的自适应光学系统进行校正实验时，首先需要测量出所使用 DM 的影响函数，本实验中使用的是 69 单元促动器的高速变形镜，其影响函数矩阵如图 6-20 所示。

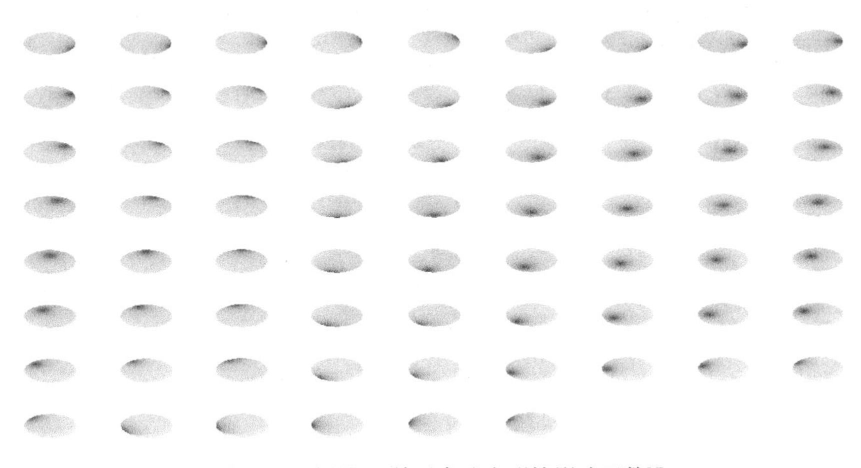

图 6-20　实测 69 单元高速变形镜影响函数[6]

通过测得的变形镜影响函数可得到该变形镜所对应的变形镜本征模式，如图 6-21 所示。从图 6-21 中可以看出，模式阶数和促动器的数量保持一致，且数量越多，模式越复杂，相应可以校正的误差也会更加复杂。

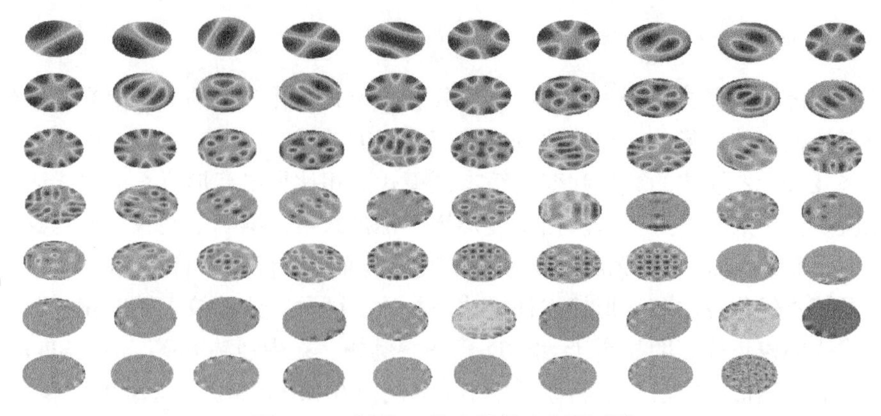

图 6-21　实测 69 阶变形镜本征模式[6]

6.4.2　静态像差校正实验

1. 实验系统

为了验证基于变形镜本征模式法的WSAO系统对FSOC中畸变光斑的实际校正效果，搭建室内实验系统进行研究，其原理图如图 6-22 所示。实验系统主要由激光器、DM、CCD 相机、LC-SLM、分光棱镜、偏振片及光学透镜等器件组成。光路的方向为：光束穿过偏振片 P1 和 4f 系统(由透镜 L1 和透镜 L2 组成)后经由分光棱镜 BS1 进行反射；接着入射到 LC-SLM 表面，光束经过 LC-SLM 进行相位调制后生成畸变光束；然后经反射镜 PM、偏振片 P2 和分光棱镜 BS2 后入射到 DM 表面，由 DM 反射后穿过透镜 L3 进行汇聚；最后由 CCD 进行探测并将光束信息传送到连接的电脑上进行处理。整个过程可分为两大部分：畸变光斑的产生和自适应光学校正。

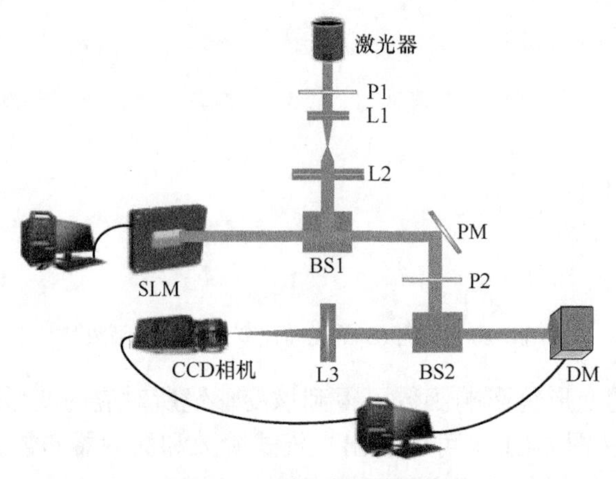

图 6-22　实验系统原理图[6]

2. 校正实验

以图 6-23 的实验系统为依据进行实际光路系统的搭建，对不同湍流情况下畸变光束分别进行校正分析，实验时光源采用波长为 650nm 的红光激光器。

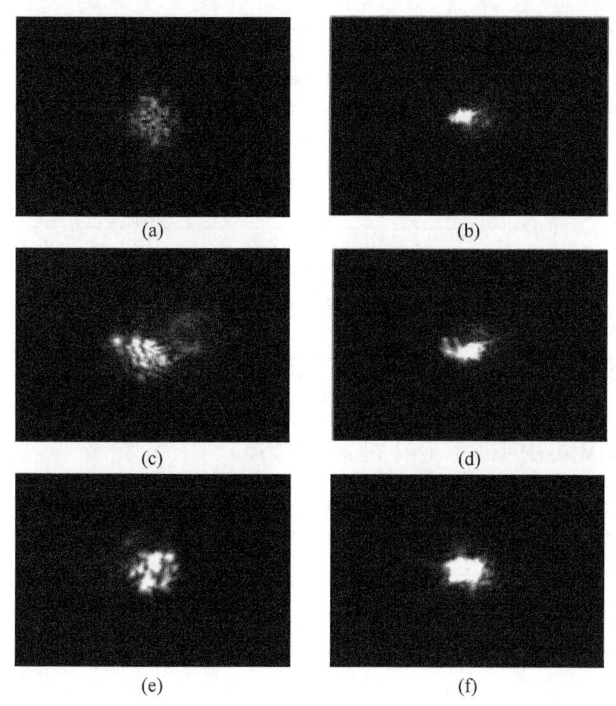

图 6-23　校正前(a)、(c)、(e)和校正后(b)、(d)、(f)的 CCD 采集光斑图[6]

(a)、(b)为强湍流；(c)、(d)为中强湍流；(e)、(f)为弱湍流

图 6-23 为实验中经 20 次闭环迭代校正前后的畸变光斑图像。图 6-23(a)、(c)、(e)依次为平行光经过强湍流、中强湍流和弱湍流相位屏时产生的畸变光斑；图 6-23(b)、(d)、(f)依次为强湍流、中强湍流和弱湍流情况下经 WSAO 系统校正后的光斑图像。从实验结果可以看出：校正前光斑明显破碎且能量分散，并且随着湍流强度的增强，光斑破碎现象更加明显，经过 WSAO 系统校正后光斑形状变得聚集，且光斑能量得到增加，这与仿真结果保持一致。

图 6-24 为实验中不同湍流情况下校正前后的系统 SR 值变化曲线图。从图 6-24 可以看出：在强湍流情况时，经校正后系统 SR 可以由 0.11 提高到 0.57；在中强湍流情况时，经校正后系统 SR 可以由 0.32 提高到 0.71；在弱湍流情况时，经校正后系统 SR 可以由 0.56 提高到 0.88。静态像差校正实验结果表明：因大气湍流存在而产生的波前像差可以被基于变形镜本征模式法的 WSAO 系统有效校正。

实验中以 CCD 相机采集的光斑为依据，以质心为原点，计算 10×10 个像素点的平均灰度值(mean gray value, MGV)的改善情况，其变化情况如表 6-2 所示。

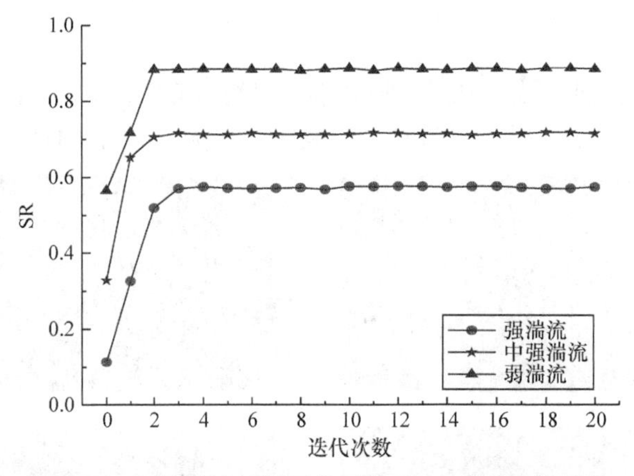

图 6-24　不同湍流情况下校正前后 SR 变化曲线图[6]

可以发现：强湍流时，这10×10个像素点的 MGV 可由 60.3 上升到 204.7；中强湍流时，这10×10个像素点的 MGV 可由 122.1 上升到 243.4；弱湍流时，这10×10个像素点的 MGV 可由 162.1 上升到 254.4。

表 6-2　校正前后平均灰度值[6]

项目	强湍流	中强湍流	弱湍流
校正前	60.3	122.1	162.1
校正后	204.7	243.4	254.4

6.4.3　外场实验

1. 实验系统

图 6-25 为外场动态像差校正实验的系统结构图，发射端激光器发出来的光束经过卡塞格伦天线发射到大气中，然后会因湍流的干扰而发生畸变；畸变光斑在被接收端的卡塞格伦天线接收后，经过凸平镜 L1 进行准直后入射到变形镜表面，由变形镜进行反射后，再由衰减片对光强进行减弱，然后经过透镜 L2 进行汇聚，最后在透镜 L2 的焦点处汇聚进入 CCD 相机进行光束信息的探测，将探测到的光束信息进行分析、处理后生成校正电压并施加给变形镜进行闭环校正。

2. 实验结果分析

通过波前传感器观察可知，实验中大气湍流为中强湍流情况，且引起的波前像差主要由低阶模式组成，故实验选取前 15 阶变形镜本征模式进行校正，既能满足校正需求，又可以减少变形镜形变次数。图 6-26 为外场实验中 CCD 相机探测到的光斑图像，图 6-26(a)为畸变光斑，图 6-26(b)为经 WSAO 系统改善后的光斑。可以看出，经变形镜本征模式法校正后光斑更加汇聚，能量变得更加集中。可以得

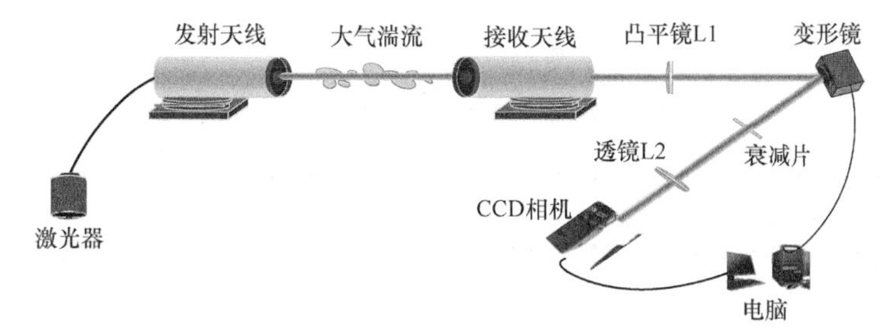

图 6-25　外场动态像差校正实验原理图[6]

出结论：基于变形镜本征模式法的无波前传感器自适应光学系统可以有效地校正动态湍流引起的波前畸变。

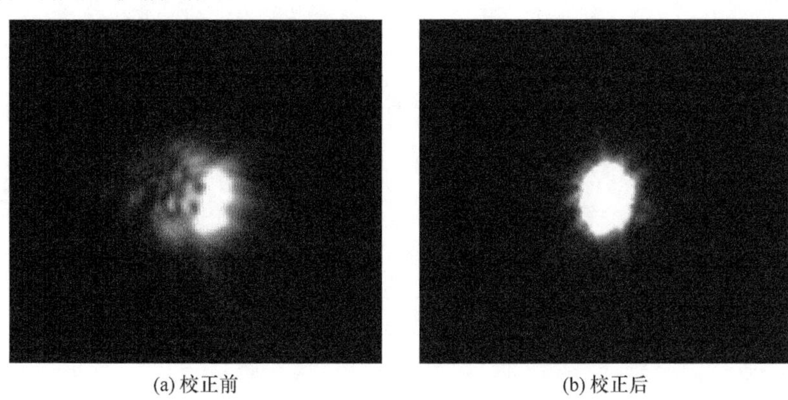

图 6-26　外场实验中 CCD 相机探测到的光斑图[6]

图 6-27 是外场实验中校正算法迭代 100 次时的系统 SR 值变化曲线图。可以发现，当算法迭代 6 次后系统便可以达到收敛，且 SR 值基本维持在 0.85 左右。但也可以发现，SR 值的幅度不稳定，原因是自然环境中大气湍流是不断变化的，湍流大小不稳定，所以会存在起伏。

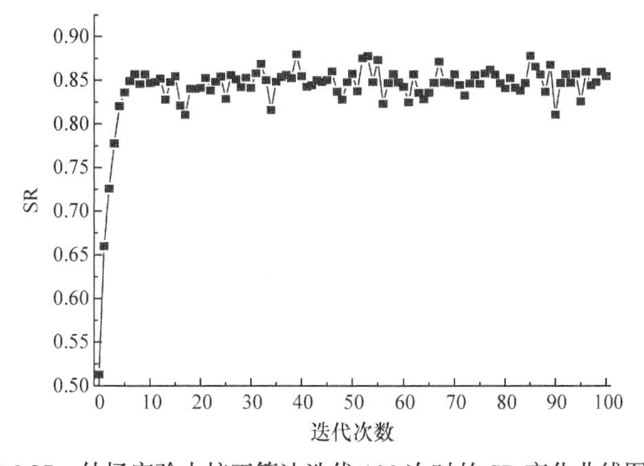

图 6-27　外场实验中校正算法迭代 100 次时的 SR 变化曲线图[6]

参考文献

[1] Débarre D, Booth M J, Wilson T. Image based adaptive optics through optimisation of low spatial frequencies. Optics Express, 2007, 15(13): 8176-8190.

[2] 喻际, 董冰. 基于变形镜本征模式的空间光学遥感器波前误差校正方法研究. 光学学报, 2014, 34(12): 308-314.

[3] Singh J, Kumar N. Performance analysis of different modulation format on free space optical comunication system. Optik, 2013, 124(20): 4651-4654.

[4] 饶学军, 凌宁, 姜文汉. 用数字干涉仪测量变形镜影响函数的实验研究. 光学学报, 1995, (10): 1446-1449.

[5] Huang L, Rao C. Wavefront sensorless adaptive optics: A general model-based approach. Optics Express, 2011, 19(1): 371.

[6] 李梅. 光束波前畸变的本征模式法校正实验研究. 西安: 西安理工大学, 2020.

第 7 章　涡旋光束无波前探测波前畸变校正

当涡旋光束在大气湍流中传输时会产生光强闪烁、模式串扰、光束漂移和相位畸变等现象，进而影响整个通信系统的性能。涡旋光通信系统中抑制湍流对涡旋光束的影响成为研究者目前迫切需要解决的问题。利用 AO 校正技术修正大气湍流扰动引起的波前畸变是目前最有效的手段之一，本章介绍涡旋光束无波前探测校正的理论与方法。

7.1　涡旋光束在大气湍流中的传输特性

本节讨论涡旋光束在不同湍流强度下的传输特性，阐述了涡旋光束的轨道角动量谱分解理论，研究轨道角动量模式纯度变化情况。

7.1.1　拉盖尔-高斯光束

拉盖尔-高斯(Laguerre-Gauss，LG)光束是一种典型的涡旋光束，当 LG 光束在自由空间中传输时，沿 z 方向传输的电场表达式[1]在柱坐标系下表示为

$$\begin{aligned} u_p^l(r,\phi,z) = & \sqrt{\frac{2p!}{\pi(p+|l|!)}}\frac{1}{w(z)}\left[\frac{\sqrt{2}r}{w(z)}\right]^{|l|}\exp\left(\frac{-r^2}{w^2(z)}\right)L_P^{|l|}\left(\frac{2r^2}{w^2(z)}\right) \\ & \exp\left[\mathrm{i}\left(2p+|l|+1\right)\tan^{-1}\left(z/z_{\mathrm{R}}\right)-\frac{\mathrm{i}kr^2 z}{2\left(z^2+z_{\mathrm{R}}^2\right)}\right]\exp\left(-\mathrm{i}l\phi\right) \end{aligned} \tag{7-1}$$

式中，r 为光束到传输轴的辐射距离；ϕ 为方向角；z 为传输距离；$z_{\mathrm{R}} = kw_0^2 / z$ 为瑞利距离，w_0 为束腰半径；$k=\dfrac{2\pi}{\lambda}$ 为波数，λ 为光波波长；$L_p^{|l|}(x)$ 为缔合拉盖尔多项式；$(2p+|l|+1)\tan^{-1}(z/z_{\mathrm{R}})$ 为古依相移；l 为拓扑荷数；p 为径向指数。重要参数取值如式(7-2)所示。当 $l \neq 0$ 时，为 LG 光束；当 $l=0$ 且 $p=0$ 时，即为基模高斯光束[2]。

$$\begin{cases} k = 2\pi / \lambda \\ z_{\mathrm{R}} = \pi w_0^2 / \lambda \\ w(z) = w_0\sqrt{1+(z/z_{\mathrm{R}})^2} \end{cases} \tag{7-2}$$

通常将式(7-1)中的径向指数 p 取为零，那么当 $p=0$ 时，LG 光束在发射点 $z=0$ 处的表达式为[3]

$$u_0^l(r,\phi,0)=\sqrt{\frac{2p!}{\pi|l|!}}\left[\frac{\sqrt{2}r}{w_0}\right]^{|l|}\exp\left(\frac{-r^2}{w_0^2}\right)\exp(-\mathrm{i}l\phi) \tag{7-3}$$

利用式(7-1)仿真实现了拉盖尔-高斯光束模型，如图 7-1 所示。分别模拟 LG_0^0 ($p=0$、$l=0$，基模高斯光)、LG_0^1 ($p=0$、$l=1$)和 LG_1^1 ($p=1$、$l=1$)光束的光强及相位分布。

图 7-1 为 LG_0^0、LG_0^1、LG_1^1 光束光强及相位分布图。其中，图 7-1(a1)～(a3)分别为 LG_0^0 光束的二维光强、三维光强以及相位分布图。图 7-1(b1)～(b3)分别为 LG_0^1 光束的二维光强、三维光强以及相位分布图。图 7-1(c1)～(c3)分别为 LG_1^1 光束的二维光强、三维光强以及相位分布图。仿真参数选取光波波长 $\lambda=632.8\mathrm{nm}$，束腰半径 $w_0=0.035\mathrm{m}$，传输距离 $z=0\mathrm{m}$。

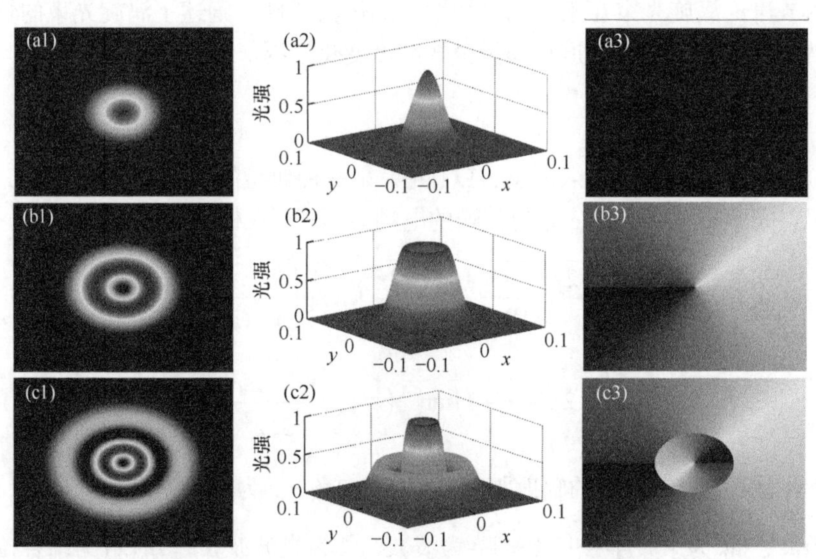

图 7-1　LG_0^0、LG_0^1、LG_1^1 光束光强及相位分布图

从图 7-1(a1)～(a3)中可以看出，LG_0^0 (基模高斯光)光束的二维光强分布为一圆形光斑。三维光强分布图清楚地显示出，光强分布中心处的强度值最大，靠近边缘处逐渐减小。相位分布显示，在整个仿真平面上相位值相等且为 0，印证了基模高斯光束的束腰横截面为等相位面。从图 7-1(b1)～(b3)可以看出：LG_0^1 光束的二维光强分布为环形，中心为一暗核。相位分布图上出现一条由中心出发的射

线即等相位线，等相位线两侧的相位值分别为 0 和 2π，这说明相位在等相位线两侧发生了跃变。理论上讲，正是由于 LG_0^1 携带 $\exp(il\varphi)$ 相位信息，且此处取 $l=1$，因此相位分布图上有一条等相位线。从图 7-1(c1)～(c3)中可以看出，LG_1^1 二维光强分布为双环形状，中心依然为暗核。由于径向指数 $p\neq 0$，相位分布图上出现了一个径向截线圆。对比图 7-1(b1)～(b3)和图 7-1(c1)～(c3)可以看出，当 $p\neq 0$ 时，LG 光束的光强和相位分布较为复杂，为了便于研究选取 $p=0$ 的 LG 光束为研究对象。

图 7-2 为 LG 单模光束光强分布图。其中，图 7-2(a)、(b)分别表示拓扑荷数 $l=-2$、$l=2$ 的 LG 单模光束的光强分布。图 7-3 为 LG 单模光束相位分布图。其中，图 7-3(a)、(b)分别表示拓扑荷数 $l=-2$、$l=2$ 的 LG 单模光束的相位分布。参数选取如下：光波波长 $\lambda=632.8\text{nm}$，束腰半径 $w_0=0.03\text{m}$，传输距离 $z=0\text{m}$。

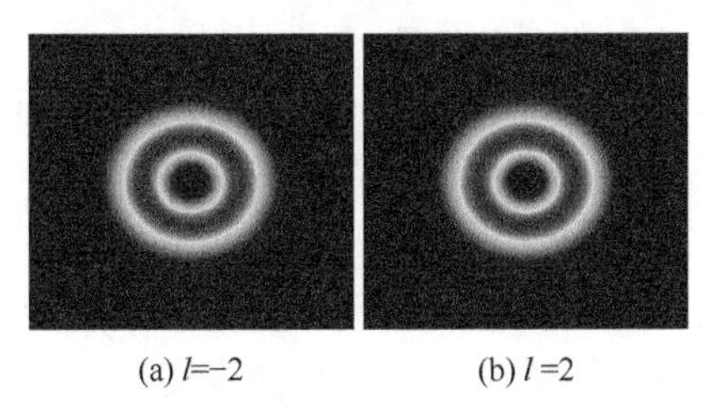

(a) l=−2　　(b) l=2

图 7-2　LG 单模光束光强分布图

(a) l=−2　　(b) l=2

图 7-3　LG 单模光束相位分布图

对比图 7-2(a)、7-2(b)可以看出，单模 LG 光束的拓扑荷数分别取 $l=-2$、$l=2$ 时，其拓扑荷数取值为等量异号，两者的光强分布完全相同。对比图 7-3(a)、(b)可以看出，拓扑荷数为等量异号时，相位分布图上的等相位线个数相同，而等相位线两侧的相位分布正好相反，这说明在等相位线处的相位跃变方向正好相反。然而相位跃变方向对于研究 LG 光束的传输以及波前畸变校正并无影响，因此本书在研究单模涡旋光束时，一般取拓扑荷数为正数。

图 7-4 为 LG 多模复用光束的光强、相位分布图。参数选取如下：光波波长 $\lambda=632.8\text{nm}$，束腰半径 $w_0=0.03\text{m}$，传输距离 $z=0\text{m}$。

结合图 7-4(a1)、(b1)、(a2)、(b2)可以看出，$l=-1,-2$ 和 $l=1,2$ 多模复用光束的光强分布完全相同，都呈半月状。相位分布显示：其等相位线两侧的相位分布正好相反。由图 7-4(a3)、(b3)可以看出，当拓扑荷数为 $l=-1,2$ 时，LG 多模复用涡旋光束的光强分布十分特殊，呈花瓣状，且共有三个“花瓣”。相位分布显示，其等相位线个数为两者拓扑荷数绝对值相加。由此说明，对两束 LG 光束进行复用后，相比拓扑荷数取同号的 LG 多模复用光束，拓扑荷数取异号的 LG 多模复用光束的光强、相位分布规律性更加明显。

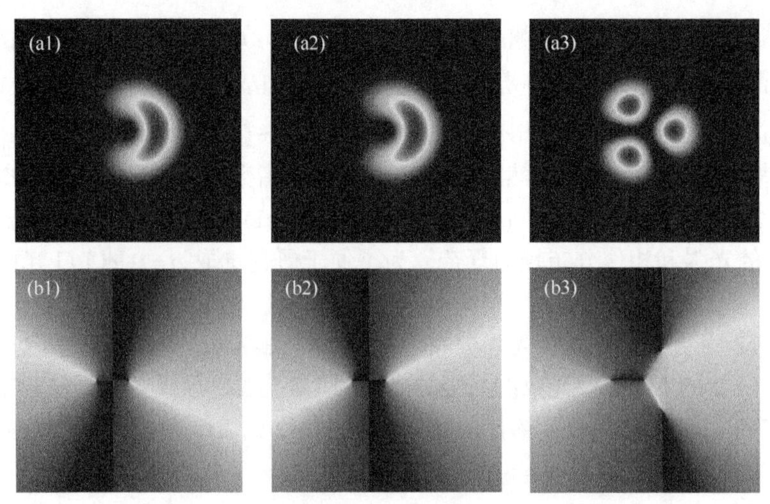

图 7-4　LG 多模复用光束光强、相位分布图

(a1) $l=-1,-2$ 光强；(a2) $l=1,2$ 光强；(a3) $l=-1,2$ 光强；(b1) $l=-1,-2$ 相位；(b2) $l=1,2$ 相位；(b3) $l=-1,2$ 相位

7.1.2　涡旋光束在大气湍流中的传输

下面在衍射理论及湍流相位屏数值模拟的基础上，借助激光多相位屏法传输模型，对单模及多模复用涡旋光束在大气湍流下的传输情况进行仿真模拟。

1. 单模涡旋光束在大气湍流中的传输

图 7-5 为单模涡旋光束无湍流传输后的光强、相位分布图。图 7-5(a1)～(a3)、图 7-5(b1)～(b3)分别是单模涡旋光束在 $z=0\text{m}$ 、 $z=1000\text{m}$ 处的二维光强、三维光强及相位分布图。参数选取如下：光波波长 $\lambda=632.8\text{nm}$ ，束腰半径 $w_0=0.035\text{m}$ ，拓扑荷数 $l=3$ 。

由图 7-5(a1)～(a3)可以看出，在 $z=0\text{m}$ 处，即光束还没有传输时，拓扑荷数 $l=3$ 的单模涡旋光束的光强分布呈中空环状。相位分布表明，等相位线都是由中心出发的直线，等相位线个数为 3 与拓扑荷数的取值相同。将图 7-5(a1)～(a3)与图 7-5(b1)～(b3)对比可知，在无湍流情况下传输 1000m 后，光强分布依然为中空环状，但是相位分布发生变化，等相位线发生了弯曲和旋转，这恰好验证了涡旋光具有螺旋形相位的特点。

图 7-6 为单模涡旋光束在不同湍流强度下传输后的光强、相位分布图。图 7-6(a1)～(a3)，图 7-6(b1)～(b3)及图 7-6(c1)～(c3)分别为单模涡旋光束在大气折射率结构常数为 $C_n^2=1\times10^{-17}\text{m}^{-2/3}$ 、 $C_n^2=1\times10^{-15}\text{m}^{-2/3}$ 及 $C_n^2=1\times10^{-13}\text{m}^{-2/3}$ 的湍流中传输 1000m 后的二维光强、三维光强及相位分布图。参数选取如下：光波波长 $\lambda=632.8\text{nm}$ 、束腰半径 $w_0=0.035\text{m}$ 、拓扑荷数 $l=3$ 及 $z=1000\text{m}$ 。

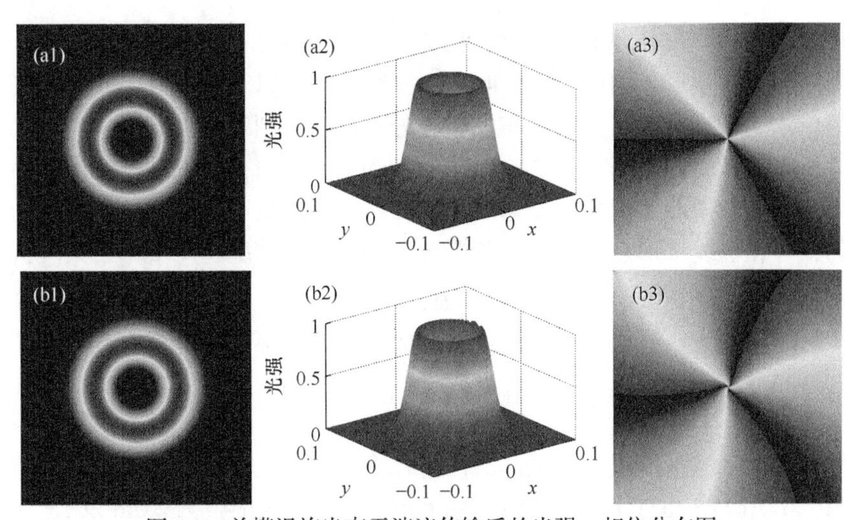

图 7-5　单模涡旋光束无湍流传输后的光强、相位分布图

(a1) $z = 0$m，二维光强；(a2) $z = 0$m，三维光强；(a3) $z = 0$m，相位；(b1) $z = 1000$m，二维光强；(b2) $z = 1000$m，三维光强；(b3) $z = 1000$m，相位

对比图 7-5 和图 7-6 可以看出，单模涡旋光束的环状光强的分布不再规整，发生扭曲变形，环上的能量分布发生改变。三维光强分布图显示，环上强度出现

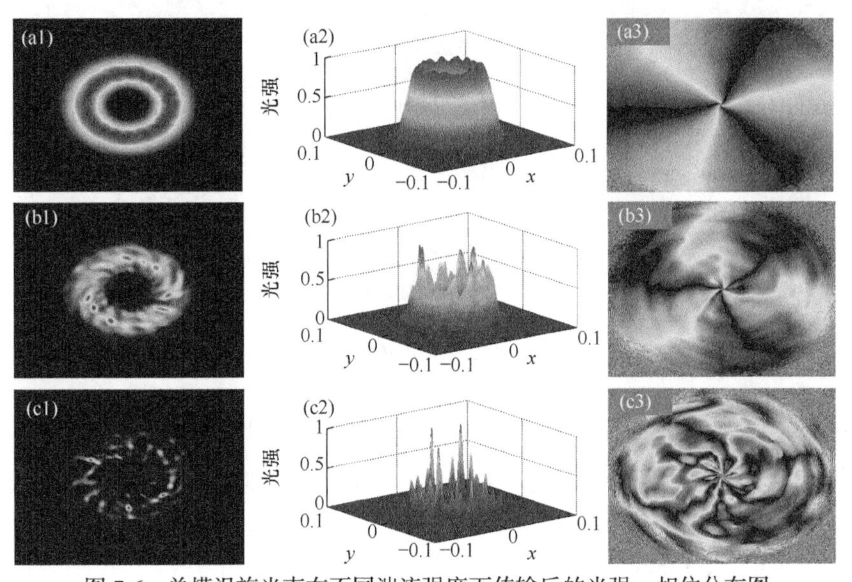

图 7-6　单模涡旋光束在不同湍流强度下传输后的光强、相位分布图

(a1) $C_n^2 = 1\times10^{-17}\text{m}^{-2/3}$，二维光强；(a2) $C_n^2 = 1\times10^{-17}\text{m}^{-2/3}$，三维光强；(a3) $C_n^2 = 1\times10^{-17}\text{m}^{-2/3}$，相位；(b1) $C_n^2 = 1\times10^{-15}\text{m}^{-2/3}$，二维光强；(b2) $C_n^2 = 1\times10^{-15}\text{m}^{-2/3}$，三维光强；(b3) $C_n^2 = 1\times10^{-15}\text{m}^{-2/3}$，相位；(c1) $C_n^2 = 1\times10^{-13}\text{m}^{-2/3}$，二维光强；(c2) $C_n^2 = 1\times10^{-13}\text{m}^{-2/3}$，三维光强；(c3) $C_n^2 = 1\times10^{-13}\text{m}^{-2/3}$，相位

不同程度的下降，顶部变得不平整。相位分布图表明，等相位线不再光滑，发生不同程度的扭曲变形，相位“扇形叶片”变得模糊。以上分析说明，经大气湍流传输的单模涡旋光束，其光强分布和相位分布都会受到影响。

对比图 7-6(a1)～(a3)、图 7-6(b1)～(b3)和图 7-6(c1)～(c3)可以看出，湍流强度越大，光斑的扭曲及形变情况越严重，环状整体能量下降越明显及能量分布越不均匀，等相位线变形、模糊程度越严重，相位畸变情况越严重。当大气折射率结构常数 $C_n^2 = 1\times10^{-13}\text{m}^{-2/3}$ 时，环状光强分布严重变形，并且不能从相位分布图上分辨出等相位线，这说明此时湍流所造成的畸变情况十分严重。

2. 多模复用涡旋光束在大气湍流中的传输

图 7-7 是多模复用涡旋光束无湍流传输后的光强、相位分布图。其中，图 7-7(a1)～(a3)及图 7-7(b1)～(b3)分别是多模复用涡旋光束在传输距离 $z = 0\text{m}$ 及 $z = 1000\text{m}$ 处的二维光强、三维光强及相位分布图。参量选取如下：光波波长 $\lambda = 632.8\text{nm}$，束腰半径 $w_0 = 0.035\text{m}$，拓扑荷数 $l = -1, 2$。

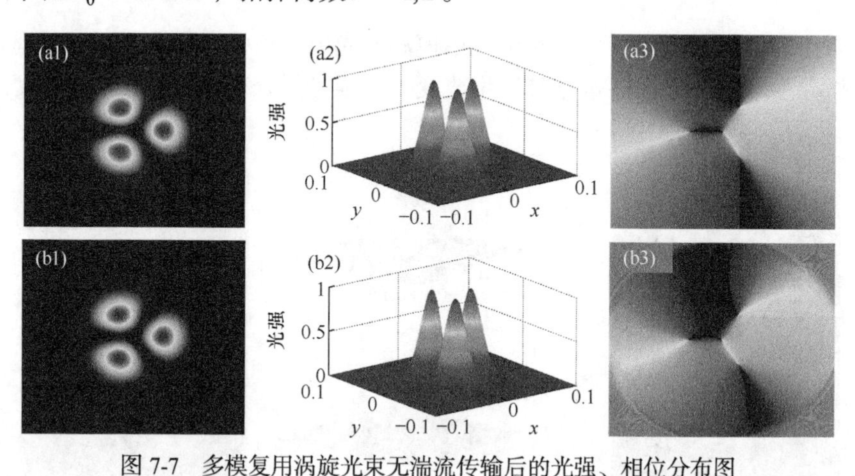

图 7-7　多模复用涡旋光束无湍流传输后的光强、相位分布图

(a1) $z = 0\text{m}$，二维光强；(a2) $z = 0\text{m}$，三维光强；(a3) $z = 0\text{m}$，相位；
(b1) $z = 1000\text{m}$，二维光强；(b2) $z = 1000\text{m}$，三维光强；(b3) $z = 1000\text{m}$，相位

由图 7-7(a1)～(a3)可以看出：在 $z = 0\text{m}$ 处时，拓扑荷数为 $l = -1, 2$ 的多模复用涡旋光束的二维光强分布呈现花瓣状，三维光强分布图清晰地显示了每一瓣状分布的中心强度最大，呈高斯分布，相位分布图显示有三条等相位线。对比图 7-7(a1)～(a3)与图 7-7(b1)～(b3)可以看出：在无湍流情况下传输 $z = 1000\text{m}$ 后，光强分布依然为花瓣状，但是其等相位线发生了弯曲和旋转。单模涡旋光在无湍流条件下传输时，其等相位线发生旋转，可以得出结论：无论是单模还是多模复用涡旋光束经传输后，由于其螺旋形相位特性，传输后都会发生等相位线弯曲及旋转的现象。

图 7-8 为多模复用涡旋光束在不同湍流强度下传输后的光强、相位分布图。其中，图 7-8(a1)～(a3)、图 7-8(b1)～(b3)及图 7-8(c1)～(c3)分别为多模复用涡旋光束在大气折射率结构常数 $C_n^2=1\times10^{-17}\text{m}^{-2/3}$、$C_n^2=1\times10^{-15}\text{m}^{-2/3}$ 及 $C_n^2=1\times10^{-13}\text{m}^{-2/3}$ 的湍流中传输 1000m 后的二维光强、三维光强及相位分布图。参量选取如下：光波波长 $\lambda=632.8\text{nm}$，束腰半径 $w_0=0.035\text{m}$，拓扑荷数 $l=-1,2$，传输距离 $z=1000\text{m}$。

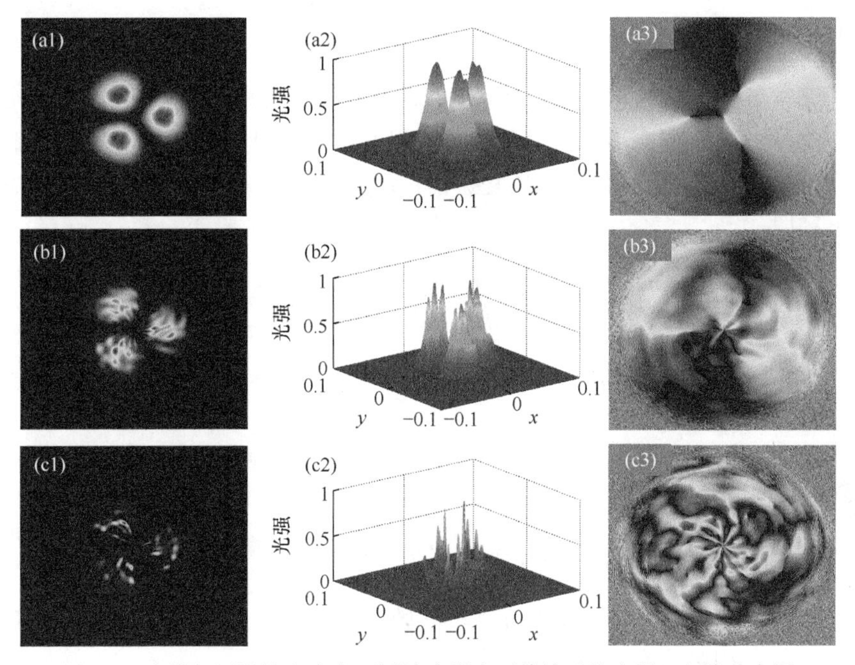

图 7-8　多模复用涡旋光束在不同湍流强度下传输后的光强、相位分布图

(a1) $C_n^2=1\times10^{-17}\text{m}^{-2/3}$，二维光强；(a2) $C_n^2=1\times10^{-17}\text{m}^{-2/3}$，三维光强；(a3) $C_n^2=1\times10^{-17}\text{m}^{-2/3}$，相位；(b1) $C_n^2=1\times10^{-15}\text{m}^{-2/3}$，二维光强；(b2) $C_n^2=1\times10^{-15}\text{m}^{-2/3}$，三维光强；(b3) $C_n^2=1\times10^{-15}\text{m}^{-2/3}$，相位；(c1) $C_n^2=1\times10^{-13}\text{m}^{-2/3}$，二维光强；(c2) $C_n^2=1\times10^{-13}\text{m}^{-2/3}$，三维光强；(c3) $C_n^2=1\times10^{-13}\text{m}^{-2/3}$，相位

对比图 7-8 和图 7-7，由二维光强分布图可以看出，经湍流传输后，其花瓣状光强分布的每一片瓣状光斑形状变得不再规整。从三维光强分布图可以明显观察到，多模复用涡旋光束的每一个瓣状光强都发生不同程度的衰减。相位分布图显示，等相位线发生形变并且变得模糊，不再光滑。

对比图 7-8(a1)～(a3)、图 7-8(b1)～(b3)和图 7-8(c1)～(c3)可以看出：湍流强度越大，多模复用涡旋光束的花瓣状光斑扭曲及形变程度越严重，等相位线形变、模糊程度越严重，说明相位畸变情况越严重。$C_n^2=1\times10^{-13}\text{m}^{-2/3}$ 时，花瓣状强度分布衰减情况极为严重，相位模糊一片，此时已经不能分辨出等相位线。

7.1.3 涡旋光束的轨道角动量

轨道角动量是涡旋光束最重要的特性之一，在研究涡旋光束受大气湍流影响时，势必要研究涡旋光束的轨道角动量特性的变化情况，通常需要借助轨道角动量谱分解理论。

1. 轨道角动量谱分解

为了更好地阐明轨道角动量的成分，在这里引入螺旋谱。由于不同阶的 OAM 态是正交的，因而所有不同轨道角动量一起可构成一组正交基，任意光束都可以按此正交基进行分解，故任意光场复振幅 $u(r,\phi,z)$ 可按螺旋谱谐波函数 $\exp(\mathrm{i}l\phi)$ 进行展开得[4]

$$u(r,\phi,z)=\frac{1}{\sqrt{2\pi}}\sum_{l=-\infty}^{\infty}a_l(r,z)\exp(\mathrm{i}l\phi) \tag{7-4}$$

式中，$a_l(r,z)=\frac{1}{\sqrt{2\pi}}\int_0^{2\pi}u(r,\phi,z)\exp(-\mathrm{i}l\phi)\mathrm{d}\phi$；$l$ 为拓扑荷数，这里亦表示第 l 份螺旋谱。

对 $a_l(r,z)$ 积分得[5]

$$C_l(r,z)=\int_0^{\infty}|a_l(r,z)|^2\,r\mathrm{d}r \tag{7-5}$$

故求得螺旋谱 P_l，其含义为光束的各轨道角动量模式能量占整个光束能量的比例，也称为相对功率，表达式为[6]

$$P_l=\frac{C_l}{\sum_{q=-\infty}^{\infty}C_q} \tag{7-6}$$

2. 拓扑荷数扩展

涡旋光束的拓扑荷数与其携带的轨道角动量有着密切的关系，那么经大气湍流信道传输后，拓扑荷数分布或者轨道角动量发生了怎样的变化，这是一个非常值得研究的问题。本节将分别研究单模涡旋光束和多模复用涡旋光束经大气湍流后的螺旋谱分布情况，定量分析大气湍流对涡旋光束的轨道角动量所产生的影响。

图 7-9 单模涡旋光束螺旋谱分布图。图 7-9(a1)、(a2)、(b1)、(b2)、(c1)、(c2) 分别是拓扑荷数为 $l=1$、$l=-5$、$l=11$ 的单模涡旋光束在无湍流及有湍流情况下

传输后的螺旋谱分布图。仿真参数选取如下：光波波长 $\lambda = 632.8\text{nm}$，束腰半径 $w_0 = 0.035\text{m}$，传输距离 $z = 500\text{m}$，大气折射率结构常数 $C_n^2 = 1\times10^{-15}\text{m}^{-2/3}$。

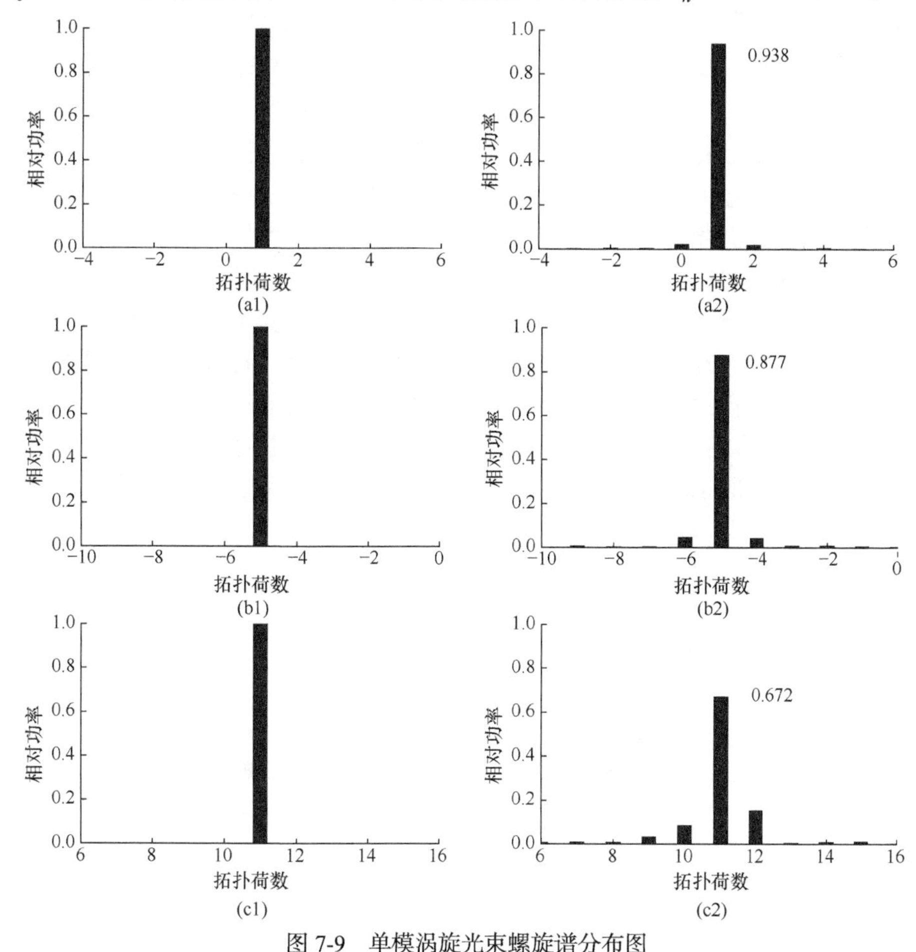

图 7-9　单模涡旋光束螺旋谱分布图

(a1) $l=1$，无湍流；(a2) $l=1$，有湍流；(b1) $l=-5$，无湍流；(b2) $l=-5$，有湍流；(c1) $l=11$，无湍流；(c2) $l=11$，有湍流

对比图 7-9(a1)～(c1)可以发现，对于拓扑荷数分别为 $l=1$、$l=-5$ 及 $l=11$ 的单模涡旋光束在无湍流情况下传输后，$l=1$、$l=-5$ 及 $l=11$ 对应的相对功率都为 1，光束没有发生拓扑荷数扩展现象。对比图 7-9(a1)、(a2)，(b1)、(b2)，(c1)、(c2)可以看出，经湍流传输后，$l=1$、$l=-5$、$l=11$ 所占的相对功率分别从 1 下降为 0.938、0.877、0.672，临近拓扑荷上的相对功率数值不再为 0。这说明涡旋光束能量转移到临近轨道角动量模式上。对比图 7-9(a2)、(b2)、(c2)发现，$l=-5$ 比 $l=1$ 的相对功率下降得多，$l=11$ 比 $l=-5$ 的相对功率下降得多，这说明同一湍流强度及传输距离条件下，单模涡旋光束的拓扑荷数绝对值越大，其相对功率下降程度

越大，拓扑荷数扩展现象就越严重，即轨道角动量受大气湍流的影响越大。

图 7-10 是多模复用涡旋光束螺旋谱分布图。其中，图 7-10(a1)、(a2)和图 7-10(b1)、(b2)分别为 $l=-1,2$ 和 $l=-5,3$ 多模复用涡旋光在无湍流及有湍流情况下传输后的螺旋谱分布图。仿真参数选取如下：光波波长 $\lambda=632.8\text{nm}$，束腰半径 $w_0=0.035\text{m}$，传输距离 $z=500\text{m}$，大气折射率结构常数 $C_n^2=1\times10^{-15}\text{m}^{-2/3}$。

由图 7-10(a1)、(a2)可以看出，无湍流条件下传输时，拓扑荷数取值为 $l=-1,2$ 的多模复用涡旋光束，其拓扑荷数 $l=-1$、$l=2$ 处相对功率各为 0.5，其他拓扑荷数上没有值。在经湍流传输后，$l=-1$、$l=2$ 对应的相对功率分别下降为 0.447、0.410，而且 $l=2$ 对应的相对功率下降的幅度大于 $l=-1$。由图 7-10(b1)、(b2)可以看出，经过湍流传输后，拓扑荷数取值为 $l=-5,3$ 的多模复用涡旋光束，拓扑荷数 $l=-5$、$l=3$ 处对应的相对功率由 0.5 分别下降到 0.303、0.346，$l=-5$ 模式对应的相对功率下降幅度大于 $l=3$。图 7-10 说明了经大气湍流后，多模复用涡旋光束中拓扑荷数绝对值越大的光束，其所占相对功率下降的幅度越大，相对功率往相邻拓扑荷数上扩展得越多，这与单模涡旋光束的拓扑荷数扩展现象相一致。

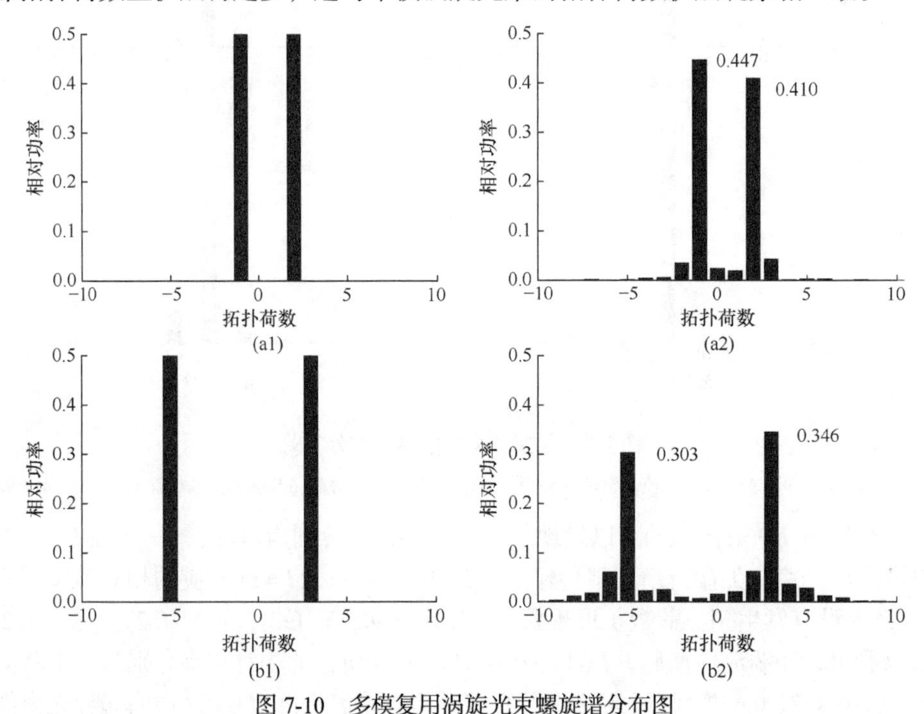

图 7-10 多模复用涡旋光束螺旋谱分布图

(a1) $l=-1,2$，无湍流；(a2) $l=-1,2$，有湍流；(b1) $l=-5,3$，无湍流；(b2) $l=-5,3$，有湍流

3. 轨道角动量模式纯度

轨道角动量谱分解理论可以求得光束的各 OAM 模式所占的相对功率，得到

其螺旋谱分布，其中目标 OAM 模式所占的比例即为轨道角动量模式纯度，如在发射端发送拓扑荷数$l=5$的单模涡旋光，那么在接收端接收到的光束中，$l=5$模式所占的相对功率的大小即为此涡旋光束的轨道角动量模式纯度。

图 7-11 绘制了不同大气折射率结构常数下，轨道角动量模式纯度随传输距离的变化曲线。参数选取如下：光波波长$\lambda=632.8\text{nm}$，束腰半径$w_0=0.03\text{m}$，拓扑荷数$l=5$。

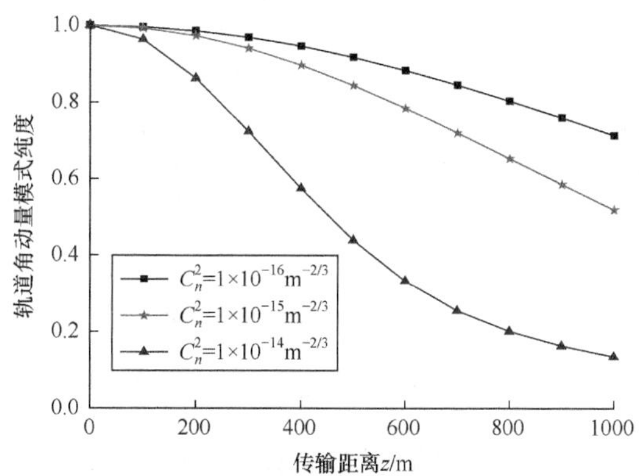

图 7-11　轨道角动量模式纯度随传输距离变化图

由图 7-11 可以看出，在三种不同大气折射率结构常数下，轨道角动量模式纯度随着传输距离的增大都呈下降趋势。当大气折射率结构常数取$C_n^2=1\times10^{-16}\text{m}^{-2/3}$、$C_n^2=1\times10^{-15}\text{m}^{-2/3}$，传输距离为 1000m 时，轨道角动量模式纯度分别下降到 0.7、0.5 左右。大气折射率结构常数取$C_n^2=1\times10^{-14}\text{m}^{-2/3}$，传输距离约为 450m 时，轨道角动量模式纯度就已经下降到 0.5 左右，传输距离为 1000m 时，轨道角动量模式纯度仅仅为 0.17 左右。同一传输距离下，大气折射率结构常数越大即表征的湍流强度越大，轨道角动量模式纯度越小。大气湍流强度越大，轨道角动量模式纯度下降得越快。

经湍流信道传输后，单模及多模涡旋光束的光强和相位分布都会发生畸变，湍流强度越大，畸变越严重；经湍流传输后，单模及多模复用涡旋光束的螺旋谱分布发生变化，相对功率转移到临近轨道角动量模式上即出现拓扑荷数扩展现象，且拓扑荷数越大，扩展现象越严重。随着传输距离的增加，轨道角动量模式纯度呈下降趋势，且湍流强度越大，下降越快。

7.2　相位差法波前畸变校正的原理与实验

7.2.1　相位差法波前畸变校正原理

1. 相位差无波前探测原理

相位差法是一种由成像系统像面光强信息间接反推波前相位分布的无波前探

测技术。该算法要求采集系统焦面和离焦面两个平面的光强信息，并根据两个通道的点扩散函数建立目标函数，最后通过最优化函数求解得到成像系统光瞳面的波前相位分布[7]。以离焦作为附加像差，采集畸变涡旋光束光强图样的示意图如图 7-12 所示。涡旋光束经过大气湍流和透镜成像系统后产生波前畸变，经分束镜后将其分成两路光束，分别用两个 CCD 相机测量其光强图样。其中，CCD1 置于成像系统的焦平面，CCD2 置于离焦平面，且离焦量值的大小由离焦距离 Δz 确定[8]。

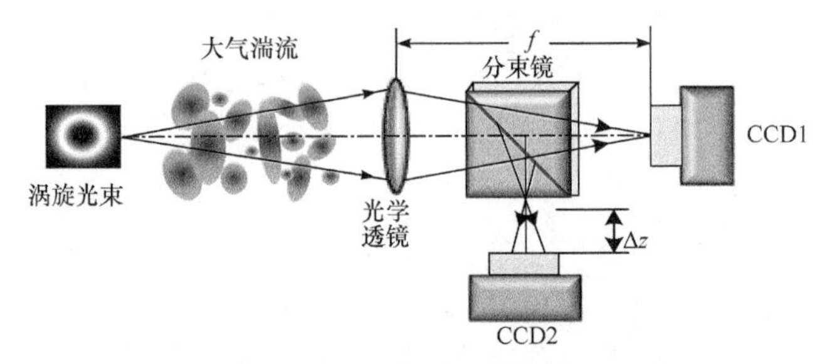

图 7-12　相位差法采集涡旋光束光强图样的示意图

假设由大气湍流和透镜组成的光学系统是线性空不变系统，入射光源为涡旋光束，根据线性空不变理论的叠加性可知两个 CCD 上采集的光强图像分别表示为[9]

$$i_k(x,y) = o(x,y) * h_k(x,y) + n_k(x,y), \quad k = 1,2 \tag{7-7}$$

式中，$o(x,y)$为初始涡旋光束；$h_k(x,y)$和 $n_k(x,y)$分别为图 7-12 中光学成像系统两个不同通道的点扩散函数和加性噪声；$*$为卷积运算。其中 $h_k(x,y)$的具体公式为[9]

$$h_k(x,y) = |F^{-1}\{A\exp[\mathrm{j}\phi_t(u,v) + \Delta\phi_k(u,v)]\}|^2 \tag{7-8}$$

式中，$F^{-1}\{\}$为傅里叶逆变换函数；A 为光瞳函数；$\phi_t(u,v)$ 为 t 时刻的待测未知波前畸变相位。用一组 Zernike 多项式可表示为[9]

$$\phi_t(u,v) = \sum_j^M a_j z_j(u,v) \tag{7-9}$$

式中，a_j为第 j 项 Zernike 的系数；M 为总阶数；$z_j(u, v)$为第 j 项 Zernike 基底；u, v 为透镜平面上的归一化坐标。

$\Delta\phi_k(\zeta,\eta)$ 为离焦引入的已知像差，其与离焦量的关系可以表示为[9]

$$\Delta\phi_k(\zeta,\eta) = \frac{2\pi}{\lambda}\Delta w(\zeta^2 + \eta^2) \tag{7-10}$$

式中，$\Delta w = \Delta z / 8(f/D)^2$ 为离焦量，f 和 D 分别为光学系统中透镜的焦距和口径，Δz 为离焦距离；λ 为波长。

从式(7-9)和式(7-10)可知，采用相位差无波前探测技术估算波前相位信息是一个根据涡旋光束的光强信息逆卷积求解的过程，由于相位是周期函数，从点扩散函数求解相位的解存在不唯一的缺陷。采用 PD 法在两个通道之间引入了一个已知的离焦像差函数，约束了两个点扩散函数的非线性关系，有效地解决了求解过程中解不唯一的问题。

2. 波前恢复算法

在实际采集涡旋光束光强信息过程中，CCD 相机不可避免地受到探测噪声的影响。假设式(7-7)中的探测噪声 $n_k(x,y)$满足均值为 0，方差为σ^2高斯分布，则采集到的涡旋光束强度满足概率密度函数[10]，可表示为

$$P_k[i_k(x,y)] = \frac{1}{\sqrt{2\pi\sigma^2}}\exp\left\{-\frac{[i_k(x,y)-o(x,y)*h_k(x,y)]^2}{2\sigma^2}\right\},\quad k=1,2 \tag{7-11}$$

对于焦面和离焦面两个平面上的所有像素点求联合概率密度分布函数为[10]

$$P_k[i_k(x,y)] = \prod_{k=1}^{2}\prod_{x,y}\frac{1}{\sqrt{2\pi\sigma^2}}\exp\left\{-\frac{[i_k(x,y)-o(x,y)*h_k(x,y)]^2}{2\sigma^2}\right\} \tag{7-12}$$

将式(7-8)～式(7-10)代入式(7-7)，并根据最大似然估计理论[11]可知，求解出概率密度函数的最大值即可得到待测未知波前畸变相位。而对概率密度函数进行对数求解后单调性保持不变，忽略常数项后，可得到似然函数为[12]

$$L\left[i(x,y)\right] = \sum_{k=1}^{2}\sum_{x,y}\left\{-\frac{1}{2}\ln(2\pi\delta^2)-\frac{1}{2\delta^2}[i_k(x,y)-o(x,y)*h_k(x,y)]^2\right\} \tag{7-13}$$

根据时域卷积定理，将式(7-7)转化至频域并简化得

$$L[I(u,v)] = \sum_{k=1}^{2}\sum_{u,v}[I_k(u,v)-O(u,v)\cdot H_k(u,v)]^2 \tag{7-14}$$

式中，$I_k(u,v)$、$O(u,v)$、$H_k(u,v)$分别为 $i_k(x,y)$、$o(x,y)$、$h_k(x,y)$的傅里叶变换。

通过降维，推导出最优化的目标函数[12]：

$$L(a) = -\sum_{u,v}\frac{|I_1(u,v)H_2(u,v)-I_2(u,v)H_1(u,v)|^2}{|H_1(u,v)|^2+|H_2(u,v)|^2} \tag{7-15}$$

采用最优化函数求解出使目标函数 $L(a)$最小的解 a，即 Zernike 多项式的系数，代入式(7-9)拟合得到畸变涡旋光束的估计波前相位分布 ϕ_t。相位差法波前探测的具体流程图如图 7-13 所示。

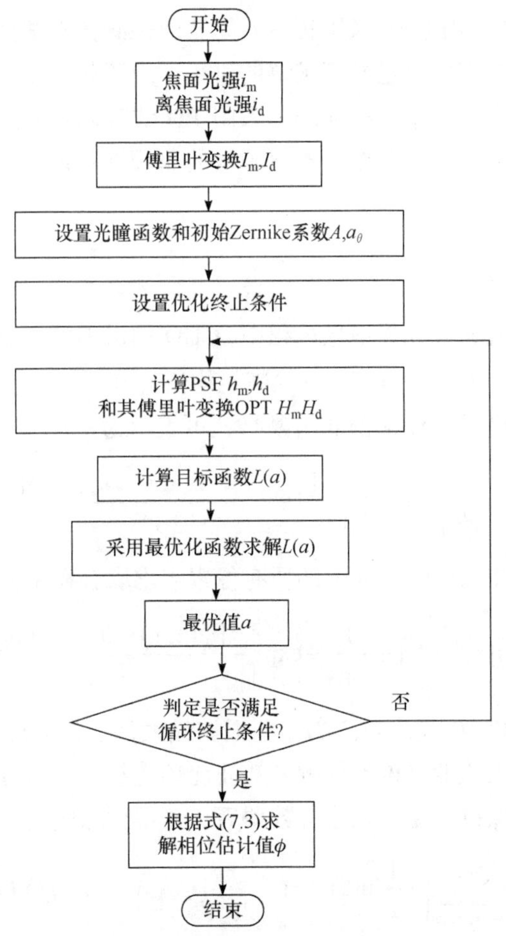

图 7-13　相位差法波前探测的流程图[13]

3. 基于目标函数的优化求解

L-BFGS(limited-memory BFGS)是比较常用的一种变尺度优化算法[14]。L-BFGS优化的基本思想利用牛顿法的迭代形式，但并不直接计算海森矩阵的逆，而是采用一个对称正定矩阵 $\boldsymbol{H}_k$ 近似地代替海森矩阵的逆$[\boldsymbol{H}(a_k)]^{-1}$。它在迭代过程中不断地改进，最后逼近$[\boldsymbol{H}(a_k)]^{-1}$，具体步骤如下所示[14]。

步骤一：取初始值 a_0，初始对称正定矩阵 $\boldsymbol{H}_0$，给定收敛误差精度$\varepsilon>0$，常数$m>0$，$k=0$。

步骤二：判断是否满足$\|gk\| \leqslant \varepsilon$，若满足，则整个算法终止；若不满足，则计算得到迭代方向 $\mathrm{d}k = -Hkgk$。

步骤三：采用 Wolfe-Powell 条件确定搜索步长 λk，使 $f(ak+\lambda k\mathrm{d}k)=\min f(ak+\lambda \mathrm{d}k)$，则得到新迭代点 $ak+1=ak+\lambda k\mathrm{d}k$。

步骤四：令 $mk=\min(k+1,m)$，更新矩阵 $\boldsymbol{H}_k$ 为 $\boldsymbol{H}_{k+1}$：

$$\begin{aligned}\boldsymbol{H}_{k+1}&=V_k^{\mathrm{T}}\boldsymbol{H}_kV_k+\rho_ks_ks_k^{\mathrm{T}}\\&=\left[V_k^{\mathrm{T}},\cdots,V_{k-m+1}^{\mathrm{T}}\right]\boldsymbol{H}_{k-m+1}\left[V_{k-m+1}^{\mathrm{T}},\cdots,V_k^{\mathrm{T}}\right]\\&\quad+\rho_{k-m+1}\left[V_{k-1}^{\mathrm{T}},\cdots,V_{k-m+2}^{\mathrm{T}}\right]s_{k-m+1}s_{k-m+1}^{\mathrm{T}}\left[V_{k-m+2}^{\mathrm{T}},\cdots,V_{k-1}^{\mathrm{T}}\right]+\cdots+\rho_ks_ks_k^{\mathrm{T}}\end{aligned}\tag{7-16}$$

式中，$V_k=I-\rho_ky_ks_k$；$y_k=g_{k+1}-g_k$；$H_{k-m+1}=H_k$；$\rho_k=1\big/\left(y_k^{\mathrm{T}}s_k\right)$；$s_k=a_{k+1}-a_k$；$H_k=B_k^{-1}$，$B_k=y_k/s_k$。

步骤五：令 k=k+1，转步骤二。

基于上述优化算法进行多次迭代直到满足设置的收敛误差精度后输出最后一次计算的 a_k，可得到当前时刻畸变波前相位分布，为下一节相位差自适应光学校正技术校正畸变涡旋光束打下基础。

7.2.2　相位差法校正补偿涡旋光束的数值仿真

自适应光学校正的相位差法技术是一种无波前传感校正系统，如图 7-14 所示。涡旋光束经大气湍流扰动后波前分布产生畸变(相位扭曲、轨道角动量之间的模式串扰等)，再经分光镜将畸变涡旋光束分为两束光，CCD 相机实时采集焦面和离焦面畸变涡旋光束的光强信息并传输给波前控制器，波前校正器加载波前相位畸变误差的共轭灰度图实现对另一束畸变涡旋光束的波前校正。

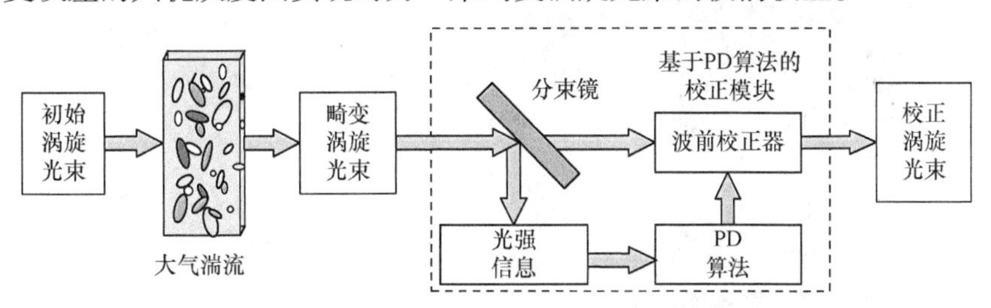

图 7-14　相位差法校正畸变涡旋光束系统模型图

7.2.3　相位差法校正单个涡旋光束的仿真结果

假设激光光源波长 λ=632.8nm，束腰半径 w_0=0.03m，成像透镜的光瞳口径 D = 25mm，焦距为 f = 200mm，大气折射率结构常数 $C_{2_n}=1\times10^{-15}\mathrm{m}^{-2/3}$，传输距离 z = 1000m，离焦量 $\Delta w=1.0\lambda$。不考虑噪声的影响，采用相位差法校正单个涡旋光束(l = 2,l = 4,l = 6)的光强、相位和螺旋谱分布图如图 7-15～图 7-17 所示。

图 7-15 为 l = 2 的单个涡旋光束校正前后的光强、相位和螺旋谱分布图。横向上从图 7-15(a1)～(a4)可以看出，l = 2 的单个涡旋光束在无湍流条件下传输 1000m 后的光强分布为一中空环状，且环上能量集中且分布均匀，而经大气湍流

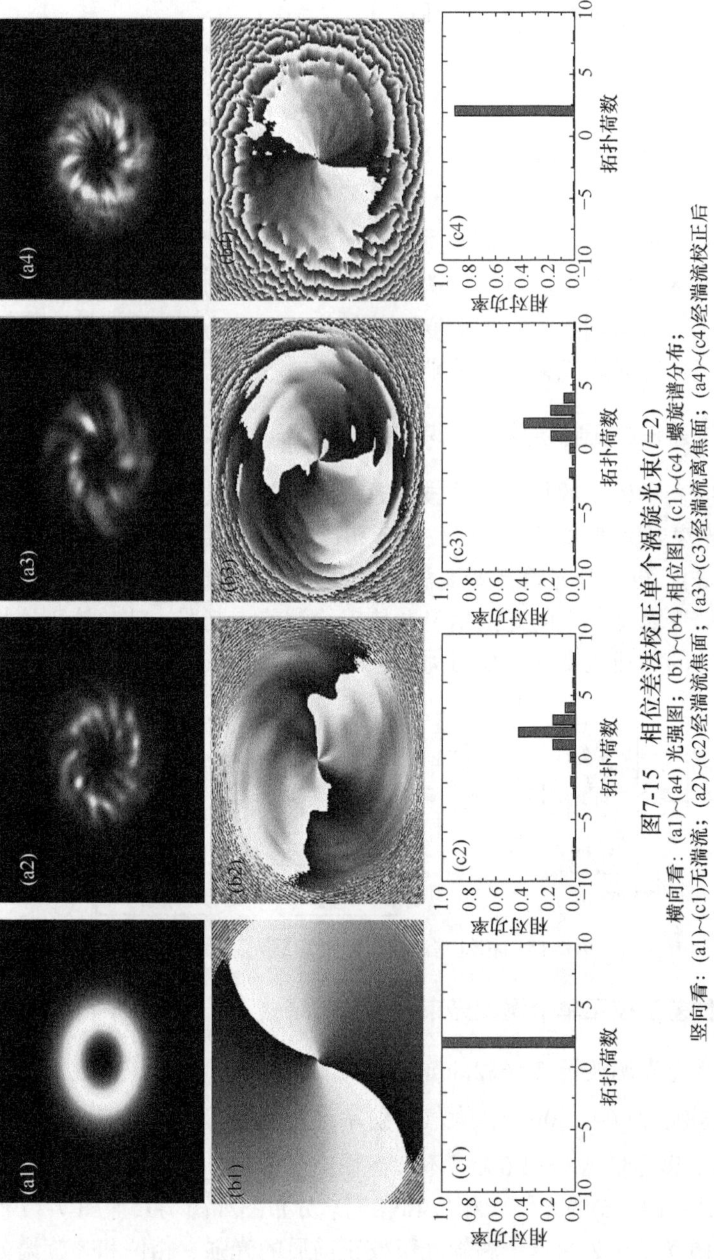

图7-15　相位差法校正单个涡旋光束(l=2)

横向看：(a1)~(a4) 光强图；(b1)~(b4) 相位图；(c1)~(c4) 螺旋谱分布；

竖向看：(a1)~(c1)无湍流；(a2)~(c2)经湍流焦面；(a3)~(c3)经湍流离焦面；(a4)~(c4)经湍流校正后

传输后，光强分布发生扭曲变形，环上能量变得分散，分布也不再均匀，经 PD 法校正补偿后，光强分布的分散程度明显减轻，且环上的能量亮斑明显增多，中心强度有所增强；从图 7-15(b1)～(b4)可以看出，经湍流传输后相位分布的等相位线也变得扭曲变形，不再为顺滑的射线，而采用 PD 法校正后，相位分布较之畸变时刻的扭曲程度减小，畸变相位得到了有效补偿。从图 7-15(c1)～(c4)亦可以看出，经湍流传输后的涡旋光束在 $l = 2$ 处的相对功率由 1 下降至 0.426，经 PD 法校正后其相对功率提升至 0.903，提高了 47.7%。通过图 7-15 的光强、相位和螺旋谱图分析结果可知，PD 法可有效地校正单个涡旋光束的波前畸变，降低模式间的串扰。

图 7-16 和图 7-17 分别为 $l = 4$ 和 $l = 6$ 的涡旋光束校正前后的光强、相位和螺旋谱分布图。横向上从图 7-16(a1)～(a4)、图 7-16(b1)～(b4)和图 7-17(a1)～(a4)、图 7-17(b1)～(b4)同样可以看出，$l = 4$ 和 $l = 6$ 的单个畸变涡旋光束经 PD 法校正后光强分布的环上能量较畸变时刻明显增强，相位分布的等相位线畸变程度明显减弱；从图 7-16(c1)～(c4)中可看出，经 PD 法校正后，拓扑荷数 $l = 4$ 处的相对功率由 0.416 提升至 0.887，提高了 47.1%。从图 7-17(c1)～(c4)中可看出，拓扑荷数 $l = 6$ 处的相对功率由 0.433 提升至 0.853，提高了 42%。对比分析图 7-15～图 7-17 的相对功率提高幅度大小可以看出，PD 法不仅可有效地校正单个涡旋光束的波前畸变，降低模式间的串扰，而且涡旋光束的校正效果随着拓扑荷数的减小而提高。

7.2.4　相位差法校正叠加态涡旋光束的仿真结果

基于相位差法的自适应光学校正技术校正叠加态涡旋光束($l = -1,2$)的光强、相位和螺旋谱分布图如图 7-18 所示。仿真参数：激光光源波长λ= 632.8nm，束腰半径 w_0=0.03m，成像透镜的光瞳口径 D = 25mm，焦距为 f = 200mm，大气折射率结构常数 $C_{2_n} = 1\times10^{-15}\mathrm{m}^{-2/3}$，传输距离 z = 1000m，离焦量 $\Delta w = 1.0\lambda$。

横向上从图 7-18(a1)～(a4)和图 7-18(b1)～(b4)可看出，$l = -1,2$ 的叠加态涡旋光束无湍流传输时光强分布为一花瓣状，且每个瓣上的能量较为集中，相位分布为一系列顺滑的等相位线，而经大气湍流扰动后，每一个瓣上的光强分布能量均变得分散，相位分布的等相位线亦出现了不同程度的扭曲变形，最后经相位差法校正后，光强分布的每一片花瓣的中心强度增强，相位分布的等相位线扭曲程度减小；从图 7-18(c1)～(c4)也可以看出，拓扑荷数 $l = -1$ 处的相对功率由 0.148 提升至 0.456，拓扑荷数 l=2 处的相对功率由 0.081 提升至 0.369。可以说明，相位差法也可以有效地校正畸变的叠加态涡旋光束，降低模式间的串扰。

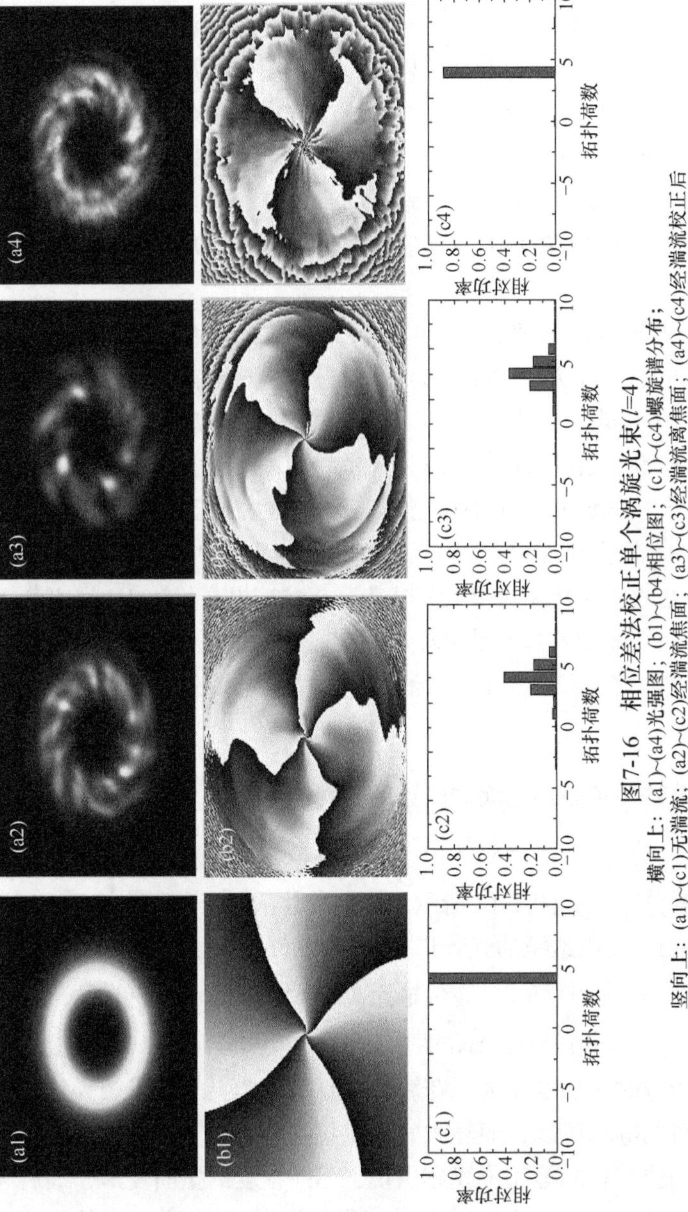

图7-16　相位差法校正单个涡旋光束(l=4)

横向上：(a1)~(a4)光强图；(b1)~(b4)相位图；(c1)~(c4)螺旋谱分布；

竖向上：(a1)~(c1)无湍流；(a2)~(c2)经湍流焦面；(a3)~(c3)经湍流离焦面；(a4)~(c4)经湍流校正后

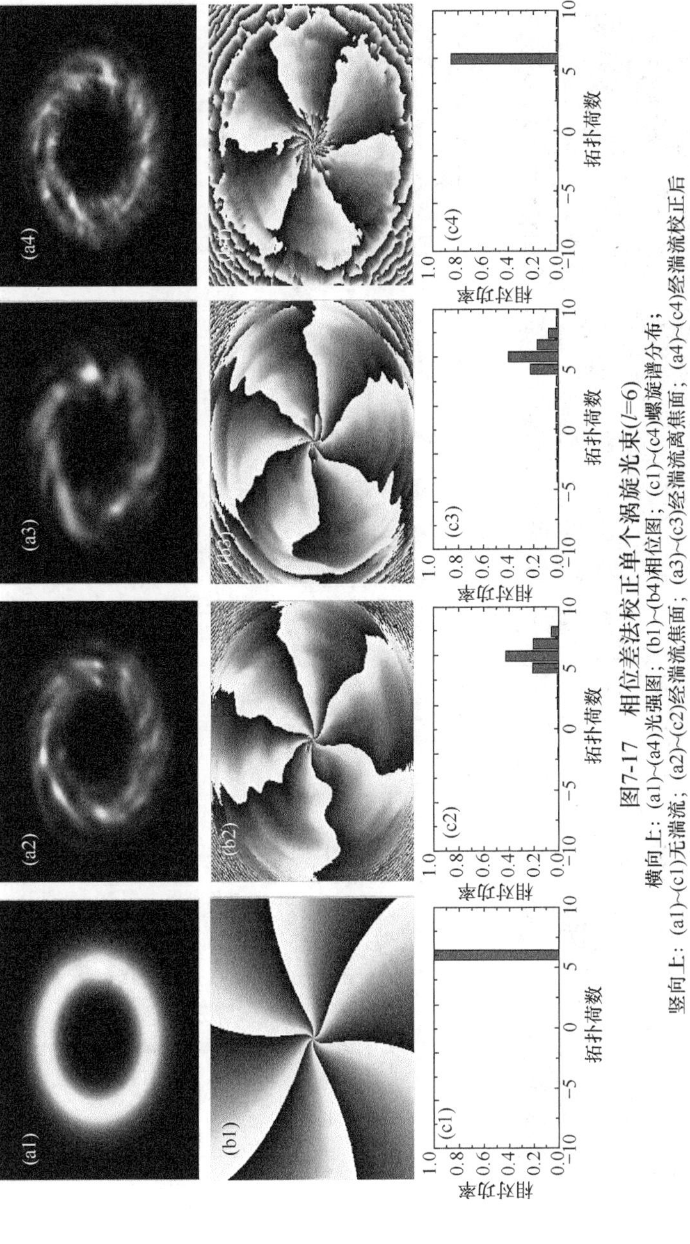

图7-17　相位差法校正单个涡旋光束(l=6)

横向上：(a1)~(a4)光强图；(b1)~(b4)相位图；(c1)~(c4)螺旋谱分布；

竖向上：(a1)~(c1)无湍流；(a2)~(c2)经湍流焦面；(a3)~(c3)经湍流离焦面；(a4)~(c4)经湍流校正后

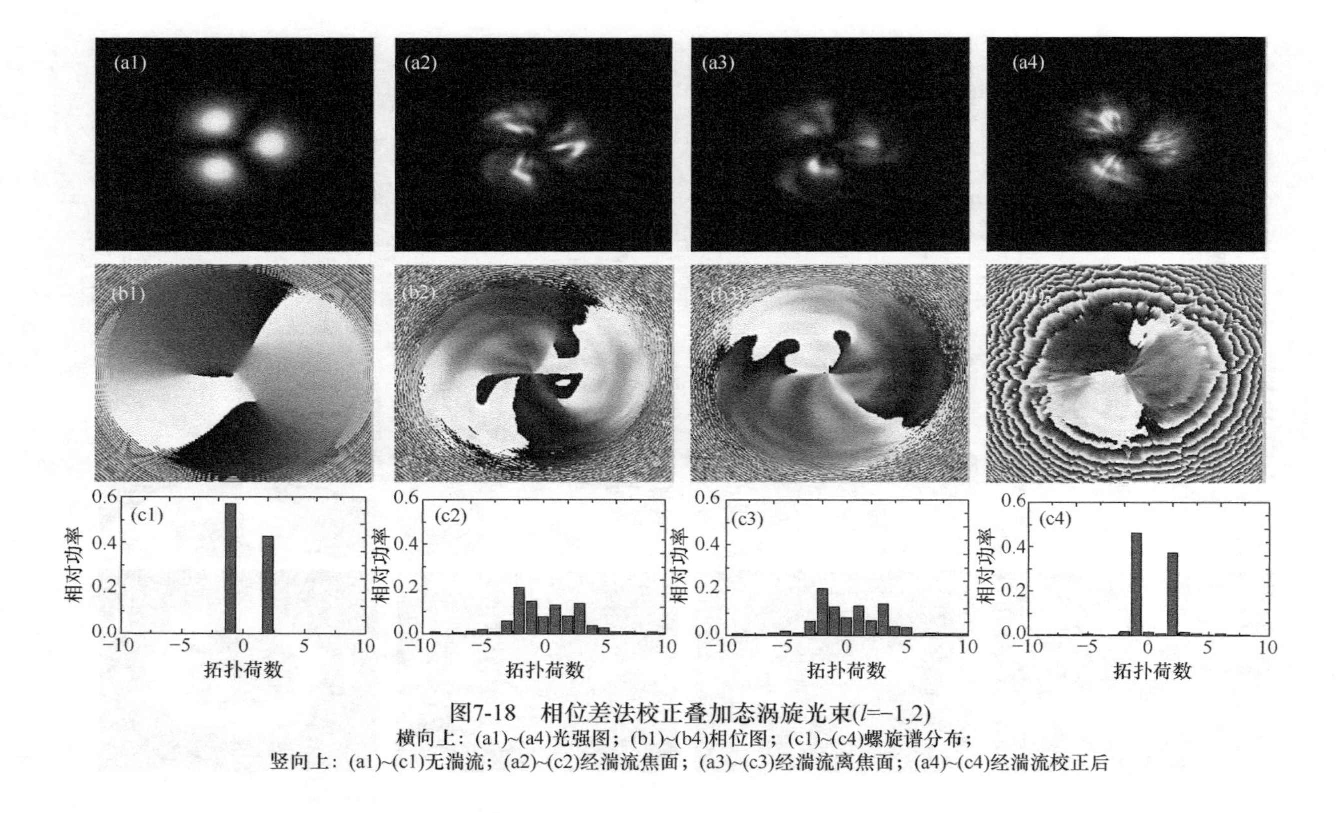

图7-18　相位差法校正叠加态涡旋光束(l=−1,2)

横向上：(a1)~(a4)光强图；(b1)~(b4)相位图；(c1)~(c4)螺旋谱分布；

竖向上：(a1)~(c1)无湍流；(a2)~(c2)经湍流焦面；(a3)~(c3)经湍流离焦面；(a4)~(c4)经湍流校正后

7.2.5　PD 算法的收敛性分析

采用式(7-17)所定义的相位相关系数作为 PD 算法波前恢复的评价指标，分析相位相关系数随迭代次数之间的变化关系，其计算公式为

$$R=\frac{\sum_{m}\sum_{n}[\phi(m,n)-\bar{\phi}][\hat{\phi}(m,n)-\bar{\hat{\phi}}]}{\sqrt{\sum_{m}\sum_{n}[\phi(m,n)-\bar{\phi}]^{2}[\hat{\phi}(m,n)-\bar{\hat{\phi}}]^{2}}} \tag{7-17}$$

式中，ϕ 为畸变波前相位真实值；$\hat{\phi}$ 为经 PD 法迭代计算的估计值。由定义可知，R 越大，两者之间的相关性越高，则应用 PD 法校正畸变涡旋光束的效果越好。

图 7-19 是基于 PD 算法的无波前校正技术波前恢复的相位相关系数随迭代次数的变化曲线图。由图可知，对于单个畸变涡旋光束($l=2$，$l=4$，$l=6$)，经过约 40 次迭代后相位相关系数趋于稳定，达到 0.95 左右；对于叠加态畸变涡旋光束($l=-1, 2$)，约 60 次迭代后相位相关系数趋于稳定，达到 0.9 左右，这些数据说明 PD 算法拟合的波前畸变相位与真实相位值之间的相关性较高。因此，采用基于 PD 算法的自适应光学校正技术对畸变单个和叠加态涡旋光束的进行校正补偿时都具有较好的收敛性。

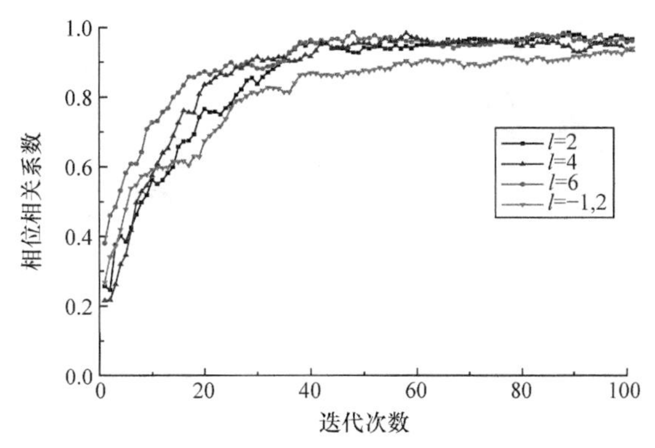

图 7-19　相位相关系数随 PD 算法迭代次数的变化曲线图

7.3　基于相位差法校正畸变涡旋光束的实验研究

7.3.1　实验装置

基于相位差法的校正涡旋光束波前畸变的实验系统，其主要实验器材有：He-Ne 激光器、光阑、反射式液晶空间光调制器、光学透镜、分束镜、偏振片和光束分析仪，如图 7-20 所示。从图可知，此实验系统主要包含三个模块，分别为：

LG 光束的产生模块、湍流扰动波前畸变模拟模块、无波前校正补偿系统模块。具体的实验过程为：激光光源入射到加载叉形光栅图样的空间光调制器 1 上并经光阑后产生单个或叠加态初始 LG 光束；然后经 4f 系统准直后入射到由空间光调制器 2、偏振片 1、偏振片 2 组成的纯相位调制系统使初始 LG 光束产生波前畸变；最后经分束镜 2 将畸变 LG 光束分为两束光，用光束分析仪在透镜焦面和离焦面采集其中一束光的光强信息，波前控制器即计算机根据测得的畸变光强信息采用 PD 法计算得到校正灰度图后加载至空间光调制器 3 上即可实现对另一束 LG 光束畸变波前的校正补偿。

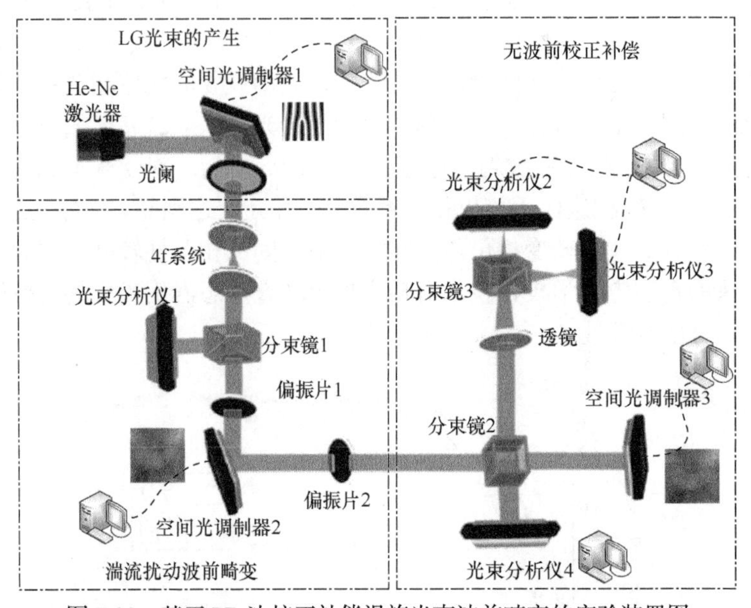

图 7-20　基于 PD 法校正补偿涡旋光束波前畸变的实验装置图

7.3.2　涡旋光束波前校正实验分析

1. 单个涡旋光束波前校正

实验选取激光光源波长 $\lambda = 632.8\text{nm}$，大气折射率常数 $C_{2_n} = 1\times10^{-15}\text{m}^{-2/3}$，光学透镜光瞳口径 $D = 25\text{mm}$，焦距为 $f = 200\text{mm}$，离焦量 $\Delta w = 1.0\lambda$，则基于相位差无波前校正系统校正补偿单个涡旋光束的光强分布和螺旋谱分布图如图 7-21 和图 7-22 所示。

图 7-21 为相位差法校正单个涡旋光束($l=1, l=3, l=5$)的光强分布。由图 7-21(a1)可知，拓扑荷数 $l=1$ 初始涡旋光束的光强为一环状，能量较为集中。经大气湍流扰动后，光束产生畸变，焦面及离焦面的光强分布相比初始状态变得分散，

如图 7-21(a2)、(a3)所示，其光强误差分别为 0.833 和 0.817。经相位差法校正后，光强分布相比畸变时刻更加均匀且环形光斑上的能量增强，光强误差降至 0.3421，如图 7-21(a4)所示。拓扑荷数 $l=3$ 和 $l=5$ 的涡旋光束经 PD 法校正后，光强误差分别由焦面的 0.8243 和 0.7387 降至 0.3498 和 0.3733。由此可见，相位差法对单个涡旋光束的波前畸变可达到有效的校正。

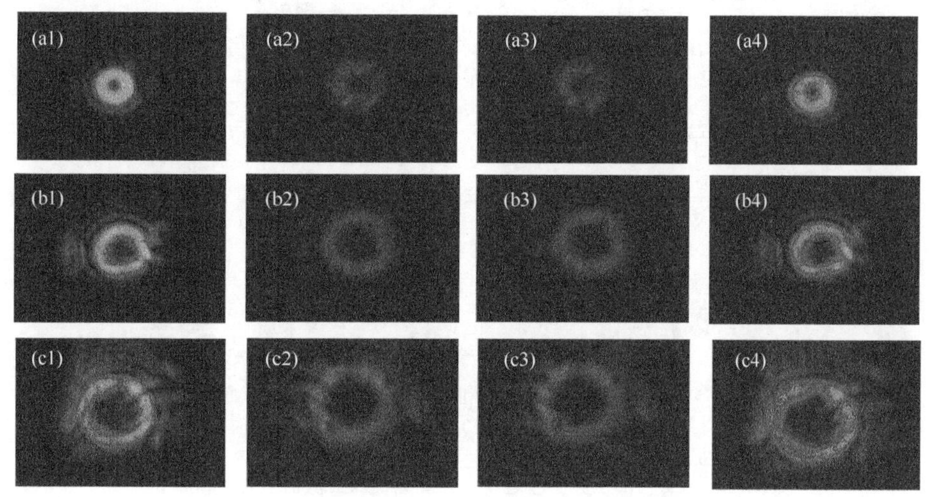

图 7-21　相位差法校正单个涡旋光束的光强分布图

横向上：(a1)～(a4) $l=1$；(b1)～(b4) $l=3$；(c1)～(c4) $l=5$；
竖向上：(a1)～(c1) 初始光强；(a2)～(c2) 焦面处光强；(a3)～(c3) 离焦面处光强；(a4)～(c4) 校正后光强

分析图 7-21 的对应单个涡旋光束($l=1$、$l=3$、$l=5$)经相位差法校正前后的螺旋谱分布图，如图 7-22 所示。从图 7-22(a1)可知，初始涡旋光束的相对功率为 0.904。经大气湍流扰动后，光束的相对功率在透镜焦面及离焦面分别降至 0.423 和 0.417，如图 7-22(a2)、(a3)所示。而采用 PD 算法校正后，涡旋光束的相对功率提升至 0.831，提高了 40.8%，如图 7-22(a4)所示。拓扑荷数 l 分别为 3 和 5 时，涡旋光束的相对功率分别由焦面的 0.417 和 0.397 提升至 0.824 和 0.793，分别提高了 40.7%和 39.6%。对于不同拓扑荷数的单个畸变涡旋光束，相位差法均可降低模式间的串扰，且涡旋光束的拓扑荷数越小，校正效果越好，这与仿真结果保持一致。

2. 叠加态涡旋光束波前校正

选取同样参数：$\lambda=632.8\text{nm}$，$C_{2_n}=1\times10^{-15}\text{m}^{-2/3}$，$D=25\text{mm}$，焦距 $f=200\text{mm}$，离焦量 $\Delta w=1.0\lambda$，基于相位差法校正补偿叠加态涡旋光束($l=-1,2$，$l=-3,2$)的光强和螺旋谱分布图如图 7-23 所示。

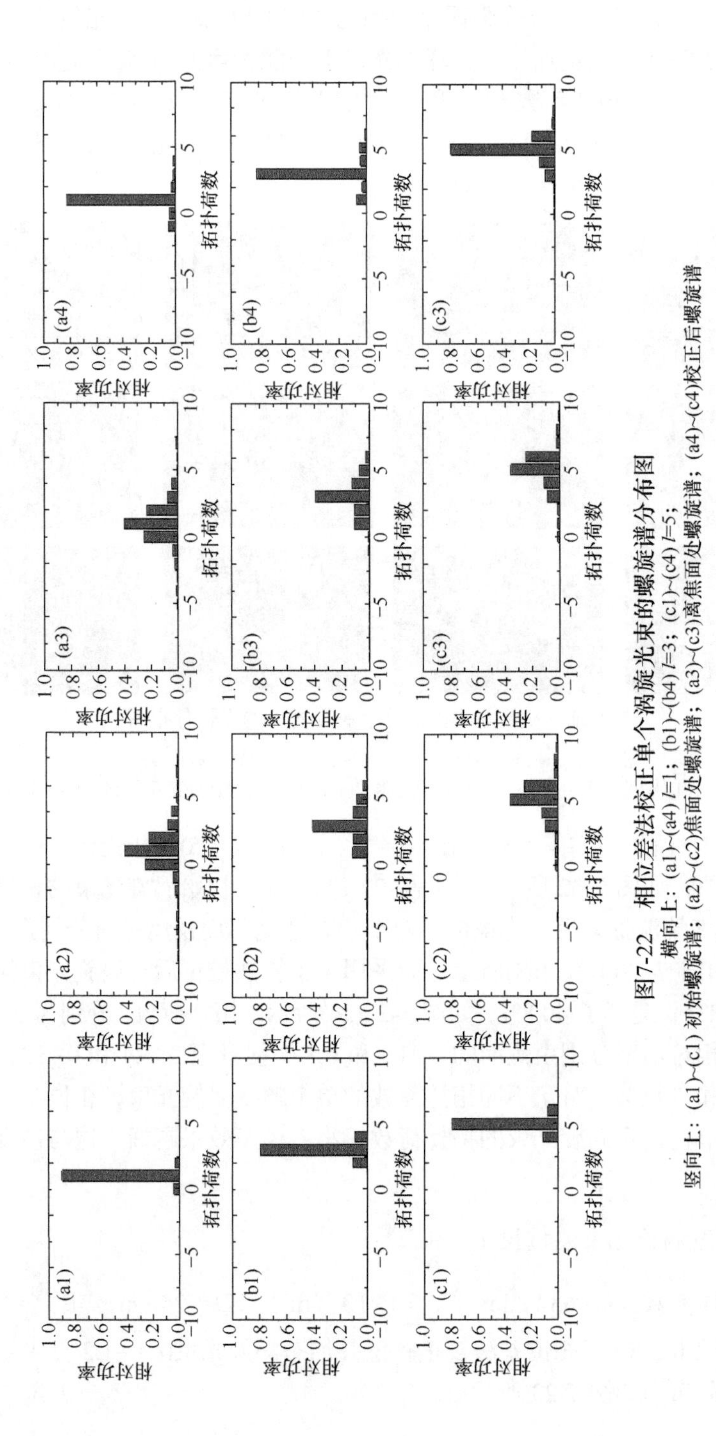

图7-22　相位差法校正单个涡旋光束的螺旋谱分布图

横向上：(a1)~(a4) l=1；(b1)~(b4) l=3；(c1)~(c4) l=5；

竖向上：(a1)~(c1) 初始螺旋谱；(a2)~(c2)焦面处螺旋谱；(a3)~(c3)离焦面处螺旋谱；(a4)~(c4)校正后螺旋谱

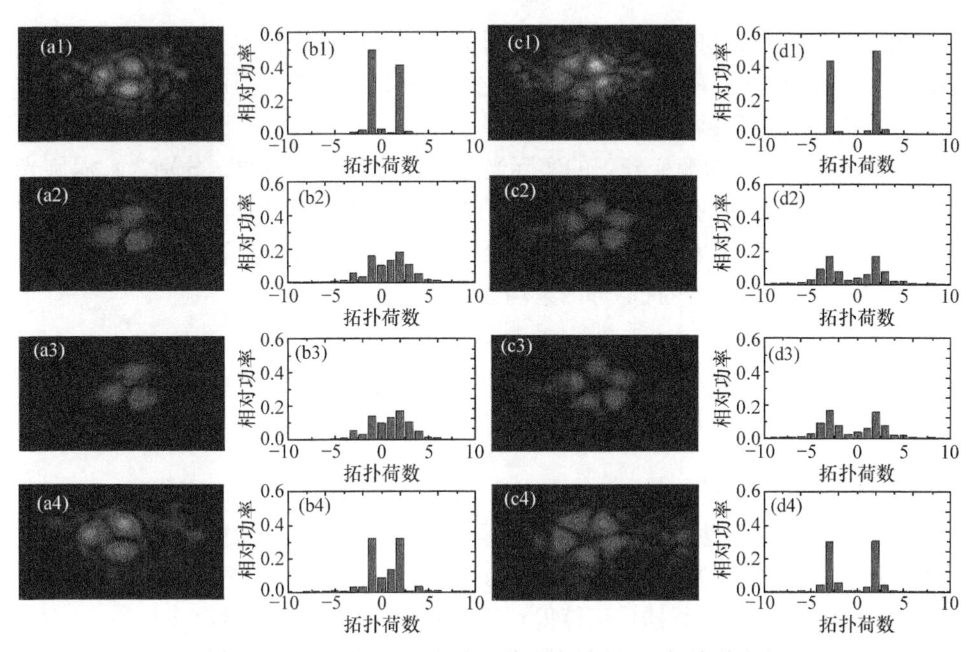

图 7-23　相位差法校正叠加态涡旋光束的光强、螺旋谱分布图

竖向上：(a1)～(b4) $l=-1,2$；(c1)～(d4) $l=-3,2$；

横向上：(a1)～(d1) 初始光强和螺旋谱；(a2)～(d2) 焦面处光强和螺旋谱；(a3)～(d3) 离焦面处光强和螺旋谱；(a4)～(d4)校正后光强和螺旋谱

由图 7-23(a1)可知，初始涡旋光束的光强为一花瓣状，能量较为集中，模式间串扰较小，$l=-1$ 和 $l=2$ 的相对功率分别为 0.497 和 0.408，如图 7-23(b1)所示。经大气湍流扰动后，光束产生畸变，每一片瓣状光强分布相比初始状态变得分散，相对功率在透镜焦面及离焦面分别降至 0.157、0.181 和 0.142、0.172，模式间的串扰也有所增加，如图 7-23(b2)、(b3)所示。采用相位差法校正后，光强分布相比畸变时刻更加均匀且每一瓣花瓣中心的能量增强，相对功率也提升至 0.318 和 0.317，如图 7-23(b4)所示。从图 7-23(d1)～(d4)可以看出，拓扑荷数 $l=-3,2$ 的叠加态涡旋光束经 PD 法校正后，相对功率亦分别由焦面的 0.167、0.166 提升至 0.301、0.302。由此说明，PD 法针对叠加态涡旋光束的波前畸变同样可以达到较好的校正效果，提高相对功率，降低模式间的串扰。

3. 误差分析

基于相位差自适应光学校正系统校正涡旋光束的实验结果与仿真结果产生误差的原因如下。

(1) PD 法作为一种无波前探测技术，结合自适应光学校正技术应用于畸变涡旋光束的校正核心的原理就是，根据离焦距离引入已知像差后基于最大似然估计理论确定目标函数，进而通过优化算法计算得到波前畸变误差实现校正。因此，实验过程中 PD 法选择的离焦距离、优化精度及目标函数等因素均会影响算法的波前误差寻优的结果精度。

(2) 涡旋光束波前畸变校正的实际光路主要分为三个模块，分别为：涡旋光束的产生、畸变波前的模拟和畸变误差的校正，实验中三个模块均使用了液晶空间光调制器实现其模块功能。液晶空间光调制器的工作面不平整，光路的准直性、入射角度、实际环境噪声扰动等因素均会影响实验的结果误差。

7.4　涡旋光波前畸变 G-S 算法

7.4.1　校正原理

G-S 相位恢复算法，是一种由波前强度重构波前相位的间接测量法，其由光场的光强分布反推相位信息，算法思想为：由入射平面和输出平面处的光强分布，通过控制起始条件并进行迭代运算得到所需光场的相位分布信息。

G-S 算法要求获得两个强度测量值，并假定从第一个平面到第二个平面所经历的变换是线性的，最初被假定为二维傅里叶变换[15]，后发展到可用于任何能量守恒变换，如菲涅耳衍射、角谱衍射等。以第一个场的估计为起点，以第一次测量的强度分布为基础，将振幅计算为测量强度的平方根。传统的初始相位一般估计为零或任何随机值，后来在对涡旋光束的校正中发现，选择符合涡旋光束相位特点的螺旋相位作为算法初始相位估计条件，能够改善算法缺陷，避免算法迭代结果陷入局部极值。G-S 算法的原理如图 7-24 所示，具体描述如下[16]。

(1) 选择未发生波前畸变的理想光场幅度 $U_i(x,y)$ 作为输入光场的幅度，选择理想螺旋相位 φ_0 作为初始随机相位，两者组成光场 $U_i(x,y)\exp(\mathrm{i}\varphi_0)$，作为衍射计算的输入光场。

(2) 对光场 $U_i(x,y)\exp(\mathrm{i}\varphi_0)$ 进行衍射传输计算，得到其变换域幅度谱 $A(k_x,k_y)$ 和相位谱 $\Phi(k_x,k_y)$。

(3) 用发生畸变的涡旋光束幅度谱 $U_0(x,y)$ 替换 $A(k_x,k_y)$，得到新的光场复振幅 $U_0(x,y)\exp[\mathrm{i}\Phi(k_x,k_y)]$。

(4) 对光场 $U_0(x,y)\exp[\mathrm{i}\Phi(k_x,k_y)]$ 进行衍射逆运算，得到空间域幅度谱 $a(x,y)$ 和相位谱 $H(x,y)$。

(5) 用初始理想光场的幅度谱 $U_i(x,y)$ 替换 $a(x,y)$，得到下次循环迭代的初始光场表达式 $U_i(x,y)\exp[\mathrm{i}H(x,y)]$，当满足一定迭代条件或达到定义的循环迭代次数时，计算终止，便可得到重构的涡旋光束畸变相位 $H(x,y)$。

(6) 相应的模拟大气湍流的扭曲相位为 $D(x,y)=H(x,y)-\varphi_0$。

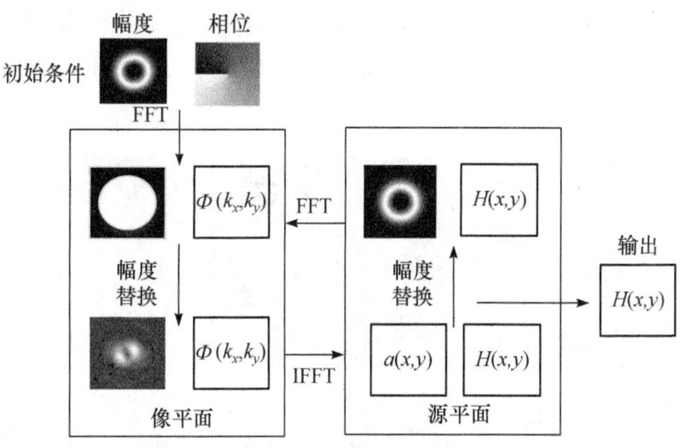

图 7-24　G-S 算法原理图[17,18]

图 7-25 为 G-S 算法校正畸变涡旋光束实验原理图。首先利用空间光调制器 1 将普通的高斯光束变成所需的涡旋光束，涡旋光束入射到加载了大气湍流相位屏的空间光调制器 2 处发生相位畸变。用 CCD 相机采集扭曲形变的涡旋光束图像，经 G-S 算法计算后获得大气湍流畸变相位，再在空间光调制器 3 上加载大气湍流畸变相位的共轭图样，从而实现涡旋光束的波前畸变校正。

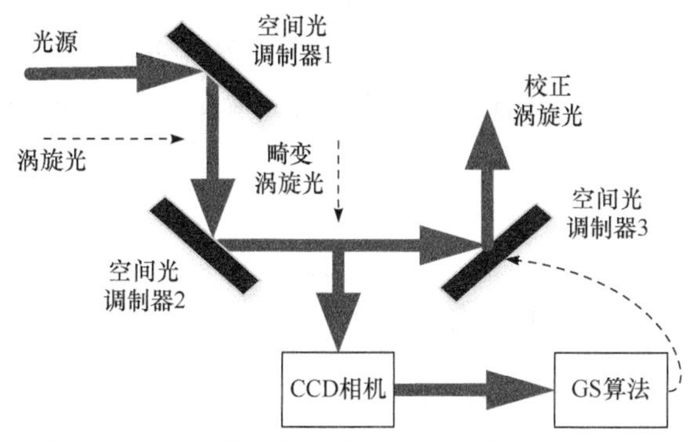

图 7-25　G-S 算法校正畸变涡旋光束原理图[19-21]

7.4.2　仿真结果

图 7-26 是单模涡旋光束利用 G-S 算法校正前后光强、相位分布图。参数选取如下：光波波长 $\lambda=632.8\text{nm}$，束腰半径 $w_0=0.035\text{m}$，拓扑荷数 $l=3$，传输距离 $z=1000\text{m}$，大气折射率结构常数 $C_n^2=5\times10^{-15}\text{m}^{-2/3}$，算法迭代次数 $N=200$。

由图 7-26(a1)～(a3)可以看出，在大气湍流传输后单模涡旋光束的环形光强分布发生扭曲形变，环内的强度分布不再均匀，经过 G-S 算法校正后，亮斑明显增多，说明强度有所提高且光强分布变得均匀，光斑扭曲形变程度减弱。由

图 7-26(b1)～(b3)可以看出，经过 G-S 算法校正后，等相位线扭曲程度得到很大减小，说明光束的相位畸变得到有效补偿。由图 7-26 可以看出，经过 G-S 算法校正后，单模涡旋光束光强和相位畸变都得到了改善，这说明 G-S 算法对于单模涡旋光的畸变校正是十分有效的。

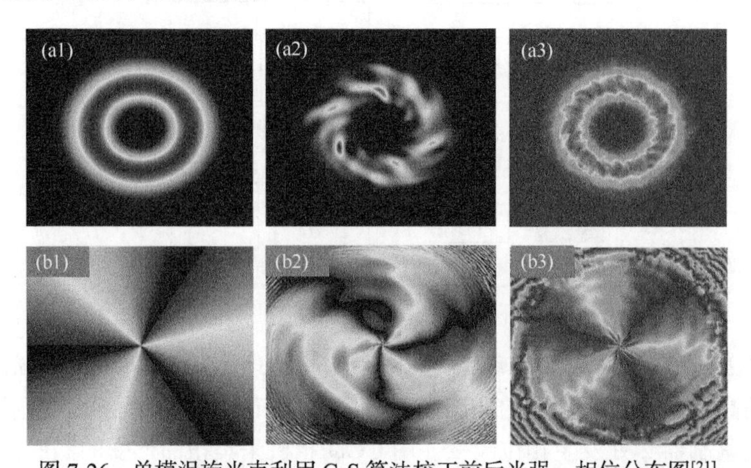

图 7-26　单模涡旋光束利用 G-S 算法校正前后光强、相位分布图[21]

(a1) 无湍流，光强；(a2) 有湍流，光强；(a3) 经校正，光强；(b1) 无湍流，相位；(b2) 有湍流，相位；(b3) 经校正，相位

图 7-27(a)为图 7-26(a2)、(b2)相应的螺旋谱，图 7-26(b)为图 7-26(a3)、(b3)相应的螺旋谱。一般认为相对功率达到 0.8 以上时，畸变校正的效果就可以满足要求。

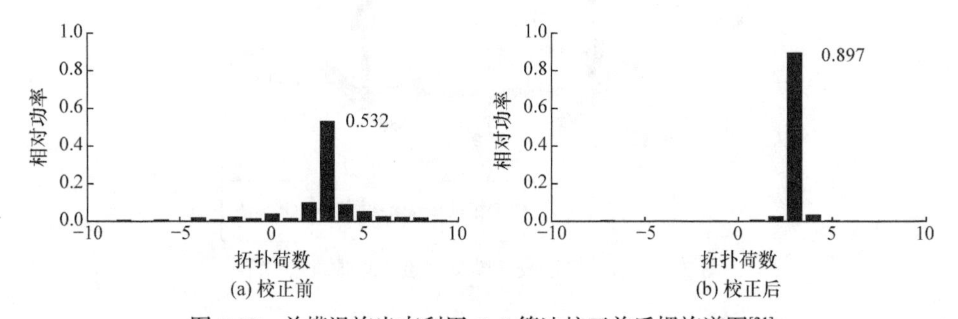

(a) 校正前　　(b) 校正后

图 7-27　单模涡旋光束利用 G-S 算法校正前后螺旋谱图[21]

由图 7-27(a)可以看出，校正前单模涡旋光束在拓扑荷数 $l=3$ 处的相对功率只有 0.532。由图 7-27(b)可以看出，利用 G-S 算法校正后，单模涡旋光束在拓扑荷数 $l=3$ 处的相对功率上升到 0.897，达到 0.8 以上，满足校正要求。相对功率在原来的基础上提升了约 68.6%，这说明 G-S 算法可有效补偿单模涡旋光束的波前畸变。

图 7-28 为多模复用涡旋光束利用 G-S 算法校正前后光强、相位分布图。参数选

取如下：光波波长 $\lambda = 632.8\text{nm}$ ，束腰半径 $w_0 = 0.035\text{m}$ ，拓扑荷数 $l = -1, 2$ ，传输距离 $z = 1000\text{m}$ ，大气折射率结构常数 $C_n^2 = 5 \times 10^{-15}\text{m}^{-2/3}$ ，算法迭代次数 $N = 200$ 。

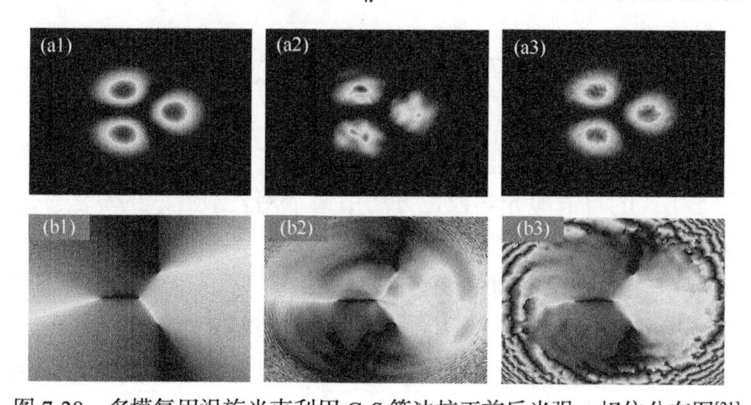

图 7-28 多模复用涡旋光束利用 G-S 算法校正前后光强、相位分布图[21]

(a1) 无湍流，光强；(a2) 有湍流，光强；(a3) 经校正，光强；(b1) 无湍流，相位；(b2) 有湍流，相位；(b3) 经校正，相位

由图 7-28(a1)～(a3)可以看出，在大气湍流传输后多模复用涡旋光束的花瓣状光强分布的每一片都发生形变，瓣状中心光强减弱。校正后，每一片花瓣状中心光强显著增强，花瓣状得到很好的恢复。由图 7-28(b1)～(b3)可以看出，经过 G-S 算法校正后的等相位线扭曲程度得到很大的减小，等相位线变得光滑，多模复用涡旋光束的相位畸变亦得到有效补偿。图 7-28 总体说明了经过 G-S 算法校正的多模复用涡旋光束的光强和相位畸变都得到了改善。在此，亦通过螺旋谱分析轨道角动量的变化情况。

图 7-29 为多模复用涡旋光束利用 G-S 算法校正前后螺旋谱图。其中，图 7-29(a)为图 7-28(a2)、(b2)相应的螺旋谱，图 7-29(b)为图 7-28(a3)、(b3)相应的螺旋谱。

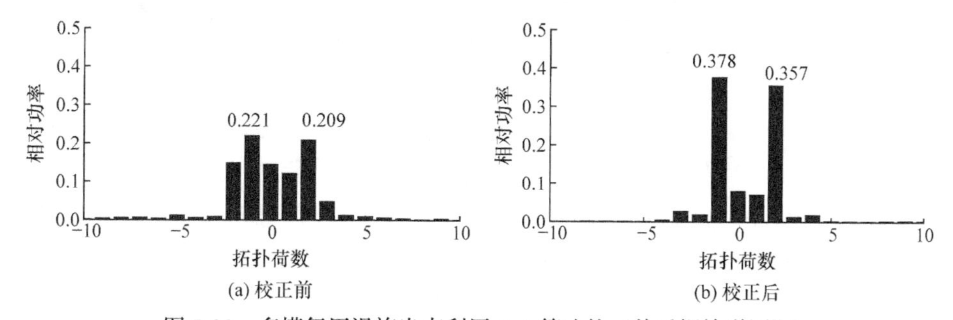

(a) 校正前　　(b) 校正后

图 7-29 多模复用涡旋光束利用 G-S 算法校正前后螺旋谱图[21]

由图 7-29 可以看出，经 G-S 算法校正，拓扑荷数为 $l = -1$ 处的相对功率由 0.221 提升至 0.378，在原来的基础上提升了约 71.0%。$l = 2$ 处的相对功率由 0.209 提升

至 0.357，在原来的基础上也提升了 70.8%左右。G-S 算法对于多模复用涡旋光束依然可以实现有效的波前畸变校正。

7.5 SPGD 算法

除了上述利用相位信息重构进行波前畸变校正的方法，随机并行梯度下降算法便是这类优化式的自适应光学校正方法中最常用且最有效的算法。SPGD 算法的原理可以参考第 5 章。

图 7-30 是单模涡旋光束利用 SPGD 算法校正前后光强、相位分布图。参数选取如下：光波波长 $\lambda = 632.8\text{nm}$，束腰半径 $w_0 = 0.035\text{m}$，拓扑荷数 $l = 3$，传输距离 $z = 1000\text{m}$，大气折射率结构常数 $C_n^2 = 5\times10^{-15}\text{m}^{-2/3}$，电压扰动幅度 $|\Delta U| = 0.005$，增益系数 $\mu = 0.75$，算法迭代次数 $N = 200$。

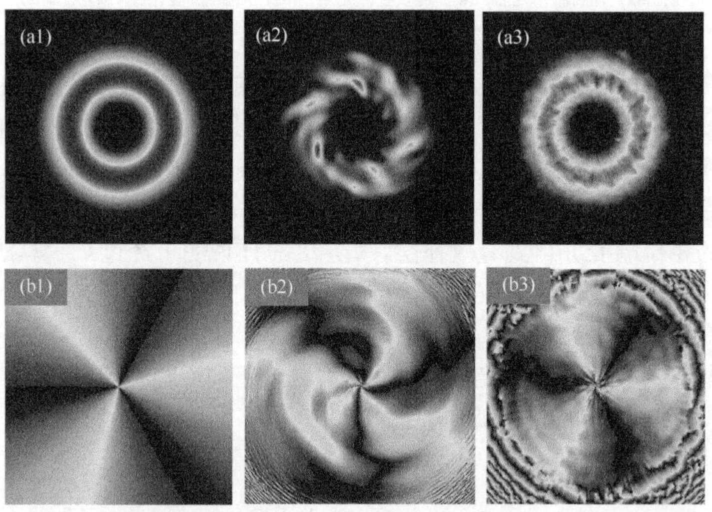

图 7-30　单模涡旋光束利用 SPGD 算法校正前后光强、相位分布图[21]

(a1) 无湍流，光强；(a2) 有湍流，光强；(a3) 经校正，光强；
(b1) 无湍流，相位；(b2) 有湍流，相位；(b3) 经校正，相位

由图 7-30(a1)～(a3)可以看出，在大气湍流传输后单模涡旋光束的光强分布整体都发生减弱且分布变得不均匀，形状扭曲形变。经过 SPGD 算法校正后，环形光强分布得以恢复，环状中心强度变强，光斑扭曲形变程度得到有效改善。从图 7-30(b1)～(b3)可以看出，经过 SPGD 算法校正后的等相位线扭曲程度减小，波前相位得到补偿。说明 SPGD 算法可以实现单模涡旋光束的波前畸变校正。

图 7-31 为绘制的单模涡旋光束利用 SPGD 算法校正前后螺旋谱图。其中，

图 7-31(a)为图 7-30(a2)、(b2)相应的螺旋谱，图 7-31(b)为图 7-30(a3)、(b3)相应的螺旋谱。

由图 7-31 可以看出，经 SPGS 算法校正，光束在 $l=3$ 处的相对功率由 0.532 上升至 0.874 左右，提升了 64.3%左右，这说明经 SPGD 算法校正后，单模涡旋光束的轨道角动量信息得到很好的恢复。

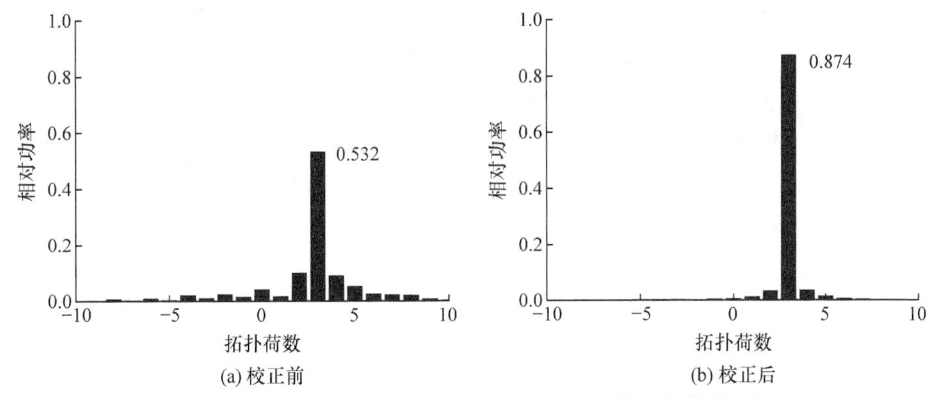

(a) 校正前　(b) 校正后

图 7-31　单模涡旋光束利用 SPGD 算法校正前后螺旋谱图[21]

图 7-32 是多模复用涡旋光束利用 SPGD 算法校正前后光强、相位分布图。参数选取如下：光波波长 $\lambda=632.8\text{nm}$，束腰半径 $w_0=0.035\text{m}$，拓扑荷数 $l=-1,2$，传输距离 $z=1000\text{m}$，大气折射率结构常数 $C_n^2=5\times10^{-15}\text{m}^{-2/3}$，电压扰动幅度 $|\Delta U|=0.005$，增益系数 $\mu=0.75$，算法迭代次数 $N=200$。

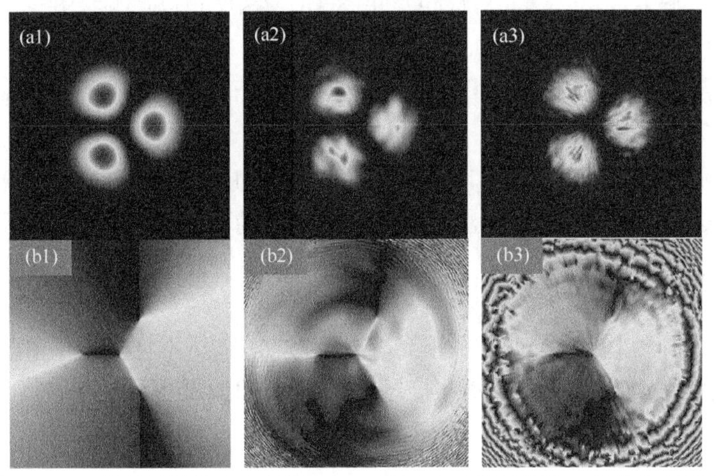

图 7-32　多模复用涡旋光束利用 SPGD 算法校正前后光强、相位分布图[21]

(a1) 无湍流，光强；(a2) 有湍流，光强；(a3) 经校正，光强；
(b1) 无湍流，相位；(b2) 有湍流，相位；(b3) 经校正，相位

由图 7-32(a1)～(a3)可以看出，经过 SPGD 算法校正后，花瓣状光强分布明显得以恢复，而且瓣状中心的亮斑增多，说明中心光强增强。由图 7-32(b1)～(b3)可以看出，相位分布比校正前有所改善，但是相位“扇形叶片”清晰程度不高，部分等相位线没能有效恢复，光强及相位校正效果不是特别明显。

图 7-33 为多模复用涡旋光束利用 SPGD 算法校正前后螺旋谱图。由图 7-33 可以看出，经 SPGD 算法校正，拓扑荷数 $l=-1$ 处相对功率由 0.221 提升至 0.286，在原来基础上提升约 29.4%。$l=2$ 处相对功率由 0.209 提升至 0.290，在原来的基础上仅提升了 38.8%左右，说明 SPGD 算法一定程度上可以校正多模复用涡旋光束，但是显然相比于单模光束，校正效果并不理想。G-S 相位恢复算法对单模及多模复用的涡旋光束都能实现有效的波前畸变校正；SPGD 算法对于单模涡旋光束的畸变校正效果优于多模复用光束。

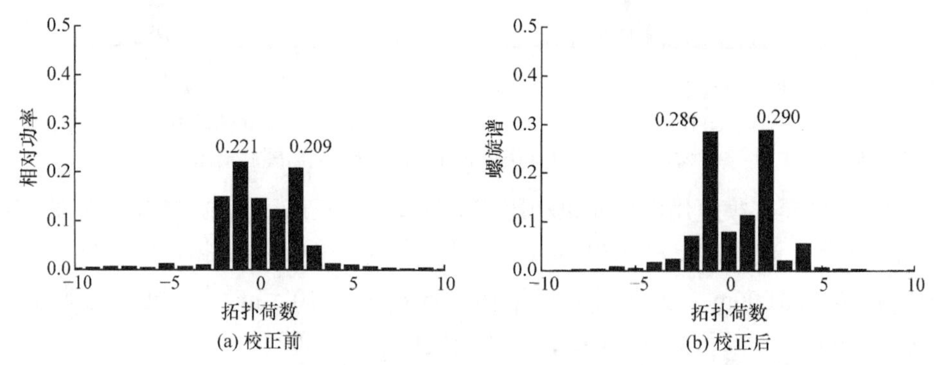

图 7-33　多模复用涡旋光束利用 SPGD 算法校正前后螺旋谱图[21]

7.6　G-S 算法和 SPGD 算法波前畸变校正实验

在实验室内分别搭建了利用 G-S 算法和 SPGD 算法的自适应光学校正系统。分别利用 G-S 算法、SPGD 算法实现了涡旋光束的波前畸变校正实验研究。

7.6.1　相位恢复算法

本节依据 G-S 算法设计了校正涡旋光束波前畸变的实验系统，在实验室环境下搭建了实际的校正系统光路结构，并完成了对单模及多模复用涡旋光束的波前畸变校正。

1. 实验装置

利用 G-S 算法校正涡旋光束波前畸变实验装置示意图如图 7-34 所示。实验器材主要有：He-Ne 激光器、空间光调制器、光阑、透镜、偏振片、分束镜和光束分析仪。

由图 7-34 可以看出，实验系统可分为三个部分，分别为：涡旋光束产生、大气湍流模拟和波前畸变补偿。①涡旋光束产生，在空间光调制器 1 上加载涡旋光束的相位灰度图，普通的高斯光束在经过空间光调制器 1 后附加上螺旋相位变成涡旋光束。②大气湍流模拟，在空间光调制器 2 上加载模拟的大气湍流相位屏，将偏振片 1、偏振片 2 以及空间光调制器 2 组合使用，可完成对涡旋光束的纯相位调制，当涡旋光束经过模拟的大气湍流时，就会发生波前畸变。③波前畸变补偿，利用分束镜 2 对畸变的涡旋进行分束，其中一束光入射至空间光调制器 3 处，此时空间光调制器 3 充当波前校正器，另一束光经透镜组实现光束的扩束准直，再用光束分析仪进行光强信息采集并与空间光调制器 3 形成反馈回路。利用 G-S 算法求得大气湍流引起畸变相位共轭分布，将求得的共轭相位灰度图加载到空间光调制器 3 上完成畸变相位的共轭补偿，从而实现涡旋光束的波前畸变校正。图 7-35 为实际搭建的 G-S 算法校正涡旋光束波前畸变实际光路结构图。

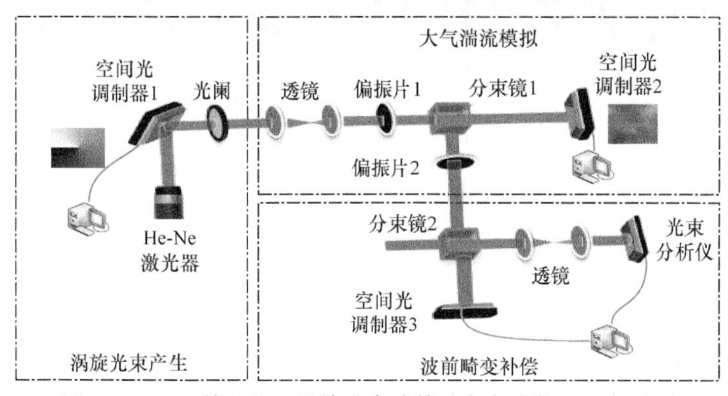

图 7-34　G-S 算法校正涡旋光束波前畸变实验装置示意图[21]

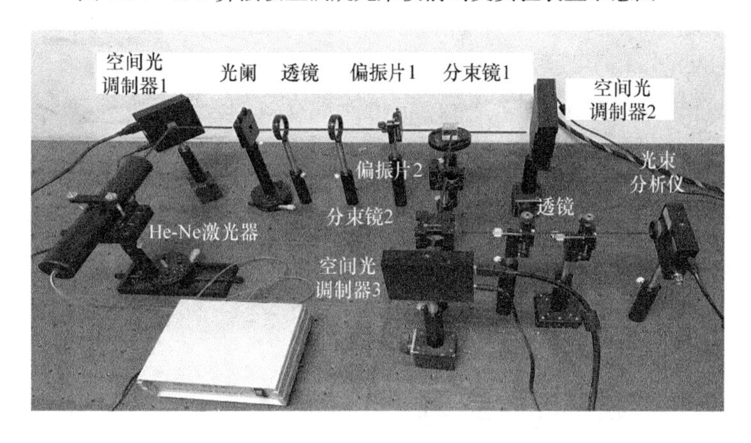

图 7-35　G-S 算法校正涡旋光束波前畸变实际光路结构图[21]

2. 实验结果

图 7-36 是各阶次涡旋光束利用 G-S 算法校正前后光强分布图。实验条件为：大气折射率结构常数 $C_n^2 = 1\times10^{-14}\,\mathrm{m}^{-2/3}$，算法迭代次数 $N = 200$。

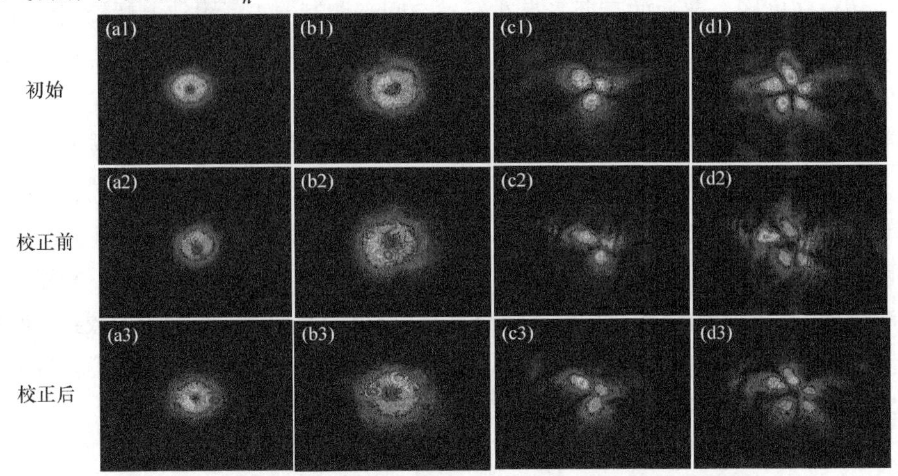

图 7-36 各阶次涡旋光束利用 G-S 算法校正前后光强分布图[21]

横向上：(a1)～(d1) 无湍流；(a2)～(d2) 有湍流；(a3)～(d3) 校正后；

竖向上：(a1)～(a3) $l = 1$；(b1)～(b3) $l = 2$；(c1)～(c3) $l = -1,2$；(d1)～(d3) $l = -3,2$

竖向上由图 7-36(a1)～(a3)和 7-36(b1)～(b3)可以看出，经 G-S 算法校正后，单模涡旋光束经湍流后发生扭曲的环状分布得到了很大程度的恢复，环形光斑上的能量分布变均匀。经计算，$l = 1$ 和 $l = 2$ 的光强相关系数分别由 0.520、0.518 上升到 0.865、0.838 左右。由图 7-36(c1)～(c3)和图 7-36(d1)～(d3)可以看出，多模复用涡旋光经湍流传输后，其花瓣状光强分布发生扭曲形变，有一些瓣状光斑畸变严重，甚至一分为二。经 G-S 算法校正后，破碎的瓣状光斑变得完整。经计算，$l = -1,2$ 多模复用涡旋光束的光强相关系数由 0.481 上升至 0.831，$l = -3,2$ 多模复用涡旋光束的光强相关系数由 0.447 上升至 0.824。从图 7-36 可以看出，G-S 相位恢复算法对单模及多模复用涡旋光束都可实现有效的波前畸变校正。

7.6.2 随机并行梯度下降算法

本节依据 SPGD 算法设计了校正涡旋光束波前畸变的实验系统，在实验室环境下搭建了实际的校正系统光路结构，并完成了对单模及多模复用涡旋光束的波前畸变校正。

1. 实验装置

利用 SPGD 算法校正涡旋光束波前畸变实验装置图如图 7-37 所示。实验器材主要有：He-Ne 激光器、空间光调制器、光阑、透镜、偏振片、分束镜、工业相机和 69 单元连续表面变形镜。

对比图 7-37 和图 7-34 可以看出，在利用 G-S 算法和 SPGD 算法校正涡旋光束的波前畸变时，光路系统中涡旋光束产生部分和大气湍流模拟部分使用的实验器材相同。

SPGD 算法校正畸变涡旋光束时，利用 69 单元连续表面变形镜充当波前校正器，工业相机作为光强信息采集装置。当涡旋光束经过模拟的大气湍流后发生波前畸变，再进入波前畸变补偿系统。首先，利用反射镜使得畸变光束在入射分束镜 2 处实现分束，分束后的其中一束入射至变形镜，从变形镜反射出的光束入射至工业相机处，利用工业相机实现光斑捕获。利用获得的光强分布信息计算出光强相关系数，并通过 SPGD 算法计算出施加给变形镜的电压参量大小，再通过控制箱控制变形镜产生一定量的镜面形变。再次进行光斑捕获及光强相关系数计算，进行反馈控制，从而对涡旋光束的波前进行闭环校正。图 7-38 为实际搭建的 SPGD 算法校正涡旋光束波前畸变实际光路结构图。

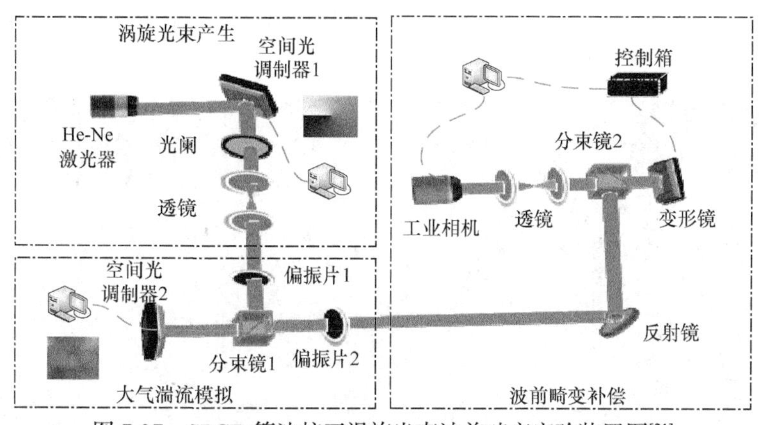

图 7-37　SPGD 算法校正涡旋光束波前畸变实验装置图[21]

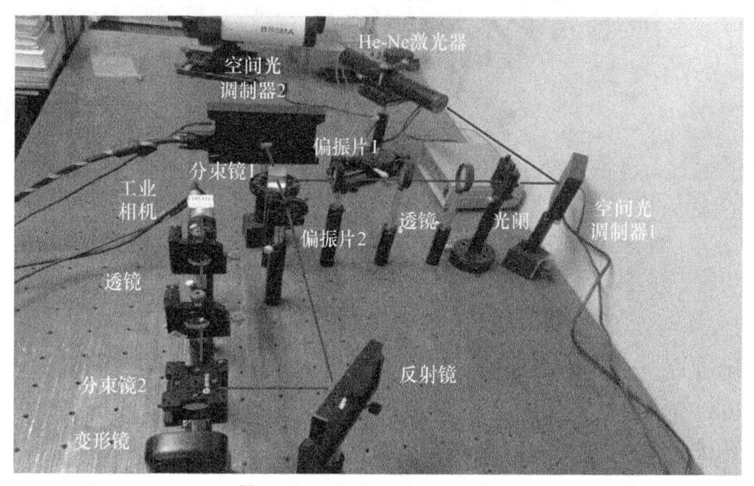

图 7-38　SPGD 算法校正涡旋光束波前畸变实际光路结构[21]

这里给出所用变形镜的主要参数，如表 7-1 所示。从表 7-1 可知，此变形镜驱动器数量为 69，镜面直径为 10.5mm，各驱动器之间的归一化距离为 1.5mm，镜面最大形变量为 60μm，该变形镜稳定所需的时间为 800μs 左右，带宽大于 750Hz。

表 7-1　变形镜的主要参数[21]

驱动器数量	镜面直径/mm	归一化距离/mm	最大形变量/μm	稳定时间 (*at*+/–10%)/μs	带宽 /Hz
69	10.5	1.5	60	800	>750

2. 实验结果

图 7-39 是各阶次涡旋光束利用 SPGD 算法校正前后光强分布图。实验条件为：大气折射率结构常数 $C_n^2=1\times10^{-14}\text{m}^{-2/3}$，电压扰动幅度 $|\Delta U|=0.005$，增益系数 $\mu=0.75$，算法迭代次数 $N=200$。

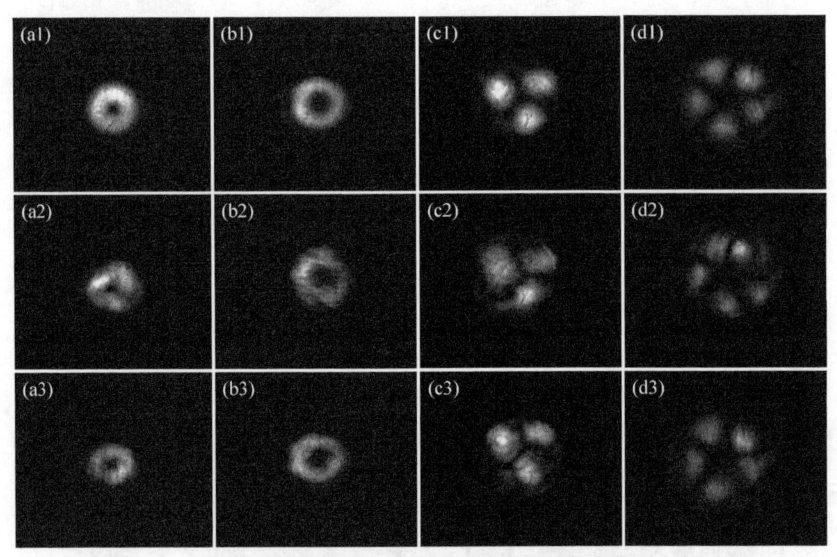

图 7-39　各阶次涡旋光束利用 SPGD 算法校正前后光强分布图[21]

横向上：(a1)～(d1) 无湍流；(a2)～(d2) 有湍流；(a3)～(d3) 校正后；
竖向上：(a1)～(a3) $l=1$；(b1)～(b3) $l=2$；(c1)～(c3) $l=-1,2$；(d1)～(d3) $l=-3,2$

由图 7-39 可以看出，经 SPGD 算法校正后涡旋光强度分布变得均匀且光斑形状也变得比较规整。拓扑荷数为 $l=1$、$l=2$ 单模涡旋光束的光强相关系数分别由 0.507、0.483 升高到 0.858、0.845 左右，提升了 0.35 左右；拓扑荷数为 $l=-1,2$ 的多模复用光束光强相关系数由 0.473 升高到 0.731，拓扑荷数为 $l=-3,2$ 的多模复用光束光强相关系数从 0.430 升高到 0.726 左右。由图 7-39 可以看出，SPGD 算法对于单模涡旋光束的校正效果要优于对多模复用涡旋光束的校正效果。

图 7-40 为实验得到的单模涡旋光束($l=-2$、$l=1$)以及多模复用涡旋光束($l=-2,1$)的光强相关系数随 SPGD 算法迭代次数的变化关系图。实验条件如下：大气折射率结构常数 $C_n^2=5\times10^{-14}\,\text{m}^{-2/3}$，电压扰动幅度 $|\Delta U|=0.006$，增益系数 $\mu=0.75$，算法迭代次数 $N=200$。

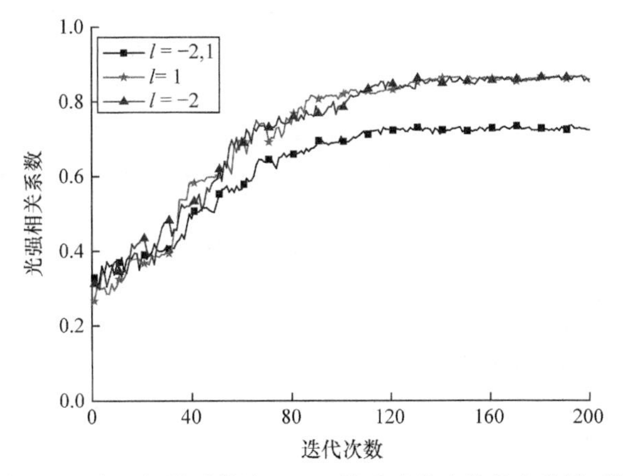

图 7-40　光强相关系数随 SPGD 算法迭代次数的变化关系[21]

由图 7-40 中可看出，SPGD 算法经 200 次迭代后，拓扑荷数为 $l=1$ 以及 $l=-2$ 的单模涡旋光束的光强相关系数约由 0.33 左右上升至 0.83，提升了 0.5 左右。拓扑荷数为 $l=-2,1$ 的多模复用涡旋光束的光强相关系数约由 0.3 上升至 0.72，升高约为 0.42，但是没有达到 0.8 以上这一校正要求。图 7-40 依然印证了 SPGD 算法对于单模涡旋光束校正效果好于对多模复用涡旋光束的校正效果这一结论。由图 7-40 还可以观察到，利用 SPGD 算法对畸变涡旋光束校正时，光强相关系数的上升状态并不是严格单调递增的，会出现小幅度波动，但是整体趋势为先上升后趋于平缓。SPGD 算法实验校正存在的问题如下。

(1) SPGD 算法是一种无模型的最优化控制算法，即无法建立准确的数学模型，作为系统性能指标，如清晰度评价函数、SPGD 算法梯度估计精度等，都会影响算法的寻优过程及结果。

(2) 实验中不可能完全消除系统误差。背景光及电子器件噪声等因素都会带来系统误差。因此，要想获得更好的实验效果，可以从更加适合涡旋光束的像质评价函数、提高随机并行梯度下降算法的梯度估计精度、减小系统误差等方面着手。

参 考 文 献

[1] Yao A M, Padgett M J. Orbital angular momentum: Origins, behavior and applications. Advances in Optics & Photonics, 2011, 3(2): 161-204.

[2] Cheng W, Haus J W, Zhan Q. Propagation of vector vortex beams through a turbulent atmosphere. Optics Express, 2009, 17(20): 17829-17836.
[3] 朱艳英, 陈志婷, 刘承师, 等. 离轴涡旋光束干涉光场的理论研究. 光电子 · 激光, 2013, 24(5): 1012-1017.
[4] Molina-Terriza G, Torres J P, Torner L. Management of the angular momentum of light: Preparation of photons in multidimensional vector states of angular momentum. Physical Review Letters, 2002, 88(1): 013601.
[5] 刘义东, 高春清, 李丰, 等. 部分相干光的轨道角动量及其谱的分析研究. 应用光学, 2007, (4): 462-467.
[6] 柯熙政, 郭新龙. 用光束轨道角动量实现相位信息编码. 量子电子学报, 2015, 32(1): 69-76.
[7] Allen L, Beijersbergen M W, Spreeuw R J C, et al. Orbital angular momentum of light and transformation of Laguerre Gaussian laser modes. Physical Review A, 1992, 45(11): 8185-8189.
[8] Wang J, Yang J Y, Fazal I M, et al. Terabit free-space data transmission employing orbital angular momentum multiplexing. Nature Photonics, 2012, 6(7): 488-496.
[9] Willner A E, Huang H, Yan Y, et al. Optical communications using orbital angular momentum beams. Advances in Optics and Photonics, 2015, 7(1): 66-106.
[10] Ren Y, Huang H, Xie G, et al. Atmospheric turbulence effects on the performance of a free space optical link employing orbital angular momentum multiplexing. Optics Letters, 2013, 38(20): 4062-4065.
[11] Dai H, Wang W, Xu Q, et al. Estimation of probability distribution and its application in Bayesian classification and maximum likelihood regression. Interdisciplinary Sciences, Computational Life Sciences, 2019, 11(3): 559-574.
[12] 柯熙政, 张云峰, 张颖, 等. 无波前传感自适应波前校正系统的图形处理器加速. 激光与光电子学进展, 2019, 56(7): 96-104.
[13] 李强, 沈忙作. 利用相位差法测量望远镜像差. 光学学报, 2007, (9): 1553-1557.
[14] 吴加丽, 柯熙政. 无波前传感器的自适应光学校正. 激光与光电子学进展, 2018, 55(3): 133-139.
[15] Fienup J R. Phase retrieval algorithms: A comparison. Applied Optics, 1982, 21(15): 2758-2769.
[16] 崔倩茹. 大气湍流中涡旋光束的漂移特性及补偿技术研究. 北京: 北京邮电大学, 2015.
[17] 邹丽, 王乐, 张士兵, 等. 基于波前校正的轨道角动量复用通信系统抗干扰研究. 通信学报, 2015, 36(10): 76-84.
[18] Ren Y, Huang H, Yang J Y, et al. Correction of phase distortion of an OAM mode using GS algorithm based phase retrieval. Lasers and Electro-Optics, CLEO: Science and Innovations, San Jose, 2012: 1-2.
[19] Xie G, Ren Y, Huang H, et al. Phase correction for a distorted orbital angular momentum beam using a Zernike polynomials-based stochastic-parallel-gradient-descent algorithm. Optics Letters, 2015, 40(7): 1197-200.
[20] 宋阳. 基于 SPGD 的无波前探测自适应光学技术研究. 长春: 中国科学院长春光学精密机械与物理研究所, 2015.
[21] 崔娜梅. 相位差法校正涡旋光束波前畸变的实验研究. 西安: 西安理工大学, 2020.

第 8 章　液晶自适应光学技术

液晶自适应光学技术采用液晶空间光调制器(reflective liquid crystal spatial light modulator, LC-SLM-R)作为波前校正器，通过控制电场以调节液晶分子的排列取向，达到控制折射率，实现光波相位调制的目的。与传统的变形镜相比，液晶空间光调制器没有宏观的运动，其相位调制精度更高。

8.1　液晶空间的相位调制原理

8.1.1　液晶空间光调制器的结构

液晶是一种介于固态和液态之间的具有规则性分子排列的有机化合物，在自适应光学领域用于波前校正的空间光调制器通常选用向列型 LC-SLM，其结构如图 8-1 所示[1~4]。向列型液晶层夹在透明电极和控制电极两个极板之间，液晶层的上下内表面和电极之间紧贴一层透明的取向膜，电极和取向膜的作用是使液晶分子的去向平行于取向膜表面，且液晶分子的排列方向可相互平行，或者相互垂直[1]。对于向列型 LC-SLM，取向膜的作用是使液晶层上下表面的液晶分子相互平行排列[1]。最上面覆盖一层透明玻璃，内表面涂有透明的导电层电极[1]。最下面一层为硅基板，刻蚀有可独立寻址的电极，电极上面镀有一层高反射率的铝膜[1]。反射式向列型 LC-SLM 的优点如下[1]。

(1) 控制电极能够被集成到很小的硅基板上，所以像素尺寸比透射式的要小很多，并且像素的分辨率高，填充系数大。

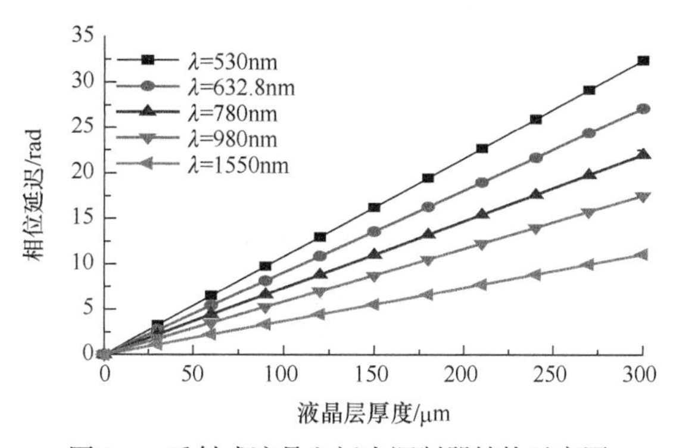

图 8-1　反射式液晶空间光调制器结构示意图

(2) 反射面采用先进的金属反射膜，具有很高的反射率。

(3) 反射式向列型 LC-SLM 液晶层厚度比透射式小，响应速度快。

8.1.2 液晶空间光调制器原理

光在传输过程中产生的光程差可由几何光学理论来计算：

$$l = zn \tag{8-1}$$

由式(8-1)可以看出，光程 l 与光传输的几何路径 z 和传输介质的折射率 n 有关，空间光调制器是通过改变传输介质的折射率 n 实现相位调制[5,6]。LC-SLM 利用液晶的双折射效应，实现对入射光的相位调制，但要使 LC-SLM 工作在纯相位调制模式，不受振幅调制的影响，利用其产生相位延迟时，入射光和出射光必须要夹在两个偏振片之间工作，如图 8-2 所示。光在液晶中传输时会发生双折射现象，被分为寻常光 o 光和非常光 e 光，对应的折射率分别为 n_o 和 n_e。起偏器与检偏器的偏振方向与 y 的夹角分别为 φ_1 和 φ_2。

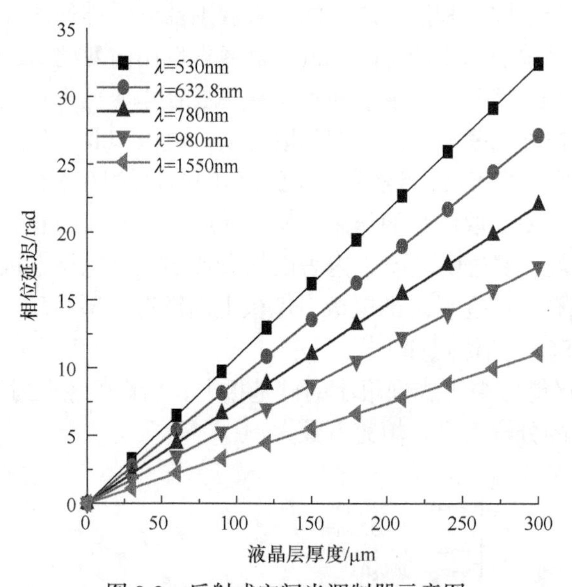

图 8-2　反射式空间光调制器示意图

由波动光学理论可知[6]，LC-SLM 对入射光进行相位调制后会产生一定的相位延迟 β，通常 β 被称为双折射系数，其值随液晶层的厚度 d、非常光折射率 n_e、寻常光折射率 n_o 以及波长 λ 的变化而变化，β 的表达如下[6]:

$$\beta = 2\pi d\left(n_e - n_o\right) / \lambda \tag{8-2}$$

对于石英为液晶材料的正晶体 LC-SLM 来说，非常光的折射率和寻常光的折射率分别为 1.55335 和 1.54424，当液晶层的厚度从 0～300μm，入射到 LC-SLM 的光波波长不同时，相位延迟 β 与液晶层厚度的关系如图 8-3 所示。从图 8-3 中可以看出，当入射光束的波长不变时，相位延迟随液晶层厚度的增大而增大，即 LC-SLM 的相位调制能力随液晶层厚度的增加而增大；当液晶层的厚度一定时，LC-SLM 的相位延迟随波长的增大而减小。

式(8-2)中，非常光的折射率 n_e 通常称为寻常光的等效折射率，其值随 θ 的变化而变化。θ 为给液晶层施加电压 V 时，液晶分子朝电场方向偏转的角度，θ 和 V 的关系式为

$$\theta = \frac{\pi}{2} - 2\tan^{-1}\left\{\exp\left[-\left(\frac{V - V_{th}}{V_o}\right)\right]\right\} \tag{8-3}$$

式中，V_{th} 为阈值电压，一般取值为 0.95V；V_o 为 $\theta = 49.6°$ 时的过载电压，一般为 2.6V。液晶分子的偏转角与给液晶层施加的电压的关系曲线如图 8-4 所示，从图中可以看出液晶分子的偏转角 θ 随施加电压 V 的增大而增加。

当 $V > V_{th}$ 时，非常光的折射率 n_e 会随着液晶分子的偏转发生变化，这也是液晶为什么能对入射光波实现相位延迟的原因，等效折射率 n_e 为偏转角 θ 的函数，其关系式为[7]

$$n_e(\theta) = \frac{n_e n_o}{\sqrt{n_o^2 \sin^2\theta + n_e^2 \cos^2\theta}} \tag{8-4}$$

式中，分子的偏转角受给液晶层施加的电场电压的影响，等效折射率 n_e 的大小也随施加电压的变化而变化，其随电场电压的变化关系如图 8-5 所示。

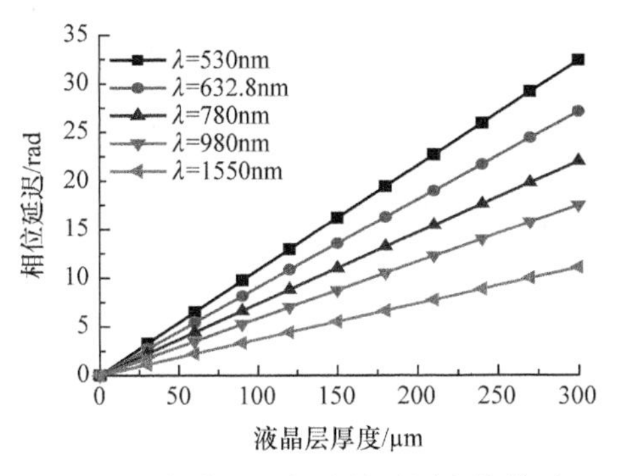

图 8-3　相位延迟与液晶层厚度的关系

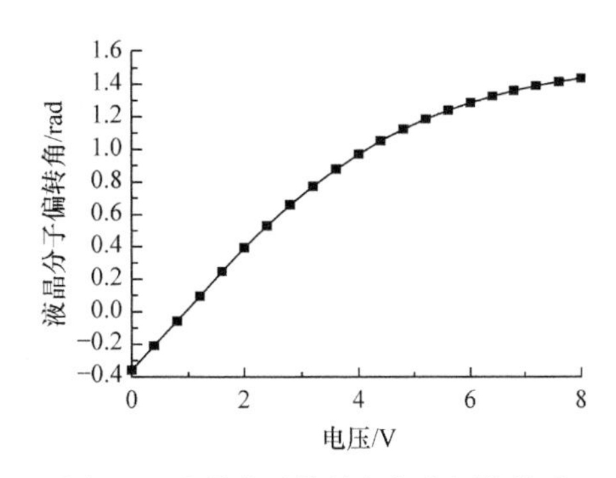

图 8-4　液晶分子偏转角与电压的关系

从图 8-5 可知液晶层的等效折射率受施加电压和阈值电压的影响很大，当施加电压不变时，阈值电压越大，等效折射率就越小；当阈值电压不变时，施加电压越大，等效折射率就越大。

通过式(8-2)～式(8-4)和图 8-3～图 8-5 可以看出，液晶层中分子偏转角的变化受施加给液晶层的电场电压的控制，电压改变会引起等效折射率的变化，从而导致入射到液晶层的光波相位的变化，这就实现了 LC-SLM 相位延迟的电控调制。图 8-6 给出了相位延迟与电压的关系。

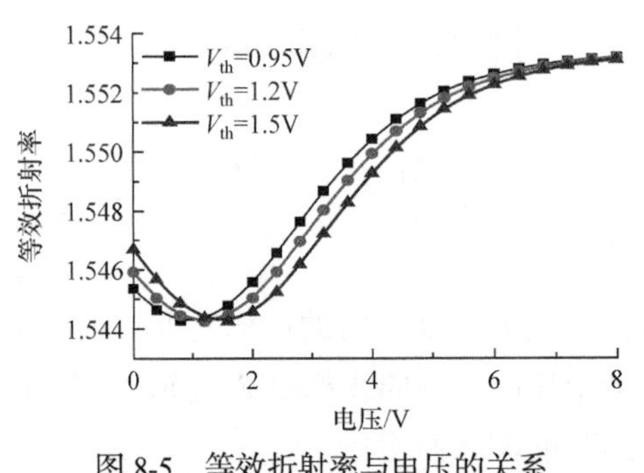

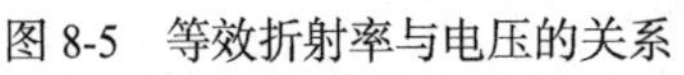
图 8-5　等效折射率与电压的关系

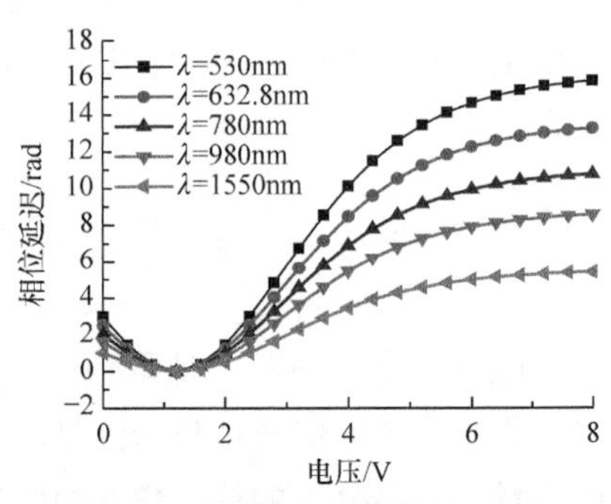

图 8-6　相位延迟与电压的关系

由图 8-6 可知，给液晶层施加电压恒定的情况下，经过液晶层的光束相位延迟量随波长的增大而减小。图 8-6 是在不考虑任何附加器件损耗情况下的理想状态，实际中液晶层对不同波长光束的相位延迟量达不到如此大的范围。实际相位延迟量受偏振片与光轴夹角的影响很大。在讨论 LC-SLM 的相位调制能力时必须考虑偏振片与光轴方向的夹角。

LC-SLM 可视为偏振器件，光束通过起偏器、LC-SLM 和检偏器后的光强透过率可用琼斯矩阵表征[7,8]。根据图 8-2 建立光传播方向和偏正夹角的坐标系如图 8-7 所示。x-y 平面与液晶层的入射平面平行，且液晶的光轴方向与 x 轴的方向平行。z 轴为光传播方向。图中起偏器的光振动方向与 x 轴的夹角为 φ_1，检偏器的光振动方向与 x 轴的夹角为 φ_2，则入射光的归一化琼斯矩阵为

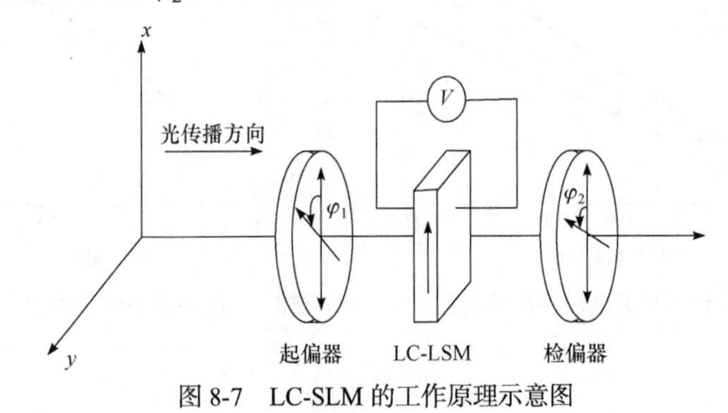

图 8-7　LC-SLM 的工作原理示意图

$$E_{\text{in}}=\begin{bmatrix}1\\0\end{bmatrix} \tag{8-5}$$

光束通过起偏器和检偏器后偏振方向的变化可用旋转矩阵表示，设旋转矩阵为 $\boldsymbol{R}(\varphi)$，则

$$\boldsymbol{R}(\varphi)=\begin{bmatrix}\cos\varphi & \sin\varphi\\-\sin\varphi & \cos\varphi\end{bmatrix} \tag{8-6}$$

则入射光经起偏器后的线偏光琼斯矢量为

$$\boldsymbol{E}_1=R(\varphi_1)\boldsymbol{E}_{\text{in}}=\begin{bmatrix}\cos\varphi_1 & \sin\varphi_1\\-\sin\varphi_1 & \cos\varphi_1\end{bmatrix}\begin{bmatrix}1\\0\end{bmatrix}=\begin{bmatrix}\cos\varphi_1\\-\sin\varphi_1\end{bmatrix} \tag{8-7}$$

LC-SLM 的光轴方向与 x 轴平行，所以 LC-SLM 的琼斯矩阵为

$$\text{SLM}(\beta)=\begin{bmatrix}1 & 0\\0 & \text{e}^{\text{j}\beta}\end{bmatrix} \tag{8-8}$$

检偏器的琼斯矩阵为

$$\boldsymbol{P}=\begin{bmatrix}1 & 0\\0 & 0\end{bmatrix} \tag{8-9}$$

因此，出射光经过检偏器后的琼斯矩阵为

$$\boldsymbol{E}_2=PR(-\varphi_2)=\begin{bmatrix}1 & 0\\0 & 0\end{bmatrix}\begin{bmatrix}\cos\varphi_2 & -\sin\varphi_2\\\sin\varphi_2 & \cos\varphi_2\end{bmatrix}=\begin{bmatrix}\cos\varphi_2 & -\sin\varphi_2\\0 & 0\end{bmatrix} \tag{8-10}$$

通过以上分析可知，入射光经起偏器、LC-SLM 和检偏器的琼斯矢量为

$$\vec{E}_{\text{out}}=PR(-\varphi_2)\text{SLM}(\beta)R(\varphi_1)E_{\text{in}} \tag{8-11}$$

将式(8-7)、式(8-8)和式(8-10)代入上式，计算后得到出射光的复振幅为

$$\vec{E}_{\text{out}}=\cos\varphi_2\cos\varphi_1+\text{e}^{\text{j}\beta}\sin\varphi_2\sin\varphi_1 \tag{8-12}$$

将式(8-12)进行化简，最后通过计算得到出射光的光强和由 LC-SLM 引起的相位延迟分别为

$$\begin{aligned}I=&\frac{1}{4}\left\{\cos(\varphi_2+\varphi_1)+(\varphi_2-\varphi_1)+\cos\beta\left[\cos(\varphi_1+\varphi_2)-\cos(\varphi_2-\varphi_1)\right]\right\}^2\\&+\frac{1}{4}\sin^2\beta\left[\cos(\varphi_2+\varphi_1)-\cos(\varphi_2-\varphi_1)\right]^2\end{aligned} \tag{8-13}$$

$$\delta=\beta+\tan^{-1}\frac{\sin\beta\left[\cos(\varphi_2+\varphi_1)-\cos(\varphi_2-\varphi_1)\right]}{\cos(\varphi_2+\varphi_1)+\cos(\varphi_2-\varphi_1)+\cos\beta\left[\cos(\varphi_2+\varphi_1)-\cos(\varphi_2-\varphi_1)\right]} \tag{8-14}$$

由式(8-14)可以看出 LC-SLM 的强度调制与相位调制特性都依赖于起偏器和检偏器与液晶光轴的夹角φ_1、φ_2和双折射系数β。式(8-14)中第一项为相位调制分量，第二项为强度调制分量，要使 LC-SLM 工作在最佳相位调制状态，必须要调整起偏器和检偏器与液晶光轴的夹角φ_1、φ_2和双折射系数β。根据式(8-13)和式(8-14)对通过 LC-SLM 的归一化反射光强和相位延迟随φ_1、φ_2和β的分布曲线进行仿真，结果如图 8-8 和图 8-9 所示。

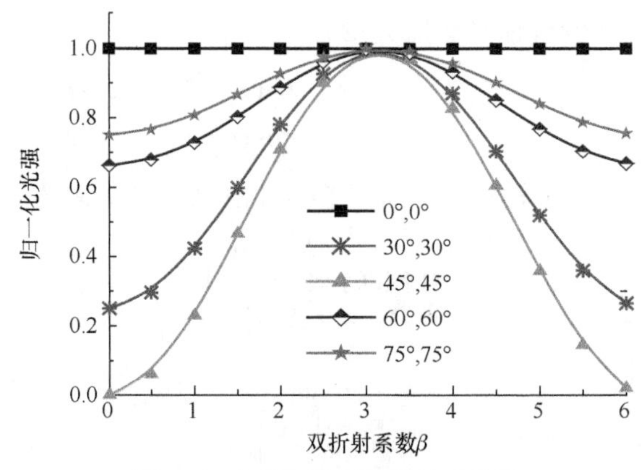

图 8-8　光强与偏振角的关系曲线

由图 8-9 可知，当φ_1、φ_2取某一特定角度时，LC-SLM 的归一化反射光强和相位延迟随双折射系数的变化都不相同。归一化反射光强呈高斯分布($\varphi_1=\varphi_2=0°$除外)，相位延迟随双折射系数的变化基本呈线性变化，但当$\varphi_1=\varphi_2=30°$时，相位延迟的变化呈振荡递增，当$\varphi_1=\varphi_2=45°$时，起初相位延迟减小，后随双折射系数的增大而增大。因此，在对 LC-SLM 进行标定或用 LC-SLM 进行相位测量时，要合理选择起偏器和检偏器的偏振角，以达到最佳相位调制状态。

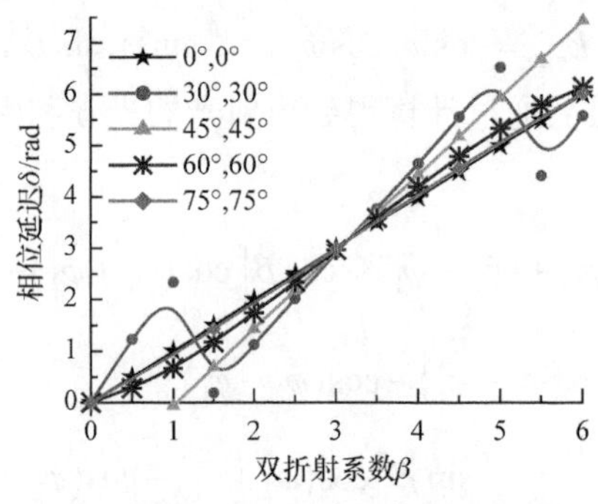

图 8-9　相位延迟与偏振角的关系曲线

当 $\varphi_1 = \varphi_2 = 0°$ 时且起偏器和检偏器的偏振方向均平行于液晶光轴方向，归一化反射光强与相位延迟分别为[4]

$$I = 1, \quad \delta = \beta = 2\pi d\left[n_{\mathrm{e}}(\theta) - n_{\mathrm{o}}\right]/\lambda \tag{8-15}$$

由式(8-15)可知，该条件下 LC-SLM 的强度调制保持最大值不变，即透射或反射光强最强，相位调制达到最佳状态，处在纯相位调制模式。这也是对 LC-SLM 进行相位标定或相位测量的最佳状态，图 8-10 给出了最佳状态下的强度调制与相位调制特性曲线。当起偏器和检偏器的偏振角取其他值时，尽管也可以进行相位调制，但此时的反射光强也受到一定调制，相位延迟的变化受强度的影响，无法给出精确的相位灰度关系。因此，在利用 LC-SLM 的相位特性进行实际应用时，都要将 LC-SLM 调整到最佳相位调制模式下工作。

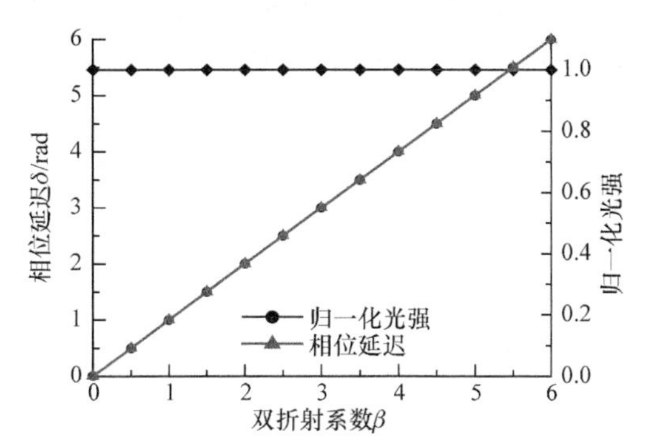

图 8-10　偏振角为 0°时相位与强度调制曲线

8.1.3　波前畸变控制方式

如图 8-11 所示，利用双液晶空间光调制器实现对两个偏振方向的光波调制。为了解决光能量损失问题，图 8-12 给出了小角度入射方法。

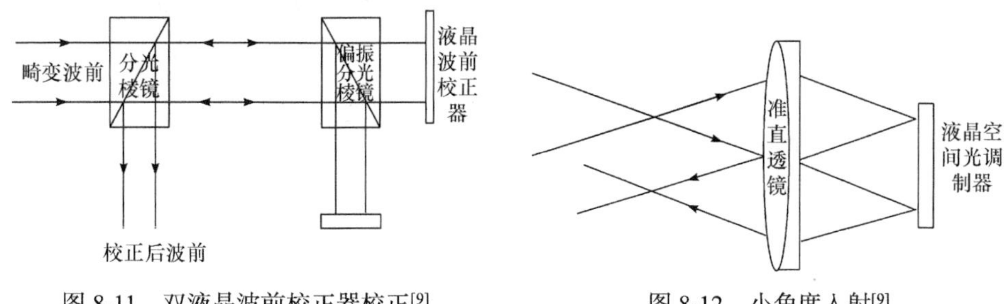

图 8-11　双液晶波前校正器校正[9]　　图 8-12　小角度入射[9]

图 8-13 表示液晶空间光调制器的闭环控制和开环控制，闭环控制可以测量控制残差，实现波前逐级控制，开环控制无法探测波前校正残差。

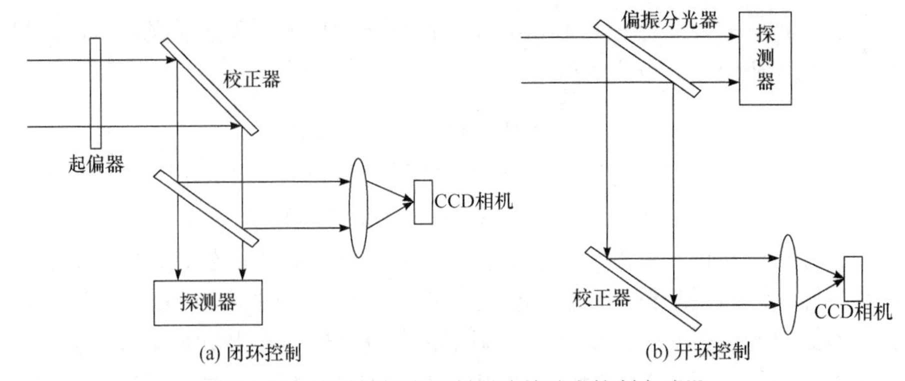

图 8-13　液晶空间光调制器波前畸变控制方式[9]

如果入射光正入射到空间光调制器，需要采用分光镜分离出入射光与出射光，能量损失大，如图 8-14(a)所示。小角度入射则无需入射光与出射光的分离，可提高光能利用率，如图 8-14(b)所示。

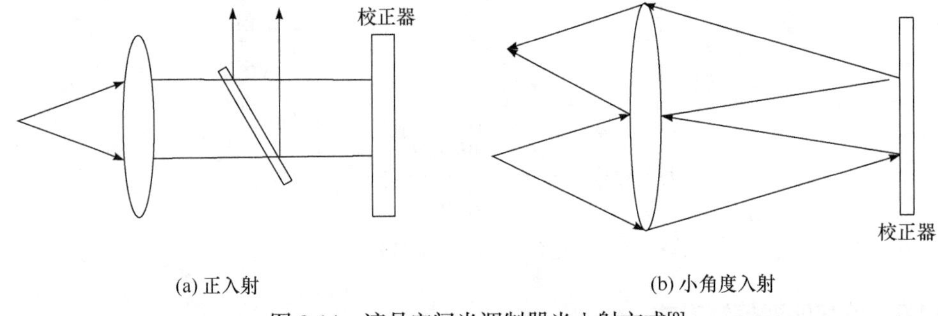

图 8-14　液晶空间光调制器光入射方式[9]

图 8-15 为开环控制双液晶自适应光学系统示意图，主要由一个夏克-哈特曼波前探测器和一个液晶波前校正器组成，夏克-哈特曼波前探测器负责对湍流畸变波前进行探测，并成像在 CCD 面板上，液晶波前校正器负责校正波前畸变。为了提高光能量的利用率，双液晶自适应光学系统需要采用开环控制。

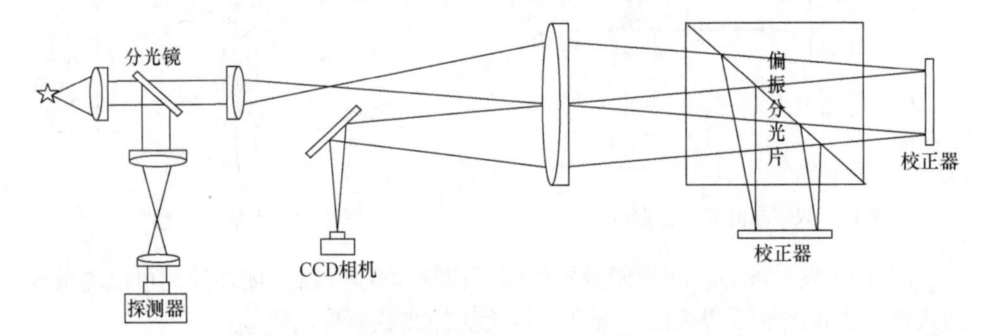

图 8-15　开环控制双液晶自适应光学系统示意图[9]

闭环控制中，如图 8-16 所示，波前探测器置于校正器之后，探测的直接是校正后的剩余残差。图 8-17 为波前探测和校正分波段结构图，它由波前探测器、分光棱镜和液晶波前校正器组成，分光棱镜的作用是将一束光的水平偏振和垂直偏振分开。

图 8-18 中，L1～L7 为透镜；TTM 为倾斜镜；LWPF 为长波通滤光片；M1 为反射镜；PBS 为偏振分光棱镜。

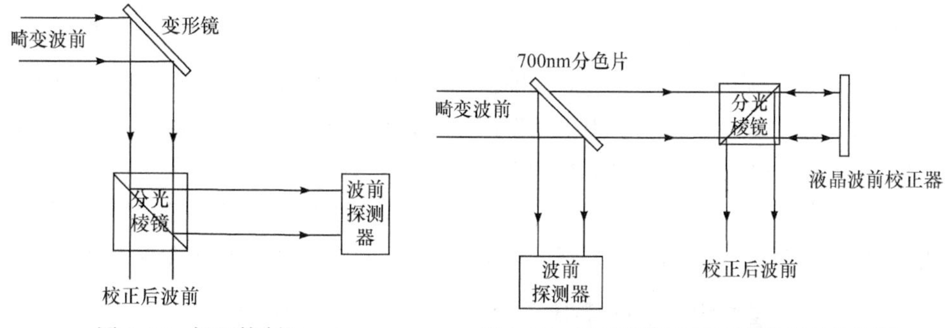

图 8-16　闭环控制[9]　　图 8-17　波前探测和校正分波段结构图[9]

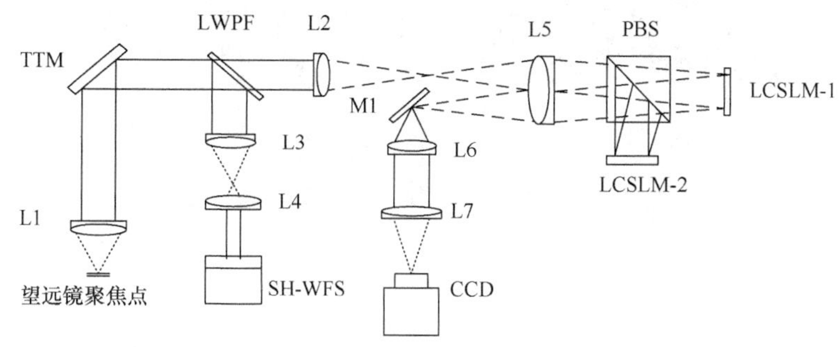

图 8-18　开环控制双液晶校正器自适应光学系统示意图[9]

波前探测一次需要较大的能量，将能量更高、色散效应较大的 400～700nm 波段用于波前探测。长波段 700～900nm 色散效应较小，湍流强度较弱，波段覆盖范围 400～900nm。采用“长通短反”实现短驳探测，长波校正。经典的自适应光学探测可以是同一波段，也可以不是同一波段。这样避免了探测和校正采用同一波段带来的光学损失，如图 8-18 所示。

8.2　LC-SLM 的相位标定原理

依据泰曼-格林干涉原理，通过琼斯矩阵的分析和计算，用干涉条纹移动法对 LC-SLM 进行标定。

8.2.1 干涉条纹移动法

干涉条纹移动法光路简单成熟，图像处理简单，通过采集干涉条纹的相对移动量再进行计算处理就能得到相位调制的大小，通过干涉条纹的移动方向还能确定相位调制的方向。

由式(8-2)～式(8-15)可知，液晶空间光调制器的相位延迟是通过改变加载到调制器两端的驱动电压实现的。将调制器的驱动电压映射为计算机的显示灰度值，将在 0～255 范围内变化的灰度图加载到 LC-SLM 的驱动器中，就能实现对电压的控制，从而实现对入射光的相位调制。为了准确地获得相位移动量，我们在 LC-SLM 上加载阶梯灰度，上半部分所加的 0 灰度值保持不变，下半部分的灰度值从 0～255 逐渐变化。CCD 相机采集到的干涉条纹上半部分保持不变，下半部分随灰度值的不同发生一定的绝对位移，渐变灰度变化和干涉条纹如图 8-19 所示。

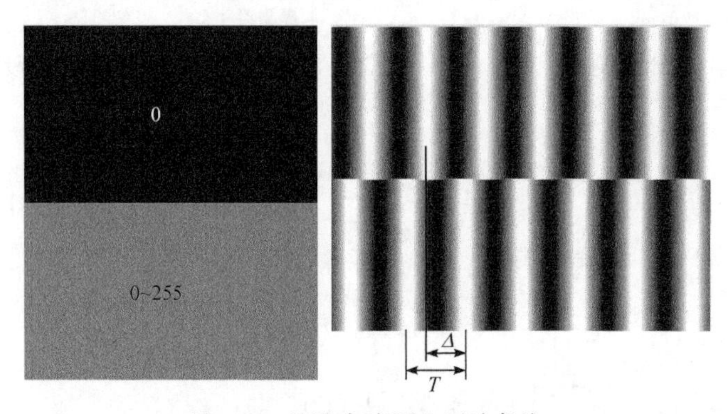

图 8-19　渐变灰度图和干涉条纹

图 8-19 中，Δ 是干涉条纹的绝对位移量，T 是干涉条纹的周期宽度，根据相位与干涉条纹移动量的关系[10]，可计算出相位延迟量的大小，如式(8-16)所示：

$$\delta = 2\pi\Delta / T \tag{8-16}$$

8.2.2 干涉条纹移动法实验原理

实际中相位延迟量可通过泰曼-格林干涉原理[3]进行标定计算，如图 8-20 所示。将 LC-SLM 放置于泰曼-格林干涉光路中，不同波长的光通过针孔滤波器、扩束器、起偏器和准直镜后，被分束器分为两束光，平面反射镜反射回的参考光与液晶空间光调制器反射回来的相位调制光，通过检偏器后发生干涉，并用 CCD 相机采集 LC-SLM-R 在不同阶梯灰度值下的干涉条纹，通过干涉条纹的绝对移动量计算出相位延迟量的大小，完成对 LC-SLM-R 的标定。

图 8-21(a)为实验中加载到液晶空间光调制器上的阶梯灰度，图 8-21(b)为 CCD 相机采集的干涉条纹中的一副，干涉条纹产生的绝对移动量十分明显。当上半部分所加的 0 灰度值保持不变，下半部分的灰度值从 0～255 逐渐变化时，上下条纹间产生的绝对移动量也不同。根据条纹的实际移动量和式(8-16)计算出不同灰度值下的相位延迟量。

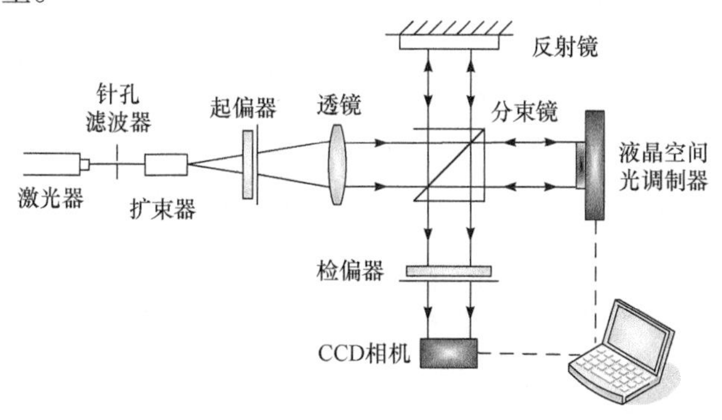

图 8-20　泰曼-格林干涉原理图

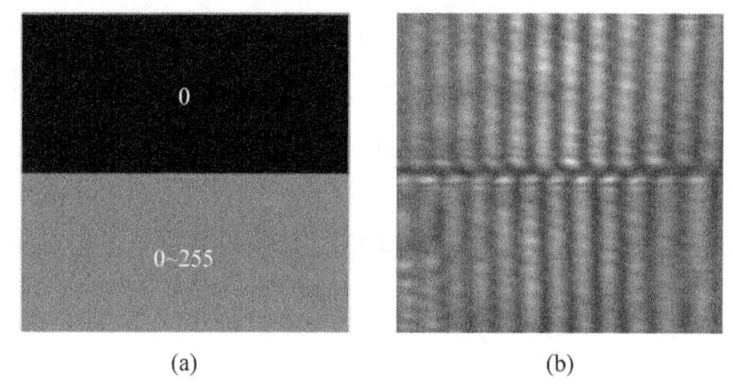

图 8-21　阶梯灰度与实际的错位干涉条纹

8.3　反射式空间光调制器相位标定实验

LC-SLM 的相位调制能力和相位调制模式下伴随的强度调制大小等特性，对波前校正和模拟湍流相位屏起着十分关键的作用。因此，LC-SLM 在使用前必须要对其进行相应的标定。

图 8-22 为 LC-SLM-R 在不同波长入射光下的相位调制特性曲线，LC-SLM-R 对不同波长的入射光的相位调制能力是不一样的。同一款 LC-SLM-R 对波长小的光束相位调制能力强，对波长长的光束相位调制能力弱。当入射光波波长为 532nm 时，LC-SLM-R 的相位调制能力达到 3.798π，当波长为 1550nm 时，LC-SLM-R 的相位调制能力为 1.906π，0～255 灰度范围内的相位延迟基本呈线性分布。由于实验过程中存在一定的环境误差、测量误差、人为误差和仪器误差，测量所得

的 LC-SLM-R 相位调制特性曲线不完全是线性曲线。因此，用最小二乘法进行曲线拟合，曲线拟合的目的是找出 LC-SLM-R 对 632.8nm 和 1550nm 两种不同波长光束获得相同的相位调制时 LC-SLM-R 所加灰度之间的关系，以方便后面用信标光进行波前校正时的波前重构。

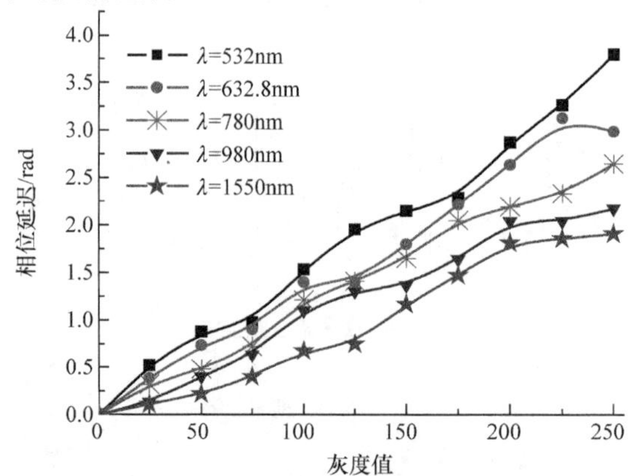

图 8-22　LC-SLM-R 的相位调制特性曲线

采用最小二乘拟合的目的是对测量的相位数据点之间的相位进行插值细分，并根据拟合曲线求出插值点对应的灰度值。拟合方法是建立拟合误差最小的多项式拟合曲线逼近测量数据，从而滤除或者减小测量误差对插值节点的干扰，实现对测量相位的细分。

在进行拟合前先构造 n 次最小二乘拟合多项式如下：

$$\delta(g)=\sum_{j=0}^{n}a_j g^j,\quad j=0,1,2,\cdots,n \tag{8-17}$$

式中，拟合数值 $\delta(g_j)$ 与对应节点 $g_i(i=0,1,2,\cdots,m)$ 的测量值 $\overline{f}_i$ 最小二乘的拟合均方误差为

$$\|r\|_2^2=\sum_{i=0}^{m}w_i\left[\overline{f}_i-\varphi\left(g_j\right)\right]^2,\quad i=0,1,2,\cdots,m \tag{8-18}$$

式中，设加权系数 $w_i=1$，最小二乘拟合多项式的次数由均方误差相对稳定的最小值确定，根据式(8-17)分别对 632.8nm 和 1550nm 波长光束测量数据进行 1～5 次多项式拟合，拟合过程中计算所得的均方误差如下：

$$\begin{aligned}&\|r_{1(632.8)}\|_2^2=1.4851,\quad \|r_{2(632.8)}\|_2^2=0.7092,\\&\|r_{3(632.8)}\|_2^2=0.0161,\quad \|r_{4(632.8)}\|_2^2=0.0023,\quad \|r_{5(632.8)}\|_2^2=0.0023\end{aligned} \tag{8-19}$$

$$\begin{aligned}&\|r_{1(1550)}\|_2^2=1.1541,\quad \|r_{2(1550)}\|_2^2=0.4845,\\&\|r_{3(1550)}\|_2^2=0.0263,\quad \|r_{4(1550)}\|_2^2=0.005,\quad \|r_{5(1550)}\|_2^2=0.005\end{aligned} \tag{8-20}$$

由拟合误差数据可知，n=4 时，均方误差将不再有明显下降，已趋于一个稳定值。因此，用四次拟合多项式就可以实现最佳的最小二乘逼近，不同波长的四次拟合多项式为

$$\begin{cases}\delta(g)_{632.8}=6\times10^{-10}g^4-9\times10^{-8}g^3-2\times10^{-5}g^2+0.0169g-0.0347\\ \delta(g)_{1550}=-2\times10^{-10}g^4+7\times10^{-8}g^3+3\times10^{-5}g^2+0.0012g-0.002\end{cases}\tag{8-21}$$

将灰度值 $g_i(i=0,5,10,\cdots,255)$ 代入拟合多项式(8-21)中，就能通过最小二乘拟合求出灰度值对应的相位节点 δ_i。但是，由式(8-21)可知，当 LC-SLM-R 上所加的灰度值相同时，$\delta(g_i)_{632.8}\neq\delta(g_i)_{1550}$。实际实验中，要用 LC-SLM-R 进行波前校正，就必须要求出不同波长光束在相同的相位畸变下 LC-SLM-R 所加的灰度值，通过改变 LC-SLM-R 所加灰度值的大小，来校正畸变波前。因此，在已知畸变波前相位的情况下，所需灰度值的大小可通过对式(8-21)的反函数进行求解得到。表 8-1 为相同相位延迟下 632.8nm 光束和 1550nm 光束所加的灰度等级。

表 8-1　相同相位延迟下 632.8nm 光束和 1550nm 光束所加的灰度等级

δ	灰度 632.8nm	灰度 1550nm	δ	灰度 632.8nm	灰度 1550nm	δ	灰度 632.8nm	灰度 1550nm	δ	灰度 632.8nm	灰度 1550nm
0	0	0	90	33	84	180	79	141	270	124	175
5	3	7	95	36	88	185	81	143	275	126	177
10	4	13	100	38	92	190	83	145	280	129	179
15	6	19	105	40	95	195	84	148	285	132	182
20	7	25	110	42	99	200	86	150	290	135	184
25	9	33	115	44	101	205	88	152	295	138	187
30	11	40	120	46	106	210	89	153	300	141	189
35	13	47	125	48	110	215	92	155	305	144	191
40	15	52	130	50	113	220	93	157	310	147	193
45	17	55	135	53	117	225	95	159	315	150	196
50	18	59	140	57	121	230	97	161	320	151	198
55	20	62	145	59	124	235	98	161	325	153	200
60	22	65	150	63	127	240	101	164	330	155	203
65	23	68	155	66	128	245	106	166	335	156	214
70	25	71	160	69	132	250	109	168	340	157	225
75	27	74	165	72	134	255	114	169	345	158	242
80	29	77	170	75	136	260	118	171	350	160	—
85	31	81	175	77	138	265	123	173	355	162	—

8.4 LC-SLM-R 的空间相干光通信波前校正系统

8.4.1 LC-SLM-R 波前畸变校正原理

波前校正时运用相位共轭原理，相位共轭是自适应光学系统进行波前校正的常用原理之一。首先，测量光信号波前，然后用波前控制器产生一相位共轭波前对光信号波前进行校正，使光信号波前尽可能成为平面波，使入射到光混频器光敏面上的光信号和本振光波前尽可能地实现空间相位匹配，从而提高两光束的混频效率，进而提高外差探测输出的差频光信号电流。相位共轭波前校正的原理如图 8-23 所示。

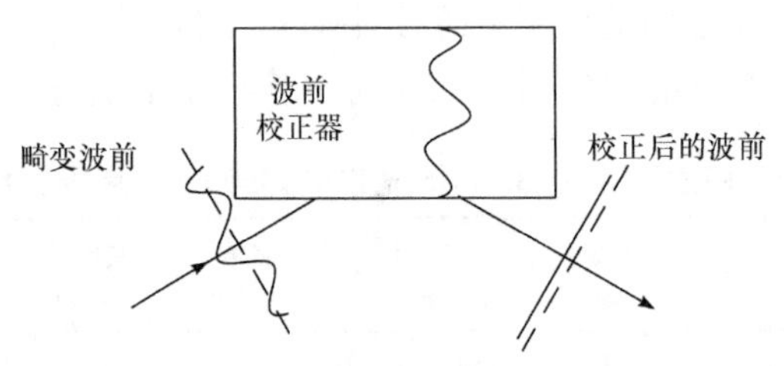

图 8-23　相位共轭波前校正原理图

相干光通信采用自适应光学系统进行波前校正，被测量和被控制的对象均为光波前，其目的是使传输的光信号波前和本振光波前达到良好的空间匹配性能。光信号经远距离传输到接收端时，大气湍流的衰减使接收光能量非常微弱，为了提高探测光信号的可靠性，常常采用光子计数的方式进行波前探测。这些特点给波前校正系统带来了一系列技术难题，也是自适应光学技术实际应用到空间相干光通信波前系统的难点所在[6]。

8.4.2 波前校正系统基本组成

空间相干光通信波前校正系统如图 8-24 所示。其中，分光棱镜将光信号与信标光进行分离，信标光用来测量波前，光信号用来传输信息，光信号经过湍流大气后引起的畸变波前由波前测量系统进行测量，根据波前测量系统提供的相位信息，通过重构算法重构出畸变波前，并产生波前控制器所需要的共轭波前，将共轭波前输送给波前校正器，使经过波前校正器后的光束波前接近理想光波面[11]。

1. 波前探测系统

波前探测系统是空间相干光通信系统的重要组成部分，主要功能是通过探测波前相位信息为波前控制器提供可靠的波前畸变信息[11]。目前常用的波前探测系统主要包括夏克-哈特曼波前传感器、干涉波前传感器、曲率波前传感器和四棱锥波前传感器。

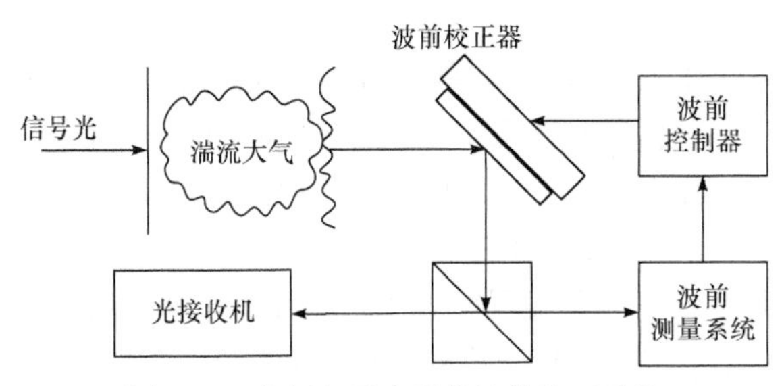

图 8-24　空间相干光通信波前校正系统

(1) S-H 波前传感器将探测波前分割成一系列子孔径区域，并将子孔径光斑聚焦到光电探测器的阵列面上，分别测量出各阵列面上子孔径区域的光斑质心偏移，从而算出对应的子孔径斜率，根据这些斜率重构出畸变波前信息并提供给波前控制器。S-H 波前传感器结构简单、抗干扰能力强、搭建光路灵活、实时性好，对探测光波的相干性没有要求，不存在 2π 的不确定问题，但响应波长仅限于可见光，传感器的动态范围和采样频率不可调。

(2) 干涉波前传感器是用干涉仪作为波前探测器，探测器灵敏度可达波长级，目前主要用于光学表面形貌的探测和光束质量评价。其中，自参考干涉仪被广泛应用于自适应光学系统中。剪切干涉仪是自参考干涉仪的一种，其原理是对被测波面进行剪切，使两束光的波面形成一定错位，再使错位波前和被探测波前进行干涉，对被探测波前进行探测的一种探测技术，分为横向、径向、旋转和反转剪切等。其中，横向和径向剪切干涉技术的实际应用尤为广泛，可以对大气湍流引起的波前畸变进行实时探测。

(3) 曲率波前传感器是由 Roddie 提出并用来测量光波前曲率的传感器，由曲率波前传感器测量得到的波前曲率和相位分布的关系可用泊松方程表示，所以波前曲率分布信息可直接用于波前畸变的补偿，曲率波前传感器输出的信号可直接作为双压电变形反射镜的控制信号，已成功应用于天文望远镜的自适应光学系统中[12]。

(4) 四棱锥波前传感器[13]的基本原理是通过探测面上各子光瞳的光强差异来探测被测信号和波前的对应关系，被广泛应用于天文观测上。

对波前畸变的探测是波前校正的一个难点，没有一个与光信号波前相关的理想波前作为参考基准，因此，实验中首先要测量畸变波前相位的斜率信息或者曲率信息，其次重构畸变波前，再用相位共轭法进行波前校正。

2. 波前控制器

波前控制器是利用重构出的波前相位信息作为控制信号，以实现空间相干光通信自适应波前校正系统的闭环控制。

3. 波前校正器

自适应光学系统中波前校正器是最主要的核心器件，波前校正器校正畸变波前的方式有两种：一种是通过改变折射率达到相位校正的目的，典型器件为LC-SLM，通过改变施加的外电场，改变液晶的双折射，进而改变 LC-SLM 的相位调制特性来实现波前校正的目的，具有无宏观运动、体积小、功耗小的特点，在起偏器和检偏器的调整下可实现模为 2π 的纯相位调制特性，且相位变化范围大等优点；另一种是通过改变光程长度实现波前校正，典型器件为可变形反射镜，可变形反射镜的校正动态范围大、时-空带宽高等优点被广泛应用于自适应光学系统中，但驱动单元多、制造工艺复杂、价格昂贵。因此，本书选用 LC-SLM 作为波前校正器件对光信号受大气湍流引起的波前畸变进行校正。

8.5 波前测量原理

为了能够准确地获得被校正波前的畸变信息，重构出畸变波前的共轭波前，是空间相干光通信系统波前校正的重要环节之一。因此，研究并讨论利用横向剪切干涉仪和 S-H 测量波前是很有必要的。

8.5.1 横向剪切干涉仪静态波前测量

1. 横向剪切干涉仪静态波前测量原理

剪切干涉测量不需要标准的参考波面，测量所得的干涉图也不是被测波面的相位分布，而是光强图。为了获得被测波面的相位信息，要对剪切干涉测得的干涉条纹进行有效处理，处理过程包括两个步骤。一是图像处理，从干涉图中提取出连续准确的三维坐标并进行相位提取，该取出相位值被包裹限制在$[-\pi,\pi]$的范围内，为了获得准确的波面相位信息，必须要对包裹相位图进行解包运算，才能恢复出被测差分波面的三维图。二是对被测波面进行重构，根据测得的差分波面三维图计算出被测波面的相位信息，再进行波前重构。横向剪切干涉仪测量波面的基本原理如图 8-25 所示。

横向剪切干涉示意图如图 8-26 所示。激光器输出的光束经扩束准直成平行光束后由分光棱镜 BS 分成两束光，即透射光束 W1 和反射光束 W2。W1 经全反射镜 M1 反射，合束镜 BC 后出射。W2 经全反射镜 M2 反射，合束镜 BC 后出射。要使经 BC 出射的两光束形成剪切光束，必须调整 M2 的位置，使 BS 与 M1 的距离和 BS 与 M2 的距离不再相等，这样才能在光束重叠区域探测到剪切干涉后得到的干涉条纹。假设两光束波面之间的光程差为 $\Delta W(x,y)$，则

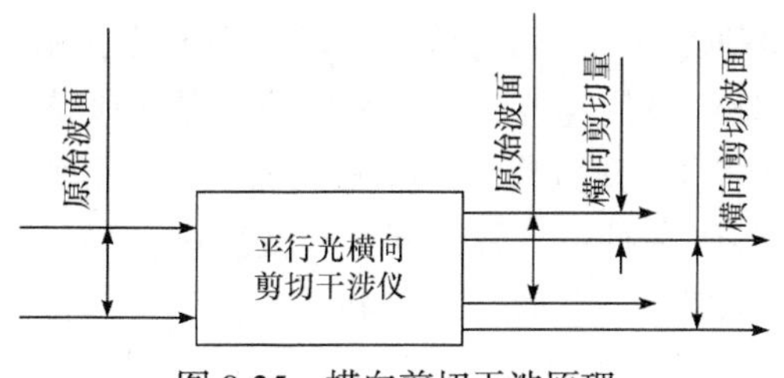

图 8-25　横向剪切干涉原理

$$\Delta W(x,y)=W(x+s,y)-W(x,y) \tag{8-22}$$

式中，s 为剪切量；$W(x,y)$为被测波前；$W(x+s,y)$为剪切波面；(x,y)为直角坐标。当剪切量 $s=0$ 时，两波面之间等光程，没有光程差，不会产生干涉条纹。

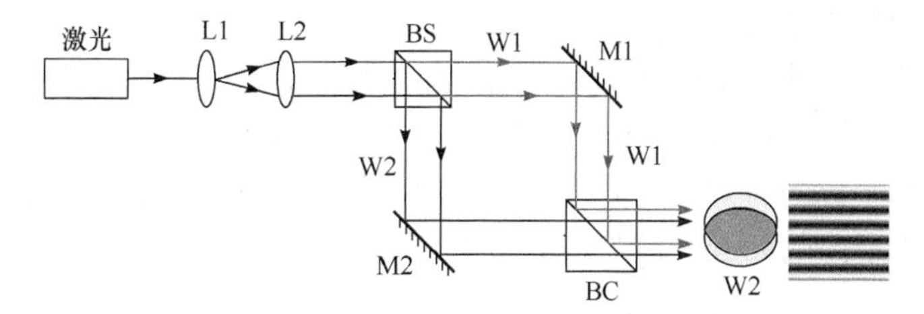

图 8-26　横向剪切干涉示意图

由于 W1 和 W2 是由同一束激光被分成两束的光束，所以 W1 和 W2 的振幅相等，因此可得两光束的振幅表达式和光强表达式分别为

$$A(x,y)=\frac{I_{\max}-I_{\min}}{I_{\max}+I_{\min}}=1 \tag{8-23}$$

$$I(x,y)=2A(x,y)^2[1+\cos\Delta\phi(x,y)] \tag{8-24}$$

假设横向剪切位移后生成的波面为$W'(x,y)$，则可得剪切后两波面之间的光程差为

$$\Delta W(x,y)=W(x,y)-W'(x,y)=\frac{\Delta\phi(x,y)}{k}=\frac{\lambda}{2\pi}\Delta\phi(x,y) \tag{8-25}$$

式中，$k=2\pi/\lambda$ 为空间角频率；λ 为被测光波波长；$\Delta W(x,y)$为被测波面的差分波前；$\Delta\phi(x,y)$为被测波面的差分相位函数。通过式(8-24)和式(8-25)可求出横向剪切干涉图的强度分布函数。

2. 四步相移法提取波前相位

由横向剪切干涉法测量得到的干涉条纹含有被测波面的相位信息，必须要从干涉条纹中提取相位信息，才能进行波面重建。从干涉条纹中进行相位提取，首先要从干涉条纹在空间上呈正弦分布的光强信息中，有效地恢复出波面的相位信息的方法。该方法的种类很多，可分为两大类：强度法和相位法。

(1) 强度法包含条纹极值定位法和正则化法，条纹极值定位法通过图像处理算法恢复出波面相位信息。正则化法对探测光强度进行反变换求出相位信息。

(2) 相位法主要包含两种：一种是傅里叶变换法；另一种是时域相移法。傅里叶变换法又称空间载频相移，其方法是将采集到的干涉图通过图像处理进行二维傅里叶变换，并得到正一级频谱，对正一级频谱再进行二维傅里叶逆变换，最终得到被测波面的相位信息。时域相移法是将图 8-26 中的 M1 通过移相器进行有规律地移动，从而改变该光路上的光束光程，得到亮度不同的剪切干涉条纹。这些干涉条纹表示呈余弦变化的光强信息。用 CCD 相机采集三幅或多幅不同相位条件下的剪切干涉图，利用余弦函数的正交性，通过相应的计算处理，就可以求得被测波面的相位分布。

四步相移法是剪切干涉技术中常用的相位提取方法，给图 8-18 中的全反射镜 M1 加压电陶瓷堆，用以控制 M1 以小于 1/4 周期的间隔做等间隔采样，采集 M1 在不同位置时生成的剪切干涉波面，波面的相位在 0 到 2π 内依次变化 $\pi/2$，这样就得到一个周期内的四副干涉光强分布图，这四副光强分布的公式为

$$
\begin{cases}
I_1(x,y)=a(x,y)\{1+A(x,y)[\Delta\phi(x,y)]\} \\
I_2(x,y)=a(x,y)\left\{1+A(x,y)\left[\Delta\phi(x,y)+\dfrac{\pi}{2}\right]\right\} \\
I_3(x,y)=a(x,y)\{1+A(x,y)[\Delta\phi(x,y)+\pi]\} \\
I_4(x,y)=a(x,y)\left\{1+A(x,y)\left[\Delta\phi(x,y)+\dfrac{3\pi}{2}\right]\right\}
\end{cases}
\tag{8-26}
$$

通过式(8-26)可求得被测波面的差分相位 $\Delta\phi(x,y)$为

$$
\Delta\phi(x,y)=\arctan\left[\frac{I_4(x,y)-I_2(x,y)}{I_1(x,y)-I_3(x,y)}\right]
\tag{8-27}
$$

式(8-27)为四步相移法提取相位的运算公式，式中含有减法运算和除法运算，这两种运算的好处是将干涉场中的固定噪声和光电探测器的增益变化引起的噪声都自动消除。但是由四步相移法提取的相位是由反正切函数求出的，因此，被测波面的相位值被限制在$[-\pi, \pi]$的范围内，为消除相位跳变的影响，必须要对求出的波面相位进行解包运算，最终将相位转化到$[0,2\pi]$的范围内。

3. 最小二乘法相位解包裹

相位解包的算法分为时间域和空间域两大类：时间域相位解包的思想是在时间轴上按照频率由低到高的顺序进行相位解包处理，最后输出被测波面的解包裹相位图；空间域相位解包是目前运用较多的解包裹方法，主要包含两大类，即路

径跟踪法和最小范数法[12]。路径跟踪法是一种局部的相位解包算法，实质是选取合适的路径对包裹相位差进行积分的过程。最小范数法是与路径无关的一种全局算法，实质是实现对目标函数的优化算法，当范数 $p = 2$ 时，最小范数法解包裹就变成了最小二乘法解包裹运算，是目前运用最为广泛的相位解包裹算法。

用最小二乘法进行相位解包运算，既能抑制噪声点的影响，又能保证被解包波面的连续性。该方法是从四步相移法生成图像的整体出发，利用最小二乘算法求取与包裹相位斜率偏差平方和最小的相位曲面，输出解包后的波前相位面，其基本原理如下。

对于四步相移提取的包裹相位 $\phi(x,y)$，希望得到对应的解包裹相位 $\varphi(x,y)$，使得最小误差函数 J 的值最小[13,14]：

$$J = \iint \left\| \nabla\varphi - \nabla\phi \right\|^p \mathrm{d}A = \min \tag{8-28}$$

式中，$\nabla\varphi$ 为被测波前解包裹后的相位梯度值；$\nabla\phi$ 为被包裹的相位梯度值；$\mathrm{d}A$ 为积分面元；$\left\|\nabla\varphi - \nabla\phi\right\|^p$ 为 p 的范数[15]。当 $p = 2$ 时为最小二乘法解包裹算法[16]。

将式(8-28)改写为离散的最小二乘法，表达式如下：

$$J = \sum_{i=0}^{M-2}\sum_{j=0}^{N-1}\left(\varphi_{i+1,j} - \varphi_{i,j} - \varDelta_{i,j}^x\right)^p + \sum_{i=0}^{M-2}\sum_{j=0}^{N-2}\left(\varphi_{i,j+1} - \varphi_{i,j} - \varDelta_{i,j}^y\right)^p = \min \tag{8-29}$$

式中，M、N 分别为二维相位数据的行与列；$\varDelta$ 为差分算子；$\varDelta_{i,j}^x$ 为 x 方向上的包裹相位梯度；$\varDelta_{i,j}^y$ 为 y 方向上的包裹相位梯度[17]，$i = 0,1,2,\cdots, M-1$，$j = 0, 1, 2,\cdots, N-1$。在相位解包裹过程中为了使 J 达到最小值，就需要对式(8-29)进行一次求导，且使 J 的一阶导数等于零，可得如下表达式：

$$\mathrm{d}J = p\left(d_1 + d_2\right) \tag{8-30}$$

其中：

$$d_1 = \sum_{i=0}^{M-2}\sum_{j=0}^{N-1}\left(\varphi_{i+1,j} - \varphi_{i,j} - \varDelta_{i,j}^x\right)\left|\varphi_{i+1,j} - \varphi_{i,j} - \varDelta_{i,j}^x\right|^{p-2}\left(\mathrm{d}\varphi_{i+1,j} - \mathrm{d}\varphi_{i,j}\right) \tag{8-31}$$

$$d_2 = \sum_{i=0}^{M-2}\sum_{j=0}^{N-1}\left(\varphi_{i,j+1} - \varphi_{i,j} - \varDelta_{i,j}^y\right)\left|\varphi_{i,j+1} - \varphi_{i,j} - \varDelta_{i,j}^y\right|^{p-2}\left(\mathrm{d}\varphi_{i,j+1} - \mathrm{d}\varphi_{i,j}\right) \tag{8-32}$$

为了计算方便，式(8-31)和式(8-32)中，令：

$$\begin{cases} a_{i,j} = \left(\varphi_{i+1,j} - \varphi_{i,j} - \varDelta_{i,j}^x\right)\left|\varphi_{i+1,j} - \varphi_{i,j} - \varDelta_{i,j}^x\right|^{p-2}, & 0 \leqslant i \leqslant M-2; 0 \leqslant j \leqslant N-1 \\ 0, & i = -1, M-1; 0 \leqslant j \leqslant N-1 \end{cases} \tag{8-33}$$

$$\begin{cases} b_{i,j} = \left(\varphi_{i,j+1} - \varphi_{i,j} - \varDelta_{i,j}^y\right)\left|\varphi_{i,j+1} - \varphi_{i,j} - \varDelta_{i,j}^y\right|^{p-2}, & 0 \leqslant i \leqslant M-1; 0 \leqslant j \leqslant N-2 \\ 0, & 0 \leqslant i \leqslant M-1; j = 1, N-1 \end{cases} \tag{8-34}$$

将式(8-33)和式(8-34)代入式(8-31)和式(8-32)中，并化简得

$$d_1 = \sum_{i=0}^{M-1}\sum_{j=0}^{N-1}\left(a_{i-1,j} - a_{i,j}\right)\mathrm{d}\varphi_{i,j} \tag{8-35}$$

$$d_2 = \sum_{i=0}^{M-1}\sum_{j=0}^{N-1}\left(b_{i,j-1} - b_{i,j}\right)\mathrm{d}\varphi_{i,j} \tag{8-36}$$

将式(8-35)和式(8-36)代入式(8-29)，并进行化简可得

$$\mathrm{d}J = -p\sum_{i=0}^{M-1}\sum_{j=0}^{N-1}\left(a_{i,j} - a_{i-1,j} + b_{i,j} - b_{i,j-1}\right)\mathrm{d}\varphi_{i,j} = 0 \tag{8-37}$$

式中，$\mathrm{d}\varphi_{i,j}$ 为 MN 个不确定的数，当 $\mathrm{d}J = 0$ 时，可得

$$a_{i,j} - a_{i-1,j} + b_{i,j} - b_{i,j-1} = 0, \qquad 0 \leqslant i \leqslant M-1; 0 \leqslant j \leqslant N-1 \tag{8-38}$$

由边界条件 $a_{i,j} = 0$, $i = -1, M-1$; $0 \leqslant j \leqslant N-1$ 和 $b_{i,j} = 0, 0 \leqslant i \leqslant M-1$ ； $j = -1, N-1$ 可得相位的边界条件为

$$\begin{cases} \varphi_{-1,j} - \varphi_{0,j} = \phi_{-1,j} - \phi_{0,j}, \\ \varphi_{M,j} - \varphi_{M-1,j} = \phi_{M,j} - \phi_{M-1,j}, \end{cases} \qquad 0 \leqslant j \leqslant N-1 \tag{8-39}$$

$$\begin{cases} \varphi_{i,-1} - \varphi_{i,0} = \phi_{i,-1} - \phi_{i,0}, \\ \varphi_{i,N} - \varphi_{i,N-1} = \phi_{i,n} - \phi_{i,N-1}, \end{cases} \qquad 0 \leqslant i \leqslant M-1 \tag{8-40}$$

将边界条件式(8-37)和式(8-38)代入式(8-36),并进行化简可得该方程的最优化解为

$$\begin{gathered}(\varphi_{i+1,j} - \varphi_{i,j} - \varDelta_{i,j}^{x})U_{i,j} + (\varphi_{i,j+1} - \varphi_{i,j} - \varDelta_{i,j}^{y})V_{i,j} + (\varphi_{i,j} - \varphi_{i-1,j} - \varDelta_{i-1,j}^{x})U_{i-1,j} \\ -(\varphi_{i,j} - \varphi_{i,j-1} - \varDelta_{i,j-1}^{y})V_{i,j-1} = 0\end{gathered} \tag{8-41}$$

式中：

$$\begin{cases} U_{i,j} = \lvert \varphi_{i+1,j} - \varphi_{i,j} - \varDelta_{i,j}^{x} \rvert^{p-2}, & 0 \leqslant i \leqslant M-2; 0 \leqslant j \leqslant N-1 \\ 0, & \text{其他} \end{cases} \tag{8-42}$$

$$\begin{cases} V_{i,j} = \lvert \varphi_{i,j+1} - \varphi_{i,j} - \varDelta_{i,j}^{y} \rvert^{p-2}, & 0 \leqslant i \leqslant M-1; 0 \leqslant j \leqslant N-2 \\ 0, & \text{其他} \end{cases} \tag{8-43}$$

当 $p = 2$ 时，上述优化算法就转变为最小二乘法解包裹运算，将式(8-41)进行整理得到离散的泊松方程如下：

$$\varphi_{i+1,j} + \varphi_{i,j+1} + \varphi_{i,j+1} + \varphi_{i-1,j} - 4 + \varphi_{i,j} = \rho_{i,j}, \qquad 0 \leqslant i \leqslant M-1; 0 \leqslant j \leqslant N-1 \tag{8-44}$$

式中，$\rho_{i,j}=\left(\Delta_{i,j}^{x}-\Delta_{i-1,j}^{x}\right)+\left(\Delta_{i,j}^{y}-\Delta_{i,j-1}^{y}\right)$就是包裹相位的值，要解出式(8-44)的值，其边界条件为

$$\begin{cases}\Delta_{-1,j}^{x}=\Delta_{M-1,j}^{x}=0, & 0\leqslant j\leqslant N-1\\ \Delta_{i,-1}^{y}=\Delta_{i,N-1}^{y}=0, & 0\leqslant i\leqslant M-1\end{cases} \tag{8-45}$$

因此，最小二乘法解包裹相位的实质是求解边界条件下的泊松方程，运算过程如下：

$$\varphi_{i,j}^{k+1}=\frac{1}{2}(\varphi_{i+1}^{k}+\varphi_{i-1}^{k}+\varphi_{i,j+1}^{k}+\varphi_{i,j}^{k}-\rho_{i,j}),\quad 0\leqslant i\leqslant M-2;0\leqslant j\leqslant N-2 \tag{8-46}$$

四个顶点的值分别为

$$\begin{cases}\varphi_{0,0}^{k+1}=\dfrac{1}{2}(\varphi_{1,0}^{k}+\varphi_{0,1}^{k}-\rho_{i,j})\\ \varphi_{M-1,0}^{k+1}=\dfrac{1}{2}(\varphi_{M-1,1}^{k}+\varphi_{M-1,0}^{k}-\rho_{i,j})\\ \varphi_{0,N-1}^{k+1}=\dfrac{1}{2}(\varphi_{1,N-1}^{k}+\varphi_{0,N-2}^{k}-\rho_{i,j})\\ \varphi_{M-1,N-1}^{k+1}=\dfrac{1}{2}(\varphi_{M-1,N-2}^{k}+\varphi_{M-1,N-2}^{k}-\rho_{i,j})\end{cases} \tag{8-47}$$

$$\begin{cases}\varphi_{0,j}^{k+1}=\dfrac{1}{3}(\varphi_{1,j}^{k}+\varphi_{0,j+1}^{k}+\varphi_{0,j-1}^{k}-\rho_{i,j}),\\ \varphi_{M-1,j}^{k+1}=\dfrac{1}{3}(\varphi_{M-2,j}^{k}+\varphi_{M-1,j+1}^{k}+\varphi_{M-1,j-1}^{k}-\rho_{i,j}),\end{cases}\quad 1\leqslant j\leqslant N-2 \tag{8-48}$$

$$\begin{cases}\varphi_{i,0}^{k+1}=\dfrac{1}{3}(\varphi_{M-2,j}^{k}+\varphi_{M-2,j+1}^{k}+\varphi_{M-2,j-1}^{k}-\rho_{i,j}),\\ \varphi_{i,N-1}^{k+1}=\dfrac{1}{3}(\varphi_{i+1,N-1}^{k}+\varphi_{i-1,N-1}^{k}+\varphi_{i,N-2}^{k}-\rho_{i,j}),\end{cases}\quad 1\leqslant i\leqslant M-2 \tag{8-49}$$

将空间域进行初始化，即$\varphi_{i,j}^{(0)}=0$，进行最小二乘法相位解包裹运算，最终得到被测畸变波前的相位信息。

8.5.2　夏克-哈特曼实时波前测量原理

夏克-哈特曼波前传感器的主要组成部分为微透镜阵列和 CCD 相机，其结构简单，对环境的使用要求并不高，可用于实时测量，广泛应用于光学检测、自适应光学和激光光束质量诊断等领域，夏克-哈特曼波前传感器原理如图 8-27 所示。将 CCD 相机面阵探测器对应微透镜阵列划分为若干子区域，传输光束被微透镜阵列分解为多个基本光束，这些次级光束聚焦在 CCD 相机的探测面上，

当这些次级光束为理想平面波时，CCD 相机焦平面上得到的焦斑阵列使得排列状态非常规则，且焦斑的中心位置都处在子透镜的光轴上。分析处理 CCD 相机探测面上的光束信息就可获得传输光束的相位和强度，相位的一阶导数是可以测量的。实际上，被测光束都存在一定的波前像差，如图 8-27 所示，该像差会导致光束的焦点有所移动，偏离子透镜的光轴。每个焦点的移动量都与入射光束波前的局部导数呈正比，这个比值就是微透镜的焦距。对于光束强度，它直接与 CCD 相机探测面上每个焦点的振幅呈正比。

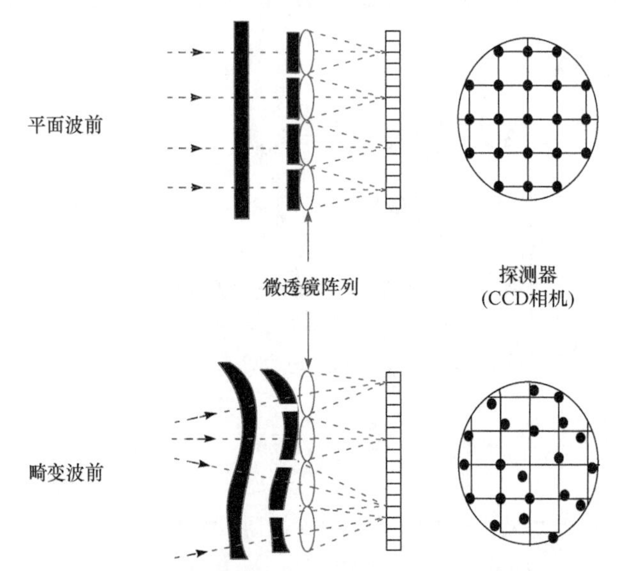

图 8-27　夏克-哈特曼波前传感器原理示意图

实验中入射光束的每个子波、微透镜阵列子孔径以及相应的 CCD 相机的子区域构成了一个有限接收孔径的强度探测系统。统计每个子孔径内对应的像素灰度值之和的起伏，并进行长时间实验测量就可得到湍流大气引起的光强起伏，进行归一化方差统计后得到光束在湍流大气中传输时由湍流引起的光强起伏。

剪切干涉仪测量波前需要将测得的光强信息经过一定的计算处理才能得到波前信息，实验系统对光路和环境的要求很高，并且要经过图像采集和计算处理，对计算速度的要求也很高，一般很难进行波前的实时测量，其优点就是成本较低。夏克-哈特曼波前传感器开发的计算程序能实时快速地输出被测波前信息，对实验环境的要求相比剪切干涉仪测量波前系统要低，但是成本较高。因此，为了更好地实现对空间相干光通信系统的波前测量，输出可靠的波前信息，采用夏克-哈特曼波前传感器进行波前测量。

8.6 波前重构

利用 LC-SLM-R 进行空间相干光通信的波前校正实验即为共轭法。首先要对大气湍流引起的畸变波前进行波前测量与重构。由于 Zernike 多项式中的每一项对应不同级次的像差，利用 Zernike 多项式的线性组合重构出被测波前，是目前最常用的方法之一。

8.6.1 Zernike 多项式

Zernike 多项式是在单位圆域上对径向变量和角度变量连续函数的二维多项式，可用极坐标系和直角坐标系两种形式表示，不但能描述畸变波前的相位信息，还能达到足够的精度[18]。因此，Zernike 多项式在校正大气湍流引起的波前畸变中得到了广泛应用。二维 Zernike 多项式可表示为[19]

$$Z_n^m(\rho,\theta)=R_n^m(\rho)\exp(\mathrm{i}m\theta) \tag{8-50}$$

式中，n 为径向序号；m 为角向序号，且 $n\geqslant 0$，$m\geqslant 0$，$n\geqslant m$；$R_n^m(\rho)$ 为径向函数，可表示为[20]

$$R_n^m(\rho)=\begin{cases}\displaystyle\sum_{s=0}^{(n+m)/2}(-1)^s\frac{(n-s)!}{s![(n+m)/2-s]!+[(n+m)/2-s]!}\rho^{n-2s}, & n-m\text{偶}\\ 0, & n-m\text{奇}\end{cases} \tag{8-51}$$

为了方便起见，将两个级次 n、m 转换为一个级次 i，并使 Zernike 多项式的正交性不依赖于多项式的级次，可将式(8-51)转换为只有一个阶次 i 的 Zernik 多项式，其表达式为[21]

$$Z_{i(\rho,\theta)}=\sqrt{n+1}\begin{cases}R_n^m(\rho)\sqrt{2}\cos(m\theta), & \text{偶}i,m\neq 0\\ R_n^m(\rho)\sqrt{2}\sin(m\theta), & \text{奇}i,m\neq 0\\ R_n^m(\rho), & m=0\end{cases} \tag{8-52}$$

式中，不同的 n，m 值对应不同的 Zernike 多项式，取各种不同多项式对它们进行线性组合就可以重构出不同类型的 Zernike 多项式，用这种组合可以表示各种被测波面的面形和像差。Zernike 多项式的低阶项能够表示各种初级像差，通过数学推导，用连续函数可表示实际产生的各种波面。表 8-2 给出了前 20 项 Zernike 多项式的极坐标和直角坐标表达式及像差类型。

表 8-2 前 20 项 Zernike 多项式

阶数	极坐标表达式	直角坐标表达式	像差类型
1	$2\rho\cos\theta$	$2x$	x 方向倾斜
2	$2\rho\sin\theta$	$2y$	y 方向倾斜
3	$2\rho^2-1$	$2(x^2+y^2)-1$	离焦
4	$\rho^2\cos2\theta$	x^2-y^2	0°或 90°方向像散
5	$\rho^2\sin2\theta$	$2xy$	±45°方向像散
6	$(3\rho^3-2\rho)\cos\theta$	$3(x^3+xy^2)-2x$	x 方向慧差
7	$(3\rho^3-2\rho)\sin\theta$	$3(x^2y+y^3)-2y$	y 方向倾斜
8	$\rho^3\cos\theta$	x^3+3xy^2	三叶型像散
9	$\rho^3\sin\theta$	$3x^2y-y^3$	三叶型像散
10	$6\rho^4-6\rho^2+1$	$6(x^4+y^4+2x^2y^2-x^2-y^2)+1$	初级球差
11	$(4\rho^4-3\rho^2)\cos2\theta$	$4x^4-4y^4-3x^2+3y^2$	0°或 90°初级像散
12	$(4\rho^4-3\rho^2)\sin2\theta$	$2xy(4x^2+4y^2-3)$	±45°方向初级像散
13	$\rho^4\cos4\theta$	$x^4+y^4-6x^2y^2$	四叶型像散
14	$\rho^4\sin4\theta$	$4x^3y-4xy^3$	四叶型像散
15	$(10\rho^5-12\rho^3+3\rho)\cos\theta$	$10x^5+20x^3y^2+10xy^4-12x^3-12xy^2+3x$	二级慧差
16	$(10\rho^5-12\rho^3+3\rho)\sin\theta$	$10y^5+20x^2y^3+10x^4y-12y^3-12x^2y+3y$	二级慧差
17	$(5\rho^5-4\rho^3)\cos3\theta$	$5x^5+10x^3y^2-4x^3-15xy^4+12xy^2$	二级三叶型像散
18	$(5\rho^5-4\rho^3)\sin3\theta$	$15x^4y-5y^5+10x^2y^3-4y^3-12x^2y$	二级三叶型像散
19	$\rho^5\cos5\theta$	$x^5-10x^3y^2+5xy^4$	五叶型像散
20	$\rho^5\sin5\theta$	$5x^4y-10x^2y^3+y^5$	五叶型像散

根据被测畸变波前的相位信息，计算出 Zernike 多项式的系数，取不同级次的 Zernike 多项式进行线性组合，就能重构出畸变波前。求出畸变波前的共轭波前，通过程序生成相应的灰度图加载到 LC-SLM-R 上，就能实现对畸变波前的校正。图 8-28 给出了不同级次下的 Zernike 多项式三维像差图，图 8-29 为不同级次下的 Zernike 多项式二维图像差。

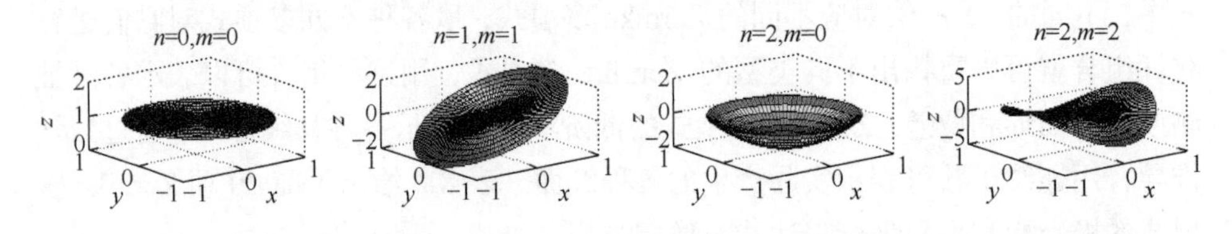

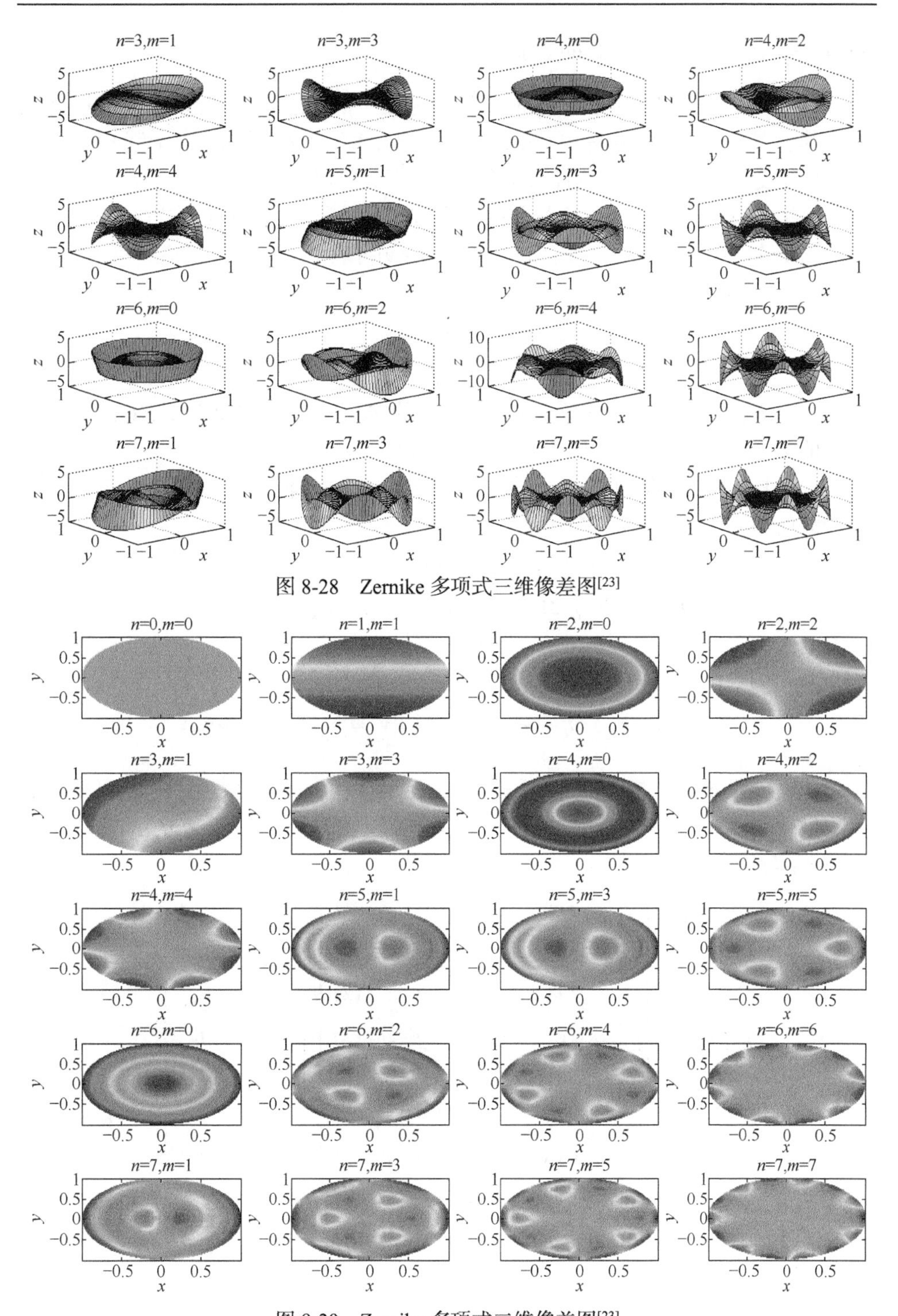

图 8-28 Zernike 多项式三维像差图[23]

图 8-29 Zernike 多项式二维像差图[23]

8.6.2 基于 Zernike 多项式的波前重构

要得到 LC-SLM-R 校正波前所需的共轭波前，还需要对被测畸变波前进行波前重构。在空间相干光通信中，采用低阶的前 20 项 Zernike 多项式就可以精确地重构出畸变波前[22]，且算法简化，大大减少了计算时间。

利用 Zernike 多项式重构波前的基本方法是，通过优化算法求取被测差分波面的 Zernike 多项式系数，被测畸变波前 $\phi(x,y)$可表示为一系列 Zernike 多项式的线性组合，即

$$\phi(x,y) = a_0 + \sum_{i=1}^{n} a_i Z_i(x,y) + \xi \tag{8-53}$$

式中，a_0为畸变波前的平均值；a_i为第 i 项的 Zernike 多项式系数；$Z_i(x,y)$为离散点上的 Zernike 多项式；ξ 为畸变波前的测量误差。

Zernike 多项式的一阶偏导数代表了畸变波前的斜率，于是离散点上 x 和 y 方向的波前斜率可表示为

$$\begin{cases} B_x(j) = \sum\limits_{i=1}^{n} a_i \dfrac{\iint_{S_j} \dfrac{\partial Z_i(x,y)}{\partial x}}{S_j} + u_j = \sum\limits_{i=1}^{n} a_i Z_{xi}(j) + u_j \\ B_y(j) = \sum\limits_{i=1}^{n} a_i \dfrac{\iint_{S_j} \dfrac{\partial Z_i(x,y)}{\partial y}}{S_j} + v_j = \sum\limits_{i=1}^{n} a_i Z_{yi}(j) + v_j \end{cases} \tag{8-54}$$

式中，$B_x(j)$和 $B_y(j)$为 Zernike 多项式的系数；(x,y)为第 i 个离散点的重心坐标；S_j为离散点的面积；u_j和 v_j为采样噪声。则重构畸变波前的 Zernike 多项式系数可用以下矩阵表示：

$$\begin{bmatrix} B_x(1) \\ B_y(1) \\ B_x(2) \\ B_y(2) \\ \vdots \\ B_x(m) \\ B_y(m) \end{bmatrix} = \begin{bmatrix} Z_{x_1}(1) & Z_{x_2}(1) & \cdots & Z_{x_n}(1) \\ Z_{y_1}(1) & Z_{y_2}(1) & \cdots & Z_{y_n}(1) \\ Z_{x_1}(2) & Z_{x_2}(2) & \cdots & Z_{x_n}(2) \\ Z_{y_1}(2) & Z_{y_2}(2) & \cdots & Z_{y_n}(2) \\ \vdots & \vdots & & \vdots \\ Z_{x_1}(m) & Z_{x_2}(m) & \cdots & Z_{x_n}(m) \\ Z_{y_1}(m) & Z_{y_2}(m) & \cdots & Z_{y_1}(2) \end{bmatrix} \cdot \begin{bmatrix} a_1 \\ a_2 \\ \vdots \\ a_n \end{bmatrix} + \begin{bmatrix} \eta_1 \\ \eta_2 \\ \eta_3 \\ \eta_4 \\ \vdots \\ \eta_{2m-1} \\ \eta_{2m} \end{bmatrix} \tag{8-55}$$

式中，$\boldsymbol{B} = \boldsymbol{Z} \cdot \boldsymbol{A} + \boldsymbol{\eta}$，$\boldsymbol{A}$ 为 Zernike 多项式的系数矩阵，$\boldsymbol{\eta}$ 为畸变波前的测量误差矩阵；$\boldsymbol{Z}$ 为 Zernike 多项式各项的一阶偏导数构成的矩阵。用前 20 项 Zernike 多项式求取偏导数矩阵，如表 8-2 所示。

根据奇异矩阵分解法可算出 $\boldsymbol{Z}$ 的广义逆矩阵 $\boldsymbol{Z}^{-1}$，进一步计算出最小二乘解

为 $\boldsymbol{A}=\boldsymbol{Z}^{-1}\cdot\boldsymbol{B}$ 。对于畸变波前的各离散点来说 $\boldsymbol{Z}^{-1}$ 是确定的，从而可以重构出畸变波前。

8.7　LC-SLM-R 波前校正实验

8.7.1　静态波前校正实验

1. 液晶空间光调制器

本实验用到两个液晶空间光调制器，分别为反射式液晶空间光调制器(LC-SLM-R)和透射式液晶空间光调制器(LC-SLM-T)，LC-SLM-R 用来校正波前，起波前校正器的作用，LC-SLM-T 用来模拟大气湍流，起随机相位屏作用。二者的性能参数如表 8-3 所示。

表 8-3　液晶空间光调制器参数

性能参数	LC-SLM-R	LC-SLM-T
液晶类型	反射式	透射式
像素尺寸/μm	9	26
分辨率	1024×768	1024×768
相位调制能力	>2π@532nm	>2π@532nm
刷新频率/Hz	60	60
标定波长/nm	400～700	400～700
灰度阶数	8 位、256 阶	8 位、256 阶
数据接口	VGA	VGA

2. 波前测量实验

实验中横向剪切干涉仪的剪切量为 1mm，采样区域长度为 400mm，由于要用四步相移法解包出畸变波前的相位，所以分别剪切出 x 方向和 y 方向相位依次相差 90°的四幅干涉条纹图，如图 8-30 和图 8-31 所示。

将图 8-30 和图 8-31 的四幅干涉图分别用四步相移法进行相位提取，得到包裹相位如图 8-32 和图 8-33 所示。包裹相位被限制在[−π, π]的范围内，为消除相位跳变的影响，必须要对上述包裹相位进行解包运算，最终将相位转化到[0,2π]范围内。解包裹后得到 x 方向和 y 方向上差分波面的三维坐标值图，如图 8-34 和图 8-35 所示。

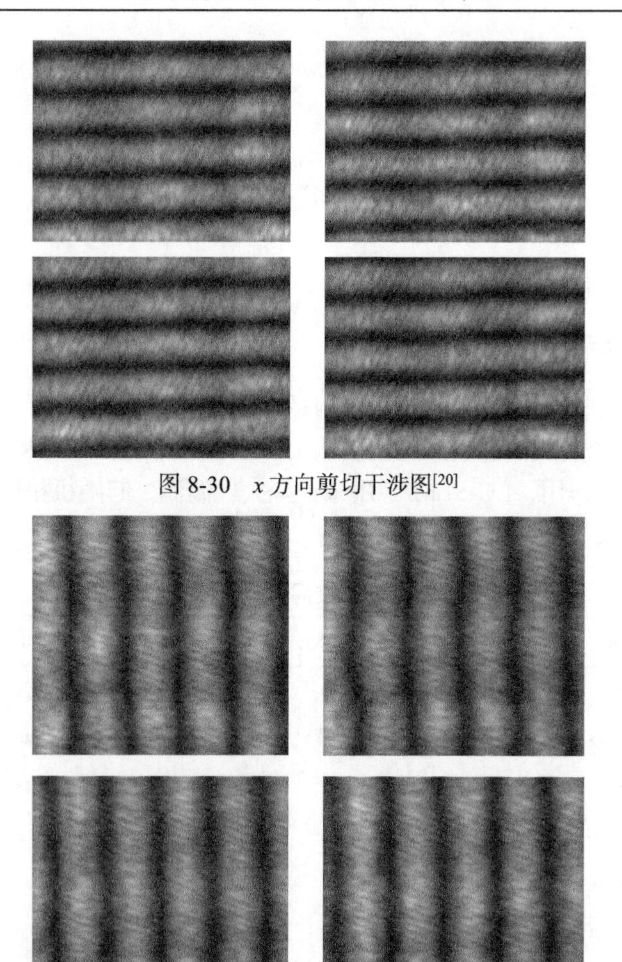

图 8-30　x 方向剪切干涉图[20]

图 8-31　y 方向剪切干涉图[20]

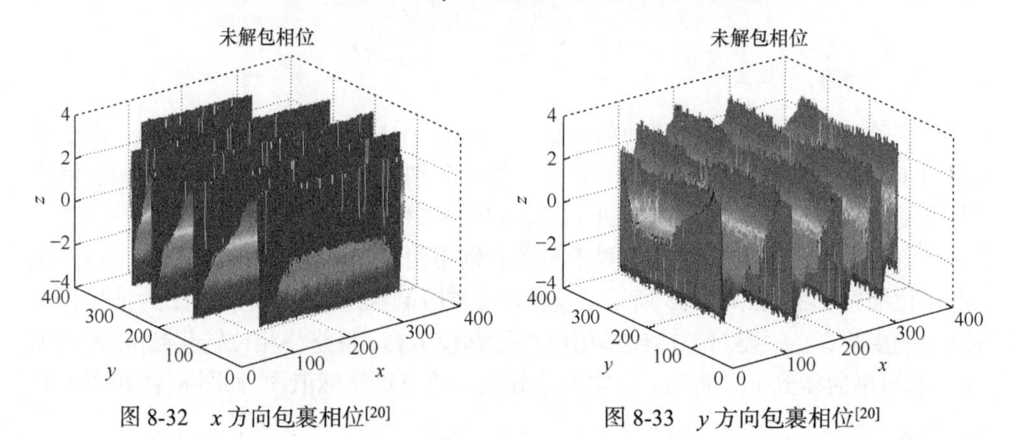

图 8-32　x 方向包裹相位[20]

图 8-33　y 方向包裹相位[20]

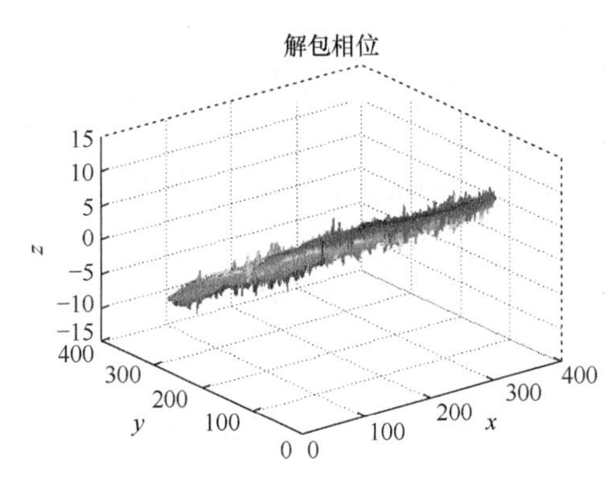

图 8-34　x 方向差分波面的三维坐标值图[19]

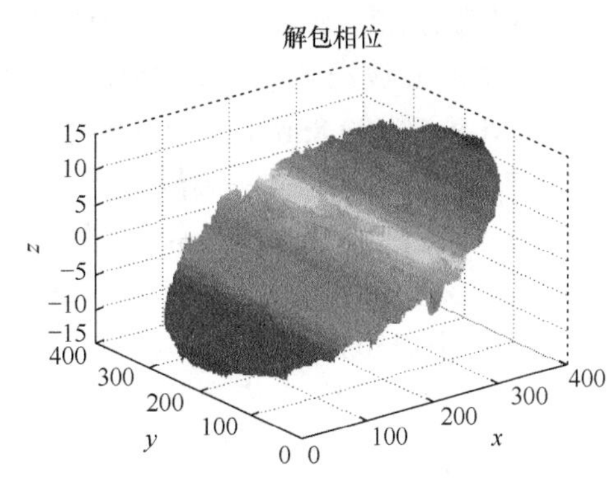

图 8-35　y 方向差分波面的三维坐标值图[19]

3. 波前重构

利用 Zernike 多项式重建波前是个复杂的过程，将解包裹后得到 x 方向和 y 方向上差分波面的三维坐标值用 Zernike 多项式进行拟合，并求出相应的 Zernike 多项式系数，将 x 方向和 y 方向上求出的系数和 Zernike 多项式按一定规则进行组合运算就可以重构出被测波前。重构波前如图 8-36 所示。

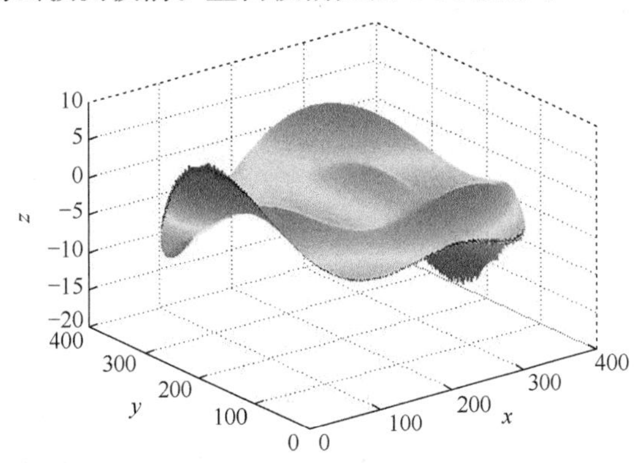

图 8-36　Zernike 多项式重构 632.8nm 光束波前[22]

4. 静态波前校正实验

对于空间相干光通信系统来说，大气湍流引起的光信号波前相位畸变严重影响了光信号和本振光相干混频时的混频效率，进而降低了差频信号的输出电压。外差探测的优势之一是能实现对微弱光信号的探测，其原理是用本振光功率对光信号进行放大探测，但是，本振光功率过大时，附加产生的散粒噪声会淹没所要探测的差频信号，导致无法探测差频信号，也就无法实现对差频信号的解调。因此，必须用测量出的波前去实现对畸变波前的校正，采用共轭波前进行波前校正。

波前校正原理如图 8-37 所示，横向剪切干涉法测量得到的畸变波前是 632.8nm

波长的信标光束，而空间相干光通信传输信息的光束是 1550nm 波长的光束。要通过 632.8nm 波长光束畸变波前的共轭波前校正 1550nm 波长光束的波前畸变。LC-SLM-R 对 632.8nm 波长的光束相位调制能力强，对 1550nm 波长的光束相位调制能力差。也就是同一湍流相位屏对波长短的光束引起的波前畸变较小，对波长长的光束引起的波前畸变较大。在求出信标光 632.8nm 波长光束的波前畸变后，根据图 8-38 所示的 Zernike 多项式重构的 1550nm 光束波前畸变，计算出模拟湍流相位屏对 1550nm 光束波前畸变的共轭波前。

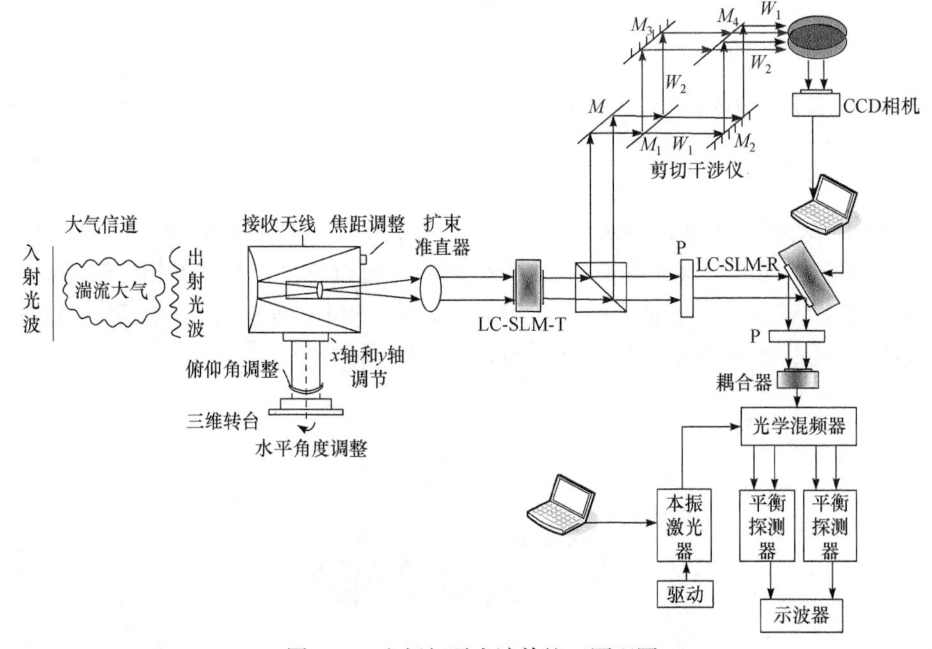

图 8-37　空间相干光波前校正原理图

共轭法校正波前的原理是对 1550nm 重构出的畸变波前求出其共轭波前，如图 8-39 所示，并将共轭波前转换为 LC-SLM-R 所需要的驱动灰度值，不同相位延迟下 1550nm 光束所需的驱动灰度可通过表 8-1 进行查找，并将驱动灰度值生成如图 8-40 所示的共轭波前图加载到 LC-SLM-R 上，用加载了共轭波前灰度图的 LC-SLM-R 对光束的畸变波前进行相位调制，以达到波前校正的目的。

将图 8-40 所示的共轭波前灰度图加载到 LC-SLM-R 上，实验中发射端激光器输出的光功率为 86mW，通过光纤耦合进发射天线，再经过湍流相位屏后被接收天线接收。由于耦合效率和模拟湍流相位屏的 LC-SLM-T 透过率都不高，所以接收端望远镜接收到的光功率很小，再经过 LC-SLM-R、偏振器件、耦合透镜、光纤损耗等后耦合光纤输出的光功率只有几百纳瓦左右。若采用直接探测技术，探测器无法响应如此小的光功率。采用外差探测方式可用本振光功率对光信号功

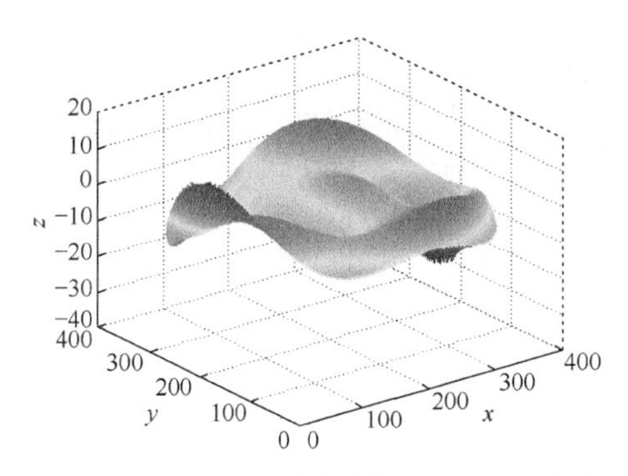

图 8-38　Zernike 多项式重构 1550nm 光束波前畸变[19]

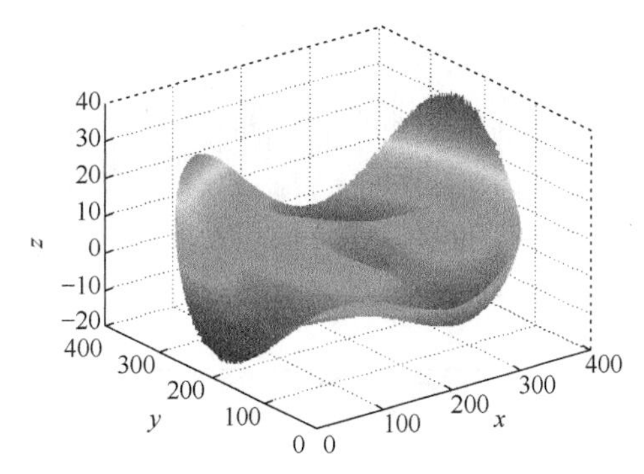

图 8-39　1550nm 光束波前畸变的共轭波前[19]

率进行有效放大，探测两光束相干混频后的差频信号，再经过外差异步解调技术解调出有用信息。实验中光信号经过耦合透镜输入的光纤选用保偏光纤，并经过偏振控制器后输入混频器，通过调整耦合透镜和偏振控制器，使输入混频器的光信号功率增加到 1μW 以上。调整本振激光器，使本振激光器输出的功率不超过 10mW，以防止平衡探测器由于过高的输入光功率进入饱和工作状态。

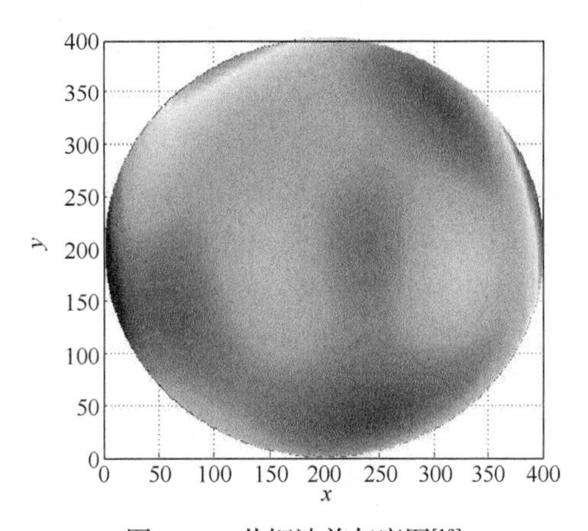

图 8-40　共轭波前灰度图[19]

图 8-41 为无波前校正前示波器输出的差频信号电压幅值，图 8-41(a)为同相方向(I 路)的差频信号电压幅值，图 8-41(b)为正交方向(Q 路)的差频信号电压幅值。由两图可知同相方向和正交方向的电压幅值存在微小差异。这是因为光路中传输光信号的光纤偏振态存在微小差异，以及经过法兰的尾纤端面清洁度不同造成的。另外，由于两光束波前存在很大差异，差频信号的正弦值存在一定的畸变。

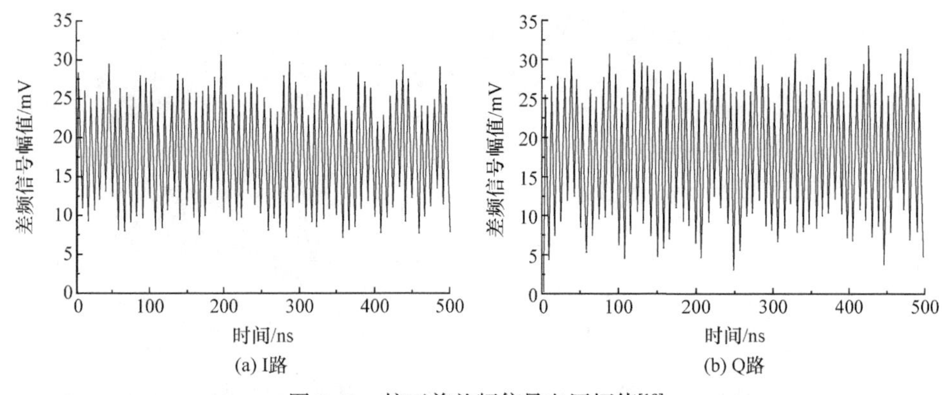

图 8-41　校正前差频信号电压幅值[19]

将图 8-41 中的共轭波前灰度值加载到 LC-SLM-R 上对畸变波前进行校正，实验过程中发现，由于 LC-SLM-R 的刷新频率较低，只有 60Hz，加上计算机运行速度的影响，无法用 LC-SLM-R 进行动态波前校正。另外实验证明上午 10:30 以前和下午 4:30 以后，地面附近的大气湍流引起的差频信号波动较大。在上午 10:30 至下午 4:30 地面附近大气湍流引起的差频信号相对稳定，不会出现大的波动。因此，本实验在下午 1 点左右进行波前校正的模拟实验，校正后平衡探测器输出的差频信号电压幅值如图 8-42 所示，图 8-42(a)为 I 路差频信号电压幅值，图 8-42(b)为 Q 路差频信号电压幅值。

图 8-42 显示，校正后平衡探测器输出的差频信号电压幅值趋于稳定值，尽管实验中随着时间的变化，差频信号电压幅值会有轻微的起伏，但输出正弦波幅值之间不会出现太大的差值，基本上稳定在 46mV 左右，相比于图 8-41 校正前的差频信号电压幅值，利用 LC-SLM-R 进行波前校正后的差频信号电压幅值增大了 1.7 倍左右，同时校正后的信噪比增大了近 3 倍。

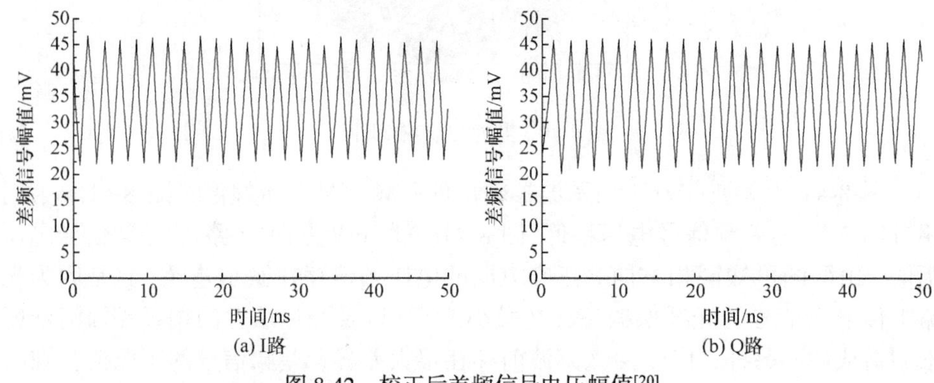

图 8-42　校正后差频信号电压幅值[20]

图 8-43 为校正前和校正后输出的噪声信号幅值，可见校正前和校正后平衡探

测器输出的噪声并没有发生太大变化。原因是，外差探测的探测方式很大程度上滤出了背景光噪声的影响，暗电流的影响可以忽略不计，输出的噪声信号主要来自探测器的热噪声和本振光功率产生的散粒噪声。但是，双平衡外差探测将同一方向上相位像差 180°的两束光进行加法运算后由平衡探测器输出，有效地消除了散粒噪声的影响。因此，输出的噪声信号中起主要作用的为探测器的热噪声，该噪声的大小不随波前校正的变化而变化。

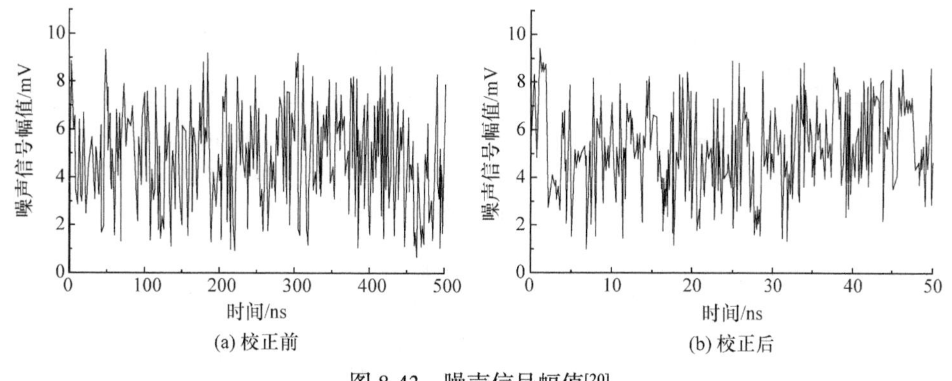

图 8-43　噪声信号幅值[20]

8.7.2　外场实验

1.3km 实验中，根据拟合过程中给出的 Zernike 多项式系数，用共轭法原理求出畸变波前的共轭波，并根据 LC-SLM-R 对光信号和信标光的调制特性将共轭波前转换为 LC-SLM-R 的驱动灰度，加载到 LC-SLM-R 上实现对光信号畸变波前的校正。

图 8-44 为校正前后差频信号幅值，图中上方黑色正弦波为 I 路差频信号，下方灰色正弦波为 Q 路差频信号。从图中可以看出，校正前两路信号的幅值为 0.55V 左右，且信号幅值随时间变化产生一定的起伏。校正后输出的两路差频信号幅值比校正前提高了一倍左右，且每路正弦信号的幅值趋于一恒值。

图 8-45 为校正前后差频信号的功率谱曲线图，从图中可以看出，校正后差频信号功率谱的主谱峰变得更加尖锐，主谱峰处差频信号的功率谱密度峰值由 15.7dB/Hz 提高到了 19.3dB/Hz，相对于校正前，校正后的差频信号噪声得到滤除，系统信噪比得到提高。

利用自适应光学技术对空间相干光通信进行波前校正后，相干光通信系统接收端耦合进单模光纤的光功率值也有很大的提高，说明对光信号波前畸变校正后大大提高了光信号和本振光的混频效率。图 8-46 为校正前后解调系统解出的基带信号波形图。可以看出校正前系统的差频信号幅值太小，差频信号相邻周期内信号幅值起伏较大，达不到解码所需要的最小幅值要求，解码器输出的基带信号形状不规则，周围毛刺较多。光信号波前畸变经 AO 技术校正后差频信号幅值满足接收端的解码要求，解码器解出的基带信号形状和方波近似可以很好地对传输的视频信号进行解码。

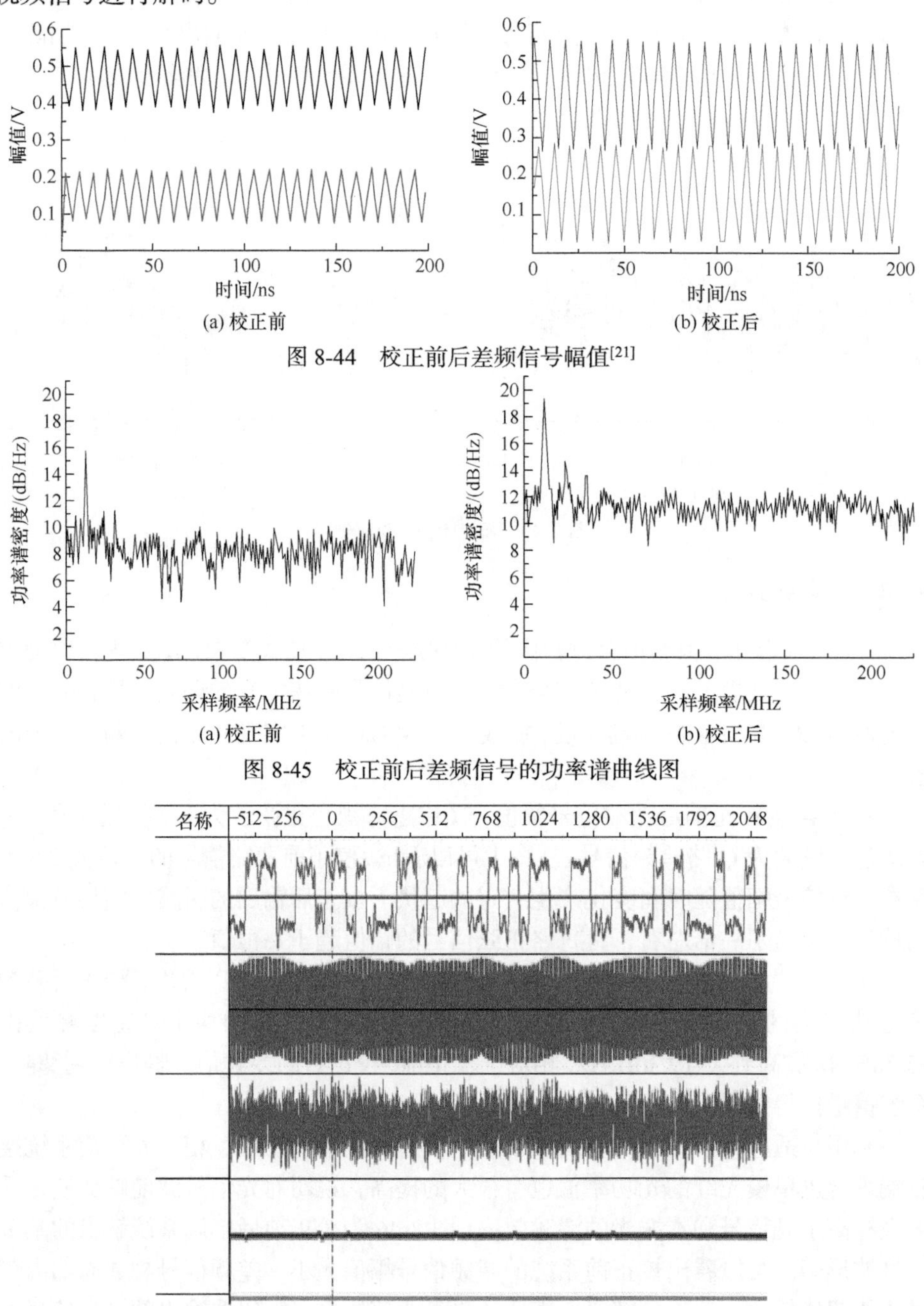

(a) 校正前　(b) 校正后

图 8-44　校正前后差频信号幅值[21]

(a) 校正前　(b) 校正后

图 8-45　校正前后差频信号的功率谱曲线图

(a) 校正前

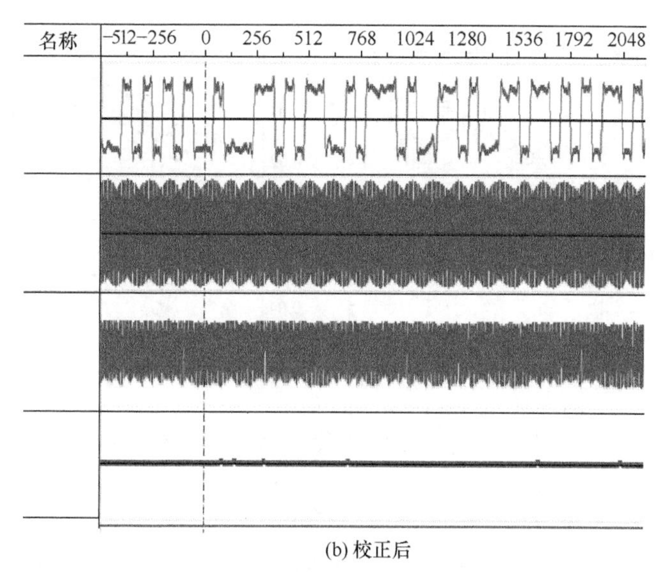

(b) 校正后

图 8-46　经 AO 校正前后的基带信号波形图[22]

图 8-47 和图 8-48 分别为校正前和校正后接收信号的星座图。通过比较可以看出，校正前接收信号散点图中各点之间的离散度比较大，经 AO 系统对大气湍流引起的畸变波前进行校正后，接收信号的星座图各散点分布比较集中，且校正后系统误码率比较正前降低了 10 倍左右。

液晶空间光调制器具有高像素密度的特点，很容易实现百万量级像素，相当于数万单元的变形镜，液晶像素尺寸小，校正量可以达到十几微米量级。液晶性能稳定，寿命长，器件工艺近乎完美。但液晶能量利用率低，响应速度慢也应该引起注意。

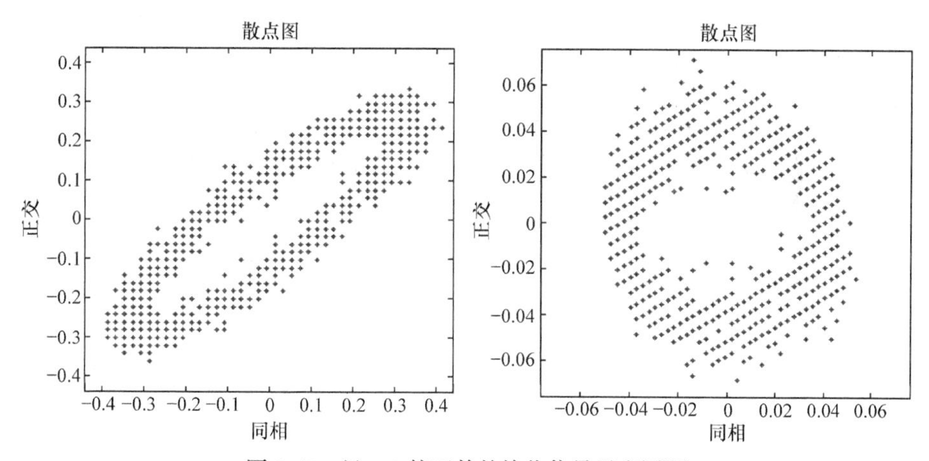

图 8-47　经 AO 校正前的接收信号星座图[22]

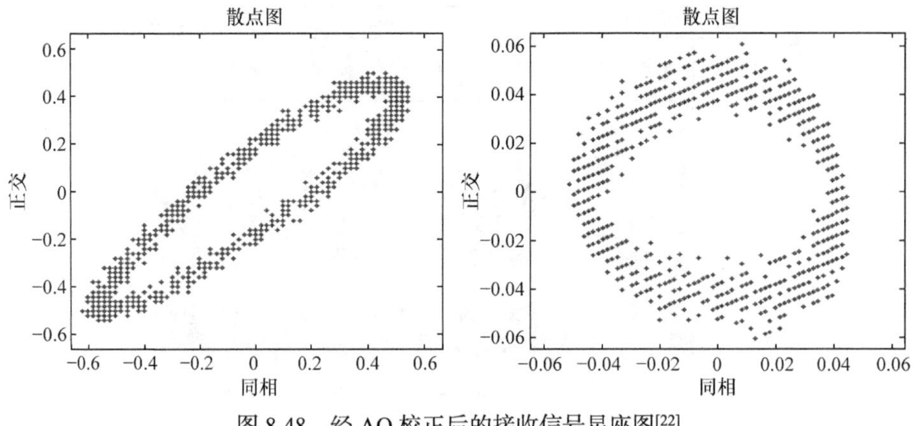

图 8-48　经 AO 校正后的接收信号星座图[22]

参 考 文 献

[1] 张洪鑫. 相位型液晶空间光调制器特性测试方法及波前校正研究. 哈尔滨: 哈尔滨工业大学, 2009.

[2] Neto L G, Rogerge D, Sheng Y. Full-range, continuous, complex modulation by the use of two coupled-mode liquid-crystal televisions. Applied Optics, 1996, 35(23): 4567-4573.

[3] Chen H X, Sui Z, Chen Z P, et al. Optical modulation characteristics of liquid crystal television(LCTV)and its application in optics information processing. Chinese Journal of Lasers, 2000, 27(8): 741-745.

[4] Zhang H, Zhang J, Wu L. Evaluation of phase only LC SLM for phase modulation performance. Measurement Science and Technology, 2007, 18(6): 1724-1728.

[5] 梁铨廷.物理光学. 北京: 电子工业出版社, 2012.

[6] Tyson R K. Adaptive optics and ground-to-space laser communications. Applied Optics, 1996, 35(19): 3640-3646.

[7] Gnacio M, Jeffrey A, Davis, et al. Transmission and phase measurement for polarization eigenvectors in twisted-nematic liquid crystal spatial light modulators. Optical Engineering, 1998, 37(11): 3048-3052.

[8] Gibson J S, Chang C C, Ellerbroek B L. Adaptive optics wave front reconstruction by adaptive filtering and control. IEEE Conference on Decision and Control, 1999, 21: 761-766.

[9] Ragazzoni R, Ghedina A, Baruffolo A, et al. Testing the pyramid wavefront sensor on the sky. Proceedings of SPIE, 2000, 4007.

[10] 张博, 刘云清. 相干通信系统中激光线宽与放大器个数问题. 激光与红外, 2015, 45(1): 9-11.

[11] Ragazzoni R, Ghedina A, Baruffolo A, et al. Testing the pyramid wavefront sensor on the sky. Proceedings of SPIE, 2000, 4007.

[12] 傅世强. 面向光学三维测量的相位展开关键技术研究. 南京: 南京航空航天大学, 2010.

[13] Ghiglia D C, Romero L A. Robust two dimensional weighted and unweighted phase unwrapping that uses fast transforms and iterative methods. Applied Optics, 1994, 11(1): 107-117.

[14] Huntley J M. Noise-immune phase unwrapping algorithm. Applied Optics, 1989, 28(15) : 3268-3270.

[15] Liu Y T, Chen N, Gibson J S. Adaptive filtering and control for wavefront reconstruction and jitter control in adaptive optics. American Control Conference, Portland, 2005: 2608-2612.

[16] Andrews L C, Phillips R L. Laser Beam Propagation through Random Media. Washington D. C.: Oxford University Press, 2005.

[17] 张德琨, 敖发良, 邹传云. 光纤通信原理. 重庆: 重庆大学出版社, 2008.

[18] Lange R, Smutny B, Wandernoth B, et al. 142km 5.625Gbit/s free-space optical link based on homodyne BPSK modulation. SPIE, 2006: 61050A(9): 12-14

[19] 孔英秀. LC-SLM 空间相干光通信波前校正技术. 西安: 西安理工大学, 2018.

[20] Noll R J. Zernike polynomials and atmospheric turbulence. Journal of the Optical Society of American, 1976, (66): 207-211.

[21] Fred D L. Adaptive optics. Journal of the Optical Society of American, 1977, 67(3): 1-4.

[22] Lane R G, Tallon M. Wavefront reconstruction using a Shack-Hartmann sensor. Applied Optics, 1992, 31(32): 6902-6908.

第 9 章　不同波长的高斯光束在大气湍流中传输的波前差异与校正

本章讨论了不同波长的光束在大气湍流中的传输，近地面水平传输时的波前整体方差，以及在传输过程中不同波长对应的波前之间的相关程度，最后讨论了两个波长对应波前在传输过程中的相对畸变程度及对自适应光学的影响。

9.1　光束在大气湍流中的传输

信标光为系统中自动瞄准跟踪系统(acquisition、tracking、pointing, ATP)的捕获跟踪提供运动指示，信标光也可为波前传感器提供波前探测信息以修正工作光信号波前。当不同波长的光束波前在湍流介质中传输时，人们对其空间起伏规律尚缺乏系统的深入研究，其波前变化往往与大气折射率起伏有关。光束在近地面大气传输时，会发生各种湍流光学效应。本章研究不同光波长的光束在大气湍流中，波前畸变之间的差异。

9.1.1　不同波长对应的波前起伏的整体方差

近地面大气折射率的分布主要受温度影响，而影响大气湍流运动和时空结构的因子比较复杂，大气中平均流场和大气温度的分布都是不均匀的，特别是沿垂直方向的热力学不稳定性和湍流的强弱[1]。假设在水平传输中，折射率常数不变，在传输路径上气压和温度变化十分微小。在 Kolmogorov 湍流谱下，不同波长的光波所对应的大气相干长度可表示为[2]

$$r_0 = 1.68(C_n^2 L K^2)^{-3/5} \tag{9-1}$$

式中，K 为传输光波波数；L 为传输距离；C_n^2 为折射率结构常数。在 Kolmogorov 湍流谱中，维纳谱与大气相干长度 r_0 有直接联系，可表示为[2]

$$\mu(\kappa) = \left(\frac{0.023}{r_0^{3/5}}\right)\kappa^{-11/3} \tag{9-2}$$

式中，κ 为空间波数，对空间波数 κ 进行积分。光波在大气湍流中传输的波前整体方差为[2]

$$\delta^2 = \int \mu(\kappa)\mathrm{d}^2\kappa \tag{9-3}$$

将式(9-3)通过积分运算，进而得到式(9-4)：

$$\delta^2 = \frac{207}{40000\kappa^{5/3} r_0^{5/3}} + c \tag{9-4}$$

式中，c 为积分之后的常数项，将式(9-1)、式(9-2)式代入式(9-3)中，得到含有光波长参数的整体波前起伏方差为

$$\delta^2 = \frac{(1.34\mathrm{e}-18)C_n^2 L\pi^2(6250\lambda^2 + 47P)^2}{\kappa^{5/3}T^4\lambda^6} \tag{9-5}$$

由式(9-5)可知波前起伏的整体方差和环境温度结构常数、传输距离、压强、温度、空间波数、波长有关。近地面水平传输的情况下，整条链路起点和终点位置的海拔差异较小，气压差、温差等其他参数变化不大。由于光波长的不同，在水平光学湍流路径上，不同波长对应的波前起伏的整体方差具有一定的差异。

9.1.2　不同波长光束对应的波前起伏

自由空间激光通信发射端用两束波长不同的激光器发射高斯光束，测量波长 λ_2 的信标光波前以补偿信号波长 λ_1 的波前。在接收孔径上，利用横向滤波谱的方法将经过补偿的剩余波前方差 $\varDelta$ 表示为式(9-6)～式(9-8)，它也表征水平传输的两个波长对应的光束波前畸变之间的差异大小。图 9-1 为两个光波长光束的合束光在水平传输时，传输截面上的坐标示意图，当波长不同的两束光波前到达孔径为 R 的圆孔径上时，ρ_1 为波长 λ_1 对应波前的一点，ρ_2 为波长 λ_2 对应波前上的另一点，两点之间的距离为 ρ 。

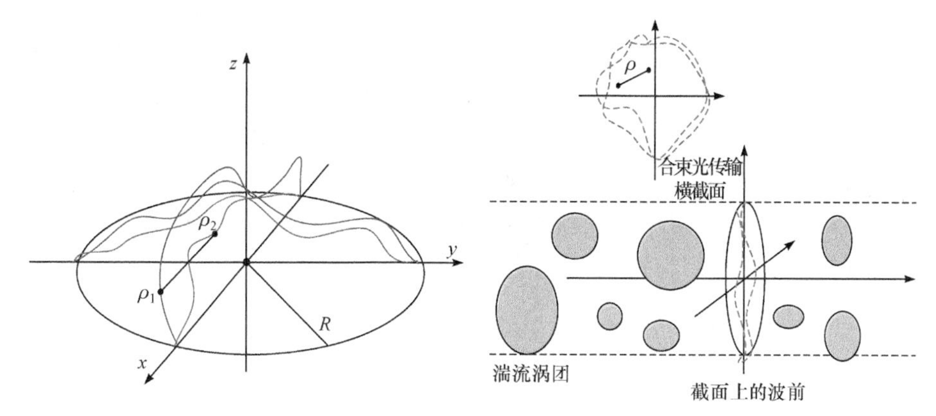

图 9-1　传输光束截面示意图

$$\varDelta = \frac{1}{\pi R^2}\iint w(\rho)[\varphi_{\lambda_1}(\rho) - \varphi_{\lambda_2}(\rho)]^2 \mathrm{d}^2\rho \tag{9-6}$$

$$\Delta = \frac{1}{\pi R^2}\iint w(\rho)[\varphi_{\lambda_1}(\rho)]^2 \mathrm{d}^2\rho + \frac{1}{\pi R^2}\iint w(\rho)[\varphi_{\lambda_2}(\rho)]^2 \mathrm{d}^2\rho - \frac{2}{\pi R^2}\iint w(\rho)\left\langle \varphi_{\lambda_1}(\rho)\varphi_{\lambda_2}(\rho)\right\rangle \mathrm{d}^2\rho \tag{9-7}$$

$$w(\rho)=\begin{cases}1, & \rho<2R\\ 0, & \rho>2R\end{cases} \tag{9-8}$$

式中，$\varphi_{\lambda_1}(\rho)$ 为接收孔径上的信号波前；$\varphi_{\lambda_2}(\rho)$ 为信标波前；$w(\rho)$ 为孔径函数。当两点距离大于孔径直径时，函数值为零，当两点距离在孔径值之中时为 1；R 为接收孔径半径；ρ 为传输横截面上两点之间的距离，两个波长的光束波前相关函数可表示为式(9-9)、式(9-10)。在式(9-9)中，当 ρ 为 0 时，表示两个波长对应的波前在相同点的波前相关函数；当 $\rho \neq 0$ 时，式(9-9)表示在光束截面上相距为 ρ 两点的两波前相关函数。在式(9-10)中，当 $\rho=0$ 时同波长波前在同点的波前相关函数，在假设波前均值为 0 时，该相关函数表示方差，当 ρ 不为 0 时，表示同波长两点的波前相关函数。当设其中一点在光束截面的中心，则 ρ 表示距离中心点的距离。

$$\left\langle \varphi_{\lambda i}(k_i,\rho)\right\rangle^2 = 4\pi^2\int_0^L \mathrm{d}z\int_0^\infty \kappa \mathrm{d}\kappa \Phi_n(\kappa)\mathrm{J}_0(\rho\kappa)\cos^2\left(\frac{(L-z)\gamma_i\kappa^2}{2k_i}\right),\quad i=1,2 \tag{9-9}$$

$$\left\langle \varphi_{\lambda_2}(k_1,\rho)\varphi_{\lambda_2}(k_2,\rho)\right\rangle = 4\pi^2\int_0^L \mathrm{d}z\int_0^\infty \kappa \mathrm{d}\kappa \Phi_n(\kappa)\mathrm{J}_0(\rho\kappa)\cos\left(\frac{(L-z)\gamma_1\kappa^2}{2k_1}\right)\cos\left(\frac{(L-z)\gamma_2\kappa^2}{2k_2}\right) \tag{9-10}$$

式中，κ 为空间波数；k_1 为信号波数；k_2 为信标波数；$\Phi_n(\kappa)$ 为湍流谱；J_0 为第一类零阶贝塞尔函数；γ_i 为光束类型因子；L 为传输距离；z 为光束传输的积分距离。当高斯光束经过长距离传输后，在接收端观察处，光束类型可近似为平面波，根据表 9-1，类型因子 γ_i 为 1。对积分中的衍射项部分采用级数近似，同时使用汉克尔变换(Hankel transform)对式(9-9)和式(9-10)进行推导。

如式(9-11)所示，其中 J_v 是级数为 v 的第一类贝塞尔函数，对函数 $f(r)$，对其 v 阶汉克尔变换可写为式(9-11)，当 v 大于负 1/2 时：

$$F_v(k)=\int_0^\infty f(r)\mathrm{J}_v(kr)r\mathrm{d}r \tag{9-11}$$

$$f(r)=\int_0^\infty F_v(k)\mathrm{J}_v(kr)k\mathrm{d}k \tag{9-12}$$

常用的汉克尔变换函数如表 9-1 所示[3]。

表 9-1　常用的汉克尔变换函数表

$f(r)$	$F_0(k)$
1	$\delta(k)/k$
$1/r$	$1/k$
r	$-1/k^3$
r^3	$9/k^5$
r^m	$\dfrac{2^{m+1}\Gamma(m/2+1)}{k^{m+2}\Gamma(-m/2)}$
$\dfrac{1}{\sqrt{r^2+z^2}}$	$\dfrac{\mathrm{e}^{-k\lvert z\rvert}}{k}=\sqrt{\dfrac{2\lvert z\rvert}{k\pi}}K_{-1/2}(k\lvert z\rvert)$
$\dfrac{1}{r^2+z^2}$	$K_0(zk)$

表 9-1 使用汉克尔变换式[式(9-13)][4]，对式(9-9)、式(9-10)进行运算：

$$\int_0^{\infty}\mathrm{J}_0(ax)xx^q\mathrm{d}x=\frac{2^{q+1}\Gamma(q/2+1)}{a^{q+1}\Gamma(1-q/2)} \tag{9-13}$$

将式(9-9)中积分的衍射项部分的三角函数进行幂级数展开，取级数展开式的第一项近似，如式(9-14)所示:

$$\cos\left(\frac{L-z\kappa^2}{2k_i}\right)\approx 1-\frac{\left[\dfrac{(L-z)\kappa}{2k_i}\right]^2}{2!}=1-\frac{(L-z)^{2\kappa^4}}{8k_i^2},i=1,2 \tag{9-14}$$

在积分中采用 Kolmogorov 湍流理论模型，表示为式(9-15)，对大气湍流的惯性子区内的功率谱进行描述[5]：

$$\varPhi_n(k)=0.033C_n^2\kappa^{-11/3},\quad 2\pi/L_0<\kappa<2\pi/l_0 \tag{9-15}$$

式中，C_n^2 为折射率结构常数；κ 为空间波数。经过推导得到式(9-16)和式(9-17)：

$$\left\langle\varphi_{\lambda_i}(k_i,\rho)\right\rangle^2=0.132\pi^2C_n^2\left[\frac{2^{-\frac{2}{6}}L}{\rho^{-\frac{3}{8}}}\frac{\Gamma\left(-\dfrac{5}{6}\right)}{\Gamma\left(\dfrac{17}{6}\right)}-\frac{L^3}{12k_i^2}\frac{2^{\frac{4}{3}}}{\rho^{\frac{4}{3}}}\frac{\Gamma\left(\dfrac{7}{6}\right)}{\Gamma\left(\dfrac{5}{6}\right)}\right],\quad i=1,2 \tag{9-16}$$

$$\left\langle\varphi_{\lambda_1}(k_1,\rho)\varphi_{\lambda_2}(k_2,\rho)\right\rangle=0.132\pi^2C_n^2\left[L\frac{2^{-8/3}\Gamma(-5/6)}{\rho^{-8/3}\Gamma(17/6)}-\frac{7L^3}{3}\frac{k_1^2+k_2^2}{8k_1^2k_2^2}\frac{2^{4/3}}{\rho^{4/3}}\frac{\Gamma(7/6)}{\Gamma(-5/6)}\right] \tag{9-17}$$

式中，Γ 为 Gamma 函数。当 $\rho = 0$ 时，式(9-17)为两个相同波长所对应的波前在传输横截面上相同点的相关函数,式(9-18)为两个不同波长对应的波前传输横截面上相同点的相关函数：

$$\left\langle \varphi_{\lambda_i}(k_i,0) \right\rangle^2 = 0.132\pi^2 C_n^2 \left\{ -\frac{3L}{5}\left[\left(\frac{2\pi}{L_0}\right)^{-5/3} - \left(\frac{2\pi}{l_0}\right)^{-5/3}\right] - \frac{2L^3}{56k_i^2}\left[\left(\frac{2\pi}{L_0}\right)^{7/3} - \left(\frac{2\pi}{l_0}\right)^{7/3}\right]\right\} \tag{9-18}$$

$$\left\langle \varphi_{\lambda_1}(k_1,0)\varphi_{\lambda_2}(k_2,0) \right\rangle = 0.132\pi^2 C_n^2 \left\{ -\frac{3L}{5}\left[\left(\frac{2\pi}{L_0}\right)^{-5/3} - \left(\frac{2\pi}{l_0}\right)^{-5/3}\right] - \frac{L^3(k_1^2+k_2^2)}{28k_1^2k_2^2}\left[\left(\frac{2\pi}{L_0}\right)^{7/3} - \left(\frac{2\pi}{l_0}\right)^{7/3}\right]\right\} \tag{9-19}$$

式中，L_0 为湍流外尺度；l_0 为湍流内尺度；L 为两个波长的光波在湍流中的水平传输距离；k_1 、k_2 分别为两个光波波数。为了描述光波长对应的波前相关程度，将相关函数转换为相关系数，如式(9-20)所示:

$$r[\varphi_{\lambda_1}(\rho),\varphi_{\lambda_2}(\rho)] = \frac{\left\langle \varphi_{\lambda_1}(\rho)\varphi_{\lambda_2}(\rho) \right\rangle}{\sqrt{\left\langle \varphi_{\lambda_1}(k_1,0)^2 \right\rangle}\sqrt{\left\langle \varphi_{\lambda_2}(k_2,0)^2 \right\rangle}} \tag{9-20}$$

将式(9-18)和式(9-19)代入到式(9-20)中可得式(9-21)，即光束在经过相同湍流路径中，将两个波长对应的波前相关系数 $r[\varphi_{\lambda_1}(\rho),\varphi_{\lambda_2}(\rho)]$ 表示为

$$r[\varphi_{\lambda_1}(\rho),\varphi_{\lambda_2}(\rho)] = \frac{L\dfrac{2^{-8/3}\Gamma(-5/6)}{\rho^{-8/3}\Gamma(17/6)} - \dfrac{7L^3}{3}\dfrac{k_1^2+k_2^2}{8k_1^2k_2^2}\dfrac{2^{4/3}}{\rho^{4/3}}\dfrac{\Gamma(7/6)}{\Gamma(-5/6)}}{\dfrac{7L^3}{3}\dfrac{k_1^2+k_2^2}{8k_1^2k_2^2}\left[\left(\dfrac{2\pi}{l_0}\right)^{-2/3} - \left(\dfrac{2\pi}{L_0}\right)^{-2/3}\right] - \dfrac{3L}{11}\left[\left(\dfrac{2\pi}{l_0}\right)^{-11/3} - \left(\dfrac{2\pi}{L_0}\right)^{-11/3}\right]} \tag{9-21}$$

经湍流路径传输后，在接收端孔径上波长 λ_1、λ_2 对应的波前在空间上的波前瞬时差异为 Δ。当自适应光学系统在接收端孔径为 R，用波长为 λ_2 的光束波前补偿波长为 λ_1 的光束波前时，Δ 则表示经过补偿后的剩余方差。在孔径上，两个波长对应的波前在两点相距为 ρ 的空间差异式为

$$\Delta = \frac{4\pi}{R^2}\iint w(\rho)\left\{\int_0^L z\mathrm{d}z\int_0^\infty \kappa\mathrm{d}\kappa\Phi_n(\kappa)\mathrm{J}_0(\rho\kappa)\left[\cos\left(\frac{(L-Z)\kappa^2}{2k_1}\right) - \cos\left(\frac{(L-Z)\kappa^2}{2k_2}\right)\right]\right\}\mathrm{d}^2\rho \tag{9-22}$$

在湍流惯性子区内时，将 Kolmogorov 湍流谱代入公式中，可得

$$\varDelta = \frac{4\pi}{R^2}\iint w(\rho)\left\{0.033\int_0^L z\mathrm{d}z\int_0^\infty \kappa\mathrm{d}\kappa C_n^2\kappa^{-11/3}\mathrm{J}_0(\rho\kappa)\left[\cos\left(\frac{(L-Z)\kappa^2}{2k_1}\right)-\cos\left(\frac{(L-Z)\kappa^2}{2k_2}\right)\right]\right\}\mathrm{d}^2\rho \tag{9-23}$$

对积分中的衍射项部分采用三角函数幂级数的一阶近似，并使用汉克尔变换对积分进行推导可得

$$\begin{aligned}\varDelta &= \frac{4\pi}{R^2}\iint w(\rho)\left[\frac{2^{16/3}\Gamma\left(\frac{19}{6}\right)C_n^2}{\rho^{16/3}\Gamma\left(-\frac{7}{6}\right)}\int_0^L (L-Z)^4\mathrm{d}z\right]\mathrm{d}^2\rho \\ &= \frac{4\pi}{5R^2}\iint w(\rho)\left[\frac{2^{16/3}\Gamma\left(\frac{19}{6}\right)C_n^2}{\rho^{16/3}\Gamma\left(-\frac{7}{6}\right)}\right]\mathrm{d}^2\rho \\ &= c\frac{\pi}{R^2}\frac{\Gamma\left(\frac{19}{6}\right)L^5}{\rho^{-10/3}\Gamma\left(-\frac{7}{6}\right)}C_n^2\frac{(k_1^2-k_2^2)^2}{k_1^4k_2^4}, \quad l_0 \leqslant \rho \leqslant L_0\end{aligned} \tag{9-24}$$

式中，c=7.1962×10^{-5}。当空间两个波长对应的波前在传输横截面上的两点相距为零时，傅里叶-贝塞尔函数 $\mathrm{J}_0(\rho\kappa)=1$，光波数 k_1、k_2 对应的波前空间方差为式(9-25)，推导最后得到式(9-26)：

$$\varDelta = \frac{4\pi}{R^2}\iint w(\rho)\left\{\int_0^L z\mathrm{d}z\int_0^\infty \kappa\mathrm{d}\kappa\varPhi_n(\kappa)\left[\cos\left(\frac{(L-z)\kappa^2}{2k_1}\right)-\cos\left(\frac{(L-z)\kappa^2}{2k_2}\right)\right]\right\}\mathrm{d}^2\rho \tag{9-25}$$

$$\varDelta = \frac{4\pi}{R^2}\iint w(\rho)\left\{0.033\int_0^L z\mathrm{d}z\int_0^\infty \kappa\mathrm{d}\kappa C_n^2\kappa^{-11/3}\left[\cos\left(\frac{(L-z)\kappa^2}{2k_1}\right)-\cos\left(\frac{(L-z)\kappa^2}{2k_2}\right)\right]\right\}\mathrm{d}^2\rho \tag{9-26}$$

$$\begin{aligned}\varDelta &= 0.033\int_0^L z\mathrm{d}z\int_0^\infty \kappa\mathrm{d}\kappa C_n^2\kappa^{-11/3}\left[\cos\left(\frac{(L-Z)\kappa^2}{2k_1}\right)-\cos\left(\frac{(L-Z)\kappa^2}{2k_2}\right)\right]^2 \\ &= 0.0022L^5C_n^2\frac{(k_1^2-k_2^2)^2}{k_1^4k_2^4}\int_0^\infty \kappa^{16/3}\mathrm{d}\kappa\end{aligned} \tag{9-27}$$

由于 Kolmogorov 湍流谱适用于湍流的惯性子区，适用范围为 $2\pi/L_0 \leqslant \kappa \leqslant 2\pi/l_0$，所以应将 κ 的积分范围变为 $2\pi/L_0 \sim 2\pi/l_0$。经过积分后，可写为

$$
\begin{aligned}
\Delta &= 0.0022L^5 C_n^2 \frac{(k_1^2 - k_2^2)^2}{k_1^4 k_2^4} \int_{\frac{2\pi}{L_0}}^{\frac{2\pi}{l_0}} \kappa^{16/3} \mathrm{d}\kappa \\
&= 39.4L^5 C_n^2 \frac{(k_1^2 - k_2^2)^2}{k_1^4 k_2^4} \frac{L_0^{\frac{19}{3}} - l_0^{\frac{19}{3}}}{(L_0 l_0)^{\frac{19}{3}}}, \quad \rho = 0
\end{aligned}
\tag{9-28}
$$

如果不考虑光波振幅起伏的影响，在半径为 R 的圆孔径空间中，可以将两个光波长 λ_1、λ_2 对应的波前 $\varphi_{\lambda_1}(\rho)$ 、$\varphi_{\lambda_2}(\rho)$ 之间的方差，作为这两种波前之间畸变差异的程度。由光通信系统的发射端发出的光波长分别为 λ_1、λ_2 的光信号和信标光，在接收端采用自适应光学系统将信标光波前信息作为补偿光信号的波前反馈值，系统的校正剩余方差表示为 Δ ，则校正后的SR 可写为[5]

$$
\mathrm{SR} \approx \exp(-\Delta_{\lambda_1 \lambda_2}) \tag{9-29}
$$

自适应光学系统将校正后的光信号耦合进单模光纤中,在完全对准的情况下,目标波前通过自适应光学的校正，斯特列尔比和耦合光功率呈正相关，所以可进而表征为最终耦合的光功率大小。

近地面传输的光束波长对应着不同的大气相干长度，在 Kolmogorov 湍流中，利用维纳谱推导出包含折射率结构常数、波长以及环境参数的波前整体方差，在相同的环境参数下，当传输的光波长不同时，波前在湍流中的起伏程度出现了差异，波长越短，波前整体起伏程度越剧烈。

9.2 双波长自适应光学

相干光通信系统中采用的多波长发射，在接收端自适应光学系统中采用探测波长和校正波长两种方式进行工作，本章对不同波长在自适应光学中的器件的影响展开研究。

9.2.1 自适应光学

自适应光学系统通常包括三个基本组成部分，分别是波前探测器、波前控制器和波前校正器。受大气湍流效应的影响，光在大气中传输时会发生波前畸变，从而降低光束质量；波前探测器可以实时探测畸变波前相位，波前控制器则根据畸变波前信息计算出应该施加到波前校正器上的控制电压；波前校正器则根据施加的电压，使得促动器带动微小子反射镜进行上下方向上的相对运动，从而实现实时对波前误差进行补偿，使光能量的分布在接收端上更为集中，进而提高光束质量。

在自由空间光通信系统中，发射端发出的光束是多波长的且功能各不相同，其中作为波前探测信标光的波长和目的校正光束波长是不同的，图 2-3 为自由空间光通信系统中，双波段工作的自适应光学系统光路结构，当两个波长的光束经过变形镜反射后，经二色分光镜一束光经过透镜组进入波前传感器，另一束光进入光纤耦合固件中。在天体观测中，大型自适应光学系统对天体观测天文望远镜的成像进行波前校正。由于天体作为自然光源，所发出的光包含多个频率，采用发射其他波段的自然光源或者人造光源作为信标光，可使得到的天文自适应光学系统常常处于双波长或者多波长工作的状态。

自适应光学系统的控制流程如图 9-2 所示，波前控制器将波前探测器和采集的波前斜率信息通过一定的波前重构算法，解算得到入射波前的相位差，通过波前控制算法将波前传感器的探测波前信息转换成变形镜驱动单元的控制电压，最后通过 D/A 转换，将数字信号转化成模拟控制电压信号，并加载到变形镜上，调节变形镜反射面型，让面型变形成和波前传感器探测到的波前近乎相同的状态，形成空间共轭，从而使得每个校正子区域的光程得到弥补，最终达到对入射光波前进行调整和补偿的效果，当变形镜对波前进行补偿后，经过波前校正的光束通过分光镜再次进入波前探测器，系统得到有效的实时波前质量反馈信息，使得整个系统处于闭环控制状态。

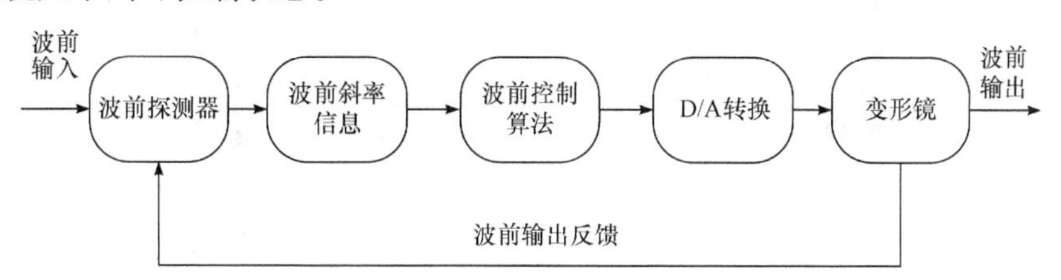

图 9-2　自适应光学系统控制流程图

9.2.2　波前传感器对探测结果的影响

当夏克-哈特曼波前传感器对光波长不同的光束波前进行图像采集时，传感器中的微透镜阵列对入射波面进行区域分割，由于衍射效应及微透镜自身材质色差的原因，波前传感器对入射波前斜率的测量有着重要的影响。假设当一束标准平面波入射到波前传感器的接收孔径上时，由于入射波长不同，微透镜阵列的子镜对同一路径入射光线进行折射，由于镜面材质的不同，通过不同波长的光束将对应不同的折射率，可由柯西色散公式表示[7~9]：

$$n(\lambda)=a+\frac{b}{\lambda^2}+\frac{c}{\lambda^4} \tag{9-30}$$

式中，a、b、c 为不同的玻璃材料所对应的常数。当对光波长不同的光束进行偏折，通过微透镜汇聚后，照射到 CCD 相机上的光斑位置有着不同的偏差(图 9-3)。

这种位置的偏差使得光斑光强位置的中心相对偏离，导致采用质心算法对成像CCD 相机每一区域的光斑质心位置的解算出现偏差。对于夏克-哈特曼传感器，成像光斑应该接近于衍射极限，这样使得 CCD 相机对成像光斑质心位置的探测更加精确。在相同的成像面上，对于正色散材质的微透镜，成像光斑面积将大于负色散材质微透镜阵列，图 9-4 为 10×10 微透镜阵列在 0.5μm 和 1.0μm 入射时的成像图，0.5μm 的光斑较小更利于光斑质心的探测，当光斑面积增大，CCD 相机探测光斑质心偏移量将会不准确。

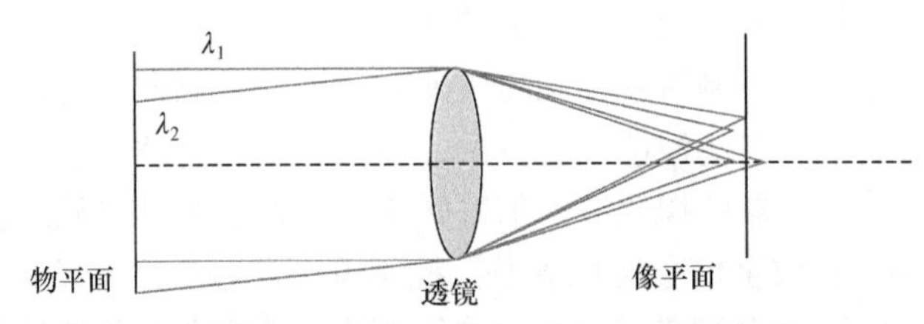

图 9-3　波长不同的参考光束通过子透镜后的聚焦偏差示意图

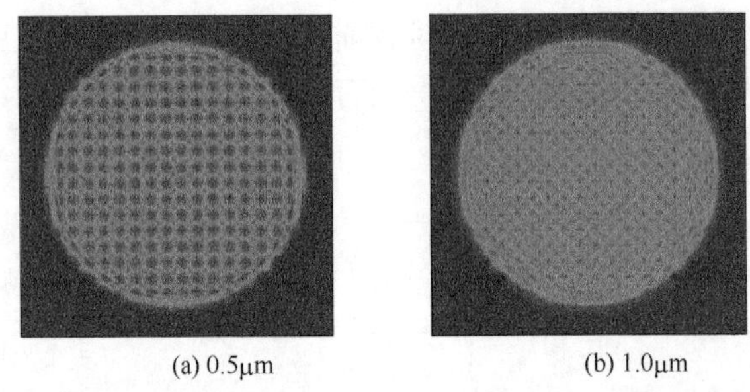

图 9-4　10×10 微透镜阵列在 0.5μm 和 1.0μm 入射时的成像结果

实际中的 CCD 相机像素单元有一定尺寸大小，每个单元与单元之间有一定的“死区”，光束照射到微透镜阵列上时，每个子微透镜对应着一定数目的像素单元，这使得波前被分割后的测量区域有一定的面积范围限制[10]。所以实际上的每个光斑质心的坐标是按式(9-31)进行计算：

$$X_c = \frac{\sum\limits_{i,j} x_i P_{i,j}}{\sum\limits_{i,j} P_{i,j}}, \quad Y_c = \frac{\sum\limits_{i,j} y_i P_{i,j}}{\sum\limits_{i,j} P_{i,j}} \tag{9-31}$$

式中，x_i、y_i 分别为 CCD 单元的中心坐标，一般作为参考点；$P_{i,j}$ 为第 i、j 个 CCD 单元所接收的光强。

如果忽略光子噪声误差和人为读取噪声误差，光斑质心坐标的测量值和平均值会因为大气湍流的影响而成为一个随机变量，此时，质心坐标偏离量和光束波

前在每个微透镜阵列子镜上的到达角起伏成正相关，在整个微透镜阵列上的到达角起伏方差为[11]

$$\left\langle \alpha^2 \right\rangle = \frac{6.88}{k^2 r_0^{5/3} D_0^{1/3}} \tag{9-32}$$

式中，r_0 为大气相干长度；D_0 为接收孔径尺寸；k 为光波数。当每个微透镜的尺寸为 d_0 时，每个子镜上的到达角起伏为

$$\left\langle \alpha^2 \right\rangle = \frac{6.88}{k^2 r_0^{5/3} d_0^{1/3}} \tag{9-33}$$

由到达角起伏引起的光斑质心偏离可表示为[11]

$$x_c = \alpha \frac{r_0}{d} \frac{f}{a} = \frac{\sqrt{6.88}}{2\pi} \frac{F^{\#}\lambda}{a} = \frac{0.417F^{\#}\lambda}{a} \tag{9-34}$$

式中，$F^{\#}$ 为微透镜子镜的光阑指数；a 为 CCD 单元的宽度；r_0/d 为入射光束的角放大率。在线性测量区域内，当光束波长不同时，CCD 相机上每一个测量区域将有着距参考点不同的偏离距离，表示为式(9-35)～式(9-37)：

$$\Delta x_{\lambda_1} = \overline{x_i} - x_0, \quad \Delta y_{\lambda_1} = \overline{y_i} - y_0 \tag{9-35}$$

$$\Delta x_{\lambda_2} = \overline{x_d} - x_0, \quad \Delta y_{\lambda_2} = \overline{y_d} - y_0 \tag{9-36}$$

$$\Delta x_d = \Delta x_{\lambda_1} - \Delta x_{\lambda_2}, \quad \Delta y_d = \Delta y_{\lambda_1} - \Delta y_{\lambda_2} \tag{9-37}$$

式中，Δx_{λ_1}、Δy_{λ_1} 分别为光波长 λ_1 所对应的光束波前入射后的光斑位置质心的横纵坐标偏离量；Δx_{λ_2}、Δy_{λ_2} 为波长 λ_2 所对应的光束波前入射后的光斑位置质心的横纵坐标偏离量；x_0、y_0 为波前传感器成像 CCD 的区域参考坐标。将两个波长所对应的光斑位置质心偏离量相减得到质心偏移量。传感器通过式(9-38)计算每一个子孔径中的不同波长所对应的波前斜率，其中 f 是微透镜阵列的焦距：

$$g_{x_i} = \frac{2\pi \Delta x_{\lambda_n}}{\lambda_n f}, \quad g_{y_i} = \frac{2\pi \Delta y_{\lambda_n}}{\lambda_n f}, \ i = 1,2,3,\cdots \tag{9-38}$$

波前斜率和光斑质心偏离距离呈正比，和波长呈反比，所以不同波长的光束波前在每个孔径上的探测偏移量使得最后计算出的每个探测区域中的波前斜率具有一定的偏离。当波长 λ_1 和 λ_2 的光束波前进入每个子孔径上时，波前传感器会得到波长对应的 x、y 方向上的不同斜率矩阵 $\boldsymbol{g} = \left[g_{x_1}, g_{y_1}, g_{x_2}, g_{y_2}, g_{x_3}, g_{y_3}, \cdots \right]$，所以，相同条件下测得斜率矩阵就产生 x 方向和 y 方向的差异 g_{dx_i} 和 g_{dy_i}，表示为

$$g_{dx_i}=\frac{2\pi\Delta x_{\lambda_1}}{\lambda_1 f}-\frac{2\pi\Delta x_{\lambda_2}}{\lambda_2 f},\quad g_{dy_i}=\frac{2\pi\Delta y_{\lambda_1}}{\lambda_1 f}-\frac{2\pi\Delta y_{\lambda_2}}{\lambda_2 f},\quad i=1,2,3,\cdots \tag{9-39}$$

当系统采用模式法或者区域法进行波前重构时，在理论上就会因为波长因素而产生相应的重构误差，当忽略系统延时及其他因素后，波前控制器对重构的数值进行运算处理，最后加载到波前校正器后就会使得校正器面型和目标面型有着一定的差距，这样就造成了目标波长光束不能被完全地波前校正。

9.3　波前校正器的影响

波前校正器上由各个微小的子反射镜组成，当光波通过相同的子反射镜上时，具有相同的校正量，这就使得有波前畸变的微小部分在相同子反射镜上的畸变没有被补偿，从而产生校正的不完全，这就是变形镜的校正分辨率所带来的限制。图 9-5 为 4×4 分段型变形镜的子镜分布及促动器分布。

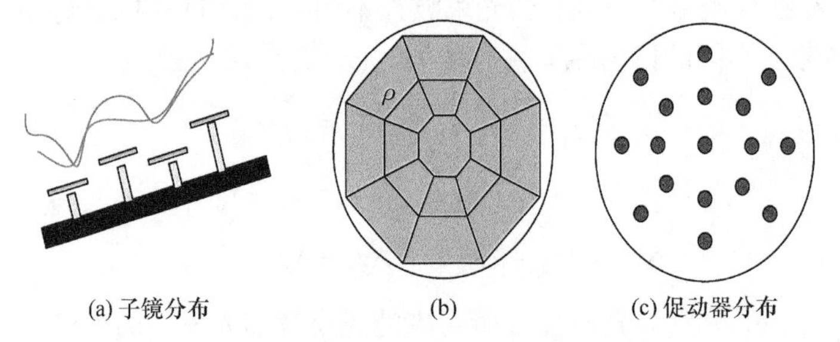

(a) 子镜分布　(b)　(c) 促动器分布

图 9-5　4×4 分段型变形镜的子镜分布与促动器分布

在理论上，对波前进行校正时，校正器面型应对入射波前空间中的每一个点进行校正，即“点对点”校正，使得各个空间点上光程差相对减小，波前整体趋于无畸变状态。然而，由于校正器分辨率的限制，以及校正器整体面型尺寸和子镜尺寸大小，波前校正状态为“面对点”校正，波前空间中各点之间所具有的相对畸变在不同的反射子镜中被有效校正，但在相同的子镜中将得到保留，进而使得校正不完全。变形镜的促动器数目决定了校正分辨率的大小，要达到相同的斯特列尔比，校正光波长较长的光束波前的促动器数目要小于校正光波长较短的光波前的促动器数目，如果校正长波长光波前的促动器数目为 $N_A(\lambda_1)$，校正短波长的促动器数目是 $N_A(\lambda_2)$，为了达到相同的校正斯特列尔比，它们的关系近似表示为

$$N_A(\lambda_1)\approx\left(\frac{\lambda_1}{\lambda_2}\right)^2 N_A(\lambda_2) \tag{9-40}$$

假设子镜尺寸为 d，光束波前在湍流中传输，波前之间差值，作为波前校正的剩余误差，即

$$
\Delta=\begin{cases}\dfrac{39.4\pi}{R^2}L^5C_n^2\dfrac{(k_1^2-k_2^2)^2}{k_1^4k_2^4}\dfrac{L_0^{19/3}-l_0^{19/3}}{(L_0l_0)^{19/3}}, & \rho=0\\[2ex] c\dfrac{\pi}{R^2}\dfrac{\Gamma\left(\dfrac{19}{6}\right)L^5}{\rho^{-10/3}\Gamma\left(-\dfrac{7}{6}\right)}C_n^2\dfrac{(k_1^2-k_2^2)^2}{k_1^4k_2^4}, & l_0\leqslant\rho\leqslant L_0\end{cases}\tag{9-41}
$$

式中，R 为接收孔径的半径；L 为光束传输距离；C_n^2 为折射率结构常数；k_1 和 k_2 分别为两个波长对应的光波数；L_0 为大气湍流外尺度；l_0 为大气湍流内尺度。

在 Kolmogorov 湍流谱中，如果待校正的波前两点距离越小，当光束波前通过相同的反射子镜后，空间中的两点间的波前差很难得到很好的校正，校正器反射子镜的尺寸越大，波前校正分辨率将会越低。当同一子反射镜对相距为 ρ 的两点波前进行校正后，在孔径为 R 的横截面区域，剩余校正误差为式(9-41)。当入射波前对应不同的光波长时，这种剩余误差也将影响校正器的校正精度。

9.3.1　系统带宽的影响

自适应光学系统中波前传感器探测光束波前斜率，然后让波前校正器对波前进行校正，这一过程需要在系统带宽内完成。大气湍流造成波前畸变的共轭过程受时间和空间缺陷的限制,Tyler 在 1984 年指出，波前传感器探测对大气湍流的探测时间和变形镜对畸变波前进行校正的时间之间会出现延迟[12]。Greenwood 的研究表明，如果进行了完整的空间修正，修正后的波前受时间限制的方差为[13]

$$
\sigma^2=\int_0^{\infty}[1-H(f,f_{\mathrm{c}})]^2F(f)\mathrm{d}f\tag{9-42}
$$

式中，$F(f)$ 为湍流运动频谱；$H(f,f_{\mathrm{c}})$ 为系统的传输函数；f 为系统带宽。在 Kolmogorov 湍流下，这个方差可写为[13]

$$
\sigma^2=\left(\frac{0.4u_{\mathrm{w}}}{r_0f_{\mathrm{c}}}\right)\tag{9-43}
$$

式中，u_{w} 为常横风风速；r_0 为弗雷德常数。对于随海拔不变化的非均匀风速和高度相关的大气折射率结构常数，Greenwood 带宽 f_{c} 为[14]

$$f_{\mathrm{c}} = \left[\beta \frac{k^2}{\sigma^2} \int_0^L C_n^2(z) u(z)^{5/3} \mathrm{d}z \right]^{3/5} \tag{9-44}$$

式中，k 为光波数；$C_n^2(z)$ 为随海拔变化的折射率结构常数；$u(z)$ 为随海拔变化的风速。当光束水平传输时，Greenwood 频率可写为

$$f_{\mathrm{c}} = \left(\beta \frac{k^2}{\sigma^2} C_n^2 u^{5/3} \right)^{3/5} \tag{9-45}$$

自适应光学系统的工作带宽在进行实时波前校正时应大于 Greenwood 频率 f_{c}，即

$$f > f_{\mathrm{c}} \tag{9-46}$$

当光波数不同时，系统对光波数为 k_1 的波前进行探测，限制系统的 Greenwood 频率为 f_{c_1}，对光波数 k_2 的波前进行校正，所对应的 Greenwood 频率为 f_{c_2}，系统的带宽应该满足高于光波数较大的光束所对应的 Greenwood 频率。当低于 f_{c_2} 时，系统工作频率和湍流对波前进行畸变的频率不匹配，系统校正将出现延迟现象，当系统频率 f 位于探测和校正波前的波数对应的 Greenwood 频率之间时，探测器采集的波前信息不能根据湍流的变化而被实时解算，从而造成了一定的校正间歇性延迟，系统将不能处于时刻连续校正状态。

9.3.2 波长对应的波前校正系数

两个光波长不同的光束的波前在水平传输时，不同波长对应的波前空间在相同时刻存在差异。这种差异在水平传输中，积分衍射项不同，造成统计上的空间差异，自适应光学系统在双波长工作状态时，为了减少这种因波长因素而造成的两个波前的空间差异，在校正的接收孔径上，两个波前方差的系综平均之比 G 作为将信标光波前 φ_{λ_2} 补偿光信号波前 φ_{λ_1} 的校正系数，即 $\varphi_{\lambda_1} - G\varphi_{\lambda_2}$，所以双波长自适应光学含有校正系数的校正剩余方差可写为

$$\Delta_2 = \frac{1}{\pi R^2} \int w(\rho) [\varphi_{\lambda_1}(\rho) - G\varphi_{\lambda_2}(\rho)]^2 \mathrm{d}^2 \rho \tag{9-47}$$

在传输方向上的横截面空间中，波前上的两点在不同距离的情况下，校正系数 G 可写为式(9-48)，C_{n1}^2 为波长 λ_1 所对应的折射率结构常数，C_{n2}^2 为波长 λ_2 所对应的折射率结构常数，其中 A、B、C、D 为传输的环境因子，公式分别如下：

$$G=\left\langle\frac{\varphi_{\lambda_1}(k_1,\rho)}{\varphi_{\lambda_2}(k_2,\rho)}\right\rangle=\begin{cases}\sqrt{\dfrac{C_{n_1}^2\left(1-\dfrac{B}{A}k_2^2\right)}{C_{n_2}^2\left(1-\dfrac{B}{A}k_1^2\right)}}, & \rho\neq 0\\ \sqrt{\dfrac{C_{n_1}^2\left(C-\dfrac{1}{k_1^2}D\right)}{C_{n_2}^2\left(C-\dfrac{1}{k_2^2}D\right)}}, & \rho=0\end{cases} \tag{9-48}$$

$$A=3\times 2^{\frac{5}{3}}L\rho^{\frac{4}{3}}k_1^2k_2^2\Gamma\left(-\frac{5}{6}\right)\Gamma\left(\frac{5}{6}\right) \tag{9-49}$$

$$B=2^{\frac{4}{3}}L^3\rho^{-\frac{8}{3}}\Gamma\left(\frac{17}{6}\right)\Gamma\left(\frac{7}{6}\right) \tag{9-50}$$

$$C=-\frac{3}{5}L\left[\left(\frac{2\pi}{L_0}\right)^{-5/3}-\left(\frac{2\pi}{l_0}\right)^{-5/3}\right] \tag{9-51}$$

$$D=\frac{L^3}{28}\left[\left(\frac{2\pi}{L_0}\right)^{-7/3}-\left(\frac{2\pi}{l_0}\right)^{-7/3}\right] \tag{9-52}$$

式中，Γ 为 Gamma 函数；k_1、k_2 分别为波长为 λ_1、λ_2 所对应的光波数；ρ 为在接收孔径中，波前空间两点的距离；L 为传输距离；L_0 为大气湍流外尺度；l_0 为湍流内尺度。

在近地面上大气水平链路上，大气折射率结构常数通常被认为是环境对应的常数，在一定的波段范围内可用式(9-53)[14]进行计算，并采用相同的方法推导得出含有校正系数的波长对应的波前差异及校正后的剩余误差，其中采用的折射率结构常数为 $C_n^2=(C_{n_1}^2+C_{n_2}^2)/2$。

$$C_n^2=\left[\frac{77.6\mathrm{e}^{-16}}{T^2}(1+7.52\mathrm{e}^{-3}\lambda^{-2})P\right]^2C_T^2 \tag{9-53}$$

式中，T 为温度；λ 为波长；P 为气压；C_T^2 为温度结构常数。在温度 T 变化不明显的情况下，温度结构常数 C_T^2 几乎不变。

$$\Delta_2=\frac{0.132\pi C_n^2}{R^2}\left\{-\frac{1}{2}L\left[\left(\frac{2\pi}{L_0}\right)^{-2}-\left(\frac{2\pi}{l_0}\right)^{-2}\right]+\frac{(4.19\mathrm{e}^{-3})L^5(k_2^2-Gk_1^2)^4}{k_1^4k_2^4}\right.$$

$$\times\left[\left(\frac{2\pi}{L_0}\right)^{-19/3}-\left(\frac{2\pi}{l_0}\right)^{-19/3}\right]-\left(\frac{-L^3}{7}\right)\frac{(1-G)(k_2^2-Gk_1^2)}{k_1^2k_2^2}\left[\left(\frac{2\pi}{L_0}\right)^{7/3}-\left(\frac{2\pi}{l_0}\right)^{7/3}\right]\Bigg\}, \quad \rho=0$$

(9-54)

$$\Delta_2=\frac{0.132\pi^2\overline{C_n^2}}{R^2}\left[\frac{L2^{-8/3}}{\rho^{-8/3}}\frac{\Gamma(5/6)}{\Gamma(17/6)}+\frac{17L^5 2^{16/3}}{640\rho^{16/3}}\frac{\Gamma(19/6)(k_2^2-Gk_1^2)^4}{\Gamma(-7/6)k_1^4k_2^4}\right.$$
$$\left.-(-L^3)\frac{2^{4/3}}{24\rho^{4/3}}\frac{\Gamma(7/6)}{\Gamma(5/6)}\frac{(1-G)(k_2^2-Gk_1^2)}{k_1^2k_2^2}\right], \quad l_0\leqslant\rho\leqslant L_0 \tag{9-55}$$

式(9-54)、式(9-55)为在自适应光学系统中变形反射镜将波长 λ_2 对应的瞬时波前分布的共轭完全加载到波长 λ_1 对应的瞬时波前上，在忽略系统延时误差和其他误差的情况下，自适应光学系统采用波前传感器探测波长 λ_2 所对应的波前上的一点，变形镜对光波长 λ_1 所对应的波前上另外一点校正后的剩余波前误差，当这两点距离为零时，即两点重合，校正器对相同空间点进行校正时，大气湍流的内外尺度起着重要作用，当待校正的两点间距为 ρ 时，两点间距对校正剩余误差影响更大。

9.4　数值仿真和分析

为了对不同波长所对应的波前在水平路径上传输时统计上的变化规律进行研究，假设不同波长的光束经过合束后从相同口径的发射天线发出，由于传输路径为水平方向，大气折射率结构常数可认为在整条光学路径上保持不变(假设不考虑强风、其他极端天气，以及日照温度在时间上的变化对链路的影响)。

9.4.1　波前整体方差的数值仿真

在近地面上，由于太阳日照或其他原因产生的地表温度对近地面大气折射率结构常数变化有重要影响，为了对不同波长对应的波前在光束横截面上的整体起伏进行描述，对光束波前方差进行数值仿真。当传输链路上的温度分别为 20℃、30℃、40℃和 50℃时，波长在 0.6～1.5μm 时所对应的折射率结构常数由式(9-53)计算，如图 9-6(a)所示，在近地面上，当发射端和接收端所处的地理海拔近乎相等并且不在高海拔区域，整个传输链路上的压强可认为不变。

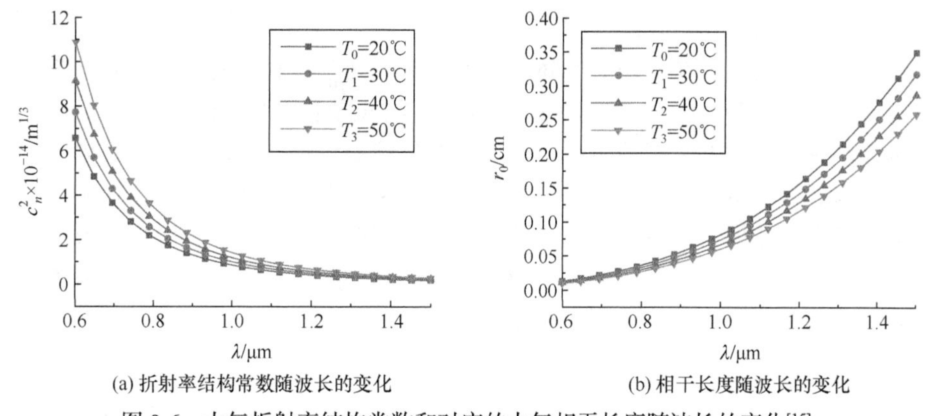

(a) 折射率结构常数随波长的变化　　(b) 相干长度随波长的变化

图 9-6　大气折射率结构常数和对应的大气相干长度随波长的变化[15]

图 9-6 表示在不同环境参数下的大气折射率结构常数及对应的大气相干长度随波长的变化。在光束近地面水平传输的条件下，链路上相同温度的折射率结构常数随着光束波长的增大而逐渐减小，链路的温度越高，折射率结构常数下降越快，同时可以看出波长不同的情况下，折射率结构常数之间的差异在实际状态中较小。在相同的条件下，传输距离 1000m 时的大气相干长度如图 9-6(b)所示，在不同的折射率常数分布下，相干长度随波长的增加而逐渐上升，同时也说明了在相同的传输距离下，长波长的相干程度优于短波长。

在环境温度为 20℃下，传播距离为 1000m，湍流外尺度为 50m，内尺度为 5cm 的整体波前方差进行计算，如图 9-7 所示。

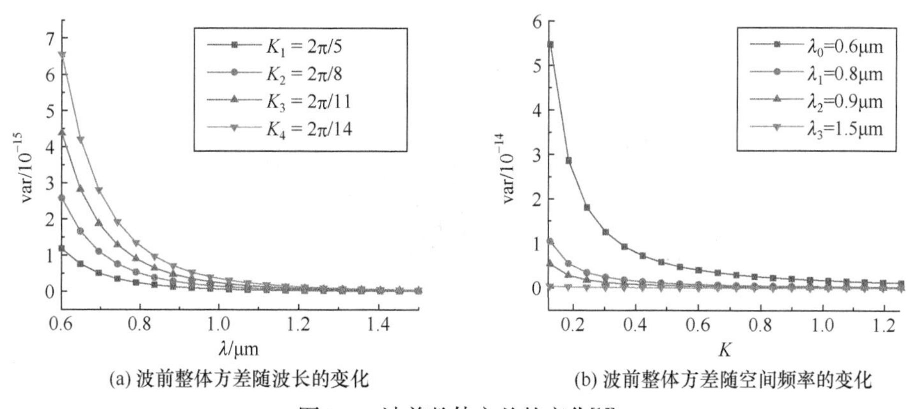

(a) 波前整体方差随波长的变化　　(b) 波前整体方差随空间频率的变化

图 9-7　波前整体方差的变化[15]

图 9-7(a)描述了不同空间波数下波前整体方差的变化趋势。在相同光波长下，波前整体方差随空间频率升高而逐渐降低，空间高频波数的波前整体方差相对于低频空间波数更小，并且在传输中，光波长的波前起伏对空间频率的变化更为敏感，波前整体方差的下降趋势更快，光波长越长的光束，其波前整体方差随空间

频率升高而变化得相对较缓。

图 9-7(b)描述了在相同的空间尺度下，不同光波长对应的波前整体方差随空间频率的变化趋势。在相同的空间尺度下，光波长越长，波前整体方差波动变小，整体方差在空间频度上越趋于稳定，而光波长越短，则波前起伏程度越大，对湍流的影响更为敏感。在相同光波长的不同空间尺度下，空间径向尺度越大，波前起伏程度逐渐减小，光波长越短，其波前畸变程度对空间尺度的变化越敏感。所以当光波经过相同湍流路径后到达接收孔径上时，光波长不同的信标光束和目标光束的波前在空间中的起伏程度有着一定差异。

9.4.2　波前相关性

[illegible] 束传输方向的横截面上，对不同光波长所对应的波前空间相关程度随环境参数变化进行仿真。当波长 λ_1 为 1.5μm，λ_2 为 0.6μm 时，两波长合束光从相同口径的发射端发出后，沿水平链路近地面传输，光波长不同的光束波前之间的相关程度随各环境参数的变化有着不同的趋势。

大气折射率结构常数 C_n^2 为 $1.2\times10^{-12}\text{m}^{1/3}$，光波长 λ_1、λ_2 分别为 0.5μm 和 1.5μm，随着光束传输距离 L 和两个波前上两点间距变化时，波前的归一化相关性由图 9-8 表示。从图 9-8 中可以看出，两个波长对应的波前，在湍流中的传输距离越远，光波长 λ_1 对应的波前上的一点和光波长 λ_2 对应的波前上的一点的相关程度越低，并且随着两点距离的增大，波前相关程度下降得越快。空间中两点的波前相关性在水平传输中随着两点距离的下降速度相比于传输距离更为迅速，表明在空间中两点的波前相关性对点间距更为敏感。

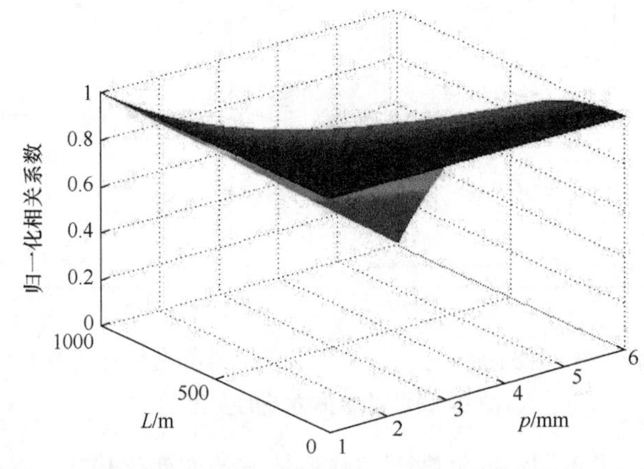

图 9-8　波前相关程度随传播距离和波前空间两点距离的变化[15]

图 9-9 表示在接收孔径上波前空间两点的间距为零时，在光波长为 λ_1、λ_2 所对应的光束在相同水平传输路径上传输 1000m 后，在不同的湍流内外尺度下，光

波长对应的波前相关程度的变化趋势。从图 9-9 中可以看出，在湍流内尺度较小时，光波长 λ_1、λ_2 对应的波前之间相关程度很大，随着大气湍流外尺度的增加，在相同空间点上，两个波前之间相关性几乎不变，而随着大气湍流内尺度的逐渐增加，两个波前之间的相关性在逐渐减小。所以，大气湍流外尺度的变化对光波长 λ_1、λ_2 对应的波前之间的相关性影响较小，两个波前之间相关程度对内尺度的变化比较敏感。当湍流内外尺度都增大到相对范围时，光波长 λ_1、λ_2 对应的波前之间的空间相关程度将达到相对稳定状态。

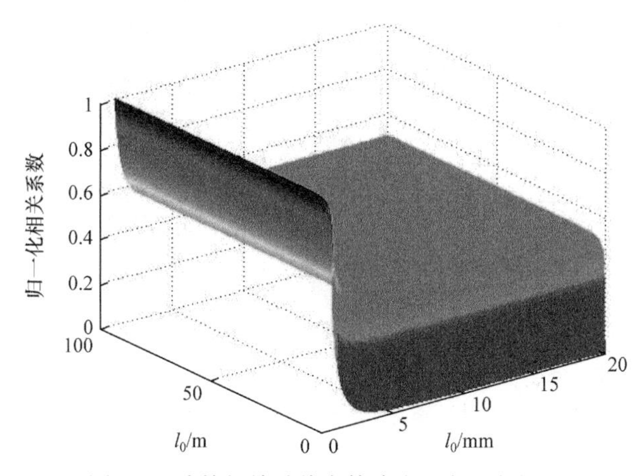

图 9-9　波前相关随着内外湍流尺度的变化[15]

9.4.3　波前在接收孔径上的空间差异

在光束传输中，观察横截面上两个光波长对应的波前的空间统计差异，同时也表征了如果将观察横截面作为光束接收端孔径，采用自适应光学将两个光波长所对应的光束进行双波长波前校正，得到系统校正后的波前剩余方差。

在忽略系统工作的延迟，以及极端天气在近地面上的强湍流状态条件下，假设将瞬时波前的共轭完全加载到被校正波前上，在这种条件下，当光波长 λ_1 为 1.5μm，光波长对应的波前空间上的两点距离 ρ 为 0 时，光波长对应的波前的空间方差、波前校正的剩余方差以及校正后的斯特列尔比随着波长 λ_2 的变化如图 9-10 所示。

随着光波长 λ_2 的变化，在近地面大气湍流内尺度和外尺度不同的情况下，光波长为 λ_1、λ_2 光束水平传输 10km 后，光波长 λ_1、λ_2 对应的波前之间，在相同空间点上的差异，校正剩余方差和斯特列尔比的变化趋势如图 9-11 所示。为了更好地表示剩余方差的变化趋势，对剩余方差进行了数量级放大。随着大气湍流内尺度的增大，并且光波长 λ_2 越靠近 λ_1，统计意义上的光波长对应波前空间差异及光波长 λ_1 对应的波前对波长 λ_2 对应的波前校正剩余方差在逐渐减小，斯特列尔比 SR 在逐渐增大到完全校正的状态。在湍流内尺度不变的图 9-11(b)中，

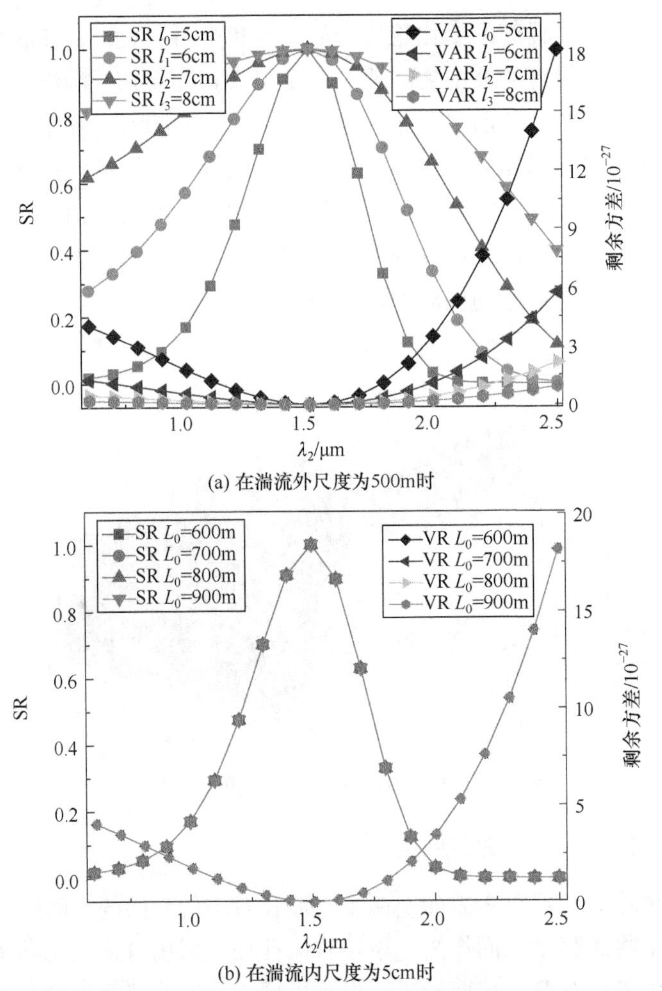

(a) 在湍流外尺度为500m时

(b) 在湍流内尺度为5cm时

图 9-10 λ_1 为 1.5μm，$\rho=0$ 时，光波长对应的波前的空间方差、波前校正的剩余方差和校正后斯特列尔比随着波长 λ_2 的变化情况[15]

校正剩余方差和斯特列尔比在两个光波长 λ_1、λ_2 越靠近时，和图 9-11(a)具有相同的趋势，随着湍流外尺度的增加，校正剩余方差和斯特列尔比 SR 的变化影响不明显，曲线几乎重合，分析表明内尺度相对于外尺度对两个波的波前起伏差异影响相对较大。

图 9-11(a)表示在光波长 λ_1、λ_2 一定时，传输方向的横截面上，波长 λ_1 对应的波前上一点和波长 λ_2 对应的波前上一点的距离为 10cm 时，由图 9-11(a)可以看出，校正剩余方差随着传输距离的增加而持续增加，湍流强度越大，增加速度越快，并且校正后的斯特列尔比随传输距离的增大逐渐下降，下降的趋势逐渐变缓。

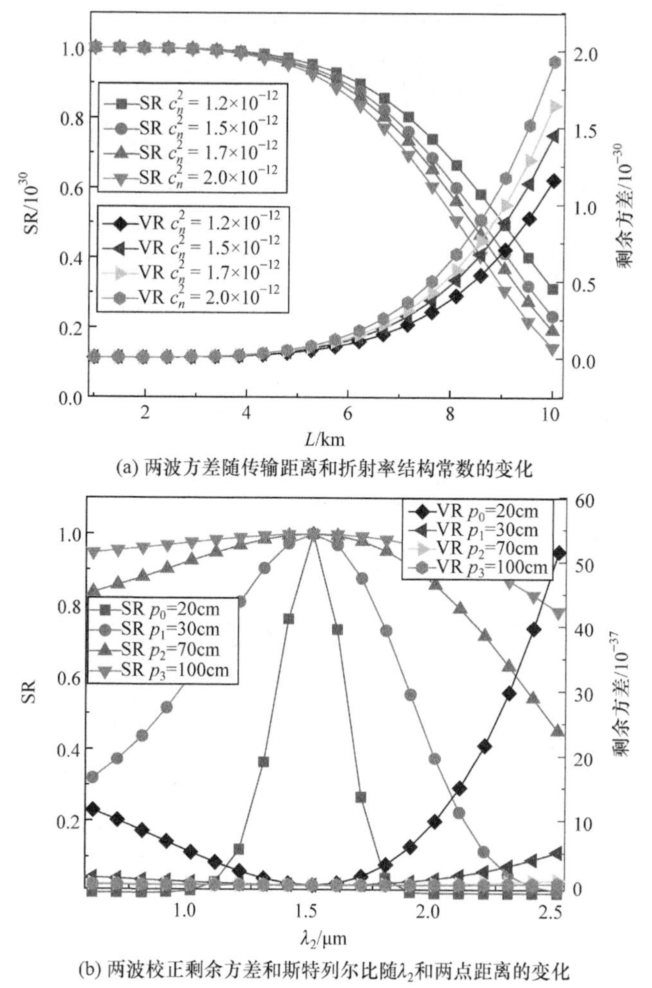

(a) 两波方差随传输距离和折射率结构常数的变化

(b) 两波校正剩余方差和斯特列尔比随λ_2和两点距离的变化

图 9-11　距离中心为 ρ 的两波方差的变化[15]

图 9-12(b)是光波长为 λ_1、λ_2 的光束传输距离不变且大气湍流强度一定的情况下，利用光波长 λ_1 对应的光束波前校正光波长 λ_2 对应的光束波前，在传输方向的横截面中，光波长为 λ_1 对应的波前上的一点和光波长为 λ_2 对应的波前上的一点的距离不断变化下，校正剩余方差随光波长 λ_2 的变化状态，由图 9-12(b)中可以看出，随着光波长 λ_2 的值向 λ_1 靠近，空间两个波前上的两点之间的距离越远，校正剩余方差逐渐减小，斯特列尔比随着光波长 λ_2 的值逐渐向 λ_1 靠近而逐渐上升，随着光波长 λ_1、λ_2 值之间差异的增加而持续下降，两个光波长所对应的波前上的两点距离越小，校正后的斯特列尔比上升的速度越快。

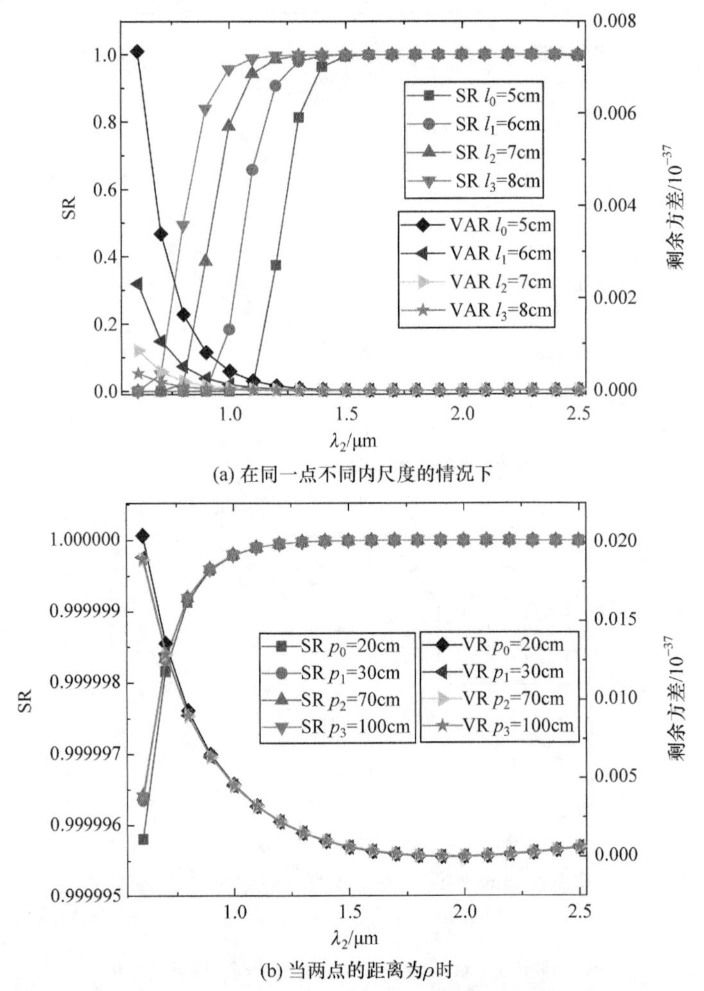

(a) 在同一点不同内尺度的情况下

(b) 当两点的距离为ρ时

图 9-12　光波长 λ_1 为 1.5μm 时，修正后的剩余方差和斯特列尔比变化后增加的校正系数[15]

在光束水平传输的过程中，相比于大气湍流外尺度的大小，湍流内尺度对两个不同光波长所对应的两波前之间空间差异的作用更大，但在近地面，当湍流内尺度增大时，近地湍流一般较强，光束经过自适应光学系统在双波长校正状态下校正后，目标光波长对应的光束斯特列尔比受湍流内尺度的影响更大，而湍流外尺度的变化对系统双波长工作状态的影响十分微小，并且在传输方向横截面空间中，两个光波长值差距越小，在相同空间点上两个光波长对应的波前值越趋于近乎相同的空间分布。

9.4.4　含有校正系数的校正状态

为了克服由于光波长差异带来的波前分布之间的微小不同，将光波长 λ_1 对应的波前起伏方差和光波长 λ_2 对应波前起伏方差之比，作为自适应光学系统将光波长 λ_2 对应的波前校正反馈信息，加载到校正变形镜上去校正光波长 λ_1 所对应的波前，系统校正流程如图 9-13 所示，对含有校正参数的波前校正剩余方差进行数值模拟。

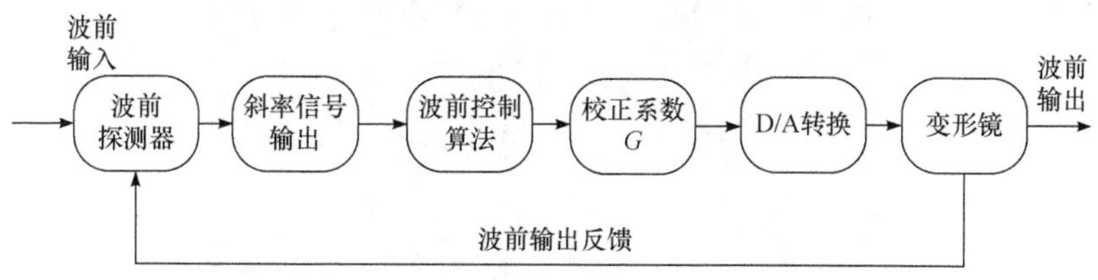

图 9-13　加入校正系数后的自适应光学控制流程图[15]

在发射孔径位于相同位置和相同尺寸下，沿相同水平传输的两个波长的光束水平传输距离为 10km，其中，光波长 λ_1 为 1.5μm 时，对于不同的光波长 λ_2，假设 ρ 的距离为变形镜子镜的最大尺寸，计算出相应的校正系数 G，得到含有校正系数的校正剩余方差和斯特列尔比。

同一点不同内尺度的校正剩余方差和斯特列尔比随 λ_2 的变化如图 9-12(a)所示，湍流外尺度为 50cm 时，在不同的大气湍流内尺度下，光波长 λ_2 小于 λ_1 时，湍流内尺度越大，校正剩余方差下降的速度越快，同时校正后的斯特列尔比上升的速度越快，校正效果明显好于图 9-12。在距离为 ρ 的两点有校正系数的校正剩余方差和斯特列尔比随着波长 λ_2 的变化如图 9-12(b)所示，传输方向横截面上不同距离的两点上剩余方差随着光波长 λ_2 的增大在逐渐减小，特别是在当光波长 λ_2 大于 1.5μm 时，斯特列尔比开始逐渐增加最后趋于饱和，校正剩余方差随着波前空间两点的距离的增加，变化不明显，说明校正系数的存在使得校正的剩余方差对两点距离变化的敏感程度降低，有利于改善波前质量，相比较于未加校正系数的情况，加校正系数后，系统的校正质量明显改善。

9.4.5　不同波长对应的波前畸变实验

为了验证不同波长对应的波前之间的畸变差异以及校正系数对闭环的作用，实验采用两个波前传感器对两个不同波长的光波前进行测量。分别采用波长为 1.5μm 和 0.6μm 的合束光从距离接收端 514m 处的同一发射天线中水平射出。接收端自适应光学系统的结构图为图 9-14，合束光经过口径为 250mm 接收端光学天线后，经变形镜反射进入二色分光镜，0.6μm 光束进入波前传感器 A，1.5μm 光束作为目的校正光束进入波前传感器 B，系统将波前传感器 A 探测到的波前作为反馈量进行重构，通过控制算法经控制箱加载到变形镜修正波面，两个波前传感器都是经过相对校准的夏克-哈特曼波前传感器。

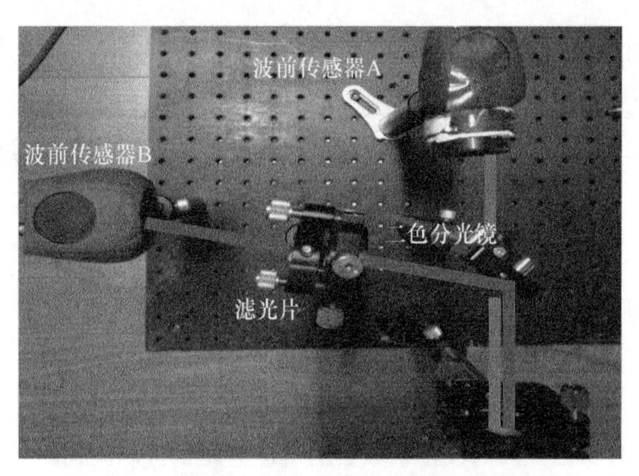

图 9-14　接收端自适应光学系统的结构图[15]

在图 9-15 中，系统未加校正参数时，系统进行闭环校正，波前传感器 A 和 B 分别对 1.5μm 和 0.6μm 波长所对应的波前的 RMS、PV 值进行测取。闭环校正后，波长为 1.5μm 的光束波前 RMS 在 0.092～0.413，测取的 RMS 的均值为 0.261，波长为 0.6μm 的光束波前 RMS 为 0.34～0.62，均值为 0.472。

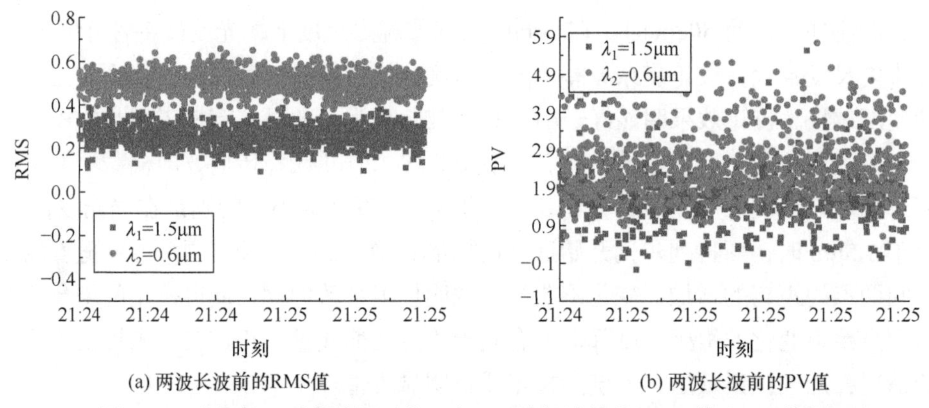

(a) 两波长波前的RMS值　(b) 两波长波前的PV值

图 9-15　未加校正系数的闭环校正中，两波长波前的 RMS 值和 PV 值[15]

由波长、变相镜的子反射镜尺寸及传输距离计算出校正系数 G，并加载到变形镜的控制算法中，然后进行闭环校正。图 9-16 为波前传感器 A 和 B 再次对相应波前的 RMS、PV 值进行测取的结果。闭环校正后，1.5μm 光束的波前 RMS 在 0.052～0.171，均值为 0.121，0.6μm 光束的波前 RMS 在 0.071～0.252，均值为 0.153。

对加校正系数前后的校正效果经过对比，加校正系数后，经过系统的闭合校正，波前 RMS 和 PV 值在测量时间的均值小于未加校正系数时的情况，校正后 1.5μm 对应的波前分布如图 9-17(b)所示，相比于图 9-16(a)未加校正效果的情况，图 9-17(b)加校正系数后，闭合校正效果明显得到提升，1.5μm 和 0.6μm 波长校正前后的 Zernike 系数如图 9-18 所示。

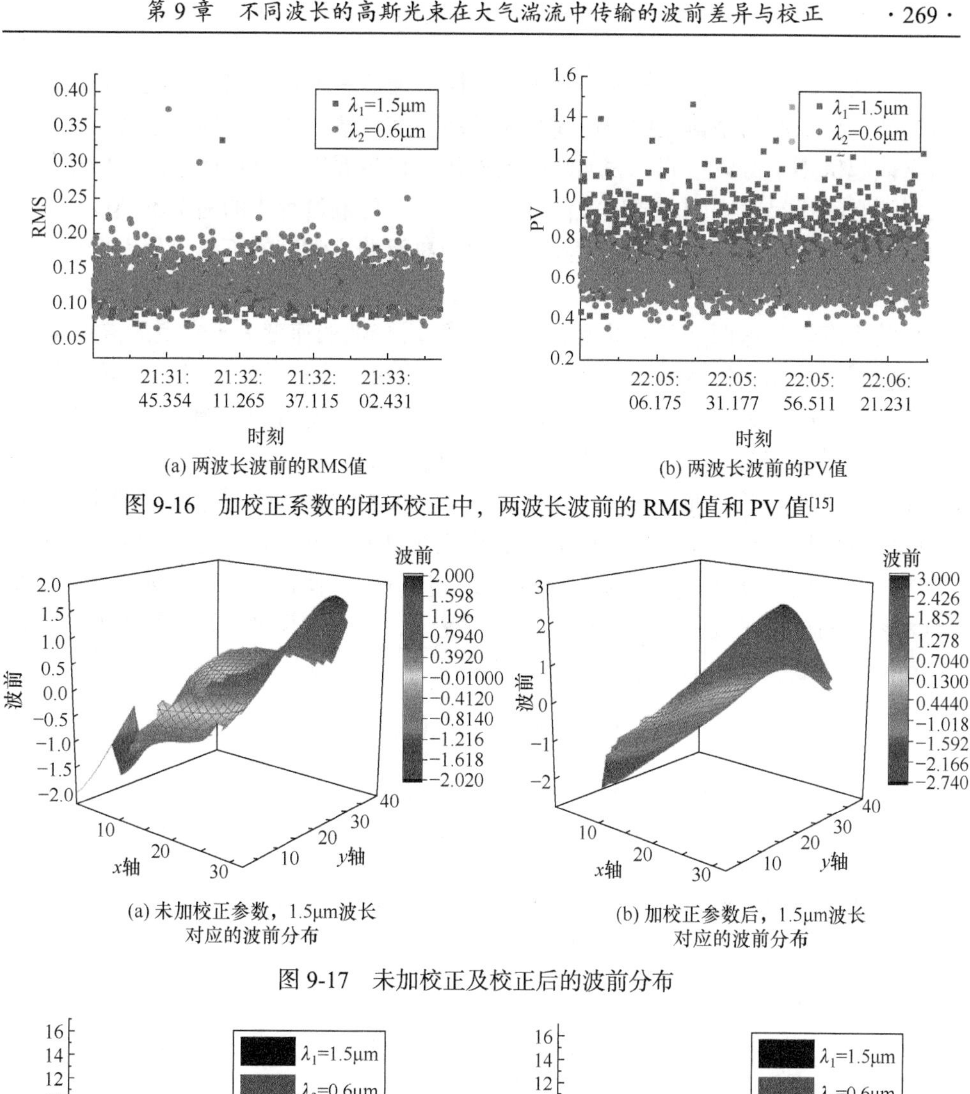

(a) 两波长波前的RMS值

(b) 两波长波前的PV值

图 9-16 加校正系数的闭环校正中，两波长波前的 RMS 值和 PV 值[15]

(a) 未加校正参数，1.5μm波长对应的波前分布

(b) 加校正参数后，1.5μm波长对应的波前分布

图 9-17 未加校正及校正后的波前分布

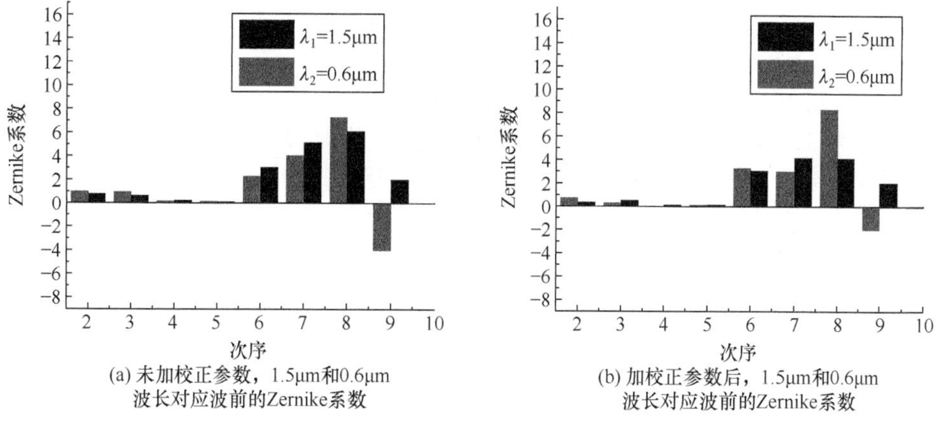

(a) 未加校正参数，1.5μm和0.6μm波长对应波前的Zernike系数

(b) 加校正参数后，1.5μm和0.6μm波长对应波前的Zernike系数

图 9-18 校正前后 Zernike 系数[15]

光波长的不同使得大气相干长度也不同。光波长越短波前整体起伏程度越剧烈，波长越长波前整体起伏程度越趋于平缓。在传输过程中，高频空间波数的波前整体起伏小于低频空间，表明波前的整体起伏主要以在大尺度范围内做整体起伏，而空间小尺度中则主要以波前平移为主。在传输过程中的两个不同波长光束的畸变波前之间的空间相关程度随着传输距离及湍流强度的不断变化而变化。波长对应的波前空间中，一个波长的波前上的一点和另一个波长波前上的一点的波前相关程度随着这两点距离的增大而逐渐降低,降低的速度大于光束的传播速度，从而使得波前相关性降低,表明波长对应的波前相关性对横向空间位置更为敏感。在传输过程中，大气湍流的强度越剧烈，湍流内尺度所占的比例越大，两个波长的波前之间的相关程度对湍流内尺度更加敏感。当内尺度增大时，两个波长的波前相关性迅速降低，而湍流外尺度增大时，波前相关性的降低速率小于前者，这表明大气内尺度对两个波长对应的波前相关性更加剧烈，在近地面的水平传输环境中，湍流更为复杂，其中含有较多的小湍流旋涡，使得大气内尺度占据主要影响因素，相比于光波的斜程传输，这种情况下，湍流内尺度的影响程度对两个波长对应的畸变波前之间的相关性更加严重。

参 考 文 献

[1] 陈京元, 周钰, 常翔, 等. 研究自适应光学非等晕性的统一方法. 中国激光, 2013, 40(4): 239-248.

[2] 孙刚, 翁宁泉, 肖黎明, 等. 大气温度分布特性及对折射率结构常数的影响. 光学学报, 2004, (5): 592-596.

[3] Tyson R K, Wizinowich P L. Principles of Adaptive Optics. Boston: Academic Press, 1991.

[4] 余力, 黄美纯, 陈文忠, 等. 离散 Hankel 变换. 计算物理, 1998, (1): 90-95.

[5] Majumdar A K. Advanced Free Space Optics (FSO). New York: Springer, 2015.

[6] 饶瑞中. 现代大气光学. 北京: 科学出版社, 2005.

[7] 吴建, 杨春平, 刘建斌. 大气中的光传输理论. 北京: 北京邮电大学出版社, 2005.

[8] 李景镇. 光学手册(上下卷). 西安: 陕西科技出版社, 2010.

[9] 刘式适, 刘式达. 特殊函数. 北京: 气象出版社, 2002.

[10] 柯熙政, 吴加丽. 无线光相干通信原理及应用. 北京: 科学出版社, 2019.

[11] M. 波恩, E. 沃耳夫. 光学原理. 北京: 科学出版社, 1981.

[12] 郁道银. 工程光学. 2 版. 北京: 机械工业出版社, 2006.

[13] 王志坚, 王鹏, 刘智颖. 光学工程原理. 北京: 国防工业出版社, 2010.

[14] 范承玉, 王英俭, 龚知本. 强湍流效应下不同信标波长的自适应光学校正. 光学学报, 2003, (12): 1489-1492.

[15] 陈晓展. 不同波长的高斯光束在大气湍流中传输的波前差异和校正. 西安: 西安理工大学, 2020.

第 10 章　波前大幅度畸变与波前倾斜的自适应控制

光束经过远距离大气湍流传输后，波前畸变量往往会超出传统的自适应光学系统的修正范围，无法进行完全修正。本书提出了一种针对自由空间相干光通信残差波前修正的周期延拓方法，可以增大波前畸变的修正范围；光波经过大气湍流后波前畸变包含倾斜分量，对波前畸变的影响增加，引入偏摆镜对波前倾斜量进行修正。采用 Zernike 模式分解的自适应光学闭环控制算法，偏摆镜和变形镜同时闭环的修正效果要优于单独偏摆镜的修正效果，以及单独变形镜的修正效果，弱湍流波前修正效果要优于强湍流修正效果。

10.1　大幅度波前畸变残差修正

自适应光学通过修正波前畸变提高光束质量，广泛应用于激光通信领域[1,2]。变形镜通过改变自身的面型分布从而改变光程差完成波前修正，其分辨率以及行程量直接决定了波前修正精度及波前修正范围[3]。对于远距离激光通信系统，激光经大功率发射、远距离强湍流环境传输以及大孔径光学系统接收后，受外界湍流环境的影响，且自身光学系统的面型加工误差使得波前产生大幅度的畸变。虽然波前修正精度在通信领域的需求并不苛刻，但变形镜的修正行程却无法与大幅度的波前畸变相匹配。将部分修正或未修正的波前相位作用于实际的自由空间激光通信系统中，这会直接导致通信链路稳定性下降，严重时甚至导致通信的中断。

使用 Shark-Hartmann 波前传感器对波前畸变测量，依据微透镜阵列在 CCD 相机成像的原理可知，其大范围的测量必定会降低波前信息的探测精度[4]。因此，Yoon 等[5]提出了一种方法——在微透镜阵列前放置与子孔径位置相匹配的可平移平板，在不牺牲测量精度的情况下提高波前的测量范围；Xivry 等[6]通过在波前传感器的数据读出期间将图像分成两个帧储区，实现每秒 1000 帧以上的重复率，以提高波前测量范围；Saita 等[7]通过引入全息光学和模式匹配技术来实现大幅度的畸变波前测量；而针对大幅度和大孔径的波前畸变修正，Yoon 等[8]报道了直径为 400mm、厚度为 8mm、驱动器数目为 37 的大口径变形镜；Cornelissen 等[9]依据一种新颖的光学设计使用球面镜，在变形镜上提供了波前的双通道，使得行程为 6μm 的变形反射镜位移产生 12 μm 的波前相位补偿，从而可以校正 24μm 的波前误差，用于眼底成像；Wick 等[10]设计了微机械薄膜变形镜来提高面型的型变量。

Jason 等[11]介绍了一种预测 MEMS 变形镜表面形状的控制电压的方法，该算法基于反射膜的弹性分析模型和执行器的经验机电模型，同样也可以采用多校正器组合的方式来提高波前的修正行程[12]；Katie 等[13]采用 Woofer 和 Tweeter 两级组合的变形镜来修正由于大气湍流在天文观测领域引起的畸变波前，其组合镜的校正能力能够达到 90%的斯特列尔比；Chen 等[14]采用双变形镜组合的方式用于高分辨率自适应光学扫描激光检眼镜系统，其校正能力能够满足畸变需求；Li 等[15]提出了一种基于斜率的直接校正算法，用于自适应光学扫描激光检眼镜。基于多校正器的波前测量方法通常会增加光路的复杂性，同时增加了光能的损耗，降低了光能的利用率。

本节分析了以 Zernike 多项式展开的波前相位对于混频效率的关系，以及在不同调制系统下 Zernike 多项式畸变对于系统误码率的影响。结果表明：波前畸变其自身的周期延拓性使得系统的误码率呈现出周期性变化。当分别采用完全修正和残差修正的自适应光学闭环控制算法，闭环后系统的误码率分别降至10^{-4}和10^{-8}。针对空间相干光通信系统，对大幅度波前畸变采用残差修正可有效提高系统的通信性能。

10.1.1　大幅度波前畸变的理论

受大气湍流影响的畸变波前可以根据 Zernike 多项式展开，即波前相位$\varphi(r,\theta)$可表示为

$$\varphi(r,\theta)=\sum_{j=1}^{\infty}a_j\cdot Z_j(r,\theta) \tag{10-1}$$

式中，a_j为 Zernike 系数；$Z_j(r,\theta)$为 Zernike 级数，r,θ分别为极坐标下的径向坐标和角度坐标。考虑到 Zernike 多项式对于波前的拟合精度及后续仿真的对应性，取$j=2\sim31$(其中$j=1$为波前 Piston 项，不参与波前重构的计算)的 30 阶次 Zernike 多项式，因此，受大气湍流影响的光信号光场E_{S}表达式为

$$E_{\mathrm{S}}(r,\theta,t)=A_{\mathrm{S}}\cdot\exp\left[-\mathrm{i}\left(\omega_{\mathrm{S}}t+\varphi_{\mathrm{S}}+\varphi_{\mathrm{n}}(t)+\varphi(t,r,\theta)\right)\right] \tag{10-2}$$

式中，A_{S}为光信号振幅；ω_{S}为光信号角频率；t为时间变量；φ_{S}为光信号初相位；φ_{n}为受调制影响的光信号相位；φ为受大气湍流影响的波前相位，而本振光信号的光场E_{L}表达式为

$$E_{\mathrm{L}}(r,\theta,t)=A_{\mathrm{L}}\cdot\exp\left[-\mathrm{i}\left(\omega_{\mathrm{L}}t+\varphi_{\mathrm{L}}\right)\right] \tag{10-3}$$

式中，A_{L}为本振光振幅；ω_{L}为本振光角频率；φ_{L}为本振光初相位。

对于混频后输出的中频电信号噪声，主要有探测器散粒噪声、本振 RIN 噪声及探测器的热噪声，由于本振光的强度要远高于光信号，噪声中本振光的散粒噪

声占主要地位。因此可以得到信噪比的表达式如下：

$$\mathrm{SNR}=\frac{e\eta\int_U\left|E_{\mathrm{S}}\right|^2\mathrm{d}U}{h\nu B}\cdot\frac{\left[\int_U A_{\mathrm{S}}A_{\mathrm{L}}\left(\cos(\Delta\varphi)\right)\mathrm{d}U\right]^2+\left[\int_U A_{\mathrm{S}}A_{\mathrm{L}}\left(\sin(\Delta\varphi)\right)\mathrm{d}U\right]^2}{\int_U\left|E_{\mathrm{S}}\right|^2\mathrm{d}U\cdot\int_U\left|E_{\mathrm{L}}\right|^2\mathrm{d}U} \tag{10-4}$$

式中，e 为电子电量；η 为量子效率；U 为探测器面积；h 为普朗克常数；ν 为载波光频率；B 为探测器带宽；$\Delta\varphi$ 为光信号与本振光的相位差[16]。

随着通信距离的增加，大气湍流会导致波前畸变程度增大。依据波前重构理论，波前相位的峰谷值在远距离激光通信的情况下会超出一个完整的波长范围。因此，若将采集的波前相位用于通信系统的实际计算，则通常需要将波前传感器采集的波前相位 $\varphi_{\mu\mathrm{m}}$ 以微米为单位的形式转化为以弧度的表示方式 φ_{rad}，即

$$\varphi_{\mathrm{rad}}=\frac{\varphi_{\mu\mathrm{m}}}{\lambda}\cdot 2\pi \tag{10-5}$$

对于不同调制格式下受湍流影响产生波前畸变相位的调制光信号在接收端的光场代入式(10-2)可表示为

$$\begin{aligned}&E_{\text{S-BPSK}}(r,\theta,t)=A_{\mathrm{S}}\cdot\exp\left[-\mathrm{i}\left(\omega_{\mathrm{S}}t+\varphi_{\mathrm{S}}+\varphi_{\text{n-BPSK}}(t)+\varphi(r,\theta,t)\right)\right]\\&\varphi_{\text{n-BPSK}}(t)=\begin{cases}0, & \text{发送“0”}\\ \pi, & \text{发送“1”}\end{cases}\end{aligned} \tag{10-6}$$

$$\begin{aligned}&E_{\text{S-QPSK}}(r,\theta,t)=A_{\mathrm{S}}\cdot\exp\left[-\mathrm{i}\left(\omega_{\mathrm{S}}t+\varphi_{\mathrm{S}}+\varphi_{\text{n-QPSK}}(t)+\varphi(r,\theta,t)\right)\right]\\&\varphi_{\text{n-QPSK}}(t)=\begin{cases}0, & \text{发送“00”}\\ \pi/2, & \text{发送“01”}\\ \pi, & \text{发送“10”}\\ 3\pi/2, & \text{发送“11”}\end{cases}\end{aligned} \tag{10-7}$$

因此将式(10-6)、式(10-7)直接代入式(10-4)中，忽略光信号和本振光的初始相位，可得

$$\begin{aligned}\mathrm{SNR}_{B(Q)\mathrm{PSK}}&=\frac{e\eta}{h\nu B}\cdot\left\{\frac{\left[\int_U A_{\mathrm{S}}A_{\mathrm{L}}\left(\cos\left(\sum_{j=1}^{\infty}a_j\cdot Z_j(r,\theta)+\varphi_{\text{n-B(Q)PSK}}(t)\right)\right)\mathrm{d}U\right]^2+\left[\int_U A_{\mathrm{S}}A_{\mathrm{L}}\left(\sin\left(\sum_{j=1}^{\infty}a_j\cdot Z_j(r,\theta)+\varphi_{\text{n-B(Q)PSK}}(t)\right)\right)\mathrm{d}U\right]}{\int_U\left|E_{\mathrm{L}}\right|^2\mathrm{d}U}\right\}\\&=\frac{e\eta}{h\nu B}\cdot\left\{\frac{\left[\int_U A_{\mathrm{S}}A_{\mathrm{L}}\left(\cos\left(\sum_{j=1}^{\infty}a_j\cdot Z_j(r,\theta)+2m\pi+\varphi_{\text{n-B(Q)PSK}}(t)\right)\right)\mathrm{d}U\right]^2+\left[\int_U A_{\mathrm{S}}A_{\mathrm{L}}\left(\sin\left(\sum_{j=1}^{\infty}a_j\cdot Z_j(r,\theta)+2m\pi+\varphi_{\text{n-B(Q)PSK}}(t)\right)\right)\mathrm{d}U\right]^2}{\int_U\left|E_{\mathrm{L}}\right|^2\mathrm{d}U}\right\}\end{aligned} \tag{10-8}$$

系统的误码率可以表示为

$$\begin{aligned}\mathrm{BER_{BPSK}}&=\frac{1}{2}\mathrm{erfc}\left(\sqrt{\frac{\mathrm{SNR_{BPSK}}}{2}}\right)\\&=\frac{1}{2}\mathrm{erfc}\left(\sqrt{\frac{e\eta}{2h\nu B}}\cdot\sqrt{\frac{\left[\int_U A_\mathrm{S}A_\mathrm{L}\left(\cos\left(\sum_{j=1}^{\infty}a_j\cdot Z_j(r,\theta)+2m\pi+\varphi_{\text{n-BPSK}}(t)\right)\right)\mathrm{d}U\right]^2}{\int_U|E_\mathrm{L}|^2\,\mathrm{d}U}+\frac{\left[\int_U A_\mathrm{S}A_\mathrm{L}\left(\sin\left(\sum_{j=1}^{\infty}a_j\cdot Z_j(r,\theta)+2m\pi+\varphi_{\text{n-BPSK}}(t)\right)\right)\mathrm{d}U\right]^2}{\int_U|E_\mathrm{L}|^2\,\mathrm{d}U}}\right)\end{aligned}\tag{10-9}$$

$$\begin{aligned}\mathrm{BER_{QPSK}}&=\left[1-\frac{1}{2}\mathrm{erfc}\left(\sqrt{\frac{\mathrm{SNR_{QPSK}}}{2}}\right)\right]^2\\&=\left[1-\frac{1}{2}\mathrm{erfc}\left(\sqrt{\frac{e\eta}{2h\nu B}}\cdot\sqrt{\frac{\left[\int_U A_\mathrm{S}A_\mathrm{L}\left(\cos\left(\sum_{j=1}^{\infty}a_j\cdot Z_j(r,\theta)+2m\pi+\varphi_{\text{n-QPSK}}(t)\right)\right)\mathrm{d}U\right]^2}{\int_U|E_\mathrm{L}|^2\,\mathrm{d}U}+\frac{\left[\int_U A_\mathrm{S}A_\mathrm{L}\left(\sin\left(\sum_{j=1}^{\infty}a_j\cdot Z_j(r,\theta)+2m\pi+\varphi_{\text{n-QPSK}}(t)\right)\right)\mathrm{d}U\right]^2}{\int_U|E_\mathrm{L}|^2\,\mathrm{d}U}}\right)\right]^2\end{aligned}\tag{10-10}$$

式中，m 为正整数。受大气湍流引起的波前畸变由两部分 $\sum_{j=1}^{\infty}a_j\cdot Z_j(r,\theta)+2m\pi$ 构

成，只有位于 0～2π 的部分 $\sum_{j=1}^{\infty} a_j \cdot Z_j(r,\theta)$ 对于系统的信噪比和误码率产生了影响，而 $2m\pi$ 的部分，依据式(10-8)～式(10-10)中三角函数的性质，并不会对系统产生实质性的影响，因此对于无线相干通信波前修正的部分仅需要对位于 0～2π 的部分 $\sum_{j=1}^{\infty} a_j \cdot Z_j(r,\theta)$ 进行修正即可。

10.1.2　大幅度波前畸变仿真分析

图 10-1 为以波前第三阶次离焦项为例，分别取离焦项为 0.5πrad 、1πrad 、1.5πrad 、2πrad 进行波前重构，得到的不同畸变情况下的波前相位。由图 10-1 可知，波前的离焦项对于波前畸变产生了以圆周对称为变化的瓢状结构，且随着离焦项的畸变量增大，波前的畸变程度也增大。

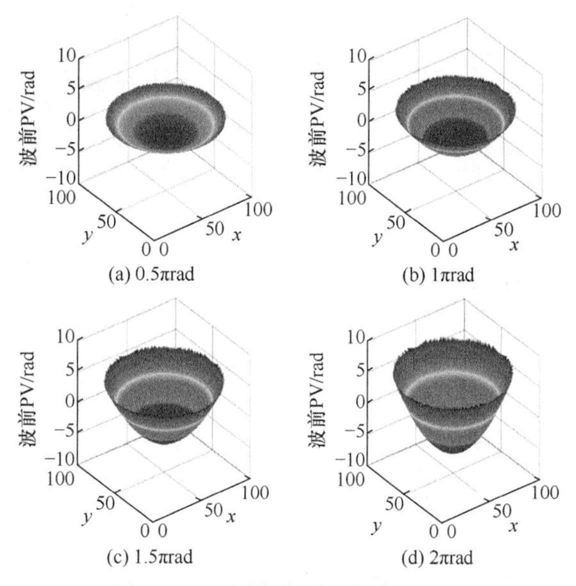

图 10-1　不同离焦项进行波前重构

Noll 构造了统计独立的 Karhunen-Loeve 函数[17]，取波长 $\lambda = 650\text{nm}$，通光孔径 $D = 0.2\text{m}$，计算大气相干长度 r_0 对于波前峰谷值的影响如图 10-2 所示。

由图 10-2 可知，随着大气湍流的增强，即大气相干长度 r_0 的减小，波前畸变的 PV 值呈现出增大的趋势，且随着波前畸变量的增加必然会超出变形镜的修正范围。以大气相干长度 $r_0 = 0.02\text{m}$ 为例，得到该时刻的波前相位图的三维图形及波前相位的直视图如图 10-3 所示。

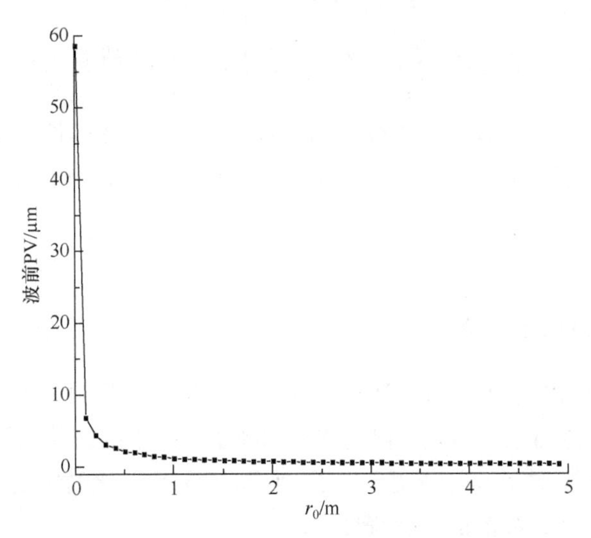

图 10-2　大气相干长度 r_0 对于波前 PV 值的影响

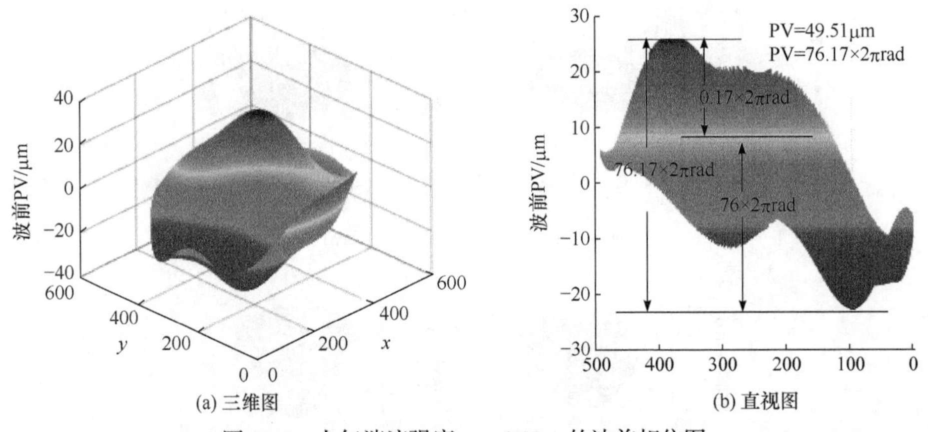

图 10-3　大气湍流强度 $r_0 = 0.02$m 的波前相位图

由图 10-3 可知，该状态下波前畸变的 PV 值为 49.51 μm，即 76.17×2 πrad 的畸变量。依据上述的理论分析可知，畸变量中 0.17×2 πrad 仅对相干检测系统的信噪比和误码率产生影响，而 76.17×2 πrad 作为整周期倍数使得波前产生的整倍数畸变并不会对系统产生影响，因此对于实际的相干检测系统，仅需修正图 10-3(b) 中的 0.17×2 πrad 的残差波前相位部分即可提高信噪比降低误码率。

以波长 650nm 的红光为例，图 10-4 为对于波前进行完全修正和对于波前进行部分修正后，波前相位 PV 值的曲线。由图 10-4 可知初始状态下波前畸变的 PV 值为 52.21 μm，即 80.32×2 πrad 的畸变量。若采用完全修正，变形镜的行程不足导致修正后的波前畸变的 PV 值为 31.99 μm，即 49.22×2 πrad 的畸变量，其相位值并非 2π 的整数倍，而采用残差修正的方法，修正后波前相位为 51 μm，即 80×2

πrad 的畸变量，在满足变形镜的行程同时，修正后的相位为 2π 的整数倍，而这部分对于相干检测系统并不会产生贡献。

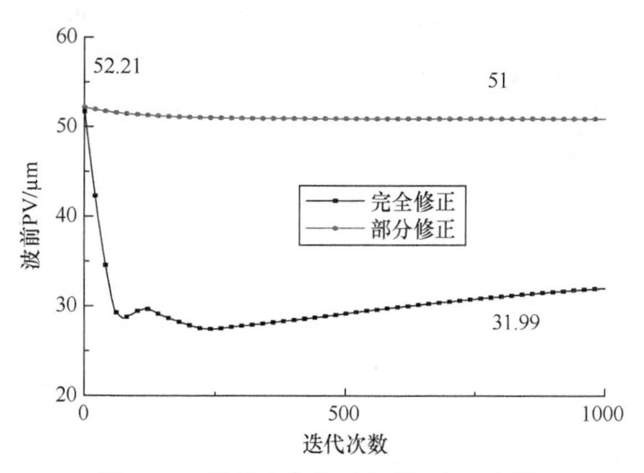

图 10-4　波前完全修正和部分修正曲线

以波前畸变的离焦项为例，计算波前畸变对于系统的误码率影响，设置仿真点数为 10^6，Zernike 系数变化范围为 0～0.9μm，信噪比为 2～20dB。得到不同调制系统的波前畸变对于通信系统误码率的影响，如图 10-5 所示。

波前畸变会对信号的相位产生直接的影响，且 QPSK 信号相对于 BPSK 对于相位更为敏感。因此对于相位调制的相干检测通信系统，由图 10-5 可知，波前 Zernike 系数值的大小对于系统的误码率呈现出周期性的影响。波前 Zernike 离焦项产生了 0.33μm 的畸变则会对波前相位产生 2π 相移的贡献，对于系统的误码率产生一个完整的周期延拓，同时依据式(10-9)，波前对于系统误码率的影响仅为其自身畸变量位于一个完整的 2π 周期的主值区间，因此在波前重构中波前相位不超过一个完整的波长周期范围内，系统的误码率随着信噪比的增大而减小。因此

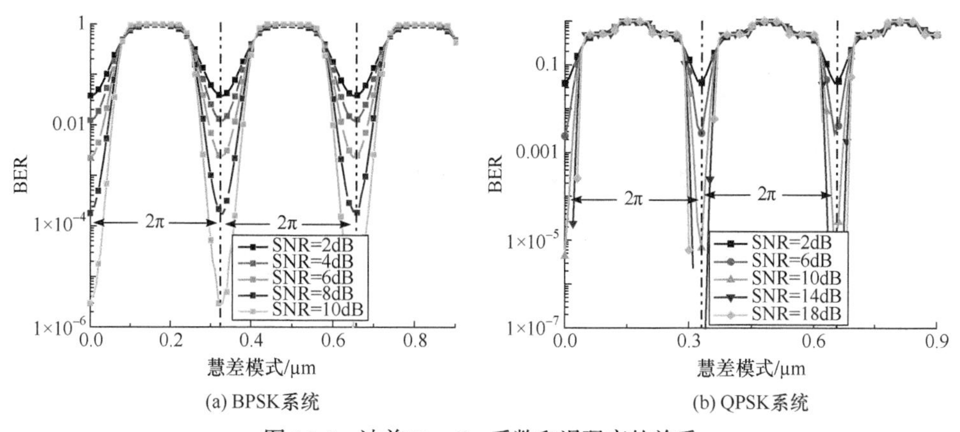

(a) BPSK系统　　(b) QPSK系统

图 10-5　波前 Zernike 系数和误码率的关系

对于大幅度的波前畸变可采用残差修正的方式，修正残差波前量以保留完整的整数倍主值区间，确保通信系统处于低误码状态，以提高系统的通信性能。

波前畸变对于无线相干通信系统的混频效率及误码率的影响仅在 0～2π 的主值区间产生了贡献。对于传统的自适应光学系统，修正后的波前相位为平面波，而由于激光经远距离传输后，波前畸变相位超出了变形镜的修正范围。由上述分析可知，波前对于通信性能的影响仅位于 0～2π 的主值区间，因此对于波前的修正仅需修正波前畸变的 0～2π 的主值区间，保留畸变的整数倍区间，在确保了变形镜具有足够行程的同时，即可提高通信性能。

10.1.3　实验研究

1. 实验组成

实验采用的相干光通信自适应光学波前校正系统的原理如图 10-6 所示。650nm 的半导体激光器发出的光束通过透镜 L1、L2 扩束准直后经分束镜 BS1 垂直入射到 SLM 液晶表面。将模拟的大畸变湍流相位屏加载到 SLM 上，其反射后会产生畸变光波。畸变的光信号经分束镜 BS1、反射镜 PM、分束镜 BS2 后垂直入射变形镜 DM 的孔径，经 DM 校正后带有残余相差的反射光束通过分束镜 BS2，以平行光轴方向垂直入射透镜 L3、透镜 L4 和波前传感器 SH-WFS，最终使光斑完全进入 SH-WFS 的光瞳面，由 SH-WFS、DM 和波前控制模块组成自由空间相干光通信波前校正系统，对空间光调制器反射后的光波畸变波前进行实时校正。在实验中，光源波长为 632.8nm，功率为 5mW；采用的透镜 L1、L2、L3、L4 焦距分别为 30mm、200mm、175mm 和 75mm。变形镜选用法国 ALPAO 公司的高速连续反射变形镜 DM69，促动器单元为 69 个，促动器直径为 10.5mm，促动器间距为 1.5mm。液晶空间光调制器 SLM 选用北京杏林睿光科技有限公司生产的型号

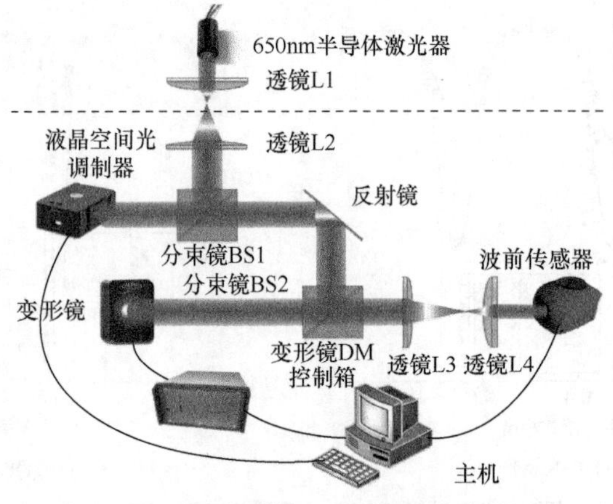

图 10-6　相干光通信自适应光学波前校正图

为 RL-SLM-R2，其反射率>70%，工作波长为 400～700nm。波前传感器选用 Image Optic 生产的夏克-哈特曼波前传感器 HASO4-FIRST，探测波长范围为 400～1100nm，子孔径数 32×40。

2. 大尺度波前畸变校正原理

基于自适应光学的闭环控制算法通常采用传统的积分控制即可实现，其算法原理图如图 10-7 所示。首先利用推拉法进行波前 Zernike 系数到变形镜电压的响应矩阵计算，再采用积分控制实现闭环运算。当控制对象的 Zernike 系数为 0 时即平面波前，则代表波前的完全修正；当控制对象为波前相位相对于最大整数波长量的余数时，则代表波前的残差修正。

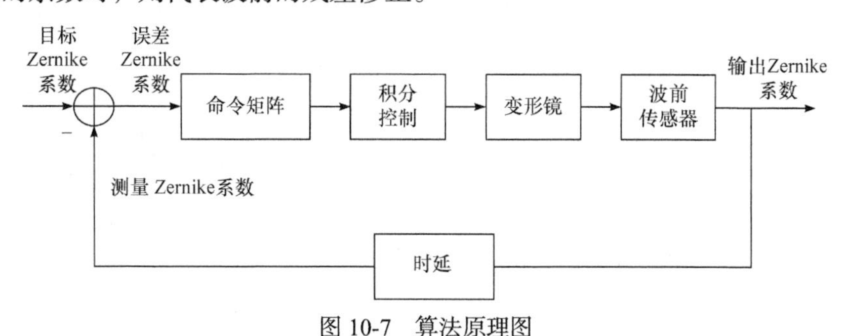

图 10-7　算法原理图

3. 实验结果

采用自适应光学闭环控制算法分别对受畸变波前进行完全修正和残差修正，对 PV 值和均方根值进行分析，得到两种波前闭环状态下的曲线如图 10-8 所示。

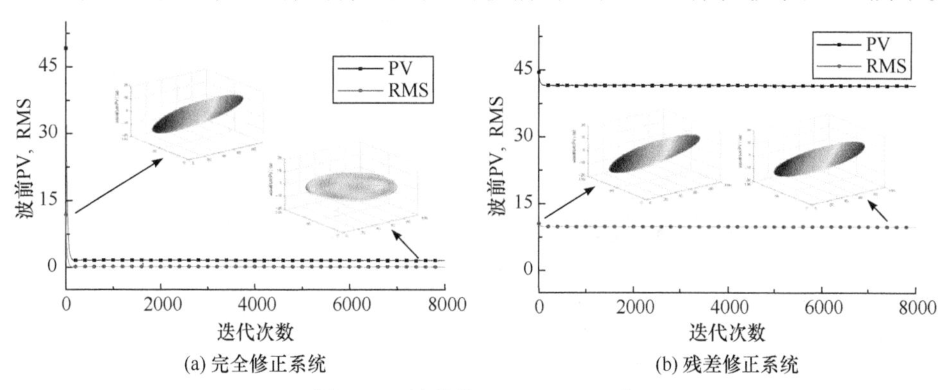

(a) 完全修正系统　(b) 残差修正系统

图 10-8　波前修正 PV、RMS 值

由图 10-8 可得，采用完全修正的闭环控制算法，波前相位经修正后 PV 由 45μm 降至 1.6μm；对于波前相位采用残差修正算法，修正后的波前 PV 由 45μm 降至 41.6μm，说明残差修正情况后波前的 PV 值要大于完全修正后的波前 PV 值。

图 10-9 为完全修正情况下和残差修正情况下，修正前后波前的 Zernike 系数分布。对于波前采用完全修正，由于波前的前两阶次倾斜分量占了波前畸变分量的绝大比例，因此修正的波前量主要体现在波前的倾斜分量；而仅修正残差畸变，修正后经重构波前相位为波长的整数倍。

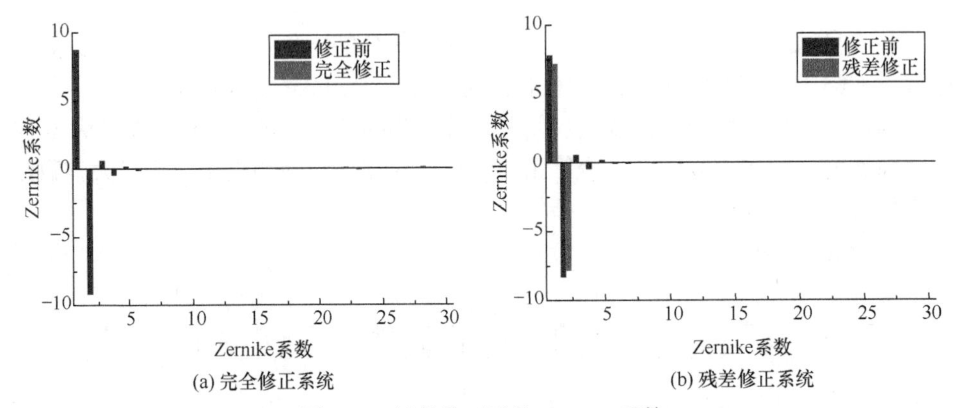

图 10-9　波前修正后的 Zernike 系数

定义变形镜 DM69 驱动器的电压总功率为

$$\mathrm{Power}_{\mathrm{DM69}} = \sum_{i=1}^{69} v_i^2 \tag{10-11}$$

图 10-10 为采用完全修正算法和残差修正算法后变形镜驱动器电压的分布情况，从图中可以明显看出，完全修正情况下的变形镜电压值分布要大于残差修正情况下电压值的分布。依据式(10-11)可知，当 DM69 对于波前相位完全修正时，总功率为 10.40(相对功率)；残差修正时，总功率为 0.12(相对功率)，因此残差修正可以有效缓解变形镜驱动器输出功率过高和驱动器行程量过大的问题。

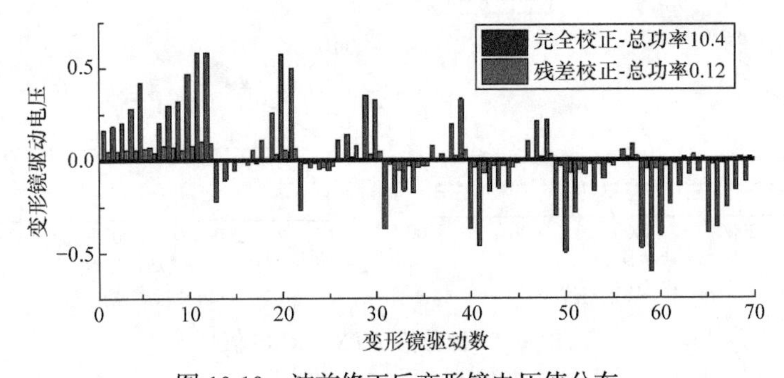

图 10-10　波前修正后变形镜电压值分布

图 10-11 分别为采用完全修正的自适应光学算法和采用残差修正自适应光学算法的误码率随着迭代次数的变化曲线。当采用完全修正的情况下，通信系统的

误码率由修正前的10^{-1}降至校正后的10^{-4}，当采用残差修正的情况下，通信系统的误码率由修正前的10^{-1}降至校正后的10^{-8}。这是因为在完全修正的情况下，由于存在变形镜自身形变范围的限制，对于大幅度畸变的波前相位无法完全修正，从而导致在校正后系统的误码率虽有所降低，但无法满足实际的通信需求；而对于残差波前的修正，依据波前相位在空间具有周期延拓的特性，恰好可修正残差波前相位，修正后所剩余整周期的波前相位对于混频效率不产生影响，因此系统处于低误码状态。同时采用残差修正相对于完全修正可降低变形镜的功耗。因此针对大幅度的波前畸变采用残差修正的方法来代替由变形镜行程不足所导致的无法完全修正的畸变波前，可有效提高系统性能，满足实际通信系统的需求。

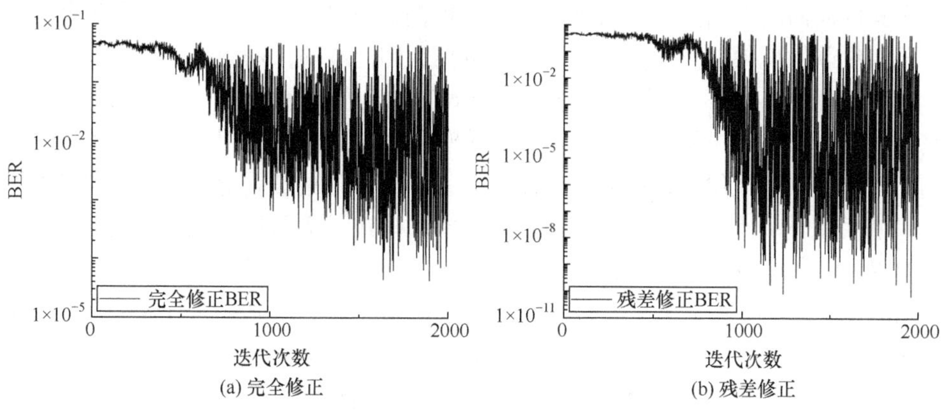

(a) 完全修正　(b) 残差修正

图 10-11　系统校正误码率曲线

通过以上分析可得到以下结论。

(1) 波前畸变自身具有周期延拓性，对于自由空间相干光通信系统误码率呈现出周期性的变化。

(2) 依据波前畸变对于自由空间相干光通信具有周期性的误码率影响的特性，实验研究表明，采用残差修正的自适应光学闭环控制算法，闭环后通信系统的误码率由修正前的 10^{-1} 降至修正后的10^{-8}。该方法对于完全修正算法，在降低了变形镜行程需求及功率输出的同时，可达到与完全修正情况下的低误码效果，有效提高自由空间相干光通信系统的通信性能。

10.2　带波前倾斜修正的自适应光学波前畸变校正

自适应光学作为一种光机电一体化技术，已广泛应用于激光通信、医学成像、天文观测等领域[18~21]。变形镜作为 AO 系统的核心器件，通过改变自身的面型分布改变入射波前传感器的光程差完成波前修正。变形镜的行程分辨率及变形镜的行程量直接决定了波前修正精度及波前的修正范围。单个变形镜的修正能力通常无法满足强湍流环境、激光大功率输出、光学系统大孔径接收等条件下引起光波大幅度波前畸变[22]，且促动器在长时间接近满行程工作状态下会减短使用寿命。引入偏摆镜或多级变形镜进行波前修正成为自适应光学的发展趋势，使用偏摆镜或大行程变形镜(通常称为 Woofer)修正波前低阶成分，小行程变形镜(通常称为 Tweeter)修正波前高阶成分。自适应光学闭环控制算法一直是自适应光学系统的研究热点[23]。

一般称倾斜分量为低频分量，其余为高频分量。对于激光通信相干检测系统，波前倾斜分量会直接影响系统的耦合效率及混频效率。夏克-哈特曼波前传感器直接采集的波前斜率信息不能直观反映出波前高低频分量[24,25]，AO 闭环控制算法需要将波前的低频信息和高频信息进行分离，因此波前重构为多校正器自适应光学系统闭环的必须环节。目前为止，基于 AO 系统的波前重构算法主要分为两种：区域法及模式法。拉格朗日阻尼最小二乘法作为区域法重构用于 AO 系统[26]，在扫描激光检眼镜成像系统中得以应用[27]。基于模式法的波前 Zernike 模式[28~30]、傅里叶模式[31]、小波模式[32,33]、拉普拉斯本征模式[34]等重构均成功应用于 AO 闭环算法中。Zernike 模式法重构相对于其他模式法和区域法更为成熟，且基于 Zernike 模式的自适应光学系统应用于自由空间光通信以提高耦合效率也已有成熟的理论计算[35]。然而将自适应光学应用于实际的激光通信系统提高通信性能，对于不同距离的近地面链路大气湍流所引起的波前畸变进行实测和分析却鲜有报道[36,37]。

本节分析光波经过大气传输后，波前畸变程度及波前倾斜分量比例与大气湍流强度之间的关系。采用了一种基于 Zernike 模式的偏摆镜和变形镜组合的自适应光学闭环控制算法应用于实际系统，并对光波经室内、600m、1km、5km、10km、100km 的通信距离传输后波前畸变进行采集和处理。实验结果表明，采用偏摆镜和变形镜组合的自适应光学系统对于波前的同时修正效果要优于单独偏摆镜修正效果和单独变形镜修正效果，且弱湍流下的波前修正效果要优于强湍流的修正效果。

10.2.1 大气湍流中波前畸变理论

1. 波前畸变理论计算

波前相位可根据 Zernike 系数展开，即波前相位 $\phi(r,\theta)$ 可表示为

$$\phi(r,\theta)=\sum_{j=1}^{\infty}a_j\cdot Z_j(r,\theta) \tag{10-12}$$

式中，a_j 为 Zernike 系数；$Z_j(r,\theta)$ 为 Zernike 级数；r,θ 分别为径向坐标和角度坐标，考虑到 Zernike 多项式对于波前的拟合精度，取 $j=2\sim31$(其中 $j=1$ 为波前 Piston 项，不参与波前重构的计算)的 30 阶次 Zernike 多项式，计矩阵 $\boldsymbol{A}$ 为大小 1×30 的 Zernike 系数矩阵。文献[38]定义了 Zernike 级数的表达式，即

$$\begin{cases} Z_{\text{even}\,j}=\sqrt{n+1}R_n^m(r)\sqrt{2}\cos(m\theta), & m\neq0 \\ Z_{\text{odd}\,j}=\sqrt{n+1}R_n^m(r)\sqrt{2}\sin(m\theta), & m\neq0 \\ Z_j=\sqrt{n+1}R_n^0(r), & m=0 \end{cases} \tag{10-13}$$

式中，n 为 Zernike 多项式阶数；m 为角频率；$R_n{}^m(r)$定义为

$$R_n^m(r)=\sum_{s=0}^{(n-m)/2}\frac{(-1)^s(n-s)!}{s!\,\left[(n+m)/2-s\right]!\,\left[(n-m)/2-s\right]!}r^{n-2s} \tag{10-14}$$

式中，m、n、j 的关系为

$$\begin{cases} j=\dfrac{n(n+1)}{2}+\dfrac{n-m}{2}+1 \\ n=\left\lceil\dfrac{-3+\sqrt{9+(j-1)}}{2}\right\rceil \\ m=n^2+2(n-j+1) \end{cases} \tag{10-15}$$

式中，$\lceil\,\rceil$为向上取整。Noll 推导了 Zernike 系数之间 a_j 和 $a_{j'}$ 的协方差定义，记为 $E(a_j,a_{j'})$：

$$E(a_j,a_{j'})=\frac{K_{ZZ'}\cdot\delta_Z\cdot\Gamma\left[\left(n+n'-\frac{5}{3}\right)\Big/2\right]\cdot(D/r_0)^{5/3}}{\Gamma\left[\left(n-n'+\frac{17}{3}\right)\Big/2\right]\cdot\Gamma\left[\left(n'-n+\frac{17}{3}\right)\Big/2\right]\cdot\Gamma\left[\left(n+n'+\frac{23}{3}\right)\Big/2\right]} \tag{10-16}$$

式中，n、n' 和 m、m' 为系数 a_j 和 $a_{j'}$ 的 Zernike 多项式阶数和角频率；δ_Z 为 Kronecker 函数；D 为光学系统通光口径直径；r_0 为大气相干长度(Fried 常数)，计算中通常取 $D/r_0=1$，$K_{ZZ'}$ 定义为

$$K_{ZZ'}=2.2698(-1)^{(n+n'-2m)/2}\sqrt{(n+1)(n'+1)} \tag{10-17}$$

记 Zernike 系数向量 $\boldsymbol{A}$ 的协方差矩阵为

$$C=E\left[A\cdot A^{\mathrm{T}}\right]=\begin{bmatrix}E(a_2,a_2) & E(a_2,a_3) & \cdots & E(a_2,a_{31})\\ E(a_3,a_2) & E(a_3,a_3) & \cdots & E(a_3,a_{31})\\ \vdots & \vdots & & \vdots\\ E(a_{31},a_2) & E(a_{31},a_3) & \cdots & E(a_{31},a_{31})\end{bmatrix}\tag{10-18}$$

式中，T 为矩阵的转置；协方差矩阵 $\boldsymbol{C}$ 的元素值代表了各阶 Zernike 系数之间的相关性。经计算，$\boldsymbol{C}$ 中的元素除对角线外还存在非 0 元素，说明 Zernike 系数之间并非统计独立的。文献[39]构造了统计独立的 Karhunen-Loeve 函数，波前 Zernike 系数 $\boldsymbol{A}$ 可表示为

$$\boldsymbol{A}=\boldsymbol{B}\cdot\boldsymbol{U}\tag{10-19}$$

式中，$\boldsymbol{B}$ 为统计独立的高斯随机变量矩阵，大小为 1×30；$\boldsymbol{U}$ 为协方差矩阵 $\boldsymbol{C}$ 的奇异值分解矩阵，大小为 30×30。

$$\boldsymbol{C}=\boldsymbol{U}^{\mathrm{T}}\cdot\boldsymbol{S}\cdot\boldsymbol{U}\tag{10-20}$$

随机生成一组 1×30 的高斯随机变量 $\boldsymbol{B}$，代入式(10-19)，即可得到一组受大气湍流影响的 Zernike 系数矩阵 $\boldsymbol{A}$。记系数矩阵 $\boldsymbol{A}$ 中波前倾斜分量所占波前畸变总量的比例为

$$\mathrm{tilt}_{\mathrm{Zernike}}=\frac{\sum_{j=2}^{3}\left|a_j\right|^2}{\sum_{j=2}^{31}\left|a_j\right|^2}\tag{10-21}$$

图 10-12 中，随着 r_0 的减小即大气湍流强度的增加，波前畸变 PV 值增大，但波前畸变倾斜分量所占比例与湍流强度无关，倾斜分量约占 80%，占据了波前畸变的绝大成分。因此有必要对波前倾斜量进行单独修正。

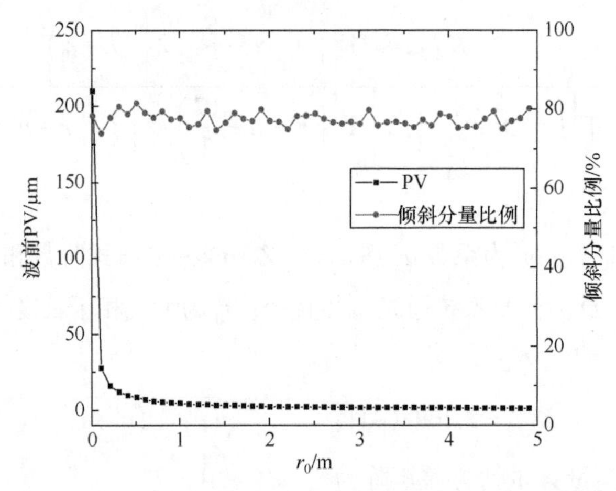

图 10-12　大气相干长度 r_0 对于 PV 和倾斜分量比例的影响

2. 自适应光学 Zernike 模式闭环算法原理

由于 Zernike 多项式和光学检测中观测到的像差多项式的形式是一致的，将波前 Zernike 级数展开可直接观察波前倾斜、离焦、像散、慧差和球差等分量，在自适应光学领域，波前 Zernike 级数展开更为成熟。同时 Zernike 多项式在单位圆内是正交的。

$$\begin{cases} \int W(r) Z_j Z_{j'} \mathrm{d}^2 r = \delta_{jj'} \\ W(r) = 1/\pi, \quad r \leqslant 1 \\ W(r) = 0, \quad r > 1 \end{cases} \tag{10-22}$$

使用偏摆镜或大行程变形镜校正低阶像差，使用小行程变形镜校正高阶像差，Zernike 多项式的正交性使得两者之间的校正区域空间具有明确划分。对于常见的多校正器自适应光学系统，一种是基于二维运动的压电偏摆镜 TM 与具有独立单元的变形镜组成 DM69 的自适应光学系统；另一种为少独立单元大行程变形镜 DM69 和多独立单元小行程变形镜 DM292 组成的自适应光学系统，如图 10-13 所示。

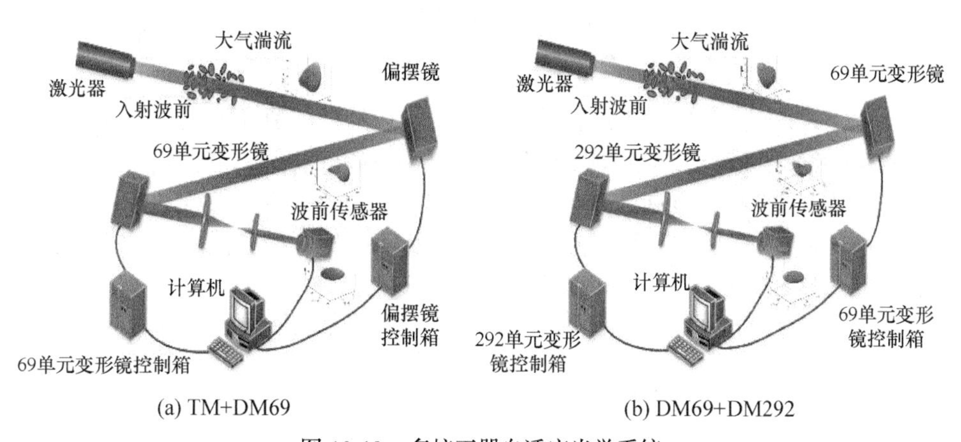

(a) TM+DM69　　(b) DM69+DM292

图 10-13　多校正器自适应光学系统

压电偏摆镜、少单元数变形镜和多单元数变形镜的面型分布如图 10-14 所示，其中 TM 采用 4 点驱动的电气连接方式，由两对相互独立的压电陶瓷驱动，位于 $x(y)$轴的两个压电陶瓷通过电压改变自身型变量来改变以 $y(x)$轴为滚轴方向的波前倾斜量，实际计算中，通过对通道 x 和通道 y 分别发送角度指令，经内部换算为施加在对应压电陶瓷电压后产生对应 x 和 y 轴的面型角度倾斜量；DM69 和 DM292 分别为驱动单元数为 69 和 292 的电磁式连续面型的变形镜，DM69 促动器施加电压范围均在−1～1，DM292 促动器施加电压范围均在−0.25～0.25。

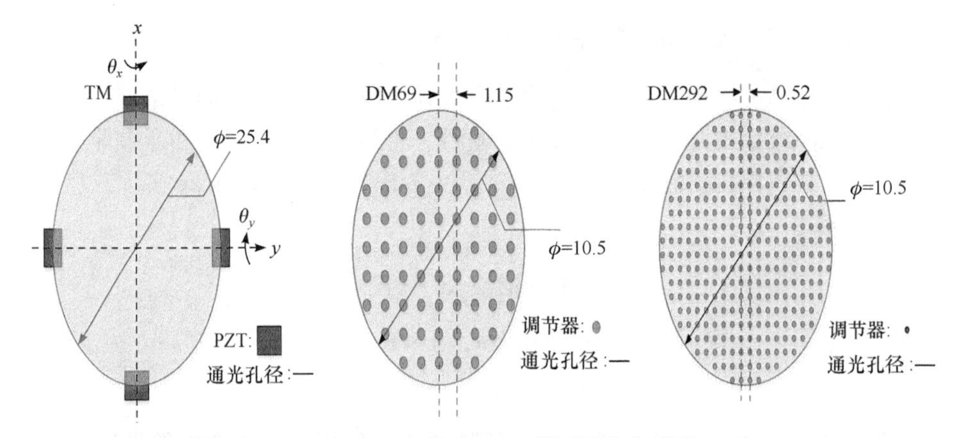

图 10-14　TM、DM69 和 DM292 的面型分布(单位：mm)

由 TM 和 DM69 组成的自适应光学系统，TM 作为 Woofer 修正低阶像差，DM69 作为 Tweeter 修正高阶像差，分别求解 TM 到波前传感器和 DM69 到波前传感器的响应矩阵，求解其中任一响应矩阵均需要另一校正器处于初始位置的静止平面反射状态[40]，分别记为 $IM_{PZT2Zernike}$ 和 $IM_{cmd2Zernike}$。

$$\begin{cases} IM_{PZT2Zernike} = PZT^{-1} \cdot Zernike \\ IM_{cmd2Zernike} = cmd^{-1} \cdot Zernike \end{cases} \tag{10-23}$$

式中，PZT 和 cmd 分别为施加在偏摆镜和变形镜的角度值和电压值；–1 为矩阵的逆；Zernike 为波前传感器采集的 Zernike 向量；$IM_{PZT2Zernike}$ 和 $IM_{cmd2Zernike}$ 矩阵大小分别为 2×30 和 69×30。

完成响应矩阵的计算后，分别求对应的逆矩阵以获取波前 Zernike 系数到偏摆镜偏转角度和变形镜电压的命令矩阵：

$$\begin{cases} CM_{Zernike2PZT} = \left(IM_{PZT2Zernike}\right)^{-1} \\ CM_{Zernike2cmd} = \left(IM_{cmd2Zernike}\right)^{-1} \end{cases} \tag{10-24}$$

完成命令矩阵的计算后，采用积分控制可实现基于偏摆镜和变形镜组合的自适应光学系统闭环。基于 Zernike 模式的自适应光学系统闭环算法框图如图 10-15 所示。

图 10-15 中，$Zernike_{ref} = 0$ 为 1×30 的零矩阵，$Zernike_{IWF}$ 为当前状态下波前传感器采集的 Zernike 系数 1×30 矩阵。$Zernike_{err}$ 为误差 Zernike 系数矩阵，30 阶对角矩阵 I_{PZT} 和 I_{cmd} 将 Zernike 系数的倾斜分量和其余分量进行分离，通过对应的命令矩阵 $CM_{Zernike2PZT}$ 和 $CM_{Zernike2cmd}$ 转化后经积分运算分别发送给 TM 和 DM，WFS 再次采集入射波前 Zernike 系数，经时延处理后完成下一次迭代运算。

记波前传感器第 k 次采集的波前 Zernike 系数矩阵为 $\text{phase}_{\text{IWF}}^{k}$ 以及波前相位 P，则第 $\text{phase}_{\text{IWF}}^{k}$ 次波前计算的迭代相位可表达为

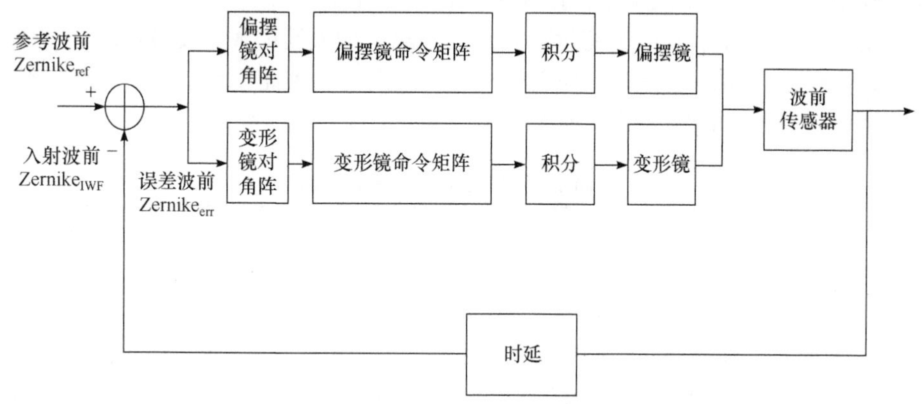

图 10-15　基于 Zernike 模式的自适应光学系统闭环算法框图

$$
\begin{aligned}
\text{phase}_{\text{IWF}}^{k+1} = \text{phase}_{\text{IWF}}^{k} &+ \left[\text{PZT}^{k} + k_i \cdot (-\text{Zernike}_{\text{IWF}}^{k}) \cdot I_{\text{PZT}} \cdot \text{CM}_{\text{Zernike2PZT}}\right] \cdot \text{IF}_{\text{PZT2phase}} \\
&+ \left[\text{cmd}^{k} + k_i \cdot (-\text{Zernike}_{\text{IWF}}^{k}) \cdot I_{\text{cmd}} \cdot \text{CM}_{\text{Zernike2cmd}}\right] \cdot \text{IF}_{\text{cmd2phase}}
\end{aligned}
\tag{10-25}
$$

式中，PZT^k 和 cmd^k 分别为第 k_i 次施加在压电偏摆镜的角度矩阵和施加在变形镜的电压矩阵；k_i 为积分控制系数；$\text{IF}_{\text{PZT2phase}}$ 和 $\text{IF}_{\text{cmd2phase}}$ 分别为压电偏摆镜和变形镜的面型影响函数；30 阶对角矩阵 I_{PZT} 和 I_{cmd} 分别为

$$
I_{\text{PZT}} = \begin{bmatrix} 1 & & & & \\ & 1 & & & \\ & & 0 & & \\ & & & \ddots & \\ & & & & 0 \end{bmatrix}, \quad I_{\text{cmd}} = \begin{bmatrix} 0 & & & & \\ & 0 & & & \\ & & 1 & & \\ & & & \ddots & \\ & & & & 1 \end{bmatrix} \tag{10-26}
$$

当 $I_{\text{cmd}} = 0$，TM 处于闭环状态；当 $I_{\text{PZT}} = 0$，DM69 处于闭环状态；当 I_{cmd} 和 I_{PZT} 为式(10-26)时，TM 和 DM69 同时处于闭环状态。由于激光通信系统对于波前修正的精度要求并不高，且 DM292 的造价成本相对于 TM 造价成本要高，实际中通常选用 TM 和 DM69 组合的自适应光学系统用于闭环校正实现系统通信。

10.2.2　大气湍流中波前畸变实验

光波经不同距离如室内、600m、1km、5km、10km 及 100km 传输后，分别测量波前 PV 值、Zernike 系数倾斜分量比例以及倾斜分量变化的方差，得到的实

测数据如表 10-1 所示。10km 实验链路通信两端分别位于白鹿原和西安理工大学教六楼，测量时间为 2018 年 9 月 25 日，100km 实验链路通信两端分别位于青海湖二郎剑和泉吉乡，测量时间为 2019 年 8 月 19 日。

由表 10-1 可知，波前畸变量随着传输距离的增大而增大，倾斜分量比例约占整体畸变量的 80%。倾斜畸变的方差也随着距离的增大而增大，这表明波前畸变的速率也会随着传输距离的增加而增大。

表 10-1 不同距离下实测波前值

测量距离	室内	600m	1km	5km	10km	100km
PV 均值/μm	4.99	2.18	5.67	11.25	14.55	200.7
倾斜分量比例/%	72.34	56.30	81.65	84.44	73	44.95
Tilt-x 方差	2.07×10^{-4}	0.221	0.136	0.38	4.23	2.58×10^{5}
Tilt-y 方差	2.07×10^{-4}	0.891	0.134	0.25	3.34	8.63×10^{6}

图 10-16 为不同距离情况下实测的波前 PV 值，波前畸变程度以及波前变化速度都会随着传输距离的增加而增加。当传输距离达到 100km 时，由于强湍流导致的光强闪烁，采集的波前完全破碎，采样点不完整使得重构困难，采集数据不连续。

1. TM 闭环修正波前倾斜分量

取式(10-25)中 $I_{\text{cmd}}=0$，即 TM 处于闭环状态，DM69 处于平面反射状态。分别对不同距离情况下波前畸变进行倾斜分量的修正，得到波前修正的 PV 曲线和修正后的波前相位分别如图 10-17、图 10-18 所示。

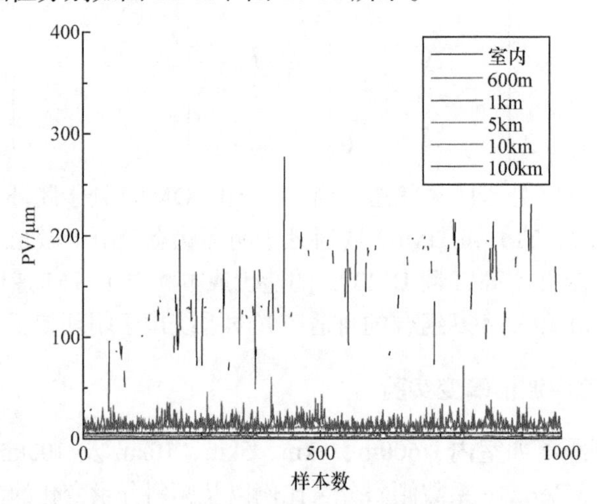

图 10-16 不同距离情况下实测波前 PV 值

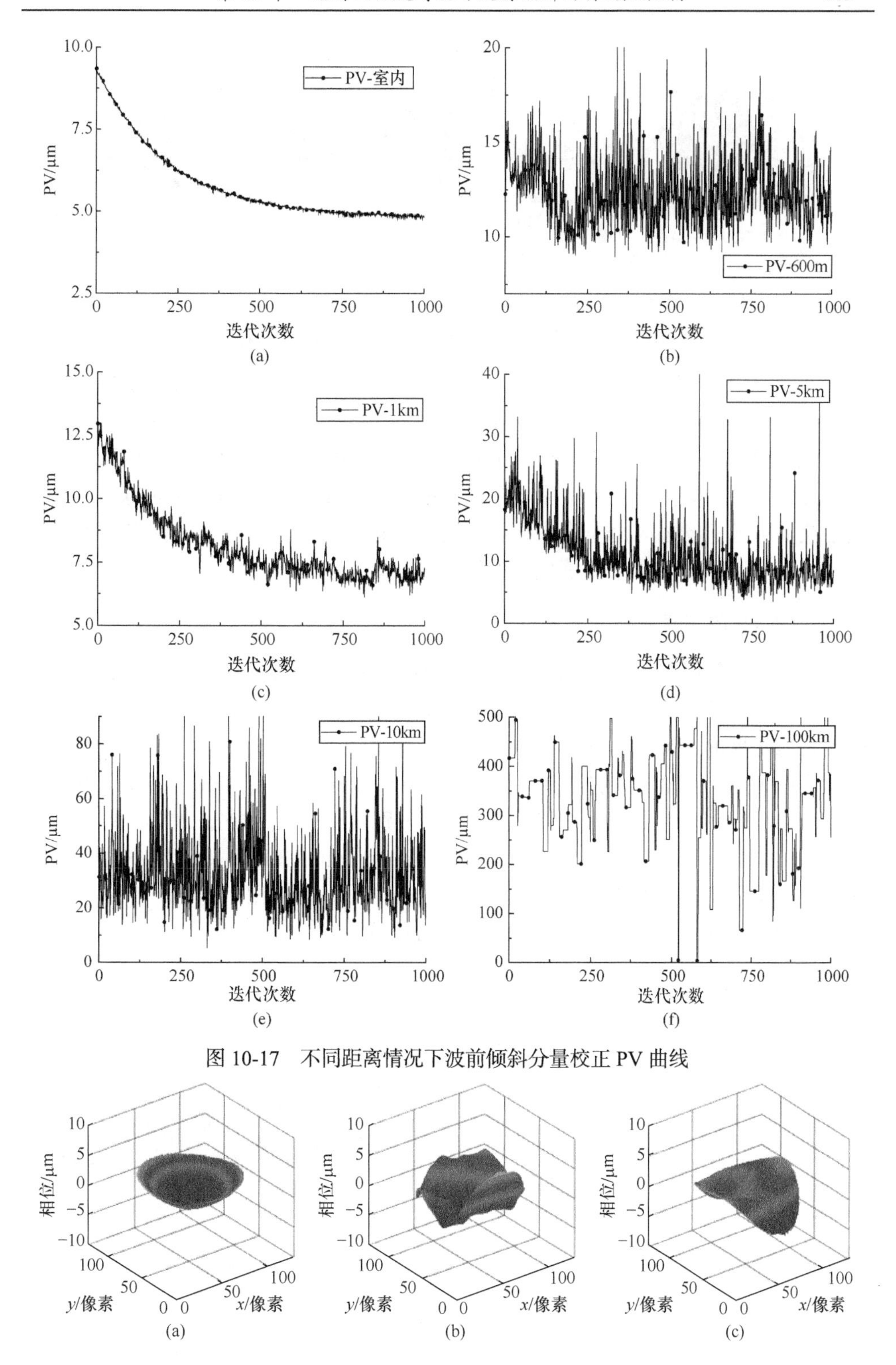

图 10-17　不同距离情况下波前倾斜分量校正 PV 曲线

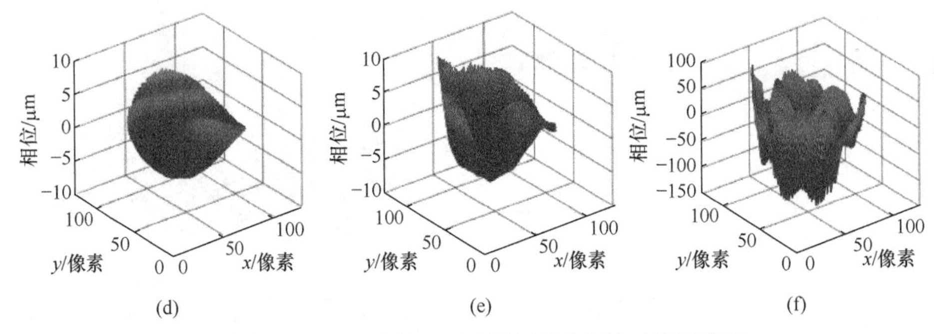

图 10-18　不同距离情况下波前倾斜分量校正后相位图

由图 10-17 可知，波前经室内、600m、1km、5km、10km、100km 距离传输后，对倾斜分量修正后的波前相位分别由 9.5μm、15μm、12.5μm、22μm、35μm、450μm 降至 5μm、10μm、7.5μm、8μm、20μm、300μm，且随着通信距离的增加，湍流强度增大，波前修正的效果越差。特别是对于 10km 和 100km 的通信链路，强湍流所引起的光强闪烁及光束漂移使得波前采集不连续，部分采样点重构失败导致修正效果劣于中弱湍流情况下的波前校正。

2. DM69 闭环修正波前高阶分量

取式(10-26)中 $I_{PZT}=0$，即 TM 处于平面反射状态，DM69 处于闭环状态。对不同距离、不同湍流强度条件下的波前高阶分量进行修正，得到波前修正的 PV 曲线及修正后的波前相位分别如图 10-19 和图 10-20 所示。

由图 10-19 可知，波前经室内(小于 10m)、600m、1km、5km、10km、100km 距离传输后，对倾斜分量修正后的波前相位分别由 9.5μm、15μm、12.5μm、22μm、35μm、450μm 降至 8μm、9μm、9μm、20μm、15μm、300μm。近距离波前修正的效果要明显优于远距离波前修正效果。由图 10-20 可看出，高阶分量修正完成后，波前倾斜分量占据波前畸变的绝大多数成分。

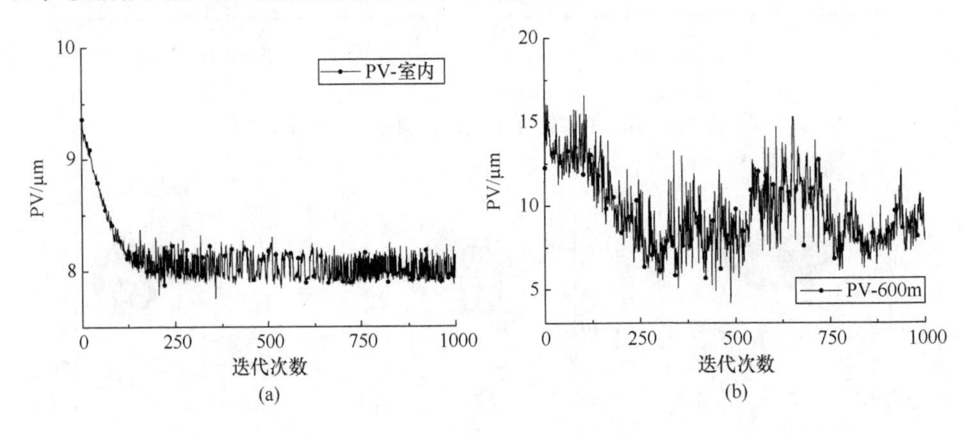

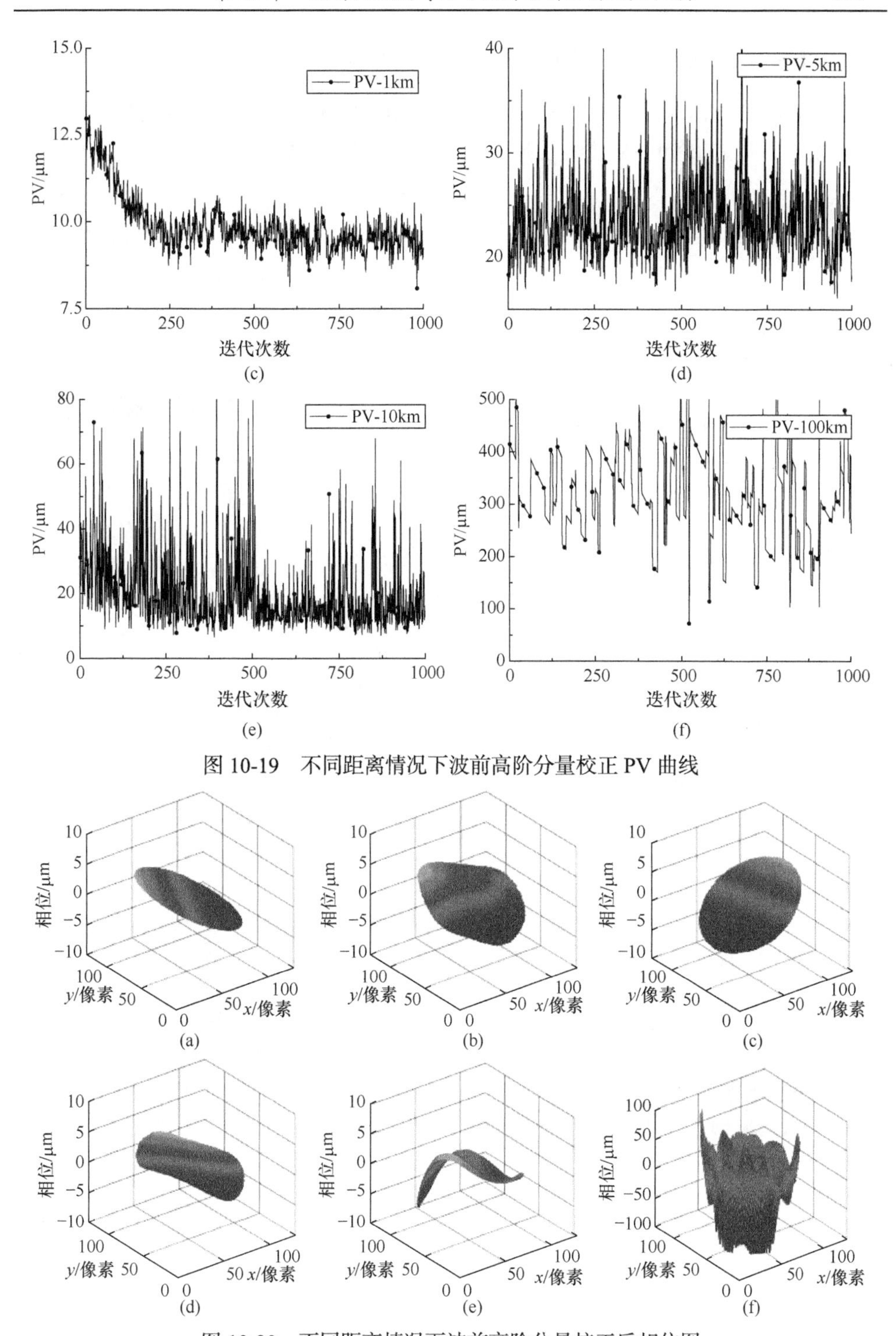

图 10-19　不同距离情况下波前高阶分量校正 PV 曲线

图 10-20　不同距离情况下波前高阶分量校正后相位图

3. TM 和 DM69 同时闭环修正波前

当 TM 和 DM69 同时处于闭环状态，对波前畸变进行完全修正，得到不同传输距离情况下的波前修正 PV 曲线及修正后的波前相位分别如图 10-21 和图 10-22 所示。

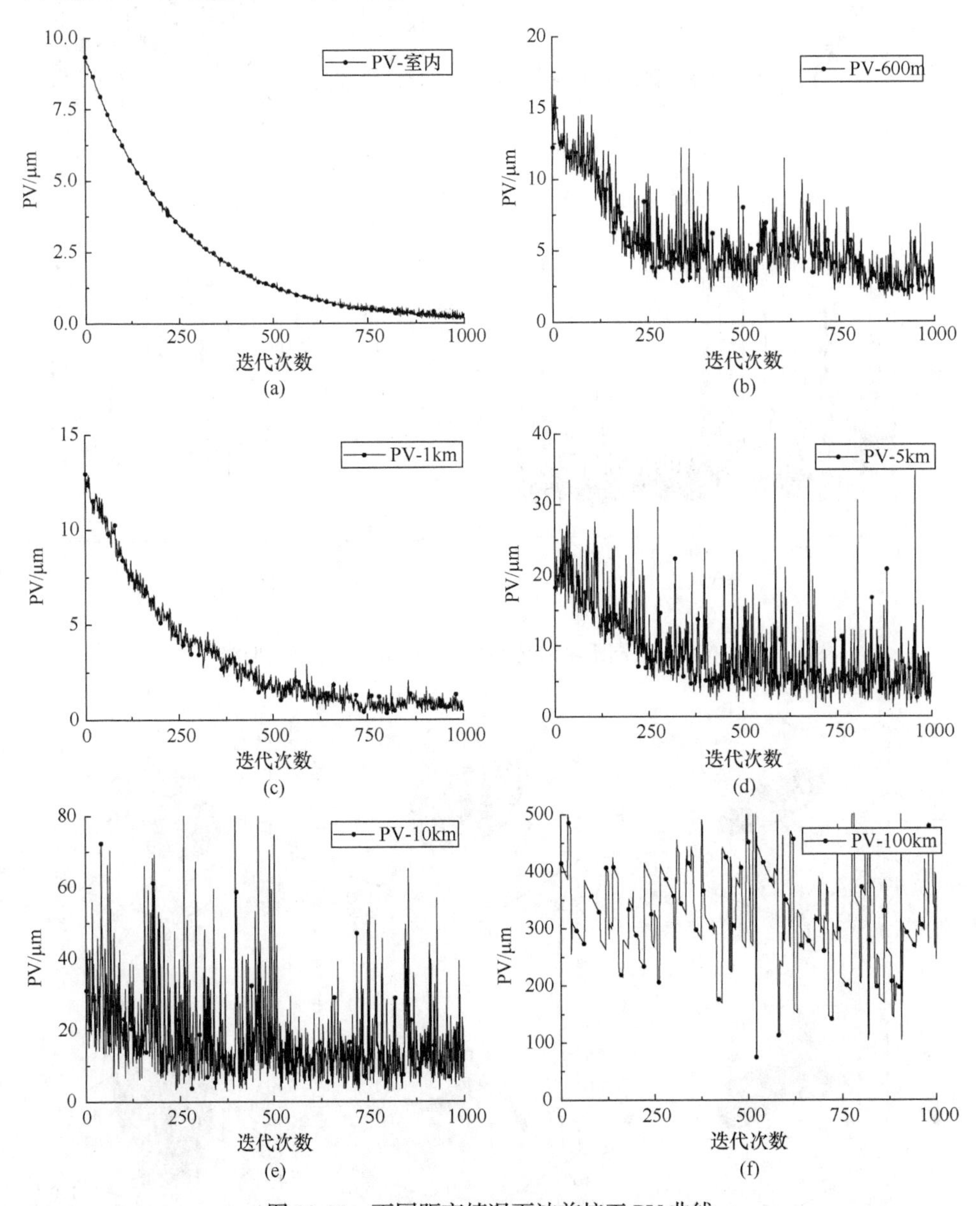

图 10-21　不同距离情况下波前校正 PV 曲线

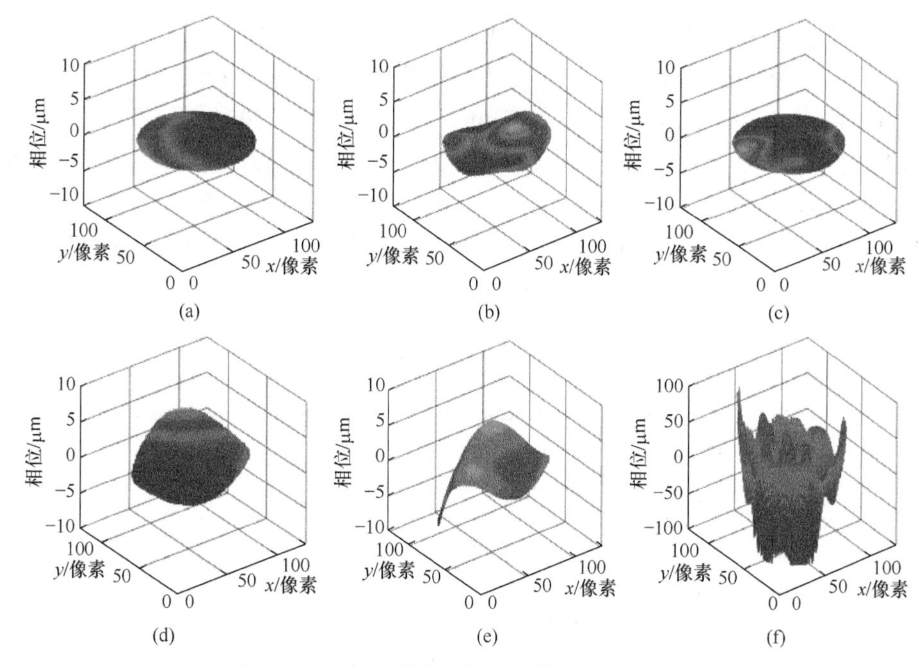

图 10-22　不同距离情况下波前校正后相位图

由图 10-21 可得，波前经室内、600m、1km、5km、10km、100km 距离传输后，采用 TM 和 DM69 对波前畸变同时进行修正后，波前相位分别由 9.5μm、15μm、12.5μm、22μm、35μm、450μm 降至 0.2μm、2.1μm、0.4μm、3.1μm、5μm、200μm，说明采用 TM 和 DM69 同时对波前进行修正后的效果要优于单独 TM 修正的效果及单独 DM69 修正的效果，且近通信距离的波前校正效果要优于远距离的波前校正效果。经 TM 和 DM69 同时校正后波前近似呈现出平面波状态。

通过对比可知，采用 TM 和 DM69 组合的自适应光学系统对波前畸变进行修正，其修正效果要优于单独 TM 的修正效果及单独 DM69 的修正效果。随着通信距离的增加，大气湍流强度增大，波前修正的效果变差。这是因为波前修正的效果与波前传感器探测精度及本体噪声、波前重构精度、闭环带宽、大气测量环境状况等均有关系。

光波经过大气湍流后倾斜分量对波前畸变的影响增加，采用一种 Zernike 模式的偏摆镜和变形镜组合的自适应光学闭环控制算法，分别对光波经室内、600m、1km、5km、10km、100km 的通信距离传输后波前畸变进行修正，可得出如下结论。

(1) 大气湍流波前畸变倾斜分量占据整体畸变量的绝大部分。随着湍流强度的增大，波前倾斜分量比例几乎不变，波前畸变程度变大。

(2) 分别对光波经室内、600m、1km、5km、10km、100km 不同距离传输后波前畸变进行修正。仅 TM 闭环后，波前相位分别由 9.5μm、15μm、12.5μm、22μm、35μm、450μm 降至 5μm、10μm、7.5μm、8μm、20μm、300μm；仅 DM69 闭环后，波前相位分别降至 8μm、9μm、9μm、20μm、15μm、300μm；当 TM 和 DM69 同时闭环后，波前相位降至 0.2μm、2.1μm、0.4μm、3.1μm、5μm、200μm。TM 和 DM69 同时闭环的修正效果要优于单独 TM 的修正效果以及单独 DM69 的修正效果。弱湍流波前修正效果要优于强湍流修正效果。

参 考 文 献

[1] Wang H R, Zhang M Z, Zuo Y X, et al. Research on elastic modes of circular deformable mirror for adaptive optics and active optics corrections. Optics Express, 2019, 27(2): 404-415.

[2] Xu Z X, Yang P, Hu K, et al. Deep learning control model for adaptive optics systems. Applied Optics, 2019, 58(8): 1988-2009.

[3] Sun C, Huang L, Wang D, et al. Theoretical research on the novel adaptive optics configuration based on the tubular deformable mirror for the aberration correction of the annular laser beam. Optics Express, 2019, 27(6): 9215-9231.

[4] Saita Y, Nomura T. Large dynamic range wavefront sensing using Shack-Hartmann wavefront sensor based on pattern correlations. SPIE/COS Photonics Asia, 2018, 10815: 108-150.

[5] Yoon G Y, Seth P, Nagy L J. Large-dynamic-range Shack-Hartmann wavefront sensor for highly aberrated eyes. Journal of Biomedical Optics, 2006, 11(3): 3-10.

[6] Xivry G O, Kulas M, Borelli J U. Practical experience with test-driven development during commissioning of the multi-star AO system ARGOS. A stronomical Ielescopes and Instrumentation, 2014. Wide field AO correction: The Large Wavefront Sensor Detector of ARGOS.

[7] Saita Y, Shinto H, Nomura T. Wavefront measurement with large dynamic range using holographic Shack-Hartmann wavefront sensor. 2015 14th Workshop on Information Optics, Kyoto, 2015.

[8] Yoon G, Pantanelli S, Nagy L J. Large-dynamic-range Shack-Hartmann wavefront sensor for hig-hly aberrated eyes. Journal of Biomedical Optics, 2006, 11(3): 3-10.

[9] Cornelissen S A, Bierden P A, Bifano T G, et al. Correction of large amplitude wavefront aberrations. Proc Spie, 2005, 6018: 11-18.

[10] Wick D V, Payne D M, Martinez T Y, et al. Large dynamic range wavefront control of micromachined deformable membrane mirrors. Spaceborne Sensors II, 2005:158-161.

[11] Jason B S, Alioune D, Zhou Y P, et al. Open-loop control of a MEMS deformable mirror for large-amplitude wavefront control. Journal of the Optical Society of America. A, Optics, Image Science, and Vision, 2007, 24(12): 3827-3833.

[12] Zawadzki R J, Choi S S, Jones S M, et al. Adaptive optics-optical coherence tomography: Optimizing visualization of microscopic retinal structures in three dimensions. Journal of the Optical Society of America. A, Optics, Image Science, and Vision, 2007, 24(5): 1373-1383.

[13] Katie M, Bruce M, Donald G, et al. Stroke saturation on a MEMS deformable mirror for

woofer-tweeter adaptive optics. Optics Express, 2009, 17(7): 5829-5844.

[14] Chen D C, Jones S M, Silva D A, et al. High-resolution adaptive optics scanning laser ophthal moscope with dual deformable mirrors. Journal of the Optical Society of America. A, Optics, Image Science, and Vision, 2007, 24(5): 1305-1313.

[15] Li C, Sredar N, Ivers K M, et al. A correction algorithm to simultaneously control dual deformable mirrors in a woofer-tweeter adaptive optics system. Optics Express, 2010, 18(16): 16671-16684.

[16] 柯熙政. 无线光通信. 北京：科学出版社, 2016.

[17] Noll R J. Zernike polynomials and atmospheric turbulence. Journal of the Optical Society of America, 1976, 66: 207-211.

[18] Weyrauch T, Vorontsov M, Mangano J, et al. Deep turbulence effects mitigation with coherent combining of 21 laser beams over 7km. Optics Letters, 2016, 41(4): 840.

[19] Vorontsov M, Filimonov G, Ovchinnikov V, et al. Comparative efficiency analysis of fiber-array and conventional beam director systems in volume turbulence. Applied Optics, 2016, 55(15): 4170.

[20] Liu C, Chen M, Chen S Q, et al. Adaptive optics for the free-space coherent optical co-mmunications. Optics Communications, 2016, 361: 21-24.

[21] Greenwood D P. Bandwidth specification for adaptive optics systems. JOSA, 1977, 67(3): 390-393.

[22] Li M, Cvijetic M. Coherent free space optics communications over the maritime atmosphere with use of adaptive optics for beam wavefront correction. Applied Optics, 2015, 54(6): 1453.

[23] Gorkom K V, Jean M, Durney O, et al. Optical and mechanical design of the extreme AO coronagraphic instrument MagAO-X. Adaptive Optics Systems VI, 2018, 10703: 107-134.

[24] Doble N, Miller D T, Yoon G, et al. Requirements for discrete actuator and segmented wavefront correctors for aberration compensation in two large populations of human eyes. Applied Optics, 2007, 46(20): 4501-4514.

[25] Thibos L N, Hong X, Bradley A, et al. Statistical variation of aberration structure and image quality in a normal population. Journal of the Optical Society of America A, 2003, 19(12): 2329-2348.

[26] Zou W, Qi X, Burns S A. Wavefront-aberration sorting and correction for a dual deformable mi-rror adaptive-optics system. Optics Letters, 2008, 33(22): 2602-2604.

[27] Zou W, Qi X , Burns S A. Woofer-tweeter adaptive optics scanning laser ophthalmoscopic imaging based on Lagrange-multiplier damped least-squares algorithm. Biomedical Optics Express, 2011, 2(7): 1986-2004.

[28] Hu S, Chen S, Xu B, et al. Experiment of double deformable mirrors adaptive optics system for phase compensation. Moems-mems Micro & Nanofabrication, International Society for Optic-s and Photonics, 2007, 6467: 649-670.

[29] Liu W, Dong L, Yang P, et al. A Zernike mode decomposition decoupling control algorithm for dual deformable mirrors adaptive optics system. Optics Express, 2013, 21(20): 23885.

[30] Xu B, Wu J, Hou J, et al. Double-deformable-mirror adaptive optics system for phase compensation. Applied Optics, 2006, 45(12): 2638-2642.

[31] Jean-François L, Jean-Pierre V. Woofer-tweeter control in an adaptive optics system using a Fourier reconstructor. Journal of the Optical Society of America A, 2008, 25(9): 2271-2279.

[32] Hampton P J, Agathoklis P, Conan R, et al. Closed-loop control of a woofer-tweeter adaptive optics system using wavelet-based phase reconstruction. Journal of the Optical Society of America A, 2010, 27(11): 145-156.

[33] 刘同舜, 谢宛青, 朱进. 星间光通信系统中多样化波前畸变的小波重构. 强激光与粒子束, 2014, 26(10): 127-131.

[34] 程涛, 刘文劲, 杨康健, 等. 基于拉普拉斯本征函数的 Woofer-Tweeter 自适应光学系统解耦控制算法. 中国激光, 2018, 45(9): 295-304.

[35] Li Z, Cao J, Zhao X, et al. Combinational-deformable-mirror adaptive optics system for atmospheric compensation in free space communication. Optics Communications, 2014, 320: 162-168.

[36] Rediker R H, Lind T A, Burke B E. Optical wavefront measurement and/or modification using integrated optics. Journal of Lightwave Technology, 1988, 6(6): 916-932.

[37] Liu W, Shi W, Wang B, et al. Free space optical communication performance analysis with focal plane based wavefront measurement. Optics Communications, 2013, 309: 212-220.

[38] Roddier N A. Atmospheric wavefront simulation using Zernike polynomials[J]. Optical Engineering, 1990, 29(10): 1174-1180

[39] Noll R J. Zernike polynomials and atmospheric turbulence. Journal of the Optical Society of America, 1976, 66: 207-211.

[40] Boyer C, Michau V. Adaptive optics: Interaction matrix measurements and real time control algorithms for the COME-ON project. Proc Spie, 1990, 1237: 63-81.